M. Estler/H. Knittel

# Praktische Boden-bearbeitung

M. Estler/H. Knittel

# Praktische Boden-bearbeitung

- Grundlagen
- Gerätetechnik
- Verfahren
- Bewertung

2., völlig neu überarbeitete Auflage

VERLAGSUNION
AGRAR
DLG Verlag Frankfurt (Main)
BLV Verlagsgesellschaft München
Landwirtschaftsverlag Münster-Hiltrup
Österreichischer Agrarverlag Klosterneuburg
Büchler Grafino AG Bern

Die Deutsche Bibliothek – CIP-Einheitsaufnahme

**Estler, Manfred:**
Praktische Bodenbearbeitung : Grundlagen, Gerätetechnik, Verfahren, Bewertung / M. Estler/H. Knittel. – 2., völlig neu überarb. Aufl. – Frankfurt (Main) : DLG-Verl. ; München : BLV-Verl.-Ges. ; Münster-Hiltrup : Landwirtschaftsverl. ; Klosterneuburg : Österr. Agrarverl. ; Bern : Büchler Grafino, 1995
(VerlagsUnion Agrar)
1. Aufl. u. d. T.: Estler, Manfred: Bodenbearbeitung aktuell
ISBN 3-7690-0529-5
NE: Knittel, Harry;

Titelbild: M. Estler



Umschlaggestaltung: Parzhuber & Partner, 80797 München
Gesamtherstellung: Wetzlardruck GmbH, 35573 Wetzlar
Printed in Germany: ISBN-3-7690-0529-5
1. Auflage 1984, »Bodenbearbeitung aktuell«
M. Estler/H. Knittel/E. Zeltner

# Vorwort

Veränderte Rahmenbedingungen für die Landwirtschaft haben in den letzten Jahren dazu geführt, daß vor allem in Ackerbaubetrieben alle Fragen, die den Boden als solches, seine den jeweiligen Verhältnissen angepaßte und möglichst rationelle Bearbeitung, die dafür geeignete Gerätetechnik, aber auch die Maßnahmen zum Erhalten einer langfristig hohen Bodenfruchtbarkeit betreffen, wieder einen hohen Stellenwert einnehmen. Denn unter dem Einfluß von vereinfachten und spezialisierten Fruchtfolgen, einer weiterentwickelten Gerätetechnik, aber auch von neuen Bodenbewirtschaftungssystemen haben sich die Aufgaben bei der Bodenbearbeitung wesentlich erweitert.

Das Erfüllen der wichtigen ackerbaulichen Ziele hat nach wie vor eine gewisse Priorität. Daneben gewinnen aber auch ökonomische Aspekte zunehmend an Bedeutung. Nur der schlagkräftige, energiebewußte und kostenorientierte Einsatz der Gerätetechnik eröffnet die Möglichkeit, die im Bereich der Bodenbearbeitung noch bestehenden Chancen zur Kosteneinsparung und Reduzierung des Gesamtaufwandes nachhaltig zu nutzen.

Mehr denn je spielen aber auch bei der Bodenbearbeitung die Forderungen nach der Erhaltung einer gesunden und intakten Umwelt eine gewichtige Rolle. Es gilt, die direkten Auswirkungen des Geräteeinsatzes auf den Boden selbst, aber auch die indirekten Effekte auf Bodenleben und Bodenfruchtbarkeit zu berücksichtigen. Deshalb werden die langfristigen Auswirkungen auf Boden, Pflanze und Umwelt künftig bei Auswahl und Einsatz der Gerätetechnik sowie bei der Anwendung von zukunftsträchtigen Bodenbewirtschaftungssystemen eine zentrale Rolle spielen.

Auf allen Ebenen der Bodenbewirtschaftung werden durch die aktuelle Forschung und gesicherte Erfahrungswerte fortlaufend neue Erkenntnisse bereitgestellt, über die der Landwirt informiert sein muß, wenn er die Bewirtschaftung des Bodens erfolgreich durchführen will. Er benötigt bodenkundliches Gefühl, um Erfahrungen auf dem eigenen Standort zu sammeln und andere Ergebnisse auf seine Betriebsverhältnisse zu übertragen. Er braucht aber auch ein umfangreiches Wissen um die Grundlagen des Bodens und des Ackerbaues sowie über die Zusammenhänge mit der Bodenbearbeitung. Ein vielschichtiges technisches Verständnis ist für die zweckgerichtete Auswahl und den Einsatz der Maschinen und Geräte erforderlich. Letztendlich benötigt er aber auch das entsprechende ökonomische und verfahrenstechnische Rüstzeug, um eine objektive Bewertung der Geräte und Arbeitsverfahren durchführen und die kostengünstigste Variante auswählen zu können. Das vorliegende Buch versucht, einen Beitrag zur Vermittlung dieses umfangreichen und vielschichtigen Wissens zu leisten.

# Inhaltsverzeichnis


**Vorwort 5**

**Allgemeiner Teil 9**

**1 Bodenbearbeitung – zeitlos und stets aktuell 10**
Dr. H. KNITTEL
1.1 Ziel der Bodenbearbeitung 11
1.2 Aufgaben der Bodenbarbeitung 11
1.3 Verfahren der Bodenbearbeitung 12

**2 Natürliche Grundlagen 14**
2.1 Der Boden 14
2.1.1 Bodenart und Bodengefüge 14
2.1.2 Humusgehalt 15
2.1.3 Bodentypen 17
2.2 Ansprüche der Pflanzen 18
2.2.1 Lufthaushalt des Bodens 18
2.2.2 Wasserhaushalt des Bodens 18
2.2.3 Wärmehaushalt des Bodens 19

**3 Verfahren der Bodenbearbeitung 20**
3.1 Grundbodenbearbeitung 21
3.1.1 Pflugeinsatz – Energieverschwendung? 21
3.1.2 Grubbereinsatz – eine Alternative zum Pflug? 22
3.1.3 Bearbeitungstiefe 23
3.2 Stoppelbearbeitung 23
3.3 Saatbettbereitung 24
3.3.1 Gezogene und zapfwellengetriebene Geräte zur Saatbettbereitung 24
3.3.2 Bodenfräse 25
3.4 Einsatz von Gerätekombinationen 25
3.5 Minimalbestelltechnik 26

**4 Bearbeitungszeitpunkt und Ansprüche von Anbaufrüchten 28**
4.1 Winterraps und Wintergerste 28
4.2 Winterroggen und Winterweizen 28
4.3 Sommergetreide 28
4.4 Zuckerrüben und Mais 29
4.5 Kartoffeln 29

**5 Verfahrenstechnische Aspekte der Bodenbearbeitung 31**

**Spezieller Teil 33**

**6 Natürliche Grundlagen 34**
6.1 Der Boden 34
6.1.1 Bodenart und Bodengefüge 34
6.1.2 Humusbildung und Humusgehalt eines Ackerbodens 36
6.1.3 Bodenentwicklung 39
6.1.4 Bodenphysikalische Kenndaten wichtiger Bodentypen 42
6.1.5 Ackerbauliche Beurteilung 42
6.1.6 Einteilung der Böden nach Zustandsstufen und Muttergestein (Reichsbodenschätzung) 42
6.2 Ansprüche der Pflanzen 44
6.2.1 Einfluß des Sauerstoff- und Kohlensäuregehaltes der Bodenluft auf das Wurzelwachstum 44
6.2.2 Einfluß des Bodenwiderstandes auf das Wurzelwachstum 44
6.2.3 Einfluß des Grobporenanteils auf den Ertrag 44
6.3 Entstehen und Vermeiden von Strukturschäden 46
6.3.1 Verdichtungsschäden 46
6.3.2 Erosion und Verkrustung 47
6.3.3 Stabilisierung des Bodengefüges 47
6.4 Auswirkungen der Bodenbearbeitung 49
6.4.1 Wurzelausbreitung im Boden nach unterschiedlicher Bearbeitung 49
6.4.2 Effekte bei konventioneller Bodenbearbeitung 51
6.4.3 Effekte bei einem Pflugverzicht 51
6.4.4 Wechselwirkung zwischen Bodenbearbeitung, N-Mineralisation und N-Düngung 51
6.5 Faustregeln zur Bodenbearbeitung 53
6.5.1 Bearbeitungstiefe 53
6.5.2 Saatbettbereitung und Gerätetechnik 54
6.5.3 Einfluß der Krümelgröße auf Keimung und Bodengefüge 54
6.6 Zeitspanne für die Bodenbearbeitung 57
6.6.1 Einfluß der Bodenfeuchte auf den Zerkleinerungseffekt 57
6.6.2 Einfluß des Saat- und Erntezeitpunktes 58

**7 Gerätetechnik und Arbeitsverfahren der Bodenbearbeitung 62**
7.1 Geräte für die Grundbodenbearbeitung 65
7.1.1 Streichblechpflug (Scharpflug) 66
7.1.1.1 Bauformen 66
7.1.1.2 Pflugaufbau 69
7.1.1.3 Zusatzeinrichtungen 76
7.1.1.4 Pflugeinstellung 83
7.1.1.5 Pflugauswahl, Pflugeinsatz, Leistungsbedarf 88
7.1.1.6 Spezielle Scharpflug-Bauformen 101
7.1.2 Pflug-Sonderbauformen 104
7.2 Unterbodenlockerer 111
7.2.1 Bauformen, Geräteauswahl und -einsatz 111
7.3 Grubber 113
7.3.1 Bauformen, Geräteauswahl und -einsatz 114
7.3.2 Leistungsbedarf und Flächenleistung 121
7.4 Geräte für die Saatbettbereitung 125
7.4.1 Gezogene Geräte 126
7.4.1.1 Geräte mit gefederten und starren Zinken (Feingrubber und Zinkeneggen) 126
7.4.1.2 Rolleggen 134
7.4.1.3 Walzen, Krumenpacker 141
7.4.2 Zapfwellengetriebene Geräte 149
7.4.2.1 Spezielle Aufgaben und Einsatzbereiche 149
7.4.2.2 Gerätetechnik 152
7.4.2.3 Bodenfräse, Rotoregge 152
7.4.2.4 Kreiselegge und Kreiselgrubber 159
7.4.2.5 Rüttelegge 167
7.4.2.6 Sonderbauformen 169
7.4.2.7 Leistungsbedarf und Flächenleistung 169
7.4.2.8 Nachläuferwalzen (Packer- und Stützwalzen) 178
7.4.2.9 Entscheidungshilfen für die Auswahl von Zapfwellengeräten 182
7.4.2.10. Verfahrenstechnische Kenndaten 182
7.5 Gerätekombinationen 184
7.5.1 Kombination verschiedener Bodenbearbeitungsgeräte 185
7.5.1.1 Unterbodenlockerer mit Nachbearbeitungsgerät 185
7.5.1.2 Pflug mit Nachläufer 187
7.5.1.3 Schäl- und Kurzgrubber mit Nachläufer 190
7.5.1.4 Stoppelbearbeitung und Stroheinarbeitung 196
7.5.1.5 Saatbettkombinationen 201
7.5.1.6 Sonderkombinationen 207
7.5.1.7 Anwendungsbereiche und Geräteeinsatz, Verfahrensvergleich 208
7.5.2 Kombination von Bodenbearbeitungs- und Sägeräten 211
7.5.2.1 Aufgaben und Einordnung 211
7.5.2.2 Konventionelle Bodenbearbeitung 214
7.5.2.3 Konservierende Bodenbearbeitung 218
7.5.2.4 Ohne Bodenbearbeitung (Direktsaat) 224
7.5.2.5 Mulchsaatverfahren für Reihenfrüchte 226
7.6 Neue Wege in der Bodenbewirtschaftung – Möglichkeiten und Grenzen 236
7.6.1 Integrierter Pflanzenbau 238
7.6.2 Ackerbau ohne Pflug 239
7.7 Geräteeinsatz für die Bodenbearbeitung in der Großflächen-Landwirtschaft 252
7.7.1 Getrennte Arbeitsgänge oder Gerätekombination 252
7.7.2 Gerätearbeitsbreiten und Verdichtungszonen 254
7.7.3 Hohe Arbeitsqualität 254
7.7.4 Einfache Bedienbarkeit 254
7.7.5 Arbeitserledigung »im Verband« 256

**8 Energiebewußte Bodenbearbeitung 257**
8.1 Verbesserung des Wirkungsgrades bei der Umwandlung von Schleppermotorleistung und Gerätenutzleistung 257
8.2 Zusammenstellen von energiesparenden Bodenbearbeitungssystemen 259

**9 Stichwortverzeichnis 263**

# Allgemeiner Teil

Von der Zeit, das Feld zu bauen, und wie das Feld zu ackern und zu eggen.

# 1 Bodenbearbeitung – zeitlos und stets aktuell

*»Von der Zeit, das Feld zu bauen, und wie das Feld zu ackern und zu eggen.«* Wer das Bild aus früheren Jahrhunderten betrachtet, wird nur geringe Unterschiede zum heutigen Bodenbearbeitungsverfahren finden.

Der Kupferstich aus dem 17. Jahrhundert zeigt, daß zu jener Zeit die Bestellung eines Ackers nach dem gleichen Verfahren durchgeführt wurde wie heute. Der Boden wurde mit einem pflugähnlichen Gerät gelockert, dann wurde breitwürfig gesät und anschließend die Saatkörner in die Krume eingeeggt. Tiefe Lockerung durch den Pflug und flache Krümelung durch Zinkengeräte sind auch heute noch das Standardverfahren der Bestellung. Lediglich die Geräte wurden dem technischen Niveau der heutigen Zeit angepaßt. Pflüge haben mehrere Schare, sie arbeiten tiefer. Die Formen und Anordnung der Eggenzinken sind vielfältiger und den Eigenarten eines Standortes angepaßt. Sämaschinen wurden entwickelt, die in Drillreihen die Körner exakt ablegen, wobei neuere Entwicklungen eine gleichmäßige Verteilung über die Fläche anstreben.

Die Beschreibung zu dem Kupferstich weist u. a. darauf hin, was der »Hauß-Vatter« bei der Bestellung zu beachten hat:

- Er sollte sich Zeit für die Beobachtung des Wachstums nehmen.
- Er sollte stets die Witterung berücksichtigen.
- Er sollte die Bodenunterschiede erkennen.
- Er sollte die Felder sorgfältig und mit Fleiß für die Saat herrichten.

Diese Aussagen über die Bodenbearbeitung sind heute genauso aktuell wie im Landwirtschaftskalender vor 300 Jahren, wobei heute die Forderung nach einer boden- und umweltschonenden Bewirtschaftung hinzukommt. Die Problematik der Bodenbearbeitung ist zeitlos. Denn bei der Gestaltung der Wachstumsbedingungen nimmt die Bodenbearbeitung eine zentrale Stellung ein, auch wenn es den Anschein hat, daß andere Maßnahmen wie z. B. die Düngung oder der Pflanzenschutz einen größeren Einfluß auf den Ertrag ausüben. Doch diese Maßnahmen können erst nach einer optimalen Gestaltung

Darst. 1 Der Pflug, das klassische Gerät der Bodenbearbeitung

des Bodengefüges voll zur Wirkung kommen, um ein Ertragspotential des Standortes auszunutzen. Unter dem kaum veränderbaren Einfluß der Witterung sind die Möglichkeiten zur Ausschöpfung des Ertragspotentials sehr vielfältig. Durch die Auswahl der Kulturpflanzen, deren Behandlung und schließlich durch die Verbesserung der Standorteigenschaften kann der Landwirt die Ertragsfähigkeit seines Standortes gestalten. Jede Bearbeitungsmaßnahme ist ein Eingriff in ein Gleichgewichtssystem, das sich im Verlauf der Bodengenese und Bewirtschaftung eingestellt hat. Negative Auswirkungen, wie Bodenerosion, Verdichtungshorizonte oder Nährstoffversickerung, zeigen sich heute als ein Ergebnis nicht standortgerechter Bewirtschaftung. Durch das geschärfte Umweltdenken ist man auf die überraschend hohen Erosionsschäden im Mais- und Zuckerrübenanbau aufmerksam geworden, die nur durch neue Verfahren oder den Anbau von Alternativkulturen zu verhindern sind. Wenn auch früher der Gedanke der langfristigen Erhaltung der Bodenfruchtbarkeit hohe Priorität hatte, so kommt heute die globale Betrachtung hinzu, denn mit den abgeschwemmten Bodenteilchen gelangen in die Oberflächengewässer auch Nährstoffe, die zur Eutrophierung beitragen können.

Darüber hinaus werden durch die Lockerung des Bodens das Bodenleben und die Mineralisation sowie die Durchlässigkeit und damit das Sickerverhalten maßgeblich beeinflußt.

Diese komplexen Wechselwirkungen zwischen Bodenbearbeitung, Standort und Umwelt machen es notwendig, daß der Landwirt einerseits seinen Standort mit all seinen physikalischen, chemischen und biologischen Eigenschaften, sowie die Ansprüche der Pflanzen kennt, und andererseits mit Hilfe dieses Wissens seine ackerbaulichen Maßnahmen boden- und umweltschonend durchführt.

## 1.1 Ziel der Bodenbearbeitung

Die Bodenbearbeitung hat sich seit Jahrhunderten nicht verändert. Mit dem Pflug wird der Boden gelockert und mit der Egge gekrümelt, um anschließend die Saat ausbringen zu können. Lediglich Form und Leistung der Bodenbearbeitungsgeräte wurden verbessert und der jeweiligen technischen Entwicklung angepaßt. Die Aufgaben der Bodenbearbeitung sind demnach zeitlos und nur einem Ziel untergeordnet, nämlich die Ertragsfähigkeit eines Standorts kurzfristig zu steigern und längerfristig zu erhalten, ohne die Umwelt (z. B. Grundwasser, Oberflächengewässer) negativ zu beeinflussen.

Wenn man heute die theoretisch erzielbare Ertragsfähigkeit eines Standortes in gemäßigten Zonen aufgrund der Energieeinstrahlung der Sonne und dem Leistungsvermögen der neuen Sorten auf über 120 dt/ha bei Weizen und Gerste schätzt, dann hat die Bearbeitung des Bodens bei der Gestaltung der Wachstumsbedingungen eine zentrale Bedeutung:

- Der Boden bietet den Pflanzen den Standraum zur Ausbreitung der Wurzeln.
- Er gibt die Nährstoffe frei, die im Boden gelöst werden.
- Er enthält den zur Wurzelatmung notwendigen Sauerstoff.

Durch Maßnahmen der Bodenbearbeitung greift der Landwirt in das gegebene Bodengefüge ein, um den Wurzelraum, den Wasser- und Lufthaushalt, aber auch die Nährstoffverfügbarkeit den Ansprüchen der Kulturpflanzen anzupassen. Die Problematik der Bodenbearbeitung besteht weniger in der Unkenntnis der Pflanzenansprüche als vielmehr in der Verschiedenartigkeit der Standorte, der Klimazonen und in der Unterschiedlichkeit der landwirtschaftlichen Betriebe, die alle ihr eigenes Anbausystem entwickelt haben. Gleichzeitig gibt es eine Vielzahl von Bodenbearbeitungsgeräten, die für die verschiedenen Aufgaben richtig eingesetzt sein wollen. Gute Ackerbauer kennen ihre Böden, sie wissen um die Ansprüche der Pflanzen und haben ein Gefühl für den richtigen Einsatz ihrer Geräte.

## 1.2 Aufgaben der Bodenbearbeitung

Dem Ziel, die Ertragsfähigkeit eines Standortes zu steigern und zu verbessern, sind ackerbauliche und technische Aspekte der Bodenbearbeitung untergeordnet. Die ackerbaulichen Aufgaben sind die gleichen geblieben, seit der Mensch Pflanzen zur Ernährung anbaut:

- Herstellen einer lockeren Bodenoberfläche mit feinen Krümeln, um Saatkörner in den Boden ablegen zu können.
- Beseitigen von Pflanzen, die mit der Kulturpflanze um Licht und Nährstoffe konkurrieren.
- Verbessern des Wasser-, Luft- und Wärmehaushalts für ein optimales Wachstum der Kulturpflanzen und

- Einmischen von Ernteresten, von organischem und mineralischem Dünger.

Die Wichtung dieser vier Aufgaben hat sich im Laufe der letzten Jahrzehnte deutlich verschoben. Galt es in früherer Zeit durch Pflügen und Hacken vor allem das leidige Unkraut zu beseitigen, so wird diese Aufgabe zunehmend durch den Einsatz der Herbizide übernommen. Die anderen drei Aufgaben der Bodenbearbeitung stehen in enger Wechselwirkung und beeinflussen sich gegenseitig. Es ist daher schwierig, eine Reihung vorzunehmen; Saatbettbereitung und die Verbesserung der physikalischen Eigenschaften wären vielleicht als erste zu nennen. Langfristig gesehen gewinnt bei der zunehmenden Strohdüngung der Mischeffekt der Geräte an Bedeutung.

Bei der Nutzung des Bodens zum Anbau von landwirtschaftlichen oder gärtnerischen Kulturen wurde in der Vergangenheit die Funktion der Grundwasserneubildung weniger beachtet. Die Durchlässigkeit des Bodens bzw. seine Filterfähigkeit sowie die Verlagerung von Nährstoffen wird speziell durch die Bodenbearbeitung beeinflußt und ist daher nicht nur in den Wasserschutzgebieten zu beachten. Denn mit der Versickerung von Niederschlagswasser werden auch Nährstoffe verlagert, wobei die größte Bedeutung zur Zeit der Nitrateintrag hat.

Die Vielfalt der Forderungen hat zwangsläufig zur Folge, daß der Boden zu unterschiedlichen Zeitpunkten in unterschiedlicher Tiefe, mit wechselnder Intensität und mit verschiedenartigen Werkzeugen bearbeitet werden muß. Die technischen Forderungen, die an die Geräte gestellt werden, sind daher den ackerbaulichen zumindest gleichberechtigt:

- einfache Bedienung und hohe Funktionssicherheit der Maschinen und Geräte,
- hohe Flächen- und Arbeitsproduktivität,
- geringer Energieaufwand und
- termingerechter und kostengünstiger Maschineneinsatz,
- bodenschonender Einsatz.

## 1.3 Verfahren der Bodenbearbeitung

Generell läßt sich die Bodenbearbeitung in drei wesentliche Hauptbereiche gliedern:

- Grund-Bodenbearbeitung (Primär-Bodenbearbeitung)
  Hierzu zählt die Bodenbearbeitung auf volle Krumentiefe zur jeweiligen Hauptfrucht.
- Saatbettbereitung (Sekundär-Bearbeitung)
  Sie dient zur Nachbearbeitung der Grundbodenbearbeitung in einem flachen Horizont, welche etwa der Saatgut-Ablagetiefe entsprechen soll. Ziel ist das Herrichten eines Saatbettes, welches auf die Anforderungen der jeweiligen Fruchtart abgestimmt ist.
- Stoppelbearbeitung
  Hier steht das verrottungsgerechte Einarbeiten der Pflanzenrückstände im Vordergrund. Um das rasche Einsetzen der Umsetzungsvorgänge und eine sichere Verrottung zu gewährleisten, erfolgt dabei die Bearbeitung des Bodens tiefer als bei der Saatbettbereitung, im allgemeinen jedoch flacher als die bei der Grundbodenbearbeitung.

Eine Sonderstellung nimmt die Untergrundlockerung ein. Durch das Bearbeiten der Bodenzone unterhalb der Krume sollen vor allem meliorative Effekte erzielt werden (Aufbrechen von Verdichtungshorizonten und Störschichten, Verbessern der Wasserabführung in tiefere Bodenschichten, Dränage-Wirkung).

Es ist einleuchtend, daß diese Fülle von Aufgaben nicht von einem Standardgerät erfüllt werden kann. Für jedes Verfahren gibt es verschiedene Geräte, die den Boden lockern, krümeln, mischen oder wenden können. Dem Praktiker steht ein breites Angebot von Einzelgeräten und -maschinen, von Gerätekombinationen und Bestellkombinationen (für die Bodenbearbeitung und Saat in einem Arbeitsgang) zur Verfügung. Dadurch besteht die Möglichkeit, eine betriebs-, standort- und fruchtartenspezifisch bestmögliche Mechanisierung der Bodenbearbeitung vorzunehmen. Um die Effekte und Auswirkungen der Bodenbearbeitung zu verstehen, muß man die natürlichen Grundlagen über den Boden und die Ansprüche der Pflanzen kennen. Es bestehen nämlich enge Wechselbeziehungen in dem Wirkungsdreieck Pflanze – Boden – Witterung, das der Ackerbauer zugunsten der Pflanze verändern will. Ziel dieses Buches ist es, aufbauend auf den natürlichen Grundlagen die Bodenbearbeitungseffekte unter dem Einfluß des Standortes und der verschiedenen Gerätetechniken darzustellen, um das Verständnis für den Boden zu fördern.

### Aktuell: Konservierende Bodenbearbeitung

In der Diskussion über den Bodenschutz zur Vermeidung von Erosions- und Verdichtungsschäden hat sich ein neuer Begriff gebildet: die *konservierende Bodenbearbeitung.* Die Ziele dieses Verfahrens sind ein Hervorheben aller ackerbaulicher Erfahrungen unter dem Aspekt moderner Technik:

- Schaffung eines stabilen Bodengefüges mit guter Tragfähigkeit durch längere Bodenruhe, wobei die Bearbeitungsintensität reduziert werden sollte. Soweit wie möglich, ist auf die wendende Arbeit des Pfluges zugunsten des Grubbers zu verzichten.
- Dadurch werden Pflanzenreste der Vorfrüchte nicht untergepflügt, sondern nur an der Oberfläche leicht eingearbeitet. Es entsteht an der Oberfläche eine Mulchschicht, die einen guten Erosionsschutz darstellt.

Der Unterschied zur konventionellen Bearbeitung liegt darin, daß die biologisch aktive Krumenoberfläche nicht untergepflügt wird und somit die Saat in den schützenden Mulch gelegt werden kann. Man spricht daher häufig auch von der Mulchsaat. Auch nach dem Zwischenfruchtanbau mit vorangegangener Tiefenlockerung, sei es durch den Grubber oder Pflug, ist das Mulchsaatverfahren möglich. Besondere Beachtung gilt veränderter Bodenbearbeitung, der Veränderung der Unkrautflora (speziell Unkräuter in älteren Entwicklungsstadien und eine zunehmende Ungräserdichte sind zu beachten), aber auch dem Insektenbefall (z. B. können sich Moosknopfkäfer bei Zuckerrüben sowie die Schneckenpopulation in der Mulchschicht leichter vermehren). Das heißt, jede Änderung eines eingeführten Bewirtschaftungssystemes, das zu einem Gleichgewicht geführt hat, bringt unerwartete Folgen mit sich, die nur durch sorgfältige Beobachtung rechtzeitig erkannt werden und durch Gegenmaßnahmen zu neutralisieren sind.

# 2 Natürliche Grundlagen

## 2.1 Der Boden

### 2.1.1 Bodenart und Bodengefüge

Der Boden ist die oberste Schicht der Erdkruste. Er entsteht aus dem Zusammenwirken von Ausgangsgestein, Klima und Vegetation. Seine festen Bestandteile sind Verwitterungsprodukte und liegen in Körnern verschiedener Form und Größe vor. Man hat sie der Größe nach in Fraktionen eingeteilt:

| | |
|---|---|
| Kies | 2 bis 60 mm |
| Sand | 0,06 bis 2 mm |
| Schluff | 2 bis 60 μ |
| Ton | < 2 μ |

Die Anteile der einzelnen Kornfraktionen bestimmen die Bodenart. Sand und größere Bodenteilchen stellen das Gerüst eines Bodens dar, in das die feineren Teilchen eingelagert sind (Darst. 4, S. 35). Durch die Aneinanderlagerung der Bodenteilchen entsteht ein Bodengefüge – oft auch Bodenstruktur genannt – mit Hohlräumen unterschiedlicher Form und Größe. Die Hohlräume sind miteinander verbunden und bilden ein Porensystem. In den Poren befindet sich Wasser oder Luft. Je enger die Poren sind, desto stärker ist die Kapillarkraft und desto eher sind sie mit Wasser gefüllt. Man unterscheidet nach dem Porendurchmesser drei Bereiche, deren Anteile den Wasser-, Luft- und Wärmehaushalt eines Bodens maßgeblich beeinflussen (Darst. 4, S. 35).

**Grobporen** (Ø > 10 μ): Die Kapillarkraft ist in den Poren so gering, daß Niederschlagswasser in ihnen nach unten fließt. Sie sind die meiste Zeit mit Luft gefüllt. Die Summe aller Grobporen wird daher als Luftkapazität bezeichnet. Die Grobporen regulieren den Austausch zwischen $CO_2$ angereicherter Bodenluft und der atmosphärischen Luft. Dränung und Durchlüftung sind die wichtigsten Funktionen der Grobporen.

**Mittelporen** (Ø 0,2 bis 10 μ): In den Mittelporen fließt das Wasser sehr langsam, so daß sich hier das pflanzenverfügbare Wasser sammeln kann. Der Anteil der Mittelporen wird auch als nutzbare Wasserkapazität bezeichnet.

**Feinporen** (Ø < 0,2 μ): In den Feinporen ist die Kapillarkraft größer als 15 bar. Das hier gespeicherte Wasser kann von Pflanzenwurzeln nicht mehr aufgenommen werden.
Die Wurzeln der Pflanzen mit einem Durchmesser von weniger als 10 μ dehnen sich nahe-

Darst. 2 Moderne Bodenbearbeitung (Werkbild RAU)

zu ausschließlich in den Grobporen aus, während in den Mittelporen Pilze und Bakterien angesiedelt sind.
Die Porengrößenverteilung eines Bodens wird primär durch die Körnung eines Bodens bestimmt und kann durch die Bodenbearbeitung nur in bestimmten Grenzen verändert werden.

**Sandböden:** Sandige Böden haben einen großen Grobporenanteil. Mit zunehmendem Sandgehalt werden die mechanischen Bodeneigenschaften verbessert, während die chemischen verschlechtert werden. Sandböden lassen sich leicht bearbeiten, aber ihre hohe Durchlässigkeit aufgrund der Grobporen fördert die Auswaschung von Nährstoffen des von Natur aus geringen Nährstoffpotentials.

**Tonböden** haben einen hohen Anteil an Feinporen, während der Grobporenanteil sehr gering ist. Mit dem Tongehalt steigt die Wasserkapazität des Bodens bei gleichzeitigem Rückgang der Luftkapazität. Das Nährstoffpotential der tonhaltigen Böden ist bedeutend besser als das der Sandböden. Die Bearbeitbarkeit ist jedoch schwierig.

**Lehmböden** nehmen eine Zwischenstellung zwischen den Sand- und Tonböden ein. Aufgrund des hohen Schluffanteils haben sie einen großen Anteil an Mittelporen. Bei hoher Wasserkapazität, meist auch ausreichender Luftkapazität, und einem hohen Nährstoffpotential zählen sie zu den fruchtbarsten Böden. Nachteilig wirkt sich lediglich die geringe Stabilität der Krümel aus. Schluffreiche Böden neigen zur Verschlämmung, zur Verkrustung der Oberfläche und zur Erosion.

**Aktuell:**
**Erosion – ein Problem auch in Europa?**
Aus Ländern mit starken Niederschlägen innerhalb weniger Stunden sind Erosionsschäden von besorgniserregendem Ausmaß bekannt. Riesige, metertiefe Rinnen wurden ausgespült, wo die schützende Grasnarbe dem Ackerbau weichen mußte (USA, Ukraine, Brasilien). Aber auch in Mitteleuropa rückt die Erosion immer deutlicher in unser Bewußtsein. Die Ausdehnung spätschließender Kulturen, wie Mais und Zuckerrüben, aber auch in Reihenkulturen wie Raps, verdeutlichen das Problem in hängigem Gelände.
So können jährlich bis zu 150 t/ha Ackerkrume durch Bodenerosion abgetragen werden. Das entspricht einer Krumentiefe von 1 cm und ist zunächst kaum wahrnehmbar. Nach bayerischen Untersuchungen beträgt der Ertragsrückgang je cm Krumenverlust bei Silomais etwa 2 dt Frischmasse oder bei Zuckerrüben ein Verlust von etwa 20 kg/ha Zuckerertrag. Zu diesen Ernteverlusten treten zusätzliche Schäden wie der Abtrag von Nährstoffen und höhere Wartungsaufwände für Dränagen, Vorfluter und Wege. Über einen längeren Zeitraum wird dieser Verlust zu einem nicht wieder gut zu machenden Schaden führen.
Die Verhinderung der Erosion kann daher nur von Vorteil sein. Folgende Ursachen fördern die Erosion:

- Anbau falscher Kulturen bzw. schlechte Bewirtschaftung, wie z. B. Mais oder Zuckerrüben auf Grenzstandorten, speziell in Hanglagen und auf schluffreichen Bodenarten,
- falsche Bodenbearbeitung in Hangrichtung oder zum falschen Zeitpunkt,
- fehlender Humusausgleich oder mangelnde Kalkung (pH-Wert).

Aus Kenntnis der Gründe lassen sich die Gegenmaßnahmen ableiten, wie richtige Kulturwahl – der gekonnte Futtergrasbau kaum mit dem Silomais vergleichbare Stärkeerträge bringen –, Konturenpflügen quer zum Hang nach Höhenlinien – in unseren Gebieten aufgrund der Reliefs oder kleiner Flächen kaum durchführbar, aber im Ansatz möglich –, Abwarten bis zum optimalen Bearbeitungszeitpunkt und schließlich eine ausgeglichene Humusbilanz und Aktivierung des Bodenlebens durch organische Düngung. Daß auch im hängigen Gelände der Zuckerrübenanbau ohne Erosion möglich ist, zeigen die Praxisversuche, wo nach einer frühen Herbstfurche durch Ansaat von Phacelia, die im Winter abfriert und im Frühjahr mit einem flachen Eggenstrich in die Krume eingearbeitet wird, ein Erosionsschutz entsteht. Ähnliche Versuche auch in Mais haben gezeigt, daß auf diesem Wege die Erosion vermindert werden kann. Dieses Verfahren wird allgemein als Mulchsaat umschrieben und ist eine wichtige Maßnahme im Rahmen der konservierenden Bodenbearbeitung.

### 2.1.2 Humusgehalt

Die Eigenschaften eines ungestörten Bodengefüges sind bereits durch die Textur (= Körnung) festgelegt, lediglich der Humusgehalt kann direkt und indirekt Wasser- und Luftkapazität verändern. Der Humus entsteht durch den Abbau leicht zersetzbarer organischer Substanz im Boden. Reste von Pflanzen und Tieren dienen der Bodenfauna und -flora als Nahrungs- und Energiequelle. Als Endprodukte bleiben die stabilen Huminstoffe zurück, die dem Boden die dunkle Farbe geben. Die Wirkung von Bodenleben und organischer Substanz im Boden ist für die ackerbauliche Nutzung von großer Bedeutung. Die Mineralisation und Gewinnung des Stickstoffs, der durch Mikroorganismen aus der Luft aufgenommen werden kann, haben zwar heute aufgrund der Mineraldüngung an Bedeutung verloren, aber die physikalischen Auswirkungen der organischen Substanz im Boden finden wieder zunehmend Beachtung. Durch die Tätigkeit der Regenwürmer und anderer Kleinsttiere wird der Boden gelockert und dräniert. Durchlüftung und schnelle Wasserabführung in unteren Bodenzonen sind die Folge. Die Lebendverbauung der Bodenteilchen durch Pilze, Bakterien und Ausscheidungen der Wurzeln erhöhen die Krümelstabilität. Dadurch wird das Verschlämmen der Oberfläche oder Erosion in schluff- und tonreichen Böden verringert. In Sandböden steigt mit zunehmendem Anteil der organischen Substanz, die das Zwei- bis Dreifache des Eigengewichts an Wasser speichern kann, die Wasserhaltefähigkeit. Die Auswaschung von Nährstoffen und Tonteilchen wird reduziert. Schließlich sei an die schnellere Erwärmung humusreicher, dunkler Böden erinnert.

## Aktuell: Moderner Ackerbau = Raubbau?

Der natürliche Humusgehalt wird durch die Lockerung des Bodens, die das biologische Leben im Boden aktiviert, abgebaut. Das gleichzeitige Zerstören der natürlichen Vegetationsdecke kann, wie es bei der Erosion bereits angesprochen wurde, zu empfindlichen Bodenverlusten führen. Nach Jahrhunderten ackerbaulicher Nutzung hat sich in unseren Böden ein relativ stabiler Humusgehalt von 2 bis 3 % (bei Schwarzerden etwa 5 %) eingestellt. Langfristig ändert sich der Humusgehalt nur geringfügig, kurzfristig wird die biologische Aktivität bei unzureichender organischer Düngung nachteilig beeinflußt. Die humuszehrende Wirkung ist um so stärker, je intensiver ein Boden bearbeitet wird. Man kann in etwa als *Faustzahl* annehmen, daß in einer Vegetationsperiode je nach Hackfruchtanteil 20 bis 60 dt/ha organische Substanz abgebaut werden. Durch die Wurzeln und Stoppelreste von Getreide werden 10 bis 20 dt/ha an Trockenmasse dem Boden zurückgeführt. Bei Futterpflanzen können es bis zu 90 dt/ha sein. Ein gezielter Ausgleich innerhalb einer Fruchtfolge, sei es durch wirtschaftseigene Dünger wie Stallmist oder Gülle, oder durch Grün- und Strohdüngung, sollte auf jeden Fall angestrebt werden (Darst. 8 und 9 S. 37/38).

Bei viehloser Wirtschaftsweise und zunehmendem Getreideanteil nimmt die Stoppelbearbeitung einen hohen Stellenwert ein, da man die Stoppelbearbeitung mit Maßnahmen zum Humusersatz verbinden kann. Das Einarbeiten von Stroh und Herrichten eines Saatbettes für den Anbau von Gründüngungspflanzen zählt zu den wichtigsten Aufgaben.

- **Strohdüngung:** Durch sorgfältiges Mischen von Böden und Stroh wird der Abbau gefördert. Vor dem Einarbeiten sollte das Stroh fein geschlegelt und gleichmäßig über die Fläche verteilt werden. In den ersten Jahren der Strohdüngung ist eine zusätzliche N-Düngung einzubringen, da durch den Abbau des Strohs durch Mikroorganismen Stickstoff festgelegt wird. *Faustzahl:* 1 dt Stroh benötigt 1 kg/ha N. Bei 40 bis 60 dt/ha Stroh ergibt das in etwa 50 kg/ha N. Als sehr günstig hat sich das Ausbringen von Gülle zur Strohdüngung erwiesen. Nach mehrjähriger Strohdüngung haben sich die Mikroorganismen im Boden dem Strohanfall angepaßt. Gleichzeitig wird aus dem leicht mineralisierbaren Humuspool, der sich im Laufe der Jahre gebildet hat, relativ rasch Stickstoff mineralisiert, der wiederum bei der Umsetzung des Strohes den Mikroorganismen als Nahrung dient. In solchen Böden kann auf eine N-Düngung zum Stroh verzichtet werden. Die optimale Bearbeitungstiefe bei Strohdüngung liegt zwischen 10 und 20 cm. Je feuchter ein Boden und je schwerer er ist, desto flacher sollte das Stroh eingemischt werden. Problematisch ist die Strohdüngung auf trockenen Standorten. Hier kann es ratsam sein, das Stroh zu verbrennen, da die Folgekulturen, besonders aber Zuckerrüben und Mais, empfindlich auf unverrottete Strohreste im Boden reagieren.
- **Gründüngung:** Die Zeit zwischen der Ernte und der Neuansaat kann durch den Anbau von Stoppelsaaten genutzt werden. Hierzu ist es notwendig, möglichst bald nach der Ernte die Stoppelsaat auszubringen, um die Restfeuchte in der Krume zu nutzen, ehe sie ver-

dunstet ist. Unter dem Blätterdach bildet sich ein krümelfähiger Boden (Schattengare), der sich zur Hauptfrucht leichter bearbeiten läßt. Die Wurzeln der Gründüngungspflanzen tun ein übriges, um den Boden zu lockern und zu erschließen. Auch wird die Auswaschung von Nährstoffen reduziert.

### 2.1.3 Bodentypen

Die Horizonte eines Bodens geben Auskunft über den Wasser- und Luftzustand im Boden. Sie sind unter dem Einfluß des Klimas und der klimabedingten Vegetation entstanden. Es entwickelten sich in einer bestimmten Reihung Bodentypen, die man an ihren Horizonten im Profil erkennen kann. Die Bezeichnung der Horizonte erfolgt nach dem Alphabet (Darst. 10, S. 20).

*A-Horizont:* Er ist die oberste Schicht des Bodens, meist etwas dunkler gefärbt, da hier der Humusgehalt zunimmt. Der ackerbaulich genutzte Teil wird als Ap-Horizont (p = Pflug) bezeichnet. Auf anderweitig genutzten Böden, z. B. in Wäldern, kann sich eine Schicht mit mullartig zersetzter organischer Substanz bilden (= O-Horizont).

*B-Horizont:* Er ist der Übergang vom A-Horizont zum Ausgangsmaterial im C-Horizont. Je nach Entwicklungsstand ist er an der Verbraunung ($B_v$), an der Toneinlagerung ($B_t$) oder an der Anreicherung von Huminstoffen ($B_h$) bzw. Eisen- und Aluminiumoxiden ($B_s$) zu erkennen.

*C-Horizont:* Er ist die unterste Schicht und besteht aus dem unverwitterten Ausgangsmaterial. Auch der C-Horizont kann je nach Tiefgründigkeit eines Bodens von den Pflanzen durchwurzelt werden.

Die Unterteilung der Horizonte ist weiterhin untergliedert, es sei hier jedoch auf die Spezialliteratur verwiesen. Auch gibt es bei der Vielfalt der möglichen Entwicklungen noch zusätzliche Horizontbezeichnungen, von denen aber nur der G-Horizont genannt werden soll.

*G-Horizont:* Die durch das Grundwasser beeinflußte Schicht ist in einen Oxidationshorizont ($G_o$), der im Schwankungsbereich des Grundwassers steht, und einen Reduktionshorizont ($G_r$), der ständig im Grundwasser steht, zu unterteilen.

Die Entwicklung eines Bodens ist ein kontinuierlicher Prozeß. Zunächst entwickelt sich ein A-Horizont. Organische Substanz sammelt sich in der oberen Schicht, der pH-Wert sinkt, Calcium-, Magnesium-, Eisen- oder Aluminium-Ionen werden gelöst und verlagert; die Tonbildung setzt ein. Zu den relativ jungen Böden mit einem A-C-Horizontaufbau zählen je nach Ausgangsmaterial der Ranker (Silikat- oder quarzhaltiges Gestein), die Rendzina (kalkhaltiges Gestein) und die Pararendzina (Löß). Letztere entwickelt sich in niederschlagsärmeren Gebieten (etwa 600 mm. NS im Jahr) zum fruchtbarsten Boden, zur Schwarzerde. In niederschlagsreicheren Gebieten (600 bis 700 mm NS im Jahr) setzt die Verbraunung und die Tonverlagerung ein. Es bildet sich ein B-Horizont. In den typischen Ackerbaugebieten findet man diese Bodenentwicklung sehr häufig. Diese Böden spricht man als Braunerden bzw. Parabraunerden an. Bei Niederschlägen über 800 mm im Jahr wird bei deutlicher Ausprägung eines Tonanreicherungshorizonts bereits das Wasser zeitweise gestaut, so daß deutlich marmorierte Flecken mit Eisen und Manganausfällungen im B-Horizont zu erkennen sind. Diese Böden werden als Pseudogleye bezeichnet. Verwandt zu letzteren sind die Gleye, die unter ständigem Grundwassereinfluß stehen. Aueböden aus Sedimentablagerungen der Flüsse sowie Marschböden aus den feinsandigen bis starktonigen Sedimenten des Meeres werden, je nach Abstand vom Grundwasser, als Wiesen und Weiden oder als Ackerland genutzt. Schließlich sind auch noch die Podsole zu nennen. Es sind sehr sandige und durchlässige Böden, die sich bei sehr hohen Niederschlägen und meist unter einer Waldvegetation mit Nadelhölzern oder Erikagewächsen bilden.

Die Wechselwirkungen zwischen Bodengefüge, Bodenart und Bodentyp sind sehr ausgeprägt. Wasser-, Luft- und Wärmehaushalt sind ein komplexes Ergebnis aller Einflußfaktoren einschließlich der Witterung. So lassen sich die verschiedenen Bodentypen in Klassen unterschiedlicher Luft- und Wasserkapazität einteilen, wobei die Luftkapazität von Pseudogleye über die Parabraunerde und Braunerde bis hin zur Schwarzerde, aber auch dem Podsol zunimmt. In abgewandelter Reihenfolge kann umgekehrt eine Zunahme der nutzbaren Wasserkapazität vom Podsol über den Pseudogley, Parabraunerde, Braunerde hin zur Schwarzerde beobachtet werden. Die viel gerühmte Fruchtbarkeit der Schwarzerdeböden ist auf die Tiefgründigkeit, das hohe Nährstoffpotential und auf die guten physikalischen Eigenschaften zurückzuführen: hohe nutzbare Wasserkapazität (etwa 30 Vol.-%), hohe Luftkapazität (etwa 25 Vol.-%), bei guter Krümelstabilität und hohem Humusgehalt des Bodens (Darst. 11, S. 22).

## 2.2 Ansprüche der Pflanzen

Die Wasser- und Luftführung eines Bodens wird durch die Bodenart weitgehend festgelegt. Die natürliche Vegetation hat sich diesen Gegebenheiten angepaßt, die selten optimal für die Leistung unserer Kulturpflanzen gestaltet sind. Bevor jedoch auf die Verbesserung des Bodengefüges durch die Bodenbearbeitung einzugehen ist, sollten die Ansprüche der Pflanzen an die physikalischen Eigenschaften des Bodens dargestellt werden.

### 2.2.1 Lufthaushalt des Bodens

Ein weit verzweigtes Wurzelnetz sichert die ausreichende Aufnahme von Nährstoffen und erhöht zugleich die Standfestigkeit der Pflanze. Die Krume enthält zwar den größten Anteil der Wurzeln, aber gerade die tiefreichenden Wurzeln können in niederschlagsarmen Zeiten die Wasseraufnahme im Unterboden sicherstellen. Im Durchschnitt wachsen Getreidewurzeln bis zu einer Tiefe von 100 bis 150 cm. Sie können aber auch auf tiefgründigen Standorten bis zu 200 cm Tiefe wachsen.

Wurzeln wachsen in den Grobporen. Sie verbrauchen $O_2$ zur Atmung und geben $CO_2$ frei. Unter sonst gleichen Bedingungen wird das Längenwachstum der Wurzel im Boden durch die Zusammensetzung der Bodenluft beeinflußt. Bei Sauerstoffgehalten unter 6% wird das Längenwachstum der Getreidewurzeln zunehmend gehemmt. Leguminosen, die in Symbiose mit den Knöllchenbakterien leben, reagieren bereits bei Rückgang des maximal möglichen $O_2$-Gehaltes von 21%. Ein Ansteigen des $CO_2$-Gehaltes bis zu 2% stimuliert das Wachstum, höhere Konzentrationen hemmen es. Bei geringem Grobporenanteil und schlechter Porendurchlässigkeit kann der $O_2$-Gehalt bis auf 0% zurückgehen und der $CO_2$-Gehalt bis auf 5 bis 6% ansteigen. Der $CO_2$-Gehalt der Bodenluft kann bis zu $^2/_3$ aus der Mikroorganismenatmung kommen. Durchschnittlich schwankt der $CO_2$-Gehalt zwischen 0,2 und 0,7 %, der $O_2$-Gehalt zwischen 10 und 20% (Darst. 15, S. 45).

Die Konzentrationsunterschiede zwischen der Bodenluft und der freien Atmosphäre ($O_2$: etwa 21% $CO_2$: etwa 0,03%, N: etwa 79%) werden hauptsächlich durch die Diffusion ausgeglichen. Der Luftaustausch erfolgt ausschließlich in den Grobporen. Für eine ausreichende Durchlüftung des Bodens ist ein Grobporenanteil von 10 bis 15 Vol.-% notwendig. Hierzu sei angemerkt, daß bei hoher Porenkontinuität bereits ein Anteil um 8 bis 10 Vol.-% ausreichend sein kann. Alle, den Grobporenanteil und die Porendurchlässigkeit beeinflussenden Maßnahmen des Menschen, seien es die lockernden oder verdichtenden, wirken sich daher auf die Diffusion und somit auf die Zusammensetzung der Bodenluft aus.

### 2.2.2 Wasserhaushalt des Bodens

Mit zunehmenden Niederschlägen wird der Boden mit Wasser gesättigt. Die kapillaren Poren füllen sich mit Wasser und quellen: der luftgefüllte Grobporenanteil geht zurück. Umgekehrt wird in der Trockenphase dem Boden Wasser entzogen, so daß er schrumpft. Es entstehen Risse, der Luftgehalt nimmt zu. Es besteht also eine enge gegenläufige Beziehung zwischen Wasser- und Luftgehalt.

Das Wasser als Nährstoffvermittler, aber auch als lebensnotwendige Substanz bei der Assimilation ist eine Grundlage des Wachstums. Der Wasserverbrauch zur Produktion von Trockensubstanz (Transpirationskoeffizient) ist für einzelne Pflanzenarten unterschiedlich. Der Verbrauch liegt zwischen 400 und 600 l Wasser je kg Trockensubstanz. Unter wärmeren Klimabedingungen transpiriert die Pflanze größere Mengen Wasser als in gemäßigten Zonen. Auch kann man davon ausgehen, daß die Pflanze das Wasser besser ausnutzt, wenn alle Wachstumsfaktoren – speziell die Nährstoffversorgung – optimal gestaltet sind. Das Wasser im Boden ist ein Teil des Niederschlagswassers, sieht man von den vom Grundwasser beeinflußten Böden ab. Bis zu $^2/_3$ der Regenmenge können im Boden je nach Wasserkapazität gespeichert werden. In sandigen Böden können bei einer Wurzeltiefe von 150 cm etwa 100 bis 150 mm Niederschlag/$m^2$ als pflanzenverfügbares Wasser gespeichert werden: in Lehmböden sind es 300 bis 400 mm, und in Tonböden 200 bis 250 mm Niederschlag/$m^2$. Die restlichen Niederschlagsmengen fließen oberflächlich ab oder versickern in das Grundwasser. Während der Wintermonate wird der Boden mit Wasser gesättigt, das überschüssige Wasser fließt ab. Auf landwirtschaftlichen Flächen versickern etwa 200

bis 400 mm Niederschlagswasser und füllen damit den Grundwasserspeicher an. Während der Versickerung werden gelöste Stoffe, u. a. Nährstoffionen (wie Nitrat, Kalium oder Kalzium und Magnesium) ins Grundwasser verlagert. Überschüssige Nährstoffe sollten daher in der Wurzelzone minimiert werden. Dies gilt speziell für Nitrat, dessen Konzentration im Grundwasser einiger Regionen angestiegen ist. Die Ursachen hierfür waren Grünlandumbrüche, zu hohe Viehdichten mit entsprechendem Anfall an organischer Substanz und zu hohe Bewirtschaftungsintensitäten. In der nachfolgenden Vegetationsperiode wird das Bodenwasser von den Pflanzen aufgenommen und transpiriert (Transpiration) oder es verdunstet direkt aus dem Boden (Evaporation). Man spricht daher von der Evapotranspiration des Bodens.
Die Wasserkapazität eines Bodens kann nur durch tiefgreifende meliorative Maßnahmen verändert werden, wenn z. B. durch einen Tiefenumbruch tonreicher Unterboden nach oben gelangt oder in sandige Böden humose Horizonte bis zu 1 m Tiefe untergepflügt werden. Zu den meliorativen Maßnahmen zählt auch die Dränung vernäßter Böden. Je nach Ursache der Vernässung – Stau-, Hang- oder Grundwasser – sind die Maßnahmen nur unter fachkundiger Beratung durchzuführen.
Sieht man von diesen Meliorationen ab, so ist unter den gegebenen Klimaverhältnissen eines Standorts der Wasserhaushalt auch durch die übliche Bodenbearbeitung in gewissen Grenzen beeinflußbar. Durch lockernde Maßnahmen erhöht man die Durchlässigkeit, durch verfestigende die Speicherkapazität. Durch Brechen von Krusten oder Zerstören der kapillaren Poren an der Krumenoberfläche wird die Verdunstung reduziert.

### 2.2.3 Wärmehaushalt des Bodens

Die unterschiedliche Wärmeleitfähigkeit von Luft, Wasser und Bodensubstanz beeinflußt den Wärmehaushalt. Durch die Bodenbearbeitung wird der Luftanteil erhöht, d. h., der Boden erwärmt sich schneller, umgekehrt kühlt er im Winter auch schneller aus.
Die Keimung wird bei ausreichendem Wasserangebot mit zunehmender Temperatur bis zu etwa 20 bis 25° C beschleunigt. Die minimale Keimtemperatur bei Getreide ist 3 bis 5° C, bei Mais 10 bis 12° C. Ein lockeres Saatbett fördert die Erwärmung der Bodenluft, aber auch die Verdunstung des Bodenwassers. Es ist daher notwendig, daß das Samenkorn zugleich auf einer leicht verdichteten, wasserführenden Schicht liegt.
Während des Winters führen Wechselfröste vor allem gegen Winterende zu einem Anheben und Senken der Bodenoberfläche. Hierbei reißen oftmals die Wurzeln ab. Die Pflanzen vertrocknen. Eine gleichmäßige Bearbeitung, ein gut abgesetztes Saatbett und die sorgfältige Saatgutablage in gleicher Tiefe können vor allem bei auswinterungsgefährdeten Kulturen, wie z. B. bei Wintergerste, ein zu rasches Eindringen des Frostes durch die bessere Wärmeleitfähigkeit von unten verhindern.

# 3 Verfahren der Bodenbearbeitung

Ausgehend von der Tatsache, daß es heute mit der gegebenen Technik möglich ist, in den ungelockerten Boden Saatgut abzulegen und die Unkrautkonkurrenz durch Totalherbizide zu beseitigen, stellt sich die provokative Frage, ob man eine Bodenbearbeitung überhaupt durchführen sollte. Weite Gebiete in den USA, Brasilien, aber auch in England werden ohne Bodenlockerung bestellt. Betrachten wir zusätzlich den Energieverbrauch, der beim Pflügen aufgewendet wird, dann muß man sich erneut fragen, warum die Krume bis zu etwa 30 cm gelockert wird.

### Aktuell: Direktsaat – oder ist Bodenbearbeitung notwendig?

Unter drei Gesichtspunkten kann die Anwendung des Direktsaatverfahrens betrachtet werden:

- Wirkung in Abhängigkeit vom Standort (Boden und Klima),
- angebaute Kultur und
- Intensität der Wirtschaftsweise (Technik, Düngung).

Das Direktsaatverfahren wird auf sehr unterschiedlichen Standorten mit Erfolg durchgeführt. Meist sind es tiefgründige Böden mit einem hohen Grobporenanteil. Aber auch auf flachgründigen Böden, die sich ansonsten nicht pflügen lassen, werden Direktsaatmaschinen für den Ackerbau genutzt. Bei der Direktsaat wird bis auf den Säschlitz der Boden weder gelockert noch gewendet, wie es bei herkömmlicher Wirtschaftsweise getan wird. Als Vorteil muß man die Bodenruhe betrachten, Wurzelgänge, Regenwurmröhren und Schrumpfungsrisse verbinden die einzelnen Horizonte. Die biologisch aktive Schicht bleibt an der Oberfläche und wird nicht vergraben. Der Boden ist dichter gelagert, und die organischen Reste an der Oberfläche verhindern das Abschwemmen feiner Bodenteilchen. So entsteht ein Erosionsschutz. In großen Gebieten Brasiliens und in den USA, wo die Erosionen ein Problem darstellen, wird das Direktsaatverfahren mit Erfolg neben anderen Maßnahmen wie Pflügen nach gleichen Höhenlinien oder das Anlegen von Untersaaten angewendet.

Trotz dieser Vorteile muß man jedoch feststellen, daß die tiefe Bodenbearbeitung unter europäischen Verhältnissen das Standardverfahren geblieben ist.

Im Gegensatz zur extremen Direktsaat hat sich speziell in erosionsgefährdeten Gebieten die Mulchsaat etabliert. Hier wird die Saat in eine Mulchschicht abgelegt, die sich durch den Anbau von Zwischenfrüchten gebildet hat. Unter den mitteleuropäischen Klimabedingungen hat sich die grobe Lockerung auf 20 bis 30 cm vor der Saat der Zwischenfrucht als notwendig erwiesen.

Um zu verstehen, warum der Verzicht auf eine Lockerung in anderen Klimagebieten ebenso erfolgreich angewendet werden kann, wie das seit Jahrhunderten durchgeführte Pflügen, ist als erstes der Boden als gegebenes Medium für die Wurzelausbreitung zu betrachten. Liegen die ursprünglichen Bodeneigenschaften bereits im optimalen Bereich für das Wachstum, wie es bei den fruchtbaren Schwarzerdeböden der Fall ist, kann durchaus auf das Pflügen verzichtet werden. Man sollte aber bedenken, daß unter unseren mitteleuropäischen Verhältnissen bis gegen Ende der Vegetationsperiode der Boden meist in sich zusammensackt, und daß in niederschlagsreichen Gebieten die feinen Bodenteilchen sowie Nährstoffe nach unten transportiert werden. Verdichtete Spuren – hervorgerufen durch den Fahrverkehr zur Bestellung, Pflege und Ernte – hinterlassen eine ungünstige Bodenstruktur. Die Wurzeln, die sich nur in den Grobporen ausdehnen, können bei auftretenden Bodenwiderständen zwar die Bodenteilchen teilweise auseinanderdrücken oder umwachsen, aber bei größeren Störschichten, wie z. B. unter Radspuren oder unter der Bearbeitungsgrenze im Pflugsohlenbereich, tritt zu dem Bodenwiderstand der Sauerstoffmangel. In solchen Verdichtungszonen kommt das Wurzelwachstum zum vollständigen Stillstand (Darst. 17, S. 47).

### Beurteilung der Direktsaat

*Vorteile:*

- keine Horizontbildung im Krumenbereich,
- homogene Verbindung zwischen Krume und Unterboden,
- Erosionsschutz an der Oberfläche,
- geringer Energieaufwand

*Nachteile:*

- Dichtlagerung (suboptimales Bodengefüge), vor allem bei Zuckerrüben,
- erhöhte Nährstoffkonzentration an der Oberfläche,

- erhöhter Aufwand an Herbiziden und Insektiziden
- erhöhte N-Düngung, da geringere N-Mineralisation),
- geringe Krumentiefe mit schwacher Pufferwirkung in zu feuchten oder zu trockenen Witterungsperioden.

## 3.1 Grundbodenbearbeitung

Die Auseinandersetzung mit dem Verfahren der Direktsaat, das unter dem Gesichtspunkt der Bodenerosion an Bedeutung zunehmen wird, hat gezeigt, daß in Mitteleuropa bei hohen Ertragserwartungen das Bodengefüge durch die Bearbeitung verbessert werden muß (Dichtlagerung, Strukturschäden, Verlagerung von Tonteilchen und Verschlämmung). Aus dieser für das Wachstum nachteiligen Strukturdynamik lassen sich für die Grundbodenbearbeitung folgende Aufgaben ableiten:

- Durch Lockern des Bodens wird der Grobporenanteil erhöht.
- Durch Wenden des Bodens werden nach unten verlagerte Tonteilchen oder Nährstoffe emporgebracht.
- Durch Auflockern der Spuren und grobes Krümeln wird der Boden für das Saatbett vorbereitet.
- Durch Mischen werden Ernterückstände, Pflanzenbewuchs oder Dünger auf die gesamte Krumentiefe verteilt.

### 3.1.1 Pflugeinsatz – Energieverschwendung?

Das Pflügen stellt nach wie vor einen sehr energie- und zeitaufwendigen Arbeitsgang dar. Beim Pflugeinsatz sollten deshalb alle Maßnahmen darauf abzielen, neben einer hohen Qualität der Arbeitserledigung auch eine entsprechend hohe Flächenleistung bei tragbarem Leistungsbedarf zu erzielen.

Die ordnungsgemäße Funktion des Pfluges wird nicht nur von der Auswahl des Pfluges selbst, sondern auch von seiner richtigen Einstellung (Furchentiefe, Arbeitsbreite und Querneigung) beeinflußt.

Die benötigte Zugkraft eines Pfluges richtet sich im wesentlichen nach der Bodenart und dem Bodenzustand, Querschnitt des Pflugbalkens und Anzahl der Pflugkörper. Der spezifische Pflügewiderstand steigt vom leichten zum schweren Boden an und erhöht sich darüber hinaus bei zunehmender Arbeitstiefe, größerer Furchenbreite und steigender Arbeitsgeschwindigkeit.

Das bevorzugte Gerät für die Grundbodenbearbeitung ist nach wie vor der Streichblechpflug in unterschiedlichen Varianten. Verschiedene Sonderbauformen wie z. B. Scheibenpflug, Kreiselpflug oder Spatenmaschine haben nur begrenzte oder regionale Bedeutung. Dagegen werden in letzter Zeit spezielle Schwergrubber-Bauformen (Pfluggrubber) verstärkt als Pflugergänzung oder Ersatz verwendet.

*Wenden des Erdbalkens:* Im allgemeinen stellt ein Wendewinkel von 135 bis 140° den günstigsten Wert dar. Hierdurch wird die Ablage organischer Substanz in einer günstigen mittleren Tiefe (gute Umsetzungsbedingungen, aber auch gute unkrautbekämpfende Wirkung), ein guter Furchenanschluß und eine große Oberfläche erreicht (günstig z. B. bei Winterfurche für das Auffrieren von Frost). Im praktischen Einsatz wird aber der jeweils günstigste Wendewinkel von mehreren Faktoren beeinflußt: Verhältnis von Breite zu Tiefe des Erdbalkens, Fahrgeschwindigkeit, Einbringen organischer Substanz sowie spezielle Einsatzbedingungen. Unter bestimmten Voraussetzungen können deshalb Abweichungen von dem genannten optimalen Wendewinkel vorkommen, erforderlich oder sinnvoll sein.

*Lockern:* Beim Pflügen wird der Boden spürbar aufgelockert. Dies äußert sich in einer erheblichen Zunahme des Bodenvolumens, die bei Sandböden ca. 35 %, bei Lehmböden ca. 45 % und bei Tonböden ca. 50 % beträgt. Je ausgeprägter die Furchendämme gepflügt werden, desto besser bleibt die Lockerung erhalten. Es entstehen aber auch unkontrollierbare Hohlräume. Eine schüttende Furche setzt sich rascher ab, dies kann z. B. bei kurzen Zeitspannen zwischen Pflügen und Aussaat der folgenden Hauptfrucht (z. B. Wintergerste, Winterraps) und bei einer angestrebten, sehr flachen Saatbettbereitung (z. B. für Zuckerrüben) vorteilhaft sein.

*Krümeln:* Das Krümeln des Bodens wird vor allem durch die Streichblechform beeinflußt. Beim Gleiten des Erdbalkens über das Streichblech entsteht ein »Schereffekt«, der Boden zerbricht in relativ haltbare Krümel. Neben der Streichblechform beeinflussen vor allem auch Bodenfeuchte und Wahl der Vorwerkzeuge die Krümelungswirkung – sie erhöht sich bei steiler Pflugkörperform, trockenem Boden und

Verwendung von Vorschälern. Sie verringert sich bei gewundenen Körperformen, feuchtem Boden und zu tiefer Einstellung von Scheiben- oder Messersech.
*Mischen:* Der Pflug kann weder den Erdbalken selbst noch Boden und andere Substanzen (z. B. Dünger, Pflanzenreste) miteinander mischen. Beim Wenden des Erdbalkens kommt lediglich eine andere Schichtung zustande; da vorhandenes Stroh oder der Dünger nur zwischen die schräggestellten Erdbalken abgelegt werden können.

### 3.1.2 Grubbereinsatz – eine Alternative zum Pflug?

Die wühlende, nicht exakt wendende Arbeitsweise des Grubbers zählt zu den ältesten und bekanntesten Bodenbearbeitungsmaßnahmen. Wenn heute der weiterentwickelte, moderne Schwergrubber so großes Interesse findet, so sind hierfür vor allem folgende Gründe maßgebend:
*Ackerbauliche Gründe:* Aufgrund neuerer Untersuchungen und praktischer Erfahrungen wird in Frage gestellt, ob alljährlich die Bearbeitung des Bodens auf volle Krumentiefe durch den Streichblechpflug erforderlich ist. Ob nicht nach bestimmten Früchten, z. B. Kartoffeln, Zuckerrüben, auf einen Pflugeinsatz verzichtet und die Einsaat der folgenden Getreide-Hauptfrucht auf gegrubberten Feldern erfolgen kann. Der Schwergrubber kann zwar den Boden im Gegensatz zum Pflug nicht exakt wenden, dafür aber intensiver lockern und mischen. Pflanzenreste werden oberflächennah und in umsetzungsaktive Schichten eingearbeitet. Das begünstigt die rasche, vollständige Rotte. Es entstehen keine Verdichtungshorizonte an der Bearbeitungsgrenze (Schlepperradsohle), da die Spuren beim Bearbeitungsvorgang sofort gelockert werden.
*Verfahrenstechnische Gründe:* Die ständig ansteigende, durchschnittliche Motorleistung der Ackerschlepper begünstigt die Verwendung des Grubbers. Der spezifische Leistungsbedarf (kW/m Arbeitsbreite) ist geringer als beim Streichblechpflug. Je nach Verwendungszweck lassen sich am Schwergrubber Zusatzgeräte (Nachläufer) anbringen, die seine Funktion ergänzen oder verbessern. Bewährt haben sich zapfwellengetriebene Geräte, da eine intensive Zerkleinerung der etwas grobscholligen Oberfläche nach dem Grubber notwendig erscheint. Dadurch wird es möglich, meist in einem Arbeitsgang den gewünschten Bearbeitungseffekt zu erzielen. Das erspart zusätzliche Arbeitsgänge und Arbeitszeit, die Schlagkraft wird erheblich gesteigert.
Wir unterscheiden bei Schwergrubbern zwei grundsätzliche Bauarten: Pfluggrubber und Schälgrubber. Sie unterscheiden sich nicht nur durch ihren technischen Aufbau, sondern auch in den speziellen Anwendungsbereichen.

**Pfluggrubber** können den Boden bis auf die volle Krumentiefe grob lockern, sie mischen und wenden jedoch kaum. Pfluggrubber besitzen stabile, flach angestellte Zinken, die in der Regel starr (gegebenenfalls mit Überlastsicherung) am Grubberrahmen angebracht sind. Um auch bei tiefer Bearbeitung den Leistungsbedarf in Grenzen zu halten, werden vorwiegend Schmal- oder Spitzschare verwendet.

**Schälgrubber** haben ihren Haupteinsatzbereich bei der Nachbearbeitung abgeernteter Getreidefelder, d. h. bei Stoppelumbruch, Stroheinarbeitung und Zwischenfruchtbestellung. Die Zinken sind steil angestellt und mit Scharen ausgerüstet, die ein intensives und oberflächennahes Einmischen der Pflanzenreste gewährleisten. Durch Verteilung der Zinken auf mehrere Querholme wird ein intensiver Bearbeitungseffekt bei gleichzeitig geringer Gefahr von Verstopfungen erreicht.

#### Aktuell: Pflug oder Grubber?

Die Vorteile des Pflügens sind eindeutig das Wenden und das Lockern des Bodens. Deshalb hat sich der Pflug in unseren Klimazonen als besseres Gerät erwiesen, auch wenn er einige Nachteile hat. So haben Verdichtungen an der Bearbeitungsgrenze (als Pflugsohle oder auch Schlepperradsohle bezeichnet), schlechte Mischwirkung. Unterpflügen der krümelfähigen Oberfläche hat, neben anderem, den Einsatz des Grubbers gebietsweise gefördert. Vor allem auf tonhaltigen Böden in Trockengebieten, wo ein ausgetrockneter Boden nicht zu pflügen ist. Aber auch auf steinreichen Böden findet man gegrubberte Felder. Der Boden kann durch das Grubbern tiefer bearbeitet werden. Risse und grobe Schollen im unteren Krumenbereich stabilisieren das Bodengefüge. Als Nachteil des Grubbers muß eine begrenzte Einsatzfähigkeit betrachtet werden. Einen guten Arbeitseffekt erzielt man nur bei trockenem Bodenzustand, wie er nach der Ernte oft anzutreffen ist. Deshalb wird der Grubber zunehmend bei der Stoppelbearbeitung eingesetzt, zumal der Grubber Stroh besser im Boden mischt als der Pflug. So gesehen sind Pflug und Grubber sich ergänzende Geräte, die beide nebeneinander eingesetzt werden können.

### 3.1.3 Bearbeitungstiefe

Allgemein kann man davon ausgehen, daß mit zunehmender Bearbeitungstiefe ein größerer Raum des Bodens von den Wurzeln erschlossen wird. Die Ertragssicherheit steigt, z. T. auch das Ertragsniveau. Daß auf tiefgründigen Standorten in England, die mit unseren Schwarzerdeböden vergleichbar sind, ein Verzicht auf jegliche Bodenbearbeitung nicht im Widerspruch stehen muß, ist auf die günstige Bodenstruktur mit einem hohen Grobporenanteil zurückzuführen. Die Wurzeln können ungehindert bis in den Unterboden vordringen.
Im Durchschnitt kann man heute eine Bearbeitungstiefe von 25 bis 30 cm als optimal betrachten, auch wenn man bei Zuckerrüben etwas tiefer geht. Die Bearbeitungstiefe hängt von der Bodenart und der Verrottung organischer Substanz im Boden ab. Je besser die Durchlüftung eines Bodens ist, desto rascher werden eingearbeitete Ernterückstände unter aeroben Verhältnissen zersetzt, desto tiefer kann der Boden bearbeitet werden. Tonige Böden und Standorte mit hohen Niederschlägen werden daher flacher bearbeitet als sandige Lehmböden (Darst. 19, S. 48).
Soll der Boden tiefer bearbeitet werden, ist dieser Vorgang auf mehrere Jahre mit einer stufenweisen Vertiefung um 1 bis 2 cm zu verteilen. Die PK-Düngung sollte man eventuell erhöhen, weil durch das Heraufpflügen von nährstoffärmerem Unterboden eine Verdünnung der Nährstoffe im Krumenbereich zu erwarten ist. Ähnliches gilt auch für den Humusgehalt. Durch die Bewirtschaftung eines Bodens hat sich ein standortspezifischer Humusspiegel in der Krume eingestellt. Wird durch Heraufpflügen von Unterbodenmaterial der Humusgehalt verdünnt, setzt die Humusbildung ein. Organische Substanz wird unter Stickstoff-Fixierung in Humus umgewandelt. Man kann davon ausgehen, daß dieser Vorgang etwa 15 Jahre dauert und in dieser Zeit durch die N-Fixierung die N-Düngung über dem Entzug der Pflanze liegen muß, um den optimalen Ertrag erzielen zu können.
Heute ist jedoch eine Tendenz zu flacherer Bodenbearbeitung erkennbar. Ein Teil der Krume bleibt über der Bearbeitungsgrenze liegen und neigt zu stärkerer Verdichtung. Übernässung, Verschlämmung und Zerstörung des Aggregatgefüges und alle Nachteile von reduktiven Verhältnissen sind die Folge. Dieses Problem tritt vorwiegend in Lößböden, kaum in Sandböden auf. Die Verbesserung der Humusbilanz und Aktivierung des Bodenlebens können diesem Problem ebenso entgegenwirken wie die Kalkung zur Verbesserung des pH-Wertes. Der Einsatz des Grubbers anstelle des Pfluges führt zu einem besseren Krumenaufbau. Aus all diesen Problemen ist ersichtlich, wie schwierig eine Änderung der Krumentiefe ist. Erst bei genauer Kenntnis der Nährstoffversorgung, der biologischen Aktivität im Boden und Kenntnis der Arbeitseffekte der Geräte kann eine Änderung der Krumentiefe ohne Nachteile durchgeführt werden.

## 3.2 Stoppelbearbeitung

Nach der Getreideernte sollte der Boden aus folgenden Gründen möglichst bald bearbeitet werden:

- Reduktion der Wasserverdunstung durch Zerstören der kapillaren Wasserführung an der Oberfläche,
- Unkrautbekämpfung durch Fördern der Keimung und Hervorgrubbern der Wurzelunkräuter,
- Ankeimen von Ausfallgetreide,
- Einarbeiten von Stroh oder organischem Dünger,
- biologische Bindung von N-Restmengen bei der Verrottung von Stroh.

Zugleich dient die Stoppelbearbeitung zur Vorbereitung der Grundbodenbearbeitung. Bisweilen wird auch zur Stoppelbearbeitung der Boden bereits tief bearbeitet (Sommertieffurche), so daß zu einem späteren Zeitpunkt die tiefere Bearbeitung entfällt.
Die Stoppelbearbeitung und die Grundbodenbearbeitung zur späteren Hauptfrucht müssen aufeinander abgestimmt sein. Auf eine flache Stoppelbearbeitung sollte eine tiefe Bearbeitung zur Hauptfrucht folgen. Umgekehrt ist nach einer tiefen Stoppelbearbeitung eine flache Bearbeitung vor der Saat durchzuführen.
An anderer Stelle sind bereits ausführlich der Mischeffekt und die Gerätewahl besprochen worden. Hier sei nur kurz darauf hingewiesen,

daß bei der Stroheinarbeitung das vorrangige Ziel eine gute Verrottung ist.

## 3.3 Saatbettbereitung

Das Ziel der Saatbettbereitung ist es, den Boden so herzurichten, daß alle Saatkörner zügig keimen und daß die Krume bis zur Ernte ihre optimale Struktur behält.
Ein keimendes Korn braucht Wasser, Wärme und Sauerstoff, der Keimling zusätzlich eine lockere Krume beim Durchstoßen. Eine ideale Bodenbearbeitung hinterläßt unter dem Saatkorn einen leicht verfestigten Boden, in dem das Wasser kapillar nach oben steigt und ein lockeres Krümelgemisch oberhalb des Saatkorns, damit Wärme und Sauerstoff rasch in den Boden eindringen können. Von diesen pflanzenbaulichen Vorstellungen lassen sich für die Saatbettbereitung folgende Aufgaben ableiten:

- Einebnen der Oberflächen,
- Zerkleinern und Krümeln von Kluten und Schollen,
- gleichmäßig tiefe Bearbeitung,
- Rückverdichten des Bodens unterhalb der Saatkornablage (Bodenschluß) und
- Aufbrechen von Krusten.

Andere Aufgaben wie das Vernichten bereits aufgelaufener Unkräuter oder das Einmischen treten demgegenüber zurück. Die Keimung ist um so rascher, je feiner der Boden hergerichtet ist. Kurzfristig mag ein sehr feines Saatbett von Vorteil sein, langfristig kann es zum Nachteil umschlagen, denn mit zunehmender Feinheit neigt ein Boden zum Verschlämmen und zur Dichtlagerung. Sehr feine Krümel in der Ablagetiefe des Kornes und gröbere an der Oberfläche würden diesen allgemeinen Vorstellungen entsprechen. Untersuchungen bei Getreide ergaben, daß bei einer mittleren Krümelgröße von 10 bis 12 mm ein maximaler Feldaufgang erzielt wird, ohne daß gleichzeitig Strukturschäden auftreten (Darst. 33, S. 58). Bei instabilen Böden, meist mit hohem Schluffanteil, sind Maßnahmen zur Stabilisierung, wie das Kalken vor der Saat oder eine Anreicherung der organischen Substanz im Boden, langfristig immer von Vorteil. Das Krümeln der groben Bodenaggregate wird einmal durch die Zerkleinerungsintensität der Geräte, die Häufigkeit der Arbeitsgänge und schließlich durch die Bearbeitbarkeit des Bodens bestimmt. Die Bearbeitbarkeit ist eine Funktion des Wassergehaltes und der Konsistenz. Jeder Boden hat einen mittleren Feuchtebereich, in dem er am leichtesten krümelt. Außerhalb dieser Zone geht die Krümelbereitschaft zurück und muß durch höhere Intensität ausgeglichen werden, was jedoch nicht immer möglich ist. Unter Konsistenz des Bodens muß man seine Festigkeit und Dichtlagerung verstehen. So läßt sich im Frühjahr ein Boden, nachdem ihn der Frost aufgefroren hat, bei gleichem Wassergehalt leichter krümeln als direkt nach dem Pflügen vor dem Winter. Während die Grundbodenbearbeitungsgeräte die Aufgabe haben, den Boden auf volle Krumentiefe zu lockern, zu krümeln und gegebenenfalls zu wenden, dienen die Oberflächen-Nachbearbeitungsgeräte zum Herrichten eines auf die jeweilige Fruchtart abgestimmten Saatbettes. Dieser Vorgang wird auch als Sekundär-Bearbeitung bezeichnet.
Aufgrund dieser unterschiedlichen Anforderungen und der sehr vielseitigen Einsatzbedingungen ist das Angebot an Oberflächen-Nachbearbeitungsgeräten außerordentlich vielfältig. Ganz allgemein können diese unterteilt werden in gezogene Geräte und solche mit Zapfwellenantrieb.
Vorrangiges Ziel bei der Saatbettbereitung ist, daß sie arbeitssparend, aber unter Berücksichtigung der Ansprüche von Boden und Pflanze vorgenommen wird. Dem arbeitssparenden Einsatz kommt dabei eine besondere Bedeutung zu, weil die Bestellzeitspannen in den Ackerbaubetrieben stets Arbeitsspitzen darstellen und eine termingerechte Bestellung ganz wesentlich zur Ertragssicherung beitragen kann. Einzelgeräte sind jedoch meist nicht in der Lage, alle gewünschten Effekte zufriedenstellend zu erfüllen. Dies gilt vor allem nur für die gezogenen Nachbearbeitungsgeräte, deren Arbeitseffekt nicht so »gezielt« an unterschiedliche Bodenverhältnisse und Anforderungen der jeweiligen Fruchtart angepaßt werden kann, wie z. B. bei Eggen mit Zapfwellenantrieb. Deshalb werden in ständig zunehmendem Umfang Einzelgeräte mit sehr speziellen Arbeitseffekten zu »Gerätekombinationen« zusammengefaßt.

### 3.3.1 Gezogene und zapfwellengetriebene Geräte zur Saatbettbereitung

In den letzten Jahren hat das Interesse an zapfwellengetriebenen Nachbearbeitungsgeräten erheblich zugenommen, da der Zerkleinerungseffekt angetriebener Bodenbearbeitungswerkzeuge deutlich besser ist als bei gezogenen Werkzeugen. Werkzeugform, die Wucht ihres Auftreffens auf die Bodenteile, der Anteil der getroffenen Bodenteile pro Flächeneinheit, aber auch Bodenart und Bodenzustand beeinflussen den Zerkleinerungseffekt. Beim Einsatz gezogener Nachbearbeitungsgeräte ist es auf schweren Böden schwierig, mit wenigen Arbeitsgängen den angestrebten Bearbeitungseffekt sicher zu erreichen.

Nachbearbeitungsgeräte mit Zapfwellenantrieb bieten daher gegenüber gezogenen Geräten eine Reihe schwergewichtiger Vorteile:

- Die Schlepper-Motorleistung wird mit hohem Wirkungsgrad und ohne schädlichen Radschlupf auf den Boden übertragen.
- Bei unterschiedlichen und wechselnden Bodenverhältnissen ist es möglich, eine gezielte Bearbeitung durchzuführen.
- Die Veränderbarkeit des Bearbeitungseffektes erlaubt eine günstige Anpassung an vorliegende Einsatzbedingungen und einen vielseitigen Einsatz.
- Der Spurenanteil je Flächenanteil wird vermindert: bei ausreichendem Tiefgang der Werkzeuge lassen sich sogar die Schlepperspuren selbst gründlich mitbearbeiten.
- Zapfwellengetriebene Nachbearbeitungsgeräte sind »kombinationsfähig«, sowohl mit anderen Bodenbearbeitungsgeräten (z. B. Grubber) als auch mit Sä- und Pflanzmaschinen.

Allerdings sollte nicht unerwähnt bleiben, daß bei zapfwellengetriebenen Nachbearbeitungsgeräten der Investitionsaufwand und die Reparaturkosten zu beachten sind. Der Aufwand bei der Anschaffung ist erheblich höher als bei gezogenen Geräten, auftretende Reparaturen sind meist kompliziert und teuer, außerdem sind sie meist steinempfindlicher als gezogene Bodenbearbeitungsgeräte.

Die Zapfwellengeräte unterscheiden sich im wesentlichen durch die Anordnung der Werkzeuge und ihre Bewegungsbahn im Boden. Je nach Bauart wird die Bearbeitung des Bodens durch waagerecht arbeitende (z. B. Rüttelegge, Taumelegge, Kreiselegge) oder senkrecht arbeitende Werkzeuge (z. B. Bodenfräse, Rotoregge) bewirkt. Dabei wird der jeweils typische Bewegungsablauf der Werkzeuge im Boden durch die Fahrgeschwindigkeit des Schleppers und die Geschwindigkeit der Werkzeuge bestimmt. Wird im praktischen Einsatz eine dieser Geschwindigkeiten variiert, so verändert sich auch die Werkzeugbahn im Boden und damit die Bearbeitungsintensität.

Als *Faustregel* gilt, daß bei geringer Vorfahrtgeschwindigkeit und hoher Werkzeuggeschwindigkeit eine sehr intensive Bearbeitungswirkung erzielt wird, dagegen bei hoher Vorfahrtgeschwindigkeit und geringer Werkzeuggeschwindigkeit der Bearbeitungseffekt geringer ist.

### 3.3.2 Bodenfräse

Die Bodenfräse stellt das am vielseitigsten einsetzbare zapfwellengetriebene Bodenbearbeitungsgerät dar. Als die wesentlichen Anwendungsbereiche gelten:

- flaches Lockern und Krümeln des Bodens,
- Mischen der verschiedenen Bodendichten, Einmischen von Pflanzenbewuchs, Ernterückständen etc.,
- Zerkleinern von Grasnarben bei Grünlandumbruch,
- Saatbettbereitung und gegebenenfalls Pflugersatz bei schwierigen Einsatzverhältnissen,
- Kombination mit Sägeräten (Minimalbestellung).

Die Bodenfräse kann also sowohl nach, als auch ohne vorherige Bodenbearbeitung eingesetzt werden. Vorteilhaft ist es, wenn sie voll spurdeckend arbeitet und mittig hinter dem Schlepper angeordnet ist. Der seitlich versetzte Anbau wird nur bei Fräsen verwendet, deren Arbeitsbreite geringer als die Gesamtbreite des Schleppers ist.

Der Leistungsbedarf von Bodenfräsen richtet sich nach der Arbeitsgeschwindigkeit, Arbeitstiefe, Messerform, Bodenart und dem Bodenzustand sowie der Umfangsgeschwindigkeit der Fräsmesser. Vorteilhaft ist, daß der Antrieb mit hohem Wirkungsgrad vom Schlepper über die Zapfwellen direkt auf das Gerät erfolgt. Im praktischen Einsatz hat deshalb der Schlepper keine Zugleistung, sondern lediglich Zapfwellen-Drehleistung aufzubringen.

## 3.4 Einsatz von Gerätekombinationen

Einzelgeräte bewirken, wie bereits ausführlich erwähnt, einen jeweils typischen und speziellen Bearbeitungseffekt. Oft sind aber Einzelgeräte nicht in der Lage, die erwartete oder notwendige Wirkung zufriedenstellend zu erreichen. Durch das Zusammenfassen solcher Einzelgeräte mit unterschiedlicher Wirkungsweise zu Gerätekombinationen soll die Bodenbearbeitung in der gewünschten Weise, mit möglichst geringem Aufwand gewährleistet werden. Diese Entwicklung wird begünstigt durch die steigende Schlepper-Motorleistung, die das Koppeln von bislang einzeln nacheinander ablaufenden Arbeitsgängen möglich macht.

Die derzeitige Entwicklung von Bodenbearbeitungsgeräten, insbesondere von Oberflächen-Nachbearbeitungsgeräten, hat u. a. zum Ziel, eine möglichst hohe Kombinierbarkeit der Geräte konstruktiv zu gewährleisten. So läßt sich heute feststellen, daß ein Großteil der angebotenen Einzelgeräte miteinander kombiniert werden können. Dies ermöglicht auf der einen Seite eine günstige Form der Bodenbearbeitung, stellt jedoch erhöhte Anforderungen an das Wissen und Können des anwendenden Landwirtes im Hinblick auf die Auswahl der Einzelgeräte und deren zweckmäßige Zusammenstellung zu entsprechenden Gerätekombinationen.

Heute lassen sich die Gerätekombinationen generell unterteilen in zwei große Gruppen:

- Kombinationen verschiedener Bodenbearbeitungsgeräte,
- Kombinationen von Geräten für Bodenbearbeitung und Saat.

Welche Kombinationen verschiedener Bodenbearbeitungsgeräte gewählt werden, hängt von dem Einsatzbereich ab.

Die Kombination des **Streichblechpfluges mit** einem **Nachläufer** hat zum Ziel, ein mechanisches Verdichten und damit rascheres Absetzen des Bodens zu erreichen. Dadurch erhält der Boden die gewünschte Tragfähigkeit für die nachfolgenden Bearbeitungsgänge, der gewünschte Bodenschluß wird hergestellt. Hinzu kommt, daß die Bodenoberfläche gekrümelt wird und ein geringerer Aufwand für die Nachbearbeitung entsteht.

Bei der Kombination des **Schwergrubbers mit** einem **Nachläufer** wird angestrebt, in einem Arbeitsgang eine tiefere Lockerung des Bodens und gleichzeitig eine flache, intensive Krümelung, Einmischung von Ernterückständen bzw. Pflanzenresten bzw. Einebnung der Bodenoberfläche zu erreichen. Um diese unterschiedlichen Zielsetzungen zu erfüllen, läßt sich ein weites Spektrum von Nachlaufgeräten mit sehr unterschiedlichen Werkzeugen am Schwergrubber anbauen; von einfachen Schleppen über abrollende Krümelwalzeggen bis hin zu den zapfwellengetriebenen Eggen oder Fräsen.

In **gezogenen Saatbettkombinationen** werden Einzelgeräte mit unterschiedlicher Wirkungsweise derart zusammengestellt, daß je nach Standort und Fruchtart der gewünschte Bearbeitungseffekt in möglichst wenigen Arbeitsgängen erreicht wird. Um eine sichere Funktion der Geräte auch bei hoher Arbeitsgeschwindigkeit zu erreichen, werden die Geräte meist an einem Tragrahmen angehängt. Je nachdem, wie viele Einzelgeräte hintereinander angeordnet werden, spricht man von einer Zweifachkombination oder Mehrfachkombination. Wichtig ist, daß die Einzelgeräte ihre spezifischen Wirkungen voll entfalten können, Tiefgang bzw. Be- und Entlastung sicher eingestellt werden können und eine ausreichende Arbeitsgeschwindigkeit eingehalten wird.

Auch **zapfwellengetriebene Nachbearbeitungsgeräte** werden heute vorwiegend mit einem Nachläufer ausgerüstet. Dieser besteht in der Regel aus einer Packer/Krümelwalze, die den gelockerten Boden rückverfestigen und zusätzlich krümeln soll. Darüber hinaus dienen diese Walzen zur exakten Tiefenführung der Werkzeuge des Zapfwellengerätes.

## 3.5 Minimalbestelltechnik

Neben den zuvor beschriebenen Kombinationen verschiedener Bodenbearbeitungsgeräte hat in den letzten Jahren auch das Zusammenfassen von Geräten für die Bodenbearbeitung und die Saat in einer Maschine und damit in einem Arbeitsgang eine zunehmende Bedeutung erlangt. Für diese »Minimalbestelltechnik« wird heute bereits ein umfangreiches Geräteprogramm angeboten.

Durch die Minimalbestelltechnik, zu der auch das Mulchsaatverfahren gehört, werden eine Reihe von Vorteilen erzielt:

- Ersparnis von Energie und Zeit,
- höhere Schlagkraft,
- Abbau von Arbeitsspitzen,
- termingerechte Bodenbearbeitung bei geringerem Wetterrisiko,
- geringere Verdichtung durch Einsparen von Arbeitsgängen.

Ein nachhaltiger Erfolg der Minimalbestelltechnik ist jedoch nur dann gewährleistet, wenn durch die richtige Auswahl und den zweckmäßigen Einsatz der Maschinen dafür Sorge getragen wird, daß keine nachteiligen Auswirkungen entstehen. Insbesondere darf die Anwendung derartiger Verfahren mit reduziertem Aufwand nicht dazu führen, daß der Boden in seinen physikalischen Eigenschaften nachhaltige Schäden erleidet, das Ertragsniveau sinkt sowie Unkrautwüchsigkeit, Schädlinge und Pflanzenkrankheiten zunehmen.

Minimalbestellmaschinen werden für die Bestellung von Getreide und Mais angeboten. Die Verwendung bei Zuckerrüben stößt wegen der dort vorhandenen, sehr hohen Anforderungen an Bodenbearbeitung und Saat vielfach auf Probleme. Im Kartoffelbau erschweren die hohen Eigengewichte der Legemaschinen die Kombination mit einem Bodenbearbeitungsgerät.

Generell lassen sich die Verfahren der Minimalbestellung danach einordnen:

- nach der Fruchtart (Getreide, Reihenfrüchte, Zwischenfrüchte);
- nach der Grundbodenbearbeitung. Einsatz gleichzeitig mit dem Grundbodenbearbeitungsgerät, nach dessen Verwendung oder ohne vorherige Grundbodenbearbeitung;
- nach der Bearbeitungsform (ganzflächig, streifenförmig, rillenförmig, schlitzförmig).

Zwischen diesen unterschiedlichen Kriterien besteht eine Vielzahl von Kombinationsmöglichkeiten.

Für eine allgemeine Beurteilung der Minimalbestellverfahren ist es jedoch unerläßlich, neben den Mechanisierungslösungen auch die Auswirkungen ihres Einsatzes zu berücksichtigen. Für den Praktiker ist von besonderer Wichtigkeit, in welchem Ausmaß Bodenstruktur und Ernteertrag beeinflußt werden, Arbeitszeit und Kosten gespart und damit im speziellen Fall echte Vorteile erzielt werden können.

Die heute vorliegenden, bereits sehr umfangreichen Erfahrungen und Versuchsberichte lassen erkennen, daß mit zunehmender Reduzierung des Bearbeitungsaufwandes zwar Arbeitszeit und Kosten gespart werden können, andererseits das Risiko von Ertragseinbußen ansteigt und ein höherer Aufwand an Agrochemikalien für die Unkrautbekämpfung betrieben werden muß. Je nach Standort, vorliegender Betriebsorganisation und Fruchtfolge ergeben sich verschiedene Ausgangssituationen. Daher können auch keine allgemeinverbindlichen Empfehlungen für die Anwendung eines bestimmten Minimalbestellverfahrens gegeben werden. Es muß eine sorgfältige Abstimmung zwischen Minimalbestellverfahren, Fruchtfolge, Düngung- und Pflanzenschutzverfahren erfolgen.

# 4 Bearbeitungszeitpunkt und Ansprüche von Anbaufrüchten

Zur Herstellung eines optimalen Bodengefüges steht dem Landwirt die Zeit zwischen Ernte der Vorfrucht und Aussaat der Folgefrucht zur Verfügung. Dieser Zeitraum kann sehr kurz sein, wie es bei Winterraps der Fall ist, der um den 20. August gesät wird. Wintergerste wird etwa fünf Wochen später gesät. Es folgen Winterroggen und Winterweizen. Je kürzer der Zeitraum ist und je größer die Pflanzenanforderungen sind, desto besser müssen die Bearbeitungsmaßnahmen abgestimmt werden. Das erste Ziel aller Maßnahmen der Bodenbearbeitung ist es, einen hohen Feldaufgang zu erzielen. Das gilt für Getreide und ganz besonders für Zuckerrüben und Mais.

## 4.1 Winterraps und Wintergerste

Beide Kulturen brauchen eine gut abgesetzte Krume mit einem feinkrümeligen Saatbett für einen raschen Feldaufgang und eine optimale Unkrautwirkung der im Vorauflauf eingesetzten Herbizide. Das Setzen des gelockerten Bodens soll die kapillare Wasserführung zwischen Krume und Unterboden wiederherstellen und möglichen Auswinterungsschäden durch eine verbesserte Wärmeleitfähigkeit vorbeugen. Nach der Ernte der Vorfrucht ist umgehend die Stoppel zu bearbeiten, damit eine rasche Verrottung der Erntereste eingeleitet wird und Ausfallgetreide bzw. Unkraut keimen kann. Vor Raps ist eine Strohdüngung nicht zu empfehlen, da unverrottete Strohnester im Boden nicht nur die Wasserführung, sondern auch das Wachstum der Pfahlwurzel hemmen können. Drei bis vier Wochen vor der Ernte erfolgt die Grundbodenbearbeitung. Die Oberfläche sollte nicht allzu rauh sein, um in wenigen Arbeitsgängen ein feines Saatbett herrichten zu können. Die optimale Keimdichte von Wintergerste liegt zwischen 350 und 450 Pflanzen/m$^2$, bei Winterraps zwischen 80 und 120 Pflanzen/m$^2$.

## 4.2 Winterroggen und Winterweizen

Der Roggen wird ab Anfang Oktober, der Weizen ab Mitte Oktober gesät. Letzterer kann auch im Dezember noch ausgebracht werden, auch wenn Tendenzen zu früheren Saaten vorhanden sind. Nach späträumenden Früchten wie z. B. Körnermais und Zuckerrüben kann es angebracht erscheinen, nach einer flachen Bearbeitung, z. B. im Fräsdrillverfahren, den Weizen auszubringen. Wichtig ist hierbei eine ausreichende Krümelung und gute Saatgutablage. Der Weizen kann auch auf einen frischgepflügten Acker bestellt werden, wenn die Saatbettbereitung gelingt und einen Feldaufgang von 300 bis 350 Keimpflanzen/m$^2$ erwarten läßt. Der Roggen sollte dagegen auf ein abgesetztes Saatbett gesät werden, d. h., die Grundbodenbearbeitung sollte mindestens drei Wochen vor der Saat erfolgen.

Nach frühräumenden Früchten kann vor beiden Getreidearten und Gründüngung angelegt werden. Gegen Ende September, wenn das wesentliche Wachstum der Zwischenfrucht abgeschlossen ist, werden zu hohe Pflanzenbestände abgeschlegelt und bei trockenem Bodenzustand flach eingearbeitet. Vor Roggen und Weizen bietet sich die flache Bearbeitung zur Bestellung an, da man sowohl die lockernde Wirkung der Pfahlwurzler (Raps, Ölrettich, Ackerbohnen) als auch die Schattengare, die sich unter dem Blätterdach gebildet hat, nutzen sollte. In derartigen Fällen ist eine tiefe Sommerfurche nach der Ernte der Vorfrucht, jedoch ohne Strohdüngung, eine Lösung, um die arbeitsaufwendige und vom Bodenzustand abhängige Grundbodenbearbeitung in einen günstigeren Zeitraum vorzuziehen.

## 4.3 Sommergetreide

Sommergetreide wird je nach Standort in der Zeit von Februar (Sommerweizen im Rheinland) bis April (Sommergerste in Mittelgebirgslagen) gesät. Zwischen Ernte der Vorfrucht und Saat liegt ein Zeitraum von sechs Monaten. Zeit genug, um im Herbst eine Zwischenfrucht anzubauen und sorgfältig eine tiefe Grundbodenbearbeitung durchzuführen. Eine tiefe Pflugfurche im Frühjahr sollte nur in Notfällen erfolgen oder auf extreme Standorte beschränkt bleiben, da im Frühjahr der Zeitraum zur Bearbeitung bei gleichzeitig hoher Arbeitsspitze sehr begrenzt ist und die Wasserverluste als Folge der Pflugfurche ansteigen.

Die Problematik der Bodenbearbeitung im Frühjahr liegt weniger an der Stoppel- oder Grundbodenbearbeitung als vielmehr in der Saatbettbereitung. Ziel der Bestellung ist es, möglichst früh das Getreide zu säen. Sobald der Boden tragfähig und bearbeitbar ist, kann mit der Bestellung und Saat begonnen werden. Da beide Bodeneigenschaften vom Wassergehalt bestimmt werden, ist auf Fehler bei der Grundbodenbearbeitung, die zu einem Wasserstau an der Bearbeitungsgrenze führen, zu achten. Im Frühjahr läßt sich der Boden meist in einem Arbeitsgang zu einem optimalen Saatbett herrichten. Mehrmaliges Befahren und Spurverdichtungen sind zu vermeiden. Je häufiger der Boden bearbeitet wird, desto größer ist der Wasserverlust der Krume bei zunehmender Verdichtung unterer Schichten. Gitterräder oder Zwillingsreifen zur Vermeidung der Spuren sollte man nutzen.

## 4.4 Zuckerrüben und Mais

Mit der Saat wird für beide Kulturen die Bestandesdichte festgelegt. Anders als bei Getreide können diese Fruchtarten eine zu geringe Bestandesdichte nicht mehr ausgleichen. Oberste Aufgabe ist es daher, einen hohen Feldaufgang zu erzielen und das empfindliche Stadium der Jugendentwicklung zu beschleunigen. Die allgemeinen Vorstellungen von einem idealen Saatbett mit gleichmäßiger Wasserführung aus dem Unterboden und hoher Wärmeleitfähigkeit an der Oberfläche sind besonders zu beachten. Dies gilt in letzter Konsequenz für die Zuckerrüben, während der Mais aufgrund seiner großen Triebkraft Unebenheiten und gröberen Krümeln entwachsen kann.
Die Zuckerrübensamen werden in einer Tiefe von etwa 3 cm abgelegt. Voraussetzung für eine flache Ablage ist eine ebene Oberfläche. Bereits bei der Grundbodenbearbeitung sollte man darauf achten. Man kann auch im Herbst in einem weiteren Arbeitsgang die Oberfläche einebnen. Ausgenommen sind hiervon instabile Böden.
Zur Verbesserung der Stabilität ist eine Kalkung von 10 bis 20 dt/ha zu empfehlen, die im Frühjahr auf gefrorenem Boden durchgeführt werden kann. Ein Verkrusten der feinkrümeligen Oberfläche nach der Saat kann dadurch vermindert werden. Ebenso trägt eine ausgeglichene Humusbilanz zu einer verbesserten Krümelstabilität bei. Grün- und Strohdüngung oder Stallmistgaben vor Zuckerrüben sind von Vorteil, wenn das Stroh oder andere organische Dünger gut angerottet und gleichmäßig in den Boden eingemischt wurden. Die gute Vermischung ist notwendig, da z. B. Strohpolster von der Rübenwurzel nicht durchwachsen werden. Die Hauptwurzel verzweigt sich, es entstehen sogenannte »beinige« Rüben. Auch auf Verdichtungshorizonte reagiert die Zuckerrübe mit »beinigen« Rüben. Beim Pflügen im Herbst sollte man Verdichtungen im Pflugsohlenbereich verhindern. Bereits vorhandene Pflugsohlen lassen sich durch eine Vertiefung der Krume auflockern. Zuckerrüben werden bereits in der ersten Märzhälfte gesät, soweit die Böden abgetrocknet sind. Um möglichst früh säen zu können, wird oft bei geringer Tragfähigkeit des Bodens mit der Saatbettbereitung begonnen. Zur Vermeidung von Spuren sollten Gitterräder oder Zwillingsreifen am Schlepper angebracht werden. Durch Spurlockerer lassen sich Verdichtungen durch den Raddruck zum Teil beseitigen.
Mais benötigt Keimtemperaturen zwischen 10 bis 12° C. Im Boden wird diese Temperatur Ende April erreicht. Es steht also ein relativ langer Zeitraum für die Bodenbearbeitung zur Verfügung. Wie bei allen anderen Kulturen ist eine Herbstfurche vorzuziehen, so daß die Frostgare genutzt werden kann. In ein bis zwei Arbeitsgängen läßt sich ein mittelfeines Saatbett herrichten. Die Saattiefe beträgt 3 bis 6 cm. Bei einer tieferen Ablage verbraucht der Keimling zu viel Energie und wird in seiner Widerstandskraft gegen Kälteeinbrüche oder Schädlinge geschwächt.
Der Mais hat eine langsame Jugendentwicklung und schließt seine Reihen erst Ende Juni. Der Boden ist eine lange Zeit den Witterungseinflüssen ausgesetzt. Es besteht die Gefahr, daß er verschlämmt oder erodiert. Auf schluffreichen Böden und in Hanglagen, wie z. B. im tertiären Hügelland Bayerns, ist auf die Erosion besonders zu achten. Maßnahmen zur Eindämmung der Erosion wie Kalkung, organische Düngung, Bearbeitung und Saat quer zum Hang, eventuell Untersaaten oder das Mulchsaatverfahren sind zu beachten. So hat auch das Ausbringen der Gülle zum Mais an Bedeutung gewonnen. Einmal kommen hohe Güllegaben dem Nährstoffbedürfnis des Maises entgegen, zum anderen wirkt sich die organische Komponente der Gülle krümelstabilisierend aus.

## 4.5 Kartoffeln

Die Bodenbearbeitung zum Anbau der Kartoffel wird durch die Ansprüche der Pflanze und durch die Geräte zum Kartoffellegen bzw. zur

Ernte bestimmt. Die Kartoffel soll in einen lockeren Boden mit guter Luft-, Wasser- und Wärmeführung gelegt werden, damit sich die Wurzeln und Stolonen ungehindert ausdehnen können. Die technische Entwicklung zum mechanischen Sammelroder stellt weitere Forderungen:

- Siebbarkeit des Bodens (keine Steine und Kluten) und
- unkrautfreie Dämme zur Ernte.

Für den richtigen Einsatz der Legemaschinen ist ein lockerer und eingeebneter Boden wichtig. Nur so lassen sich die Dammabstände und eine gleichmäßige Tiefenablage einhalten. Die Knolle soll so tief gelegt werden, wie sie dick ist. Damit wird gewährleistet, daß auch die Kartoffelnester zur Ernte flach liegen und nur eine minimale Bodenmenge vom Rodeschar aufgenommen werden muß. Eine gute Krümelung (< 25 mm) zur Pflanzbettbereitung ist eine Voraussetzung dafür, daß keine Kluten die Qualität der Erntearbeit verschlechtern. Kluten entstehen durch das Befahren des Bodens in feuchtem Zustand.

Die Kartoffel reagiert auf eine organische Düngung dankbar. Da sie meist nach Getreide angebaut wird, ist im Herbst ausreichend Zeit vorhanden, um eine Stroh- oder Gründüngung anzulegen. Eine gute Verteilung der Pflanzenreste oder auch des Stallmistes ist für eine gute Verrottung von Bedeutung. Unverrottete Reste stören die Wurzelausbreitung.

Die tiefe Pflugfurche ist auch heute noch die Voraussetzung für eine optimale Pflanzenbettherstellung. Sie sollte im Herbst gezogen werden, nur auf leichten Böden kann im Frühjahr gepflügt werden, wobei man auf eine gute Krümelung und ebene Oberfläche achten sollte. Schwere Böden neigen zu starker Klutenbildung. Hier scheint sich mit der Herstellung von Herbstdämmen eine praktikable Lösung anzubieten. Nach der Pflugfurche im Herbst werden die Dämme angelegt, in die im Frühjahr ohne weitere Bearbeitung die Saatknollen gelegt werden. Der Vorteil liegt in einer schnelleren Erwärmung des Bodens im Frühjahr und in der guten Krümelung durch das Ausfrieren im Winter.

# 5 Verfahrenstechnische Aspekte der Bodenbearbeitung

Bei jedem Einsatz von Geräten für die Bodenbearbeitung steht ohne Zweifel das Erreichen des günstigsten ackerbaulichen Effektes im Vordergrund. Auswahl und Anwendung der Geräte erfolgen daher vorrangig mit dem Ziel, die für den jeweiligen Standort, die vorliegende Fruchtfolge und den zu erwartenden Witterungsablauf am besten geeignete Form der Bodenbearbeitung durchzuführen.
Ausgeklügelte Fruchtfolgen mit sehr kurzen »Leerlaufzeiten« zwischen den einzelnen Kulturen haben in den letzten Jahren dazu geführt, daß die verfügbaren Zeitspannen für die Erledigung der einzelnen Bodenbearbeitungsmaßnahmen immer mehr geschrumpft sind. Im gleichen Zuge steigen die Anforderungen an eine termingerechte Bodenbearbeitung. Denn das Einhalten des bestmöglichen Bearbeitungszeitpunktes gewährleistet nicht nur ein besonders gutes Arbeitsergebnis, sondern bringt auch aus energetischer Sicht, das heißt hinsichtlich des Verhältnisses zwischen angewandter Energie und erzielten Bearbeitungseffekten, deutliche Vorteile.

### Aktuell: Was ist bei der Neuanschaffung zu bedenken?

Von modernen Bodenbearbeitungsgeräten ist deshalb zu fordern, daß bei hoher Flächenleistung der angestrebte Bearbeitungseffekt gewährleistet wird. Einer gezielten Geräteauswahl und deren zweckmäßigem Einsatz kommt daher eine besondere Bedeutung zu.
Die Bodenbearbeitung stellt im Gesamtbereich der landwirtschaftlichen Produktionstechnik aber auch einen derjenigen Sektoren dar, in welchem ein relativ hoher Energieaufwand besteht. Allerdings zeigen die Erfahrungen und umfangreichen Untersuchungsergebnisse nachdrücklich, daß Geräte mit ähnlichen Effekten oftmals einen sehr unterschiedlichen spezifischen Leistungsbedarf aufweisen bzw. von Geräten mit gleichem spezifischem Leistungsbedarf eine sehr unterschiedliche Bearbeitungsintensität erzielt wird. Unter dem Druck sinkender Erlöse muß sich der Landwirt fragen, ob er nicht bei geringerem Energieaufwand durch eine reduzierte Bearbeitungsintensität mehr an Kosten einspart als er an Ertrag dabei verliert. Die langfristige Betrachtung einer einfacheren und bodenschonenderen Bearbeitung könnte die Entscheidung zu einem neuen Anbauverfahren erleichtern. Bei der Mechanisierungsplanung für die Bodenbearbeitung wird es daher künftig erforderlich sein, auch derartige Aspekte mit zu berücksichtigen und zu bewerten. Besonderes Augenmerk ist dabei auf die Wechselwirkungen zwischen Schlepper und Gerät zu legen. Das Ziel sollte darin bestehen, mit einem Minimum an Energieeinsatz ein Optimum an Bearbeitungswirkung zu erzielen. Je höher die Leistungen sind, welche das Bodenbearbeitungsgerät vom Schlepper abverlangt, um so mehr wird sich künftig die Frage stellen, ob diese Leistung wie bisher vorrangig in Form von Zugkraft oder (mit wesentlich höherem Wirkungsgrad) durch den Zapfwellenantrieb bereitgestellt werden sollte.
Diese Bestrebungen führen letztendlich zu der Zielsetzung, wegzukommen von einer sogenannten »Schwerpunktmechanisierung«, wie sie in der Vergangenheit leider allzuoft durchgeführt wurde. Eine Mechanisierung, bei welcher vorrangig für diejenigen Arbeitsgänge eine moderne Gerätetechnik angeschafft wurde, bei welchen die schwerwiegendsten Engpässe oder Probleme auftraten. Heute wird die Aufgabe darin gesehen, komplette Bearbeitungs- und Bestellverfahren zu planen und gegebenenfalls in Form eines Stufenplanes im jeweiligen Betrieb einzuführen. Nur dann ist es möglich, die vielfältigen, oft sehr unterschiedlichen und manchmal konträren Forderungen seitens des Ackerbaues, der Technik, der Bodenkunde, der Ökonomik und der Ökologie möglichst günstig aufeinander abzustimmen.

# Spezieller Teil

Der Pflug, das klassische Gerät der Bodenbearbeitung

# 6 Natürliche Grundlagen

## 6.1 Der Boden

Der Boden ist die oberste Schicht der Erdoberfläche. Er ist das Ergebnis einer erdgeschichtlichen Entwicklung und spiegelt die Einflüsse des Ausgangsmaterials, der Vegetation und Verwitterung wider. Der Boden ist neben Klima, Relief und Breitengradlage der wichtigste Standortfaktor. Ein Landwirt sollte daher die Bodeneigenschaften seiner Schläge kennen, um die Auswirkungen seiner Maßnahmen einstufen zu können.

Folgende Bodeneigenschaften geben wichtige Informationen über den ackerbaulichen Wert eines Standortes:

- Bodenart und Bodengefüge,
- Ausgangsgestein und Entstehung,
- Zustandsstufen, die den Entwicklungsgrad beschreiben.

### 6.1.1 Bodenart und Bodengefüge

Der Boden besteht aus einem Gemisch von Korngrößen, das als Bodenart angesprochen wird. Je nach Anteil einzelner Fraktionen ist es ein Ton-, Lehm- oder Sandboden. Zwischen diesen Hauptarten gibt es fließende Übergänge. Früher wurden die Böden nach der Reichsbodenschätzung in neun Klassen eingeteilt. Hinzu kamen verschiedene Humus- oder Kalkböden.

| | |
|---|---|
| Sand | S |
| stark sandiger Lehm | SL |
| lehmiger Ton | lT |
| anlehmiger Sand | Sl |
| sandiger Lehm | sL |
| Ton | T |
| lehmiger Sand | lS |
| Lehm | L |
| Moor | Mo |

Heute wird eine differenzierte Bezeichnung der Bodenart mit Hilfe des Dreieckdiagrammes durchgeführt (Darst. 4). Nach Bestimmung des Ton-, Schluff- und Sandgehaltes wird je nach Anteil der Fraktionen die Bodenart aus dem Diagramm abgelesen. Für einen Boden mit der Zusammensetzung T = 15 %, U = 75 % und S = 10 % ergibt sich nach der Reichsbodenschätzung die Bodenart lT, nach dem Dreiecksdiagramm tU. Dieses Beispiel stammt von einem typischen Lößboden. Die Bezeichnung nach der Reichsbodenschätzung als lehmiger Tonboden ist etwas irreführend, da man unter einem Tonboden meist einen schweren Boden versteht, während in diesem Falle der Lößboden als mittelschwerer Boden anzusprechen wäre.

Die Bestimmung der Kornfraktionen wird im Labor nach der Schlämmanalyse durchgeführt. Auf dem Feld kann man durch Reiben von Bodenmaterial zwischen Daumen und Finger relativ einfach einen ersten Anhaltswert für die Bodenart erhalten (Darst. 4). Erfahrene Bodenschätzer können bis auf wenige Prozent Unterschied zur Labormethode die einzelnen Kornfraktionen ermitteln.

Durch die Aneinanderlagerung der Bodenteilchen entstehen Hohlräume, die je nach Korngrößenanteil ein unterschiedliches Porensystem darstellen. Je feiner die Poren sind, desto stärker ist die Kapillarkraft in den Poren, die wiederum um so fester das Wasser in diesen Poren bindet. Die Beziehung zwischen der Kapillarkraft (= Wasserspannung) und dem Wassergehalt eines Bodens stellt eine charakteristische Kurve, die sogenannte pF-Kurve dar (Darst. 5). Der pF-Wert ist der Logarithmus der gemessenen Wasserspannung, die in Anlehnung an früher gebräuchliche Dimensionen in cm Wassersäule (WS) angegeben wird (1000 cm WS = 10 m WS = 1 at = 1 bar). Es gibt drei wichtige pF-Bereiche:

- Bei einer Wasserspannung unter 300 cm WS (pF = 2,5) wird das Wasser aufgrund der Gravitation nach unten abfließen (Gravitati-

| | |
|---|---|
| Sand (S) | nicht bindig, nicht haftend, nicht formbar, Einzelkörner fühlbar und sichtbar |
| Schluff (U) | nicht bindig, haftend in Fingerrillen, schwach formbar, samtartig, mehlig<br>Einzelkörner kaum fühlbar, Glitzern einzelner Blättchen im Licht |
| Ton (T) | bindig, stark zähplastisch, klebrig, gut formbar<br>Körner kaum sicht- und fühlbar, glänzende Reib- und Schnittflächen |

Darst. 3 Schätztafel für die Kornfraktionen mit Hilfe der Fingerprobe

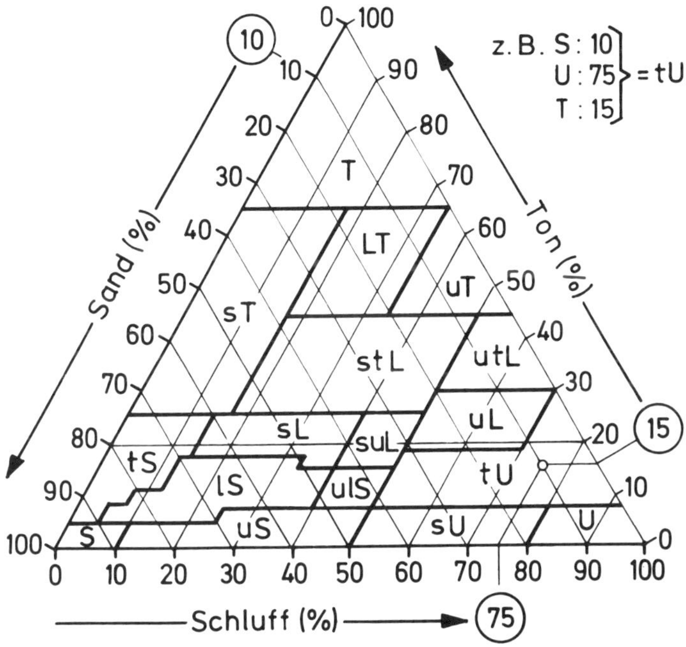


Darst. 4 Einteilung und Bestimmung der Bodenarten nach Körnungsklassen (Arbeitsgemeinschaft Bodenkunde, Hannover 1965)

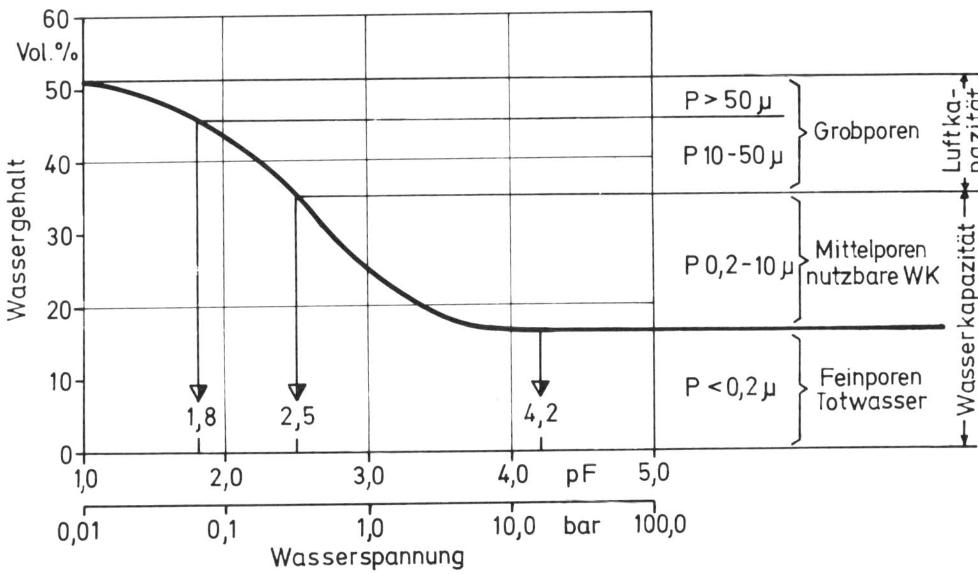


Darst. 5 Beziehung zwischen Wassergehalt des Bodens und Wasserspannung (pF-Kurve)

onswasser), der Porendurchmesser ist > 10 μ. Bisweilen wird die Grenze bei einer Wasserspannung von 60 cm WS (= pF 1,8) mit einem Porendurchmesser von > 50 μ gezogen.

- Bei einer Wasserspannung über 15 000 cm WS (pF = 4,2) wird das Wasser so stark gebunden, daß es nicht mehr pflanzenverfügbar ist (Totwasser). Die Pflanzen beginnen zu welken. Deshalb nennt man diese Grenze auch den permanenten Welkepunkt (PWP). Der Porendurchmesser ist < 0,2 μ.
- Zwischen den pF-Werten von 2,5 bzw. 1,8 und pF 4.2 ist die Wasserspannung im Boden geringer als die Saugspannung der Wurzeln (pflanzenverfügbares Wasser). Der Porendurchmesser liegt zwischen 0,2 und 10 μ.

Für die einzelnen Bodenarten gibt es typische pF-Kurven. In sandigen Böden überwiegt der Anteil luftführender Poren, in schluffreichen Böden der Anteil der Mittelporen mit pflanzenverfügbarem Wasser und in tonhaltigen Böden der Anteil der Feinporen. Insgesamt ist das Porenvolumen eines Tonbodens mit etwa 55 Vol.-% gegenüber anderen Böden höher, aber die Porengrößenverteilung ist für das Wachstum der Pflanze nachteiligt. Bei der Beurteilung eines Standortes sollte man nicht so sehr das Porenvolumen als vielmehr die Porengrößenverteilung beachten.

### 6.1.2 Humusbildung und Humusgehalt eines Ackerbodens

In den Ackerböden hat sich in Abhängigkeit von der Wirtschaftsweise (Fruchtfolge, Bodenbearbeitung, Düngung usw.) ein für das Klima und den Boden typischer Humusgehalt eingestellt. Wenn man die Veränderung des Humusgehaltes in einem Boden erfassen will, sollte man in Abständen von etwa 5 Jahren den Kohlenstoff- und Stickstoffgehalt (C- und N-Gehalt) untersuchen lassen (Probenahme immer im zeitigen Frühjahr), da eine kurzfristige Änderung analytisch nur schwierig zu erfassen ist. Zur Erstellung einer Humusbilanz ist die Zufuhr und der Abbau der organischen Substanz innerhalb einer Fruchtfolge zu ermitteln. Nach SCHEFFER beträgt der Abbau der organischen Substanz je nach Hackfruchtanteil etwa 20 bis 40 dt/ha. BOGUSLAWSKI und DEBRUCK zeigten jedoch, daß unter gemäßigten Klimabedingungen mit einem Abbau von 40 bis 60 dt/ha zu rechnen ist. Ergänzen läßt sich der Abbau durch die auf dem Acker verbleibenden Wurzel- und Stoppelreste der Haupt- und Zwischenfrüchte, durch Ernterückstände und durch Ausbringung von wirtschaftseigenem Dünger. Genauere Angaben hierzu sind Darst. 8 und 9 zu entnehmen.

Im folgenden wird anhand eines Beispiels die Humusbilanz errechnet (Darst. 7). In einer dreigliedrigen Fruchtfolge (Weizen, Gerste, Zuckerrüben) entsteht bei einem jährlichen Humusabbau mit 50 dt/ha ein Bedarf von 150 dt/ha an organischer Masse. Um langfristig die biologische Aktivität und den Humusgehalt auf dem für den Standort typischen Niveau zu halten, muß dieser Abbau durch Zufuhr von außen ergänzt werden.

Bei der Bilanz sind zunächst die Stoppel- und Wurzelrückstände der Kultur mit Hilfe der Tabelle 2 zu schätzen. Bei Abfuhr des Strohs verbleiben nach Weizen über die Wurzel 10 dt/ha, über die Stoppel etwa 21 dt/ha, nach Wintergerste ist es geringfügig mehr, da diese Getreideart stets eine höhere Bestandesdichte und somit mehr an Rückständen hinterläßt als der Weizen. Von den Zuckerrüben bleiben über die Wurzel etwa 7 dt/ha im Boden, wenn das Blatt verfüttert wird. Insgesamt steht somit einem Abbau von 150 dt/ha ein Rückstand von 78 dt/ha gegenüber. Die Differenz kann in einem viehhaltenden Betrieb mit einer einmaligen Stallmistgabe von 400 dt/ha (bei 19 % Trockensubstanz ergibt das 76 dt/ha organische Masse) ausgeglichen werden.

| 1. Abbau: jährlich 50 dt/ha x 3 = 150 dt/ha | | | | | | | |
|---|---|---|---|---|---|---|---|
| 2. Zufuhr (in dt/ha): | Wurzelreste | | Stoppel/Blatt | | Erntereste | org. Düngung | |
| W-Weizen | 10 | | 21 | | – | | |
| W-Gerste | 15 | | 25 | | – | | |
| Zuckerrüben | 7 | | – | | – | – | |
| Stallmist | – | | – | | – | 76 | |
| Summe | 32 | + | 46 | + | | 76 | = 154 |

Darst. 6 Humusbilanz einer dreigliedrigen Fruchtfolge

| | Wurzelmasse in der Ackerkrume dt TM/ha | Ernte-rückstände insgesamt dt TM/ha | C/N-Verhältnis der Wurzeln (n. d. Ernte) |
|---|---|---|---|
| **a) der Hauptfrüchte** | | | |
| Winterweizen | 8 – 13 | 14 – 28[1] | 20,6 |
| Sommerweizen | 9 | 14[1] | |
| Wintergerste | 11 – 19 | 17 – 36[1] | 18,6 |
| Sommergerste | 5 – 8 | 9 – 16[1] | 21,9 |
| Winterroggen | 7 – 13 | 12 – 28[1] | 19,6 |
| Hafer | 8 – 12 | 14 – 23[1] | 19,3 |
| Körnermais | 12 – 20 | 50 – 90[2] | |
| Winterraps | 10 – 17 | 40 – 65[2] | 16,9 |
| Zuckerrüben | 6 – 8 | 70 – 100[2] | 9,9 |
| Kartoffeln | 3 – 13 | 30 – 70[2] | 10,1 |
| Luzerne 3jähr. | 44 – 52 | 67 – 80 | 12,0 |
| Kleegras 2jähr. | 22 – 41 | 35 – 56 | |
| Kleegras 1jähr. | 20 – 31 | 29 – 42 | |
| **b) der Zwischenfrüchte** | | | |
| **Winterj. Zwischenfrüchte** | | | |
| Winterrüben | 5 | 9 | |
| Grünroggen | 8 – 11 | 14 – 16 | |
| Landsb. Gemenge | 19 – 22 | 27 – 29 | |
| **Untersaaten** | | | |
| Rotklee | 12 – 19 | 22 – 33[3] | |
| Weißklee | 8 – 14 | 22 – 38[3] | |
| **Stoppelsaaten** | | | |
| großk. Leguminosen | 7 | 10[3] | |
| kleink. Kruziferen | 3 – 5 | 6 – 7[3] | |

[1] Bei Strohdüngung kann dieser Ansatz etwa um die gleiche Menge erhöht werden, die an Körnern geerntet wurde.
[2] Einschließlich Stroh bzw. Blatt oder Kraut.
[3] Bei vollständiger Verwertung aller oberirdischen Teile zur Gründüngung kann dieser Ansatz verdoppelt werden

Darst. 7 Zufuhr an organischer Substanz aus Ernterückständen (zusammengefaßt in Anlehnung an BAEUMER nach Angaben von KÖHNLEIN und VETTER sowie KÖNNECKE)

| | Trockensubstanzgehalt TS in % |
|---|---|
| Stallmist (Rind) | 18 – 20 % |
| Stallmist (Schwein) | 18 % |
| Gülle bei 10 % TS (Rind) | 73 kg/m³ |
| Gülle bei 10 % TS (Schwein) | 74 kg/m³ |
| Gülle bei 10 % TS (Hühner) | 98 kg/m³ |

Darst. 8 Zufuhr an organischer Substanz aus organischer Düngung

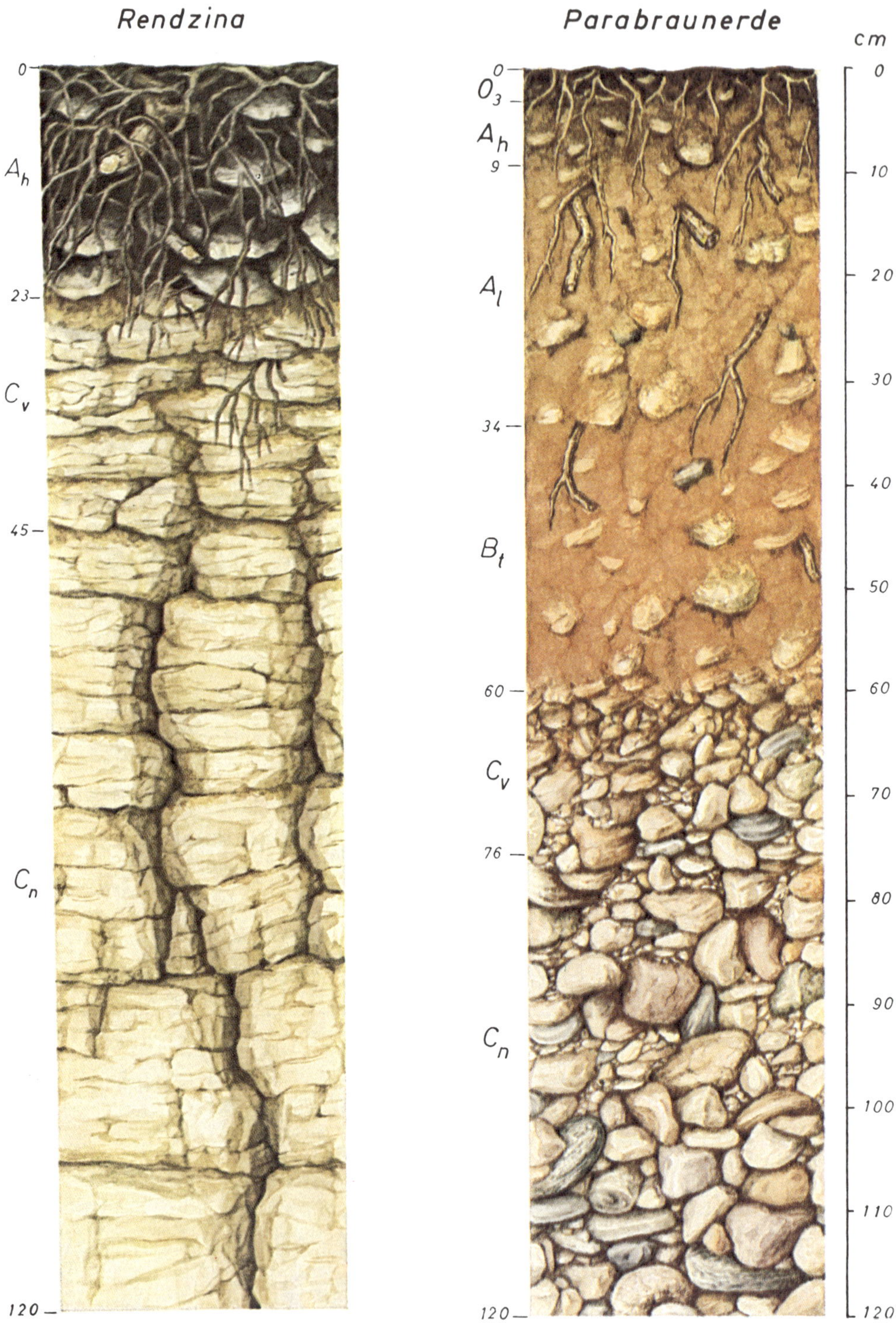


Darst. 9 Bodenprofile

Wenn kein Stallmist zur Verfügung steht, kann durch die Einarbeitung des Rübenblattes (70 bis 100 dt/TM ha) oder durch eine Stroh- und Gründüngung (60 + 10 dt/TM ha) die Bilanz positiv gestaltet werden.
Eine N-Ausgleichsdüngung zur Beschleunigung des Strohabbaues sollte nur zu Beginn der Umstellung auf die Strohdüngung oder in Böden mit geringer biologischer Aktivität erfolgen. Man kann bei der Bemessung der N-Menge von der Faustzahl ausgehen 1 kg N pro dt Stroh, d. h., bei einem durchschnittlichen Strohertrag von 60 dt/ha sind 60 kg/ha N zur Strohdüngung zu geben.

### 6.1.3 Bodenentwicklung

Die Entwicklung des Bodens ist ein lang anhaltender Prozeß über Jahrtausende. Er wird durch das Ausgangsmaterial, das Klima und die Vegetation beeinflußt. Klimaveränderungen oder Standortunterschiede wie Höhenlage oder Exposition (Hangneigung) beschleunigen oder verzögern die Entwicklung, so daß wir in Mitteleuropa verschiedene Entwicklungsstufen von sehr gering über vollentwickelt bis hin zu degradierten Böden vorfinden können. Die Entwicklung eines Bodens läßt sich an der Ausbildung seiner Horizonte ablesen (Darst. 10). Unter humiden Klimabedingungen sind fünf wichtige Entwicklungsprozesse erkennbar:

**Humusbildung:** Der Humus gibt dem Boden seine dunkle Farbe. Sie zeigt die Schichtdicke des A-Horizontes an. Die Entwicklung eines Bodens setzt meist mit der Anreicherung der organischen Substanz in der obersten Schicht ein. Tiere – vor allem Regenwürmer – vermischen organisches und mineralisches Material, aber auch die Wurzeln erschließen tiefere Schichten. Sie transportieren Nährstoffe nach oben und sterben ab. Die Zunahme des Humusgehaltes läßt sich z. B. über die Pararendzina mit 1,5 %, über die Schwarzerde mit 2,3 % bis zu einer Tiefe von 80 cm deutlich beobachten. Unter maritimen Klimaeinflüssen ist eine derartig tiefe Einmischung der organischen Substanz nicht eingetreten. Hier überwiegen andere Prozesse, wie am Profilaufbau der Parabraunerde und des Pseudogleys zu erkennen ist.

**Carbonatauswaschung:** Löß enthält feinverteiltes Carbonat ($CaCO_3$), das bis zu 50 % Anteil einnehmen kann. Mit beginnender Bodenentwicklung reichern sich organische Säuren an, die das $CaCO_3$ auflösen und die gelösten Ca-Ionen in tiefere Schichten oder ins Grundwasser abführen. Zugleich sinkt der pH-Wert in den sauren Bereich. Je geringer der pH-Wert ist und je tiefer das carbonathaltige Ausgangsgestein liegt, desto weiter ist die Entwicklung fortgeschritten (Pararendzina – Parabraunerde – Pseudogley).

**Verbraunung und Tonbildung:** Eisenoxide geben dem Boden seine braune Farbe. Durch Absinken des pH-Wertes verwittern eisenhaltige Minerale wie z. B. Biotit oder Olivine. Die Fe-Ionen werden nach unten verlagert und fallen während trockener Witterungsphasen als amorphe Fe-Oxide aus, die mit zunehmendem Alter kristalline Strukturen annehmen. Parallel zur Verbraunung kann in den obersten Bodenschichten eine Zunahme des Tongehaltes beobachtet werden. Dies kann sowohl durch die Auswaschung des Carbonats als auch durch die Verwitterung größerer Kornfraktionen oder durch die Neubildung von Tonmineralen verursacht werden. Die Tonanreicherung in Lößböden wird in nahezu allen Bodenschichten beim Vergleich der oberen Schichten mit dem unverwitterten Ausgangsmaterial (C-Horizont) sichtbar.

**Tonverlagerung:** Tonanreicherungshorizonte haben eine speckig, glänzende Schnittfläche und eine polyedrische Struktur. Vor allem an den Außenflächen dieser Polyeder, die durch Quellung und Schrumpfung bei Wechselfeuchte entstehen, oder in den Grobporen ist eine feine Tonhaut zu erkennen, die mit dem Abfließen des Wassers in tiefere Schichten hierher transportiert wurden. Die ausgeschwemmten Feintonteilchen (< 0,2 µ) lagern sich an der Oberfläche ab und verringern zunehmend den Durchmesser. Die Durchlässigkeit geht zurück, es entsteht ein Stauhorizont ($B_t$ bis $B_{tg}$).

**Vergleyung, Pseudovergleyung:** In Stauzonen herrschen anaerobe und reduktive Verhältnisse. Sie sind an dem Wechsel von rostbraunen und ausgebleichten Zonen zu erkennen, die dem Boden eine marmorierte Färbung geben. Meist findet man auch rotbraune bis schwarze Kügelchen von wenigen Millimetern Durchmesser (Konkretionen). Ursache ist der Wechsel von reduktiven und oxidativen Verhältnissen. Bei $O_2$-Mangel, der durch überstautes Wasser entsteht, werden Eisen- und Mangan-

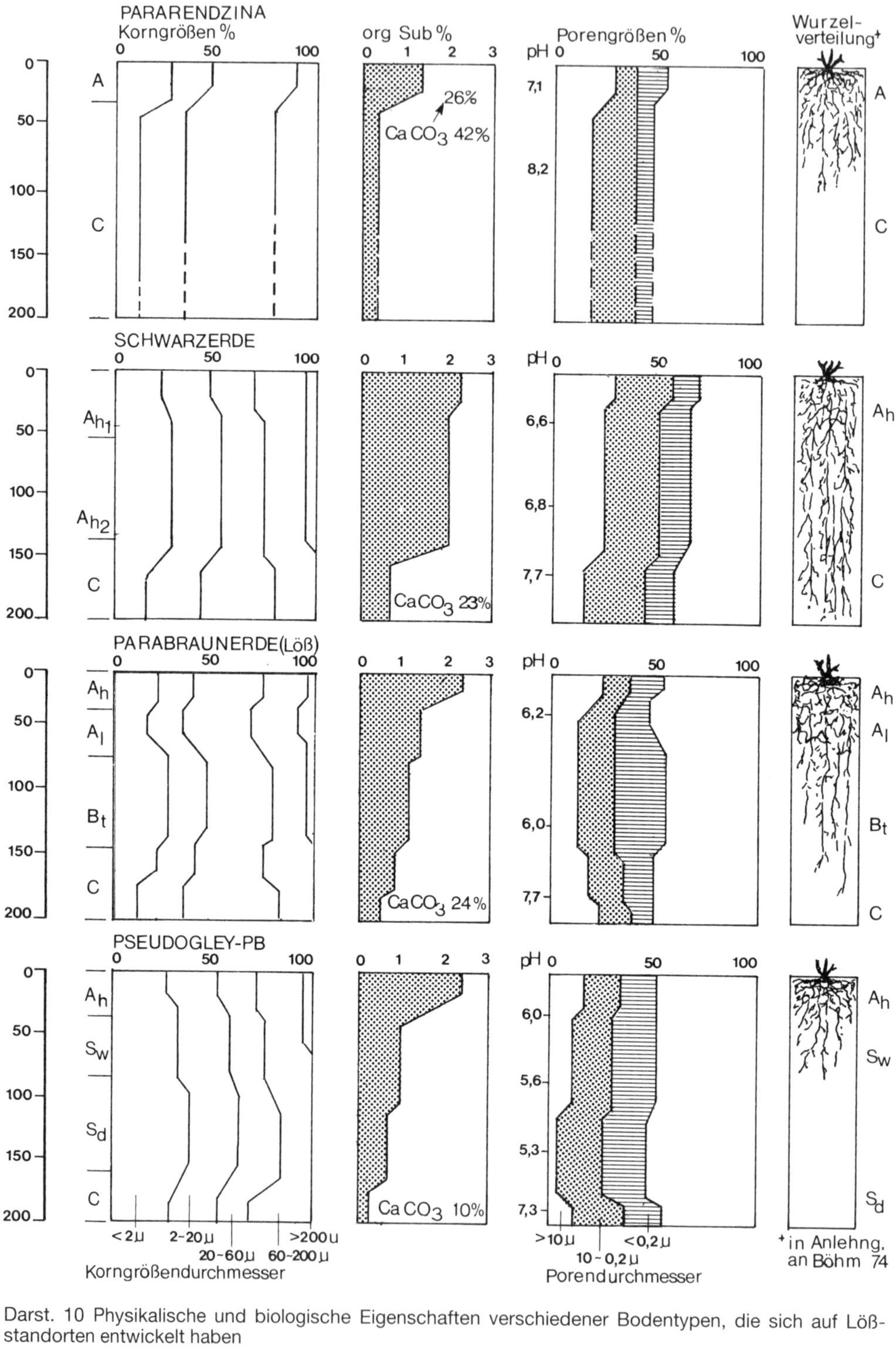


Darst. 10 Physikalische und biologische Eigenschaften verschiedener Bodentypen, die sich auf Lößstandorten entwickelt haben

1. Nutzbare Wasserkapazität (pF 2,5 – 4,2)

| Klasse | mmNS[1] | Bodentypen |
|---|---|---|
| sehr gering | < 50 | Podsol (Flugsand) |
| gering | 50 – 100 | Pseudogley und Gley (tonig), Knickbrackmarsch (tonig), Podsol (Geschiebesand) |
| mittel | 100 – 150 | Parabraunerde (Geschiebelehm), Pseudogley (Löß), allgemeine Brackmarsch und typische Flußmarsch (tonig) |
| hoch | 150 – 200 | Parabraunerde (Löß), Augengley, Brauner Auenboden und typische Seemarsch (schluffig-tonig bis tonig) |
| sehr hoch | > 200 | Schwarzerde (Löß), Hoch- und Niedermoor |

2. Luftkapazität (< pf 2,5)

| Klasse | Poren > 10 µ | Bodentypen |
|---|---|---|
| sehr gering | < 5 | Pseudogley und Knickbrackmarsch (tonig) |
| gering | 5 – 10 | Pseudogley (Löß), allgemeine Brackmarsch und typische Flußmarsch (tonig) |
| mittel | 10 – 15 | Parabraunerde (Löß und Geschiebelehm), Auengley und typische Seemarsch (schluffig-tonig) |
| hoch | 15 – 20 | Typische Seemarsch (tonig), Brauner Auenboden und z. T. Gley (Sand) |
| sehr hoch | > 20 | Schwarzerde (Löß), Podsol (Geschiebesand und Flugsand), Hoch- und Niedermoor |

3. Wasserdurchlässigkeit (cm/Tag) = Kf-Wert

| Klasse | $K_f$-Wert | Bodentypen |
|---|---|---|
| sehr gering | < 6 | Pseudogley, Knickbrackmarsch (tonig) |
| gering | 6 – 16 | Pseudogley (Löß), allgemeine Brackmarsch (tonig) |
| mittel | 16 – 40 | Parabraunerde (Löß, Geschiebelehm), Podsol (Flugsand, Geschiebelehm), Auengley, Seemarsch (schluffig-tonig) |
| hoch | 40 – 100 | Schwarzerde, Gley (Sand), Brauner Aueboden und typische Seemarsch (tonig) |
| sehr hoch | > 100 | Niedermoor |

4. Lagerungsdichte (nach AG Bodenkunde)

| Klasse | g/cm³ | häufiger auftretend in |
|---|---|---|
| LD 1 sehr gering | < 1,2 | sehr stark humosen bis anmoorigen Böden |
| LD 2 gering | 1,2 – 1,4 | Rohböden (Sand), wasserreichen Schichten, stark humosen Horizonten |
| LD 3 mittel | 1,4 – 1,75 | allen Bodenarten, Löß, Orterde |
| LD 4 hoch | 1,75 – 1,95 | tonreichen, bindigen Böden, Ortstein |
| LD 5 sehr hoch | > 1,95 | Ortstein, tonreichen, bindigen Böden |

Darst. 11 Bodenphysikalische Kennwerte wichtiger Bodentypen (MÜLLER et al., 1970)

oxide reduziert und im Wasser gelöst. Mit dem Wasser werden sie als Ionen transportiert. In Trockenperioden fallen sie bei Sauerstoffkontakt als Oxide aus und bilden kleine Kügelchen.

### 6.1.4 Bodenphysikalische Kenndaten wichtiger Bodentypen

Die Wechselwirkungen zwischen den physikalischen, chemischen und biologischen Bodeneigenschaften sind an der Wurzelausbreitung im Bodenprofil zu erkennen. Ein relativ junger Boden wie die Pararendzina wird nur bis etwa 40 cm Tiefe durchwurzelt. Ähnliche Wurzelbilder wird man bei anderen Bodentypen mit einer A/C-Horizontfolge finden (Rendzina, Aueboden). Je weiter die Entwicklung fortgeschritten ist, desto tiefgründiger ist ein Boden. Eine Reduktion des Wurzelwachstums ist aber bereits im $B_t$-Horizont einer Parabraunerde zu beobachten, die deutlich im Pseudogley ausgeprägt ist. Ursache sind die sich verschlechternden Luftverhältnisse im Unterboden (Darst. 11).
Drei physikalische Bodeneigenschaften beeinflussen direkt und indirekt das Wurzelwachstum: die Luftkapazität, die nutzbare Wasserkapazität und die Wasserdurchlässigkeit im Profil. Diese Bodeneigenschaften stehen in enger Beziehung zueinander. Darst. 12 gibt die Kenndaten dieser Eigenschaften für einige wichtige Bodentypen wieder. So ist bei hoher Luftkapazität meist auch die Durchlässigkeit sehr groß, während mit zunehmender Luftkapazität die nutzbare Wasserkapazität zurückgeht. Dennoch gibt es aufgrund der Textur und Horizontfolge Böden, die sowohl eine geringe Luft- als auch geringe Wasserkapazitäten besitzen, wie z. B. der Pseudogley. Nach dem heutigen Wissensstand sind die physikalischen Eigenschaften und seine pflanzenbaulichen Aussagen bereits in der Bezeichnung des Bodentyps umschrieben. Die Zuteilung eines Bodens zu einem bestimmten Bodentyp gibt meistens schon hinreichend Auskunft, auf welche pflanzenbauliche und ackerbauliche Maßnahmen bei diesem Standort zu achten ist.

### 6.1.5 Ackerbauliche Beurteilung

Die Betrachtungsweise nach Bodentypen ergänzt die Reichsbodenschätzung nach Zustandsstufen (Darst. 12). Die Beurteilungskriterien der Reichsbodenschätzung sind die Bodenart, der Entwicklungszustand, das Ausgangsmaterial und die Ertragsfähigkeit des Standortes. Vor allem letztere findet starke Beachtung, da sie dem Landwirt ein Maß für den Ertrag darstellt. Man nennt dieses Maß die Bodenzahl. Der Bezugswert für die Bodenzahl ist die Ertragsfähigkeit von Schwarzerdeböden, wie sie in der Magdeburger Börde anzutreffen sind. Wenn man den Ertrag auf Schwarzerdeböden als Basis gleich 100 % setzt, dann ist der errechnete Vergleich in Prozent die sogenannte Bodenzahl. Je höher die Bodenzahl ist, desto fruchtbarer ist ein solcher Standort. Eine zweite Wertzahl ist die Ackerzahl. Sie kann aufgrund der Exposition (Hangneigung), des Klimas oder der Hofentfernung mit Zu- oder Abschlägen versehen werden. So erhält man aus der Beurteilung tL 4 Lö 62/55 folgende Auskunft:

| | | |
|---|---|---|
| tL: | Bodenart | toniger Lehm |
| 4: | Zustandsstufe 4 | zunehmende Durchwurzelung oder abnehmende Durchwurzelung |
| Lö: | Ausgangsmaterial Löß | |
| 62: | Wertzahl des Bodens | |
| 55: | Wertzahl des Ackers mit Ab- oder Zuschlägen | |

### 6.1.6 Einteilung der Böden nach Zustandsstufen und Muttergestein (Reichsbodenschätzung)

Ausgangsmaterial bei Beginn der Bodenentwicklung (nach Reichsbodenschätzung) (Darst. 12).

D: Dilluvialböden
Al: Alluvialböden oder Schwemmlandböden
Lö: Lößböden
V: Verwitterungsböden
Vg: steinhaltige Verwitterungsböden

Die Entwicklung eines Bodens beginnt mit der Verwitterung der obersten Bodenschicht: Humus reichert sich an, Carbonat wird ausgewaschen (Zustandsstufe 7 bis 5). Mit der Entwicklung des Bodens nimmt die Durchwurzelungstiefe zu. Die besten Wachstumsbedingungen liegen in einem Boden der Zustandsstufe 1 vor. Mit zunehmender Entwicklung verschlechtern sich die Bedingungen für die Wurzelausbreitung. Die Zustandsstufen steigen wieder an, um bei der Ortsteinbildung der Podsole eine Endphase der Entwicklung zu erreichen. Die Reichsbodenschätzung, die 1938 eingeführt

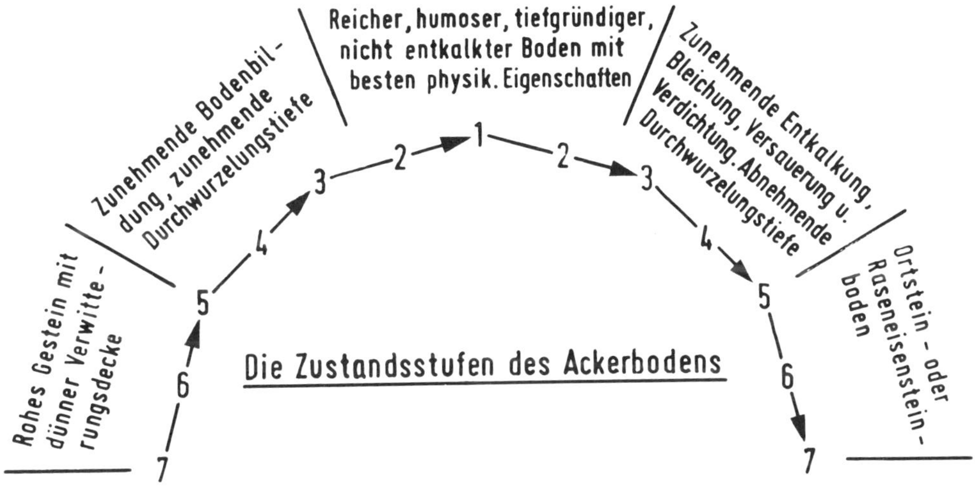


Darst. 12 Die Zustandsstufen des Ackerbodens (= Boniturnoten für die Wachstumsbedingungen) (1 = sehr gut, 6 = schlecht)

| | Entstehung | Bodenartenklasse der Reichsbodenschätzung | Neue EDV-übertragbare Umschreibung |
|---|---|---|---|
| Sande | D, Al, V | S | S |
| | D, Al, V | Sl | S 12 |
| | D, Alg, V | lS | S 13 |
| | D, Alg, V | SL | S 14 |
| | Al | lS | Slu |
| Schluffe | Lö | Sl, lS, SL | Ut 2 |
| | Lö, Al | sL, L, sL | Ut 3 |
| | Al | L | Ut 4 |
| Lehme | D, Alg, V | L | Ls 3 |
| | D, V | sL | Ls 4 |
| | D, Alg, V | LT | Lts 5 |
| Tone | Alg, Dg, V | T | Tu 1 |
| | D | T | Tu 2 |
| | Al | T | Tu 3 |
| | Al | LT | Tu 4 |

Darst. 13 Beschreibung der Bodenart nach Reichsbodenschätzung und moderner Kartieranleitung

wurde, hat heute noch ihre Gültigkeit. Im Zeitalter der EDV wurde sie jedoch verfeinert und in computergerechte Zahlen abgewandelt. Man sollte neben der Reichsbodenschätzung auch die neue Einteilung kennen, da sie bei Flurbereinigungen und Landschaftsplänen sowie bei den Finanzämtern benutzt wird.

## 6.2 Ansprüche der Pflanzen

### 6.2.1 Einfluß des Sauerstoff- und Kohlensäuregehaltes der Bodenluft auf das Wurzelwachstum

Die unterschiedliche Durchwurzelungstiefe der Bodentypen deutet auf einen Zusammenhang zwischen den bodenphysikalischen Eigenschaften und dem Wurzelwachstum hin. Der geringe Grobporenanteil im B-Horizont der Pseudogleye hemmt eine tiefere Durchwurzelung. Niederschlagswasser staut sich, der $O_2$-Gehalt der Bodenluft wird vollkommen verbraucht. $CO_2$ bzw. $HCO_3$ reichert sich im Boden an. Das Längenwachstum der Wurzel geht in die Bildung von Seitenwurzeln über. Die Pflanzenarten reagieren unterschiedlich auf den Rückgang des $O_2$-Gehaltes der Bodenluft (Darst. 14). Ackerbohnen, die ein relativ schnelles Längenwachstum besitzen, vermindern kontinuierlich mit abnehmendem $O_2$-Gehalt ihr Wurzellängenwachstum, während Mais und Sommergerste erst bei Unterschreiten des $O_2$-Gehaltes von 6 % das Längenwachstum einschränken.
Der $O_2$-Gehalt der Bodenluft wird veratmet, $CO_2$ entsteht. Wenn der Luftaustausch durch Wasserstau auch nur wenige Tage unterbrochen wird, kann man im Boden mit abnehmendem $O_2$-Gehalt eine Zunahme des Kohlensäuregehaltes beobachten, der Werte über 5 % erreichen kann. Daraus ergibt sich die Frage nach der Rückwirkung der zunehmenden Kohlensäurekonzentration auf das Wurzelwachstum, das vor allem bei Unterschreiten der $O_2$-Schwellenwerte reduziert wird. Gegenüber der $O_2$-Abhängigkeit wird das Wurzelwachstum bei zunehmendem $CO_2$-Gehalt zunächst stimuliert. Oberhalb von 1 bis 2 % wird bei weiterhin steigender Konzentration das Wachstum reduziert. Die Reichweite des Wurzelsystems ist der begrenzende Faktor für die Wasser- und Nährstoffaufnahme. Ein zeitweiliger $O_2$-Mangel – hervorgerufen durch einen Wasserüberschuß über Verdichtungshorizonte oder eine verstärkte Atmung bei erhöhter Temperatur – hemmt das Wurzelwachstum vorübergehend. Bei erneutem Zufluß von Sauerstoff wachsen die Wurzeln in gleichem Ausmaß weiter.

### 6.2.2 Einfluß des Bodenwiderstandes auf das Wurzelwachstum

Sauerstoffmangel und Kohlensäureüberschuß treten in verdichteten Schichten auf, wie sie in Pseudogleyen oder unter Bearbeitungsgrenzen und Radspuren vorliegen. Aber nicht nur der reduzierte Luftaustausch hemmt das Wurzellängenwachstum, sondern auch der Bodenwiderstand. Wie Darst. 15 verdeutlicht, wird mit zunehmendem Bodenwiderstand bis zu 200 $N/cm_2$ (= 20 bar) das Wurzellängenwachstum gehemmt bzw. gänzlich eingeschränkt. Abnehmender Sauerstoffgehalt verstärkt die hemmende Wirkung des Bodenwiderstandes. Verdichtungshorizonte sind in dreifacher Hinsicht von Nachteil:

- erhöhter Bodenwiderstand,
- $O_2$-Mangel und $CO_2$- bzw. $HCO_2$-Überschuß,
- reduktive Verhältnisse (geringere Verfügbarkeit der Nährstoffe).

### 6.2.3 Einfluß des Grobporenanteils auf den Ertrag

Die Bodenluft und die atmosphärische Luft stehen in einem ständigen Austausch. Pflanzenwurzeln und Mikroorganismen veratmen den Sauerstoff zu Kohlensäure. Dadurch entsteht ein Gefälle zur atmosphärischen Luft (etwa 79 % Stickstoff, 20 bis 21 % Sauerstoff und 0,03 % $CO_2$). Der Luftaustausch erfolgt in den luftführenden Hohlräumen des Bodens durch Diffusion. Entscheidend für eine ausreichende Durchlüftung sind:

- Anteil der Grobporen am Bodenvolumen,
- Porenkontinuität (Durchlässigkeit) und
- Verdichtungsschichten oder Krusten an der Oberfläche.

Bereits BAVER (1949) konnte bei Zuckerrüben mit zunehmendem Grobporenanteil bis zu 10 Vol.-% einen Ertragsanstieg beobachten. Für Mais fand BAVER unterschiedliche Schwellenwerte bei zwei Bodentypen. Auf dem durchläs-

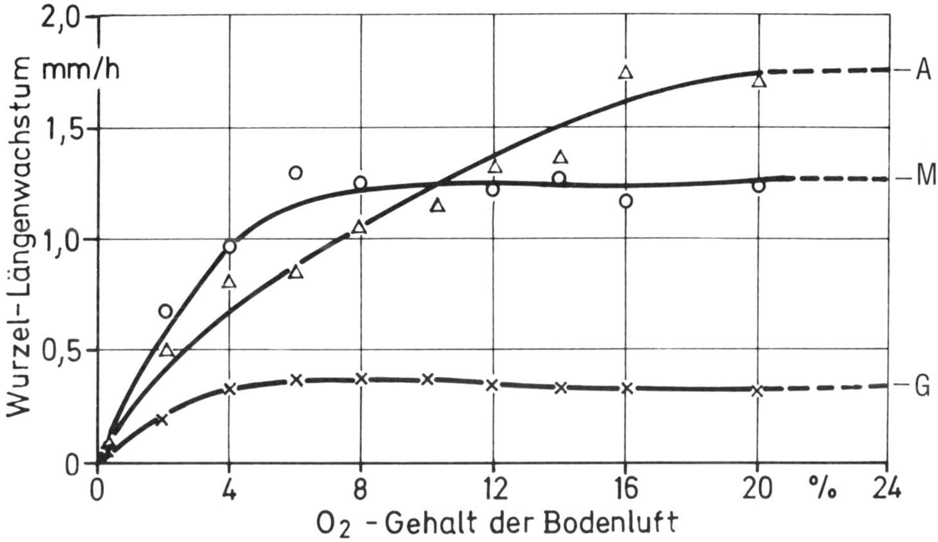


Darst. 14 Wurzel-Längenwachstum als Funktion des $O_2$-Gehaltes der Bodenluft bei unterschiedlichen Kulturen (nach GEISLER, 1969). A: Ackerbohnen/M.: Mais/G.: Gerste

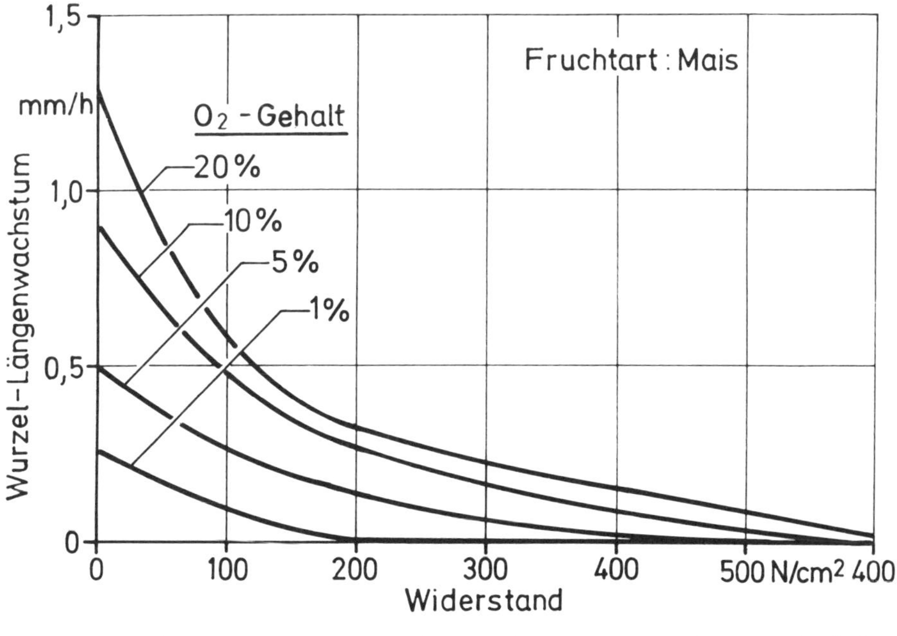


Darst. 15 Wurzel-Längenwachstum als Funktion des Bodenwiderstandes bei unterschiedlichem $O_2$-Gehalt (GILL und MILLER, 1956)

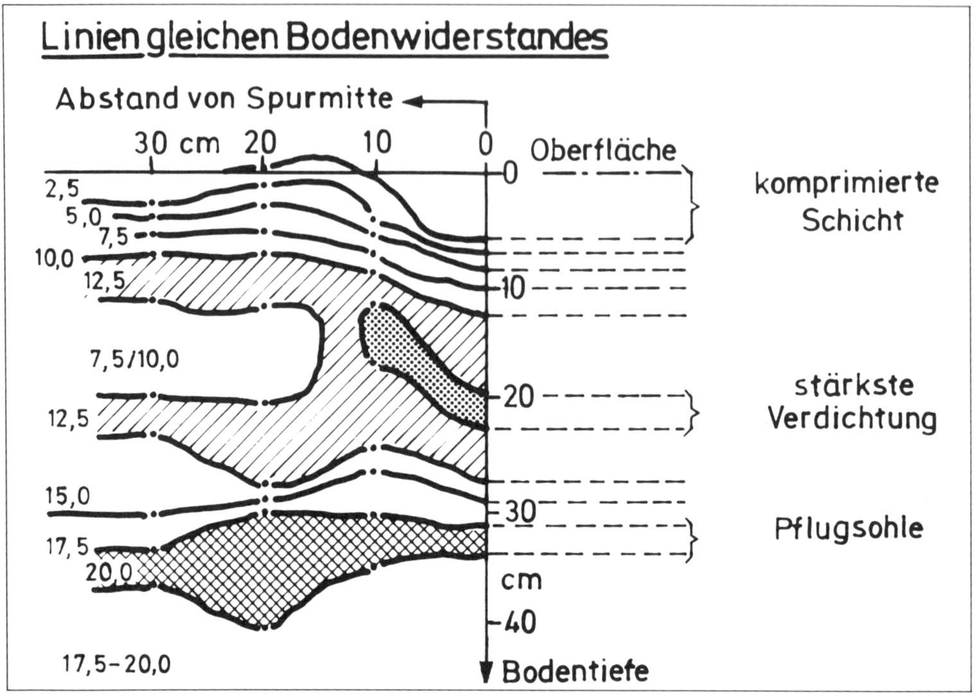


Darst. 16 Bodenwiderstand unter der Radspur eines Schleppergespannes (Schlepper 80 PS, 3,8 t; 2 Anhänger: je 4 t)

sigeren Boden wurde bereits bei 16 Vol.-% der Maximalertrag erzielt, während auf dem Boden mit geringer Porenintensität der Maximalertrag bei 24 Vol.-% erzielt wurde. Andere Autoren liegen mit ihren Beobachtungen innerhalb dieser Spannweite. Im Durchschnitt sollte ein mittlerer Wert von 15 Vol.-% ausreichen.

## 6.3 Entstehen und Vermeiden von Strukturschäden

### 6.3.1 Verdichtungsschäden

Durch das Befahren der lockeren Ackeroberfläche entstehen tiefe Spuren (Darst. 16). Die stärkste Verdichtung ist in der Tiefe von 10 bis 25 cm zu finden. Der Druck geht in etwa radial vom Reifen eines Fahrzeugs aus und verdichtet im mittleren Krumenbereich eine etwa 5 cm dicke Schicht. Der Bodenwiderstand erreicht Werte über 20 bar und ist damit für Wurzel und Wasser nahezu undurchdringlich, zumal sich in der muldenförmigen Verdichtungszone das Wasser staut und somit reduktive Verhältnisse entstehen. Man sollte daher derartige Schäden vermeiden oder beseitigen. Beim Befahren des Ackers sollte man folgende Schutzmaßnahmen beachten:

- Nur bei guter Tragfähigkeit und guter Bearbeitbarkeit den Acker befahren. Dies ist eine Forderung, die unter mitteleuropäischen Klimaverhältnissen nicht immer einzuhalten ist.
- Spurschäden vermindern, indem man Zwillingsreifen oder Gitterräder benutzt. Auch Spuraufreißer hinter den Rädern können die Schäden zum Teil beseitigen.
- Durch Tiefenlockerung, Beseitigung von Stauschichten oder durch organische Düngung die Krümelstabilität und Tragfähigkeit des Bodens verbessern.

Bis zur Ernte setzt sich der Boden. Gleichzeitig verdichten schwere Schlepper und Erntemaschinen – besonders die Vollernter bei Hackfrüchten – den Boden. Die Ursachen sind sehr vielfältig und lassen sich auf die veränderte

Darst. 17 Erosion bei Winterraps im Frühjahr

Darst. 18 Verkrustete Oberflächen reduzieren den Feldaufgang von Zuckerrüben

Technik und die Vereinfachung der Anbaumethoden zurückführen:

- Das Gewicht der Mähdrescher, Vollernter und Schlepper bzw. die Ladekapazität der Transportfahrzeuge sind größer geworden.
- Sehr starke Schlepper verleiten dazu, auch bei ungenügender Tragfähigkeit oder schlechter Bearbeitbarkeit des Bodens auf dem Acker zu arbeiten.
- Mangelnde Rücksichtnahme auf die Bearbeitbarkeit beim Pflügen oder bei der Bestellung erfordern meist eine intensive Nachbearbeitung.

### 6.3.2 Erosion und Verkrustung

Erosionen sind besonders bei Mais und Zuckerrüben zu beobachten. Solange die Blätter den Boden nicht abdecken, prallen Niederschläge ungehindert auf die Krümel und zerstören sie (Darst. 17 und 18). Auf ebenen Flächen verschlämmt der Boden: Es entstehen Krusten, die nicht nur den Luftaustausch hemmen, sondern für die Keimlinge oft ein undurchdringbares Hindernis darstellen. Auf hängigem Gelände sammelt sich das Wasser in Rinnen und spült Bodenteilchen und mit diesen Nährstoffe hangabwärts.

Durch Erosion treten starke Schäden auf:

- Das Abtragen von humusreichem Material auf Kuppen führt zu schlechter Bodenstruktur mit abnehmender Speicherkapazität.
- Es tritt ein Zuschwemmen von Pflanzen ein.
- Am Hangfuß lagert sich Bodenmaterial mit schwer kalkulierbarer Nährstofffreisetzung ab.
- Das Abschwemmen von den am Bodenmaterial sorbierten Nährstoffen im Oberflächengewässer bedeutet nicht nur Verlust für den Landwirt, sondern kann zur Eutrophierung von Gewässern beitragen.

Die Erosion kann durch Bearbeitung und Saat quer zum Hang in gewissen Grenzen vermindert werden, wobei man gleichzeitig arbeitswirtschaftliche Nachteile in Kauf nehmen muß. Auf Grenzstandorten sollte man nach alternativen Kulturen – soweit es möglich ist – suchen. Schäden sind manchmal eine Folge der Krumenvertiefung, da durch Heraufpflügen humusarmes Material in die Krume kommt. Eine verstärkte Zufuhr organischer Substanz durch Stroh- bzw. Gründüngung oder wirtschaftseigene Dünger fördern ebenso wie die Kalkung die Stabilität.

### 6.3.3 Stabilisierung des Bodengefüges

Das Stroh ist ein Nebenprodukt des Getreidebaus. Wenn es in der Viehwirtschaft nicht zur Einstreu und als Futter verwendet oder verkauft werden kann, muß es auf dem Acker bleiben. Das Verbrennen des Strohs, das gesetzlich eingeschränkt wurde, wird kaum noch praktiziert.

Darst. 19 Frühe Aussaat der Zwischenfrucht bringt hohe Erträge an Grünmasse

Darst. 20 Hohe Bestände der Zwischenfrüchte müssen vor dem Einarbeiten zerkleinert werden

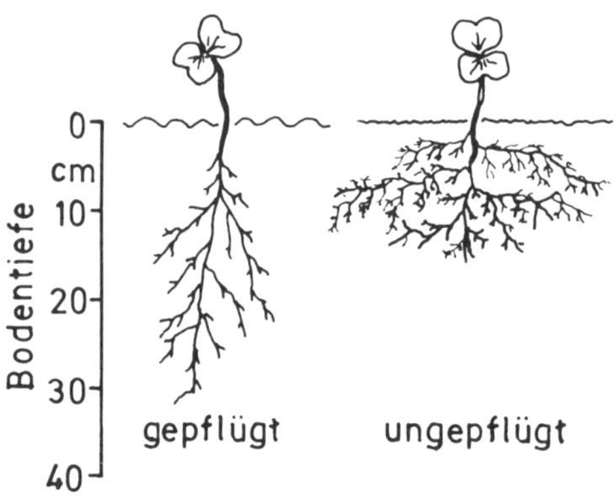


Darst. 21 Wurzelgebilde von jungen Rapspflanzen im unbearbeiteten und bearbeiteten Lößboden (BÖHM, 1974)

Darst. 22 Ausbreitung von Wurzeln in den Regenwurmgängen des Unterbodens

Das Einarbeiten des Strohs bringt trotz anfallender Kosten für das Häckseln und Einarbeiten einige Vorteile. So wird die biologische Aktivität des Bodens deutlich angeregt. Der von der Vorfrucht nicht genutzte Stickstoff wird im Boden wieder biologisch gebunden und kann nicht ausgewaschen werden. Mit dem Einarbeiten des Strohs sollte man den Anbau von Zwischenfrüchten verbinden, um die bessere Verrottung unter dem Blätterdach zu nutzen.
Der Anbau von Zwischenfrüchten hat erheblich an Bedeutung gewonnen. Mehr als die Hälfte des Zwischenfruchtanbaus wird als Futter genutzt. In Betrieben mit hohem Gülleanfall sehen es die Landwirte als Vorteil an, wenn die Nährstoffe in der Gülle nicht ausgewaschen, sondern durch die Pflanzen gebunden werden und nach deren Zersetzung der Folgefrucht wieder zugeführt werden können. Vorteile der Gründüngung:

- Die Zufuhr organischer Substanz regt die biologische Aktivität an.
- Durch tiefreichende Wurzeln, speziell Pfahlwurzler, wird der Unterboden erschlossen.
- Unter dem Blätterdach entwickelt sich ein krümelfähiger Boden (Schattengare), der vor Erosion geschützt ist.
- Nährstoffe werden erhalten und neu erschlossen.

Der Anbau von Zwischenfrüchten sollte möglichst noch im Juli nach der Ernte der Wintergerste oder nach Raps erfolgen (Darst. 19 und 20). Aber es gibt auch Zwischenfrüchte, die bei der Aussaat im August noch viel grüne Masse bilden (Weidelgras, Phacelia, Perserklee bzw. spätsaatverträgliche Sorten von Ölrettich und Raps). Vor Zuckerrüben sind Kreuzblütler wegen der Nematodenverbreitung nicht zu empfehlen. Leguminosen wie z. B. Lupinen, Wicken oder Ackerbohnen bieten sich als N-Sammler an. Hierbei ist jedoch zu beachten, daß nach dem Absterben der Bestände unter günstigeren Klimabedingungen bereits im Spätherbst erhebliche N-Mengen mineralisiert und später ausgewaschen werden können. Nach einer Zwischenfrucht mit Leguminosen sollte daher die Bodenbearbeitung möglichst kurz vor der Hauptfrucht durchgeführt werden, um die Mineralisation nicht zu früh anzuregen.

### Mulchsaat

Es sollte überhaupt überdacht werden, die abgefrorene Zwischenfrucht als Mulch an der Oberfläche zu belassen und als Erosionsschutz zu nutzen. Gerade zu erosionsgefährdeten Reihenkulturen, wie z. B. Zuckerrüben oder Mais, hat dieses Verfahren als sogenannte Mulchsaat größere Verbreitung gefunden. Die Mulchsaat vermindert den oberflächigen Wasserabfluß erheblich (80 bis 90%) und kann den Bodenabtrag nahezu gänzlich aufhalten. Die längere Bodenruhe und das organische Material fördern das Bodenleben, speziell die Aktivität der Regenwürmer, deren Population sich innerhalb eines Jahres vermehrt. Durch die zusätzlichen Regenwurmgänge nimmt die Versickerungsfähigkeit für Wasser stark zu (Darst. 22). Ertraglich kann dieses Verfahren gegenüber konventioneller Bestellung mithalten, auch wenn eine größere Aufmerksamkeit auf den Befall mit Schädlingen, z. B. Schnecken oder Moosknopfkäfer, notwendig ist. Auch das veränderte Unkrautspektrum erfordert eine neue Bekämpfungsstrategie, da die Unkräuter in ihrer Entwicklung meist weiter fortgeschritten sind.

## 6.4 Auswirkungen der Bodenbearbeitung

### 6.4.1 Wurzelausbreitung im Boden nach unterschiedlicher Bearbeitung

Trotz der geringen Verbreitung der Direktsaat haben die Untersuchungen über deren Auswirkungen die Vor- und Nachteile der Grundbodenbearbeitung hervorgehoben. In einem gepflügten Boden können sich die Wurzeln im Krumenbereich leichter ausbreiten, während sie sich im ungepflügten in der ersten Phase der Entwicklung auf die oberen 10 cm beschränken (Darst. 21). Zum einen ist es der höhere Bodenwiderstand, der sie an einem tieferen Eindringen hindert, zum anderen ist es die höhere Nährstoffkonzentration in der obersten Schicht, die eine flache Wurzelführung anregt.

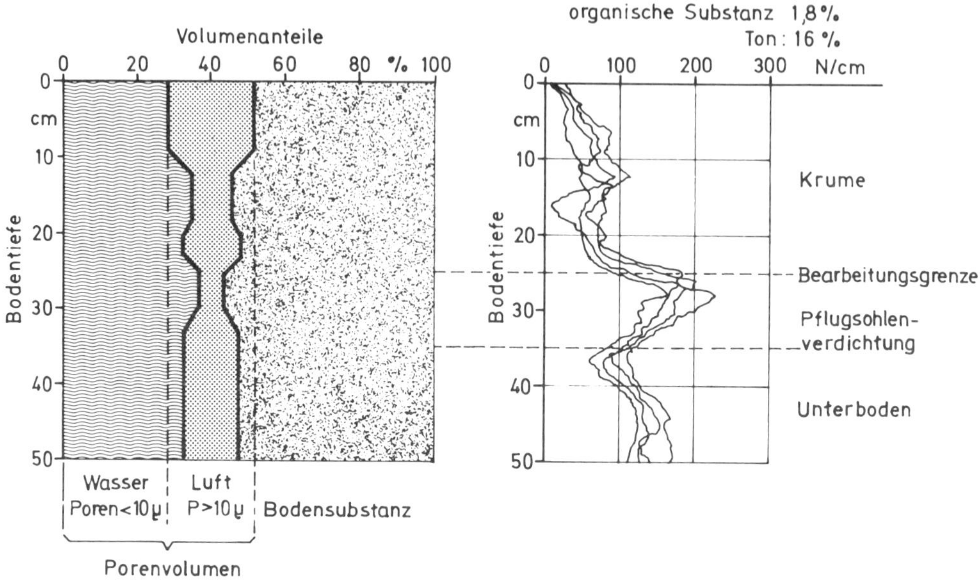


Darst. 23 Porenverteilung und Bodenwiderstand im Profil einer Ackerbraunerde

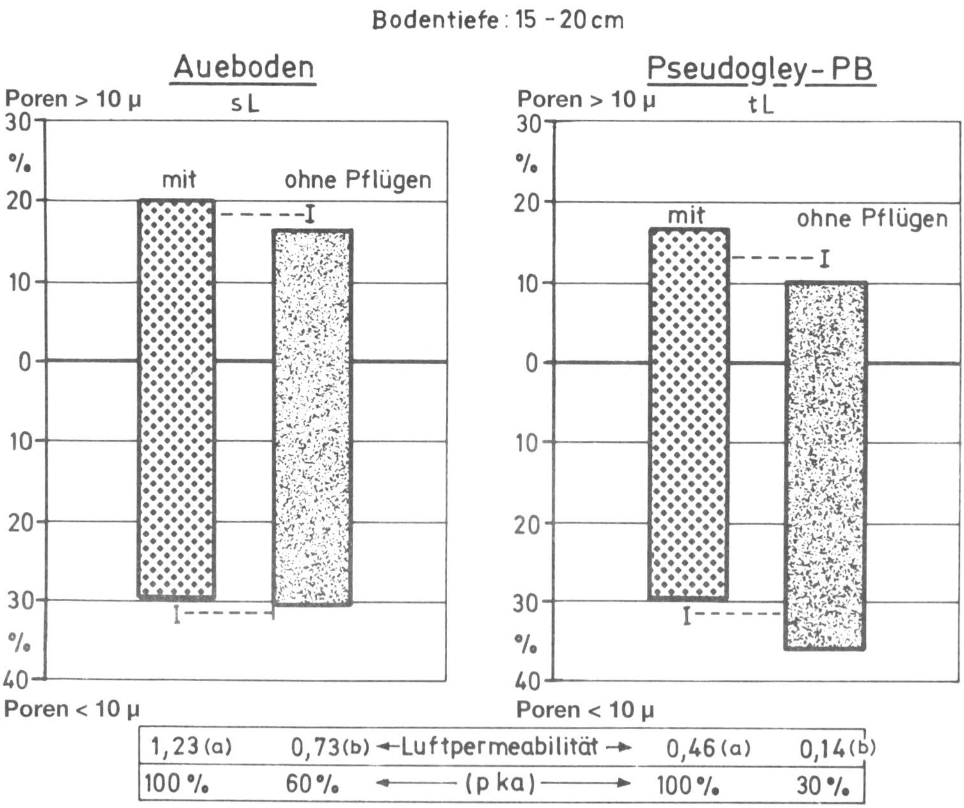


Darst. 24 Porenverteilung in der Krume bei einem Pflugverzicht (Bodentiefe: 15 – 20 cm)

### 6.4.2 Effekte bei konventioneller Bodenbearbeitung

Das Direktsaatverfahren hat die Vorzüge des Pflügens erneut aufgezeigt: die Unkrautbekämpfung und die Vorbereitung des Saatbettes durch das grobe Lockern. Gleichzeitig erkannte man die Nachteile. Es fehlt der kontinuierliche Übergang zum Unterboden. Durch das Pflügen haben sich im Profil der meisten Ackerböden drei Schichten entwickelt, wie es in Darst. 23 dargestellt ist:

| | |
|---|---|
| Krume | 0 bis 25 cm |
| Pflugsohle | 25 bis 30 cm und |
| Unterboden | tiefer als 30 cm. |

Die Pflugsohle stellt in diesem Boden ein nahezu unüberwindliches Hindernis für die Wurzeln dar. Das Wasser staut sich im Winter über die Pflugsohle, die durch den Druck der Schlepperräder und des Pflugschares während des Pflügens entstanden war. Je feuchter der Boden zum Bearbeitungszeitpunkt, desto ausgeprägter wird sie. Deshalb sollte nur bei guter Tragfähigkeit und Bearbeitbarkeit des Bodens gepflügt werden.

### 6.4.3 Effekte bei einem Pflugverzicht

Ein schwerer Boden hat eine ungünstige Struktur. Er sollte daher speziell vor Kulturen mit einer Pfahlwurzel, wie z. B. Zuckerrüben und Raps, gelockert werden. In einem tonigen Lehm lag der Grobporenanteil bei einem Pflugverzicht im pflanzenbaulich ungünstigen Bereich von ca. 10 Vol.-% (Darst. 24). Auch die Luftdurchlässigkeit betrug nur 30 % des gepflügten Bodens. Auf diesem Standort, der zudem in Regenperioden unter Staunässe litt, war eine Pfluglockerung notwendig. Sie erhöhte den Grobporenanteil auf 17 Vol.-%, die Luftdurchlässigkeit verdreifachte sie. In einem sandigen Lehm dagegen lag der Grobporenanteil vor dem Pflügen bereits bei 15 Vol.-%, auch die Durchlässigkeit war mit dem absoluten Wert von 0,73 bereits höher als in dem gepflügten Pseudogley. Durch das Pflügen selbst wurde der Grobporenanteil auf 20 Vol.-%, die Durchlässigkeit um 0,5 Einheiten angehoben. Unter den gegebenen Verhältnissen des Standorts hätte ohne Nachteil für die Pflanzen auf das Pflügen verzichtet werden können.

### 6.4.4 Wechselwirkung zwischen Bodenbearbeitung, N-Mineralisation und N-Düngung

Ein Verzicht auf die Bodenlockerung oder eine Rücknahme der Bodenbearbeitungsintensität führt zu einer Wiederverdichtung der Krume. Der Humusgehalt und die Nährstoffkonzentration nehmen in den oberen 5 cm der Krume zu, der Übergang zwischen Unterboden und Krume wird deutlich verbessert, z.T. wird die ehemalige Pflugsohle aufgelockert. Die veränderten Bodeneigenschaften beeinflussen aber auch die Mineralisation und damit das natürliche N-Nachlieferungsvermögen des Bodens.
In einem über zehn Jahre laufenden Dauerversuch mit unterschiedlichen N-Aufwandmengen bei tiefer und flacher Lockerung der Krume konnte die verminderte N-Mineralisation bei reduzierter Bodenbearbeitung durch die N-Düngung nicht immer kompensiert werden. Lediglich bei Winterweizen (Darst. 25) konnte mit zunehmendem N-Dünger-Aufwand der Nachteil der verminderten N-Nachlieferung ausgeglichen und sogar überkompensiert werden. Mit zunehmender Dauer der Umstellung kann der N-Aufwand auf das normale N-Niveau zurückgenommen werden. Dies gilt nur für Winterweizen und Mais. Bei Zuckerrüben und Sommergetreide konnte selbst nach zehn Jahren reduzierter Bodenbearbeitung durch die N-Düngung der Nachteil der verminderten N-Mineralisation nicht ausgeglichen werden (Darst. 26). Die Mindererträge bei Zuckerrüben wurden nur von einer Differenz über 20,8 dt/ha bereinigtem Zuckerertrag bis auf 10,1 dt/ha durch die N-Düngung kompensiert, aber das Ertragsniveau konventioneller Bestellung war auf diesem Lößstandort in einem niederschlagsarmen Gebiet (Jahresmenge: 560 mm) nicht zu erreichen. Hier sind andere Gründe Ursache des Ertragsabfalls:

- verzögerter und z. T. verminderter Feldaufgang,
- zu hoher Bodenwiderstand in der ungelockerten Krume, speziell in sommertrockenen Gebieten,
- fehlender Gleichgewichtszustand des Humusgehaltes, selbst nach 10 Jahren.

Abhilfe kann nur geschaffen werden, wenn zum einen bei der Saatbettbereitung für ein feineres

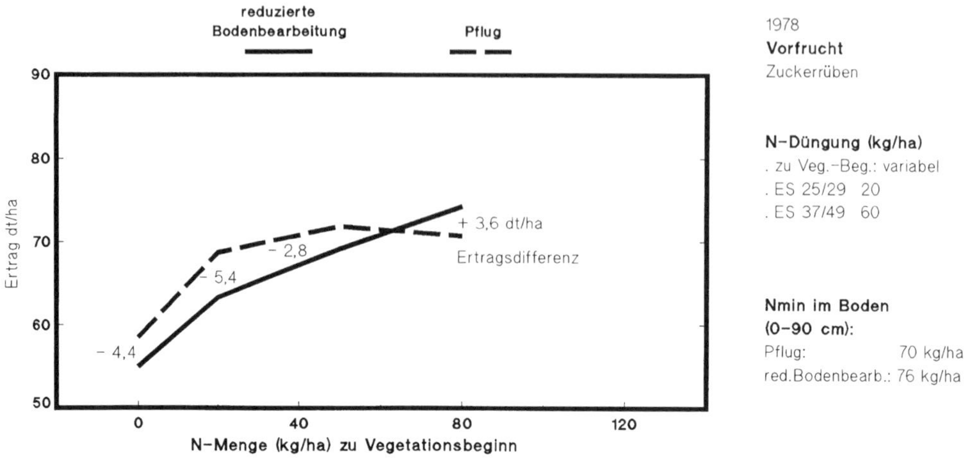


Darst. 25 Einfluß der N-Düngung auf Ertrag von Weizen bei unterschiedlicher Bodenbearbeitung

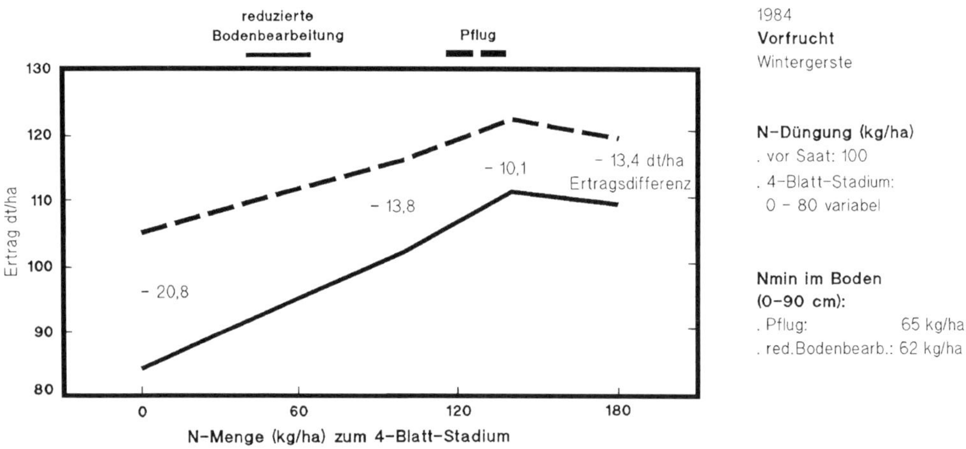


Darst. 26 Einfluß der N-Düngung auf den Ertrag von Zuckerrüben bei unterschiedlicher Bodenbearbeitung

| Ort | NS mm | Jahres-temp. °C | Regen-faktor | Bearbei-tungstiefe |
|---|---|---|---|---|
| Weihenstephan (Oberbayern) | 814 | 7,7 | 106 | 21 cm |
| Limburgerhof (Pfalz) | 570 | 9,8 | 58 | 31 cm |
| Bologna (Norditalien) | 601 | 13,6 | 44 | 45 cm |

Darst. 27 Optimale Bearbeitungstiefe in Abhängigkeit von Jahrestemperatur und Niederschlagsmenge

Saatbett mit gleichmäßiger Ablage und Anschluß an das Kapillarwasser gesorgt wird, zum anderen vor Zuckerrüben eine tiefere Lockerung angestrebt würde, die auch als Sommertieffurche mit nachfolgender Mulchsaat Vorteile aus bodenschonender Sicht bringt. Weiterhin ist nach der Umstellung auf reduzierte Bodenbearbeitung mit einer N-Fixierung in den ersten Jahren zu rechnen, da die Erntereste – meist Stroh mit weitem C:N-Verhältnis – in einer geringeren Bodenmenge eingemischt werden. Gleichzeitig wird durch die reduzierte Bodenbearbeitung die mikrobielle Aktivität in der gesamten Krume vermindert. Daraus folgt, daß die N-Düngergaben zur Erlangung vergleichbarer Erträge um 20 bis 40 kg/ha N gegenüber konventioneller Bestellung zu erhöhen sind. Mit zunehmender Zeit stellt sich ein Gleichgewicht im Boden ein, so daß mit normalem N-Aufwand gedüngt werden kann. Je nach Standort kann diese Umstellungsphase 10 bis 15 Jahre dauern.

## 6.5 Faustregeln zur Bodenbearbeitung

### 6.5.1 Bearbeitungstiefe

Die Bearbeitungstiefe für das Pflügen hängt von der aeroben Verrottung der organischen Substanz ab. Dieser Bereich wird durch den Langschen Regenfaktor abgegrenzt, der aus dem Verhältnis von jährlichem Niederschlag in mm und der Jahrestemperatur in °C errechnet wird, wie unten dargestellt ist (Darst. 27).

Diese geschätzten Bearbeitungstiefen sind als Richtwerte zu sehen, die dem jeweiligen Kulturzustand anzupassen sind. Schwere untätige Böden sind flacher zu bearbeiten als leichte mit guter Zersetzung der organischen Substanz. Ehe man eine Vertiefung der Krume vornimmt – die nur schichtweise von jeweils 1 bis 2 cm erfolgen sollte –, ist der Anbau von Pfahlwurzeln

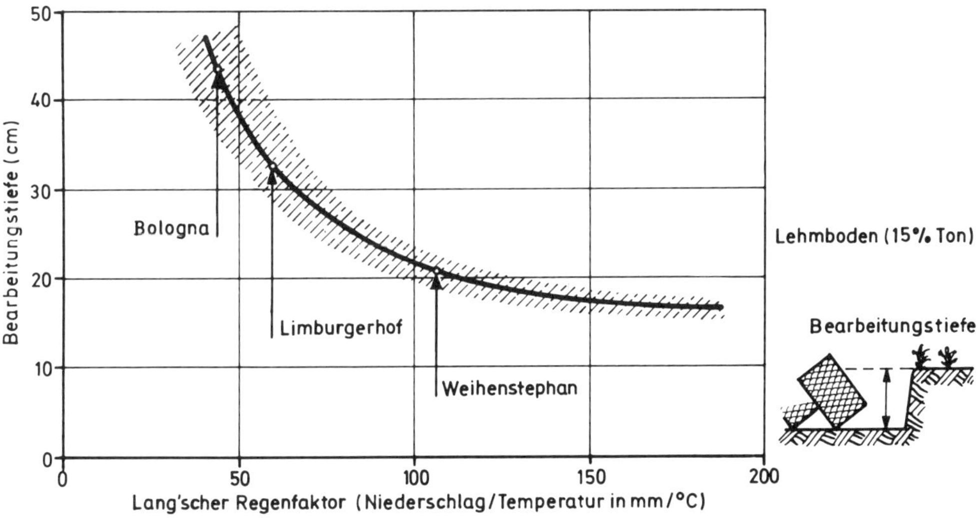


Darst. 28 Bearbeitungstiefe mittelschwerer Böden beim Pflügen als Funktion des Lang'schen Regenfaktors (FEUERLEIN, 1971)

wie Raps oder Ackerbohnen zur besseren Erschließung des Unterbodens zu empfehlen. Auch kann man mit schweren Untergrundgrubbern zur Stoppelbearbeitung mit dem Anreißen des Unterbodens beginnen (Darst. 28).

Mit der Krumenvertiefung wird nährstoff- und humusarmer Boden in die Krume eingemischt. Dadurch werden Nährstoffe, wie z. B. Phosphat und Kali, sowie der standorttypische Humusgehalt verdünnt. Bei der Düngung von P und K ist daher in den ersten Jahren ein gewisser Zuschlag anzusetzen, bis die gewünschten Gehaltsklassen erreicht sind. Ähnlich sollte man bei der organischen Substanz handeln. Nach der Tieferlegung der Krume verdünnen sich Kohlenstoff (C)- und Stickstoff (N)-Gehalt der Krume. Durch Einarbeiten von Ernteresten reichert sich der Humusgehalt wieder auf seinen Ausgangswert an, soweit die Bewirtschaftung konstant bleibt. Bei einer Krumenvertiefung von 10 cm hält dieser Prozeß etwa 15 Jahre an. In physikalisch-chemischen, besonders aber mikrobiologischen Vorgängen werden Kohlenstoff und Stickstoff in die Humusfraktion eingebaut. Hierbei können bis zu 100 kg/ha N im Jahr festgelegt werden. Betriebe, in denen die Krume in den letzten Jahren vertieft wurde, sollten durch regelmäßige Bodenanalyse im Abstand von zwei bis drei Jahren die C- und N-Entwicklung ihres Bodens beobachten. Nach Einstellen des Gleichgewichtes kann man davon ausgehen, daß der N-Umsatz gegenüber der flacheren Krume zunimmt; dies sollte bei der Bemessung der N-Düngung beachtet werden (z. B. $N_{min}$-Analysen zu Vegetationsbeginn).

### 6.5.2 Saatbettbereitung und Gerätetechnik

Zur Keimung muß ausreichend Wasser an das Saatkorn herangeführt werden, zugleich sollte die Strahlungswärme der Sonne ohne große Verluste an die Keimzone gelangen, da die Kulturen erst ab einer bestimmten Minimaltemperatur keimen können (Getreide: 3 bis 4° C, Zuckerrüben: 4 bis 5° C, Mais: 10 bis 12° C). Die Wasserzufuhr kann durch den kapillaren Aufstieg von unten durch eine abgesetzte Krume gesichert werden. Der untere Teil des Saatbettes wird hierzu nach der Lockerung durch die Geräte der Saatbettbereitung erneut verfestigt. Die Deckschicht über dem Saathorizont sollte so beschaffen sein, daß einerseits der Wärmefluß und Luftaustausch gefördert wird und andererseits kein Widerstand dem Keimling entgegensteht. Kleine Saatkörner mit geringer Keimkraft wie Raps und Zuckerrüben benötigen eine feinere Krümelung als großkörnige wie z. B. Mais.

Bei der Zerkleinerung des Bodens entsteht ein Krümelgemisch von groben bis feinsten Aggregatgrößen. Um alle diese Größen in einer Zahl als Maß für die Zerkleinerung darzustellen, wurde der gewogene mittlere Durchmesser (GMD) der Aggregate errechnet. Eine ausreichende Krümelung läßt sich auf zwei Wegen erreichen:

- mehrmaliges Bearbeiten des Bodens oder
- Erhöhen der Zerkleinerungsintensität der Geräte.

Ein mehrmaliges Eggen mit den sogenannten Kombikrümlern ist das verbreitetste Verfahren, aber auch die zapfwellengetriebenen Geräte wie Kreisel- und Rüttelegge werden zunehmend eingesetzt. Diese beiden Geräte können einen mit dem konventionellen Verfahren vergleichbaren Zerkleinerungseffekt hinterlassen. Mit der Fräse war bei gegebener Einstellung der Zerkleinerungseffekt etwas geringer. Durch eine kürzere Bissenlänge ließe sich der Zerkleinerungseffekt erhöhen.

### 6.5.3 Einfluß der Krümelgröße auf Keimung und Bodengefüge

Die Feinheit der Krümel beeinflußt den Feldaufgang ganz erheblich. Je feiner das Krümelgemisch ist, desto höher ist der Feldaufgang (Darst. 30). Für Getreide konnte bei einem mittleren Krümeldurchmesser von 5 mm ein Feldaufgang von 100 % erzielt werden. Mit abnehmender Feinheit sank er bis auf 35 %. Die Ursache dieser Beziehung ist darin zu suchen, daß mit abnehmender Feinheit der Krümel der Kontakt zwischen dem Saatkorn und den wasserhaltenden Krümeln vermindert wird. Gleichzeitig wird der Keimling durch das Gewicht der großen Krümel am Durchstoßen behindert. Nicht allein die Feinheit des Saatbettes, sondern auch das Säverfahren beeinflußt die Keimrate, wie Darst. 30 weiterhin zeigt. Mit dem Bandsaatverfahren beim Fräsen war selbst bei sehr feiner Zerkleinerung von weniger als 5 mm Krümelgröße nur ein Feldaufgang von etwa 75 % zu erzielen. Es sank mit rauherem Saatbett bis auf 30 %. Ursache war die ungenügende Saatgutablage bei der Bandsaat, wo nur

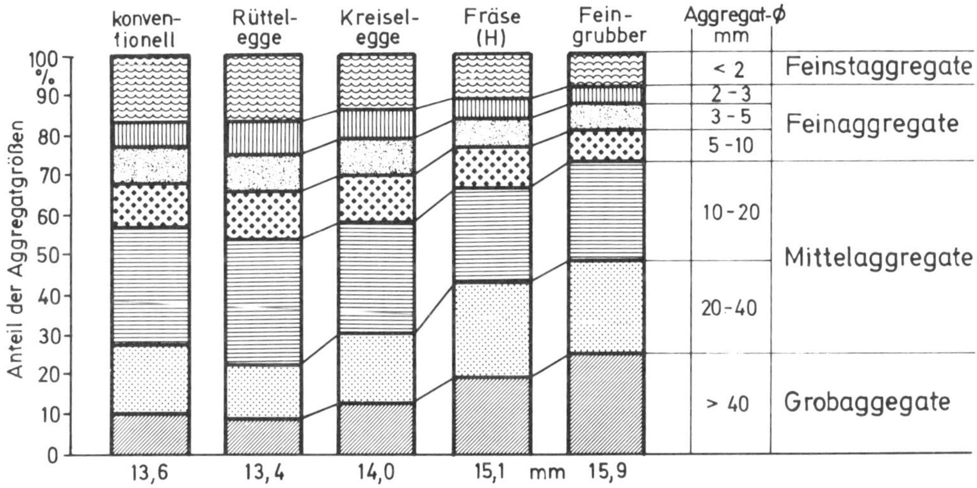


Darst. 29 Aggregatgrößenverteilung bei verschiedenen Geräten für die Saatbettbereitung zu Winterweizen

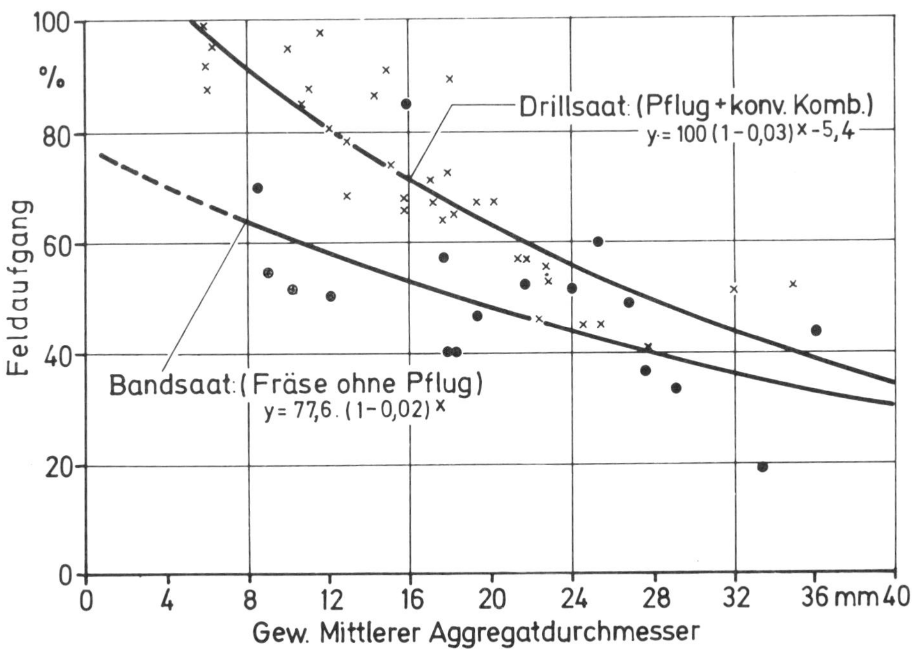


Darst. 30 Feldaufgang als Funktion des mittleren Aggregatdurchmessers (GMD) bei unterschiedlichen Saatverfahren

70 % der Körner in der optimalen Tiefe zwischen 3 und 4 cm lagen. Hier deutet sich an, daß eine Tiefenablage mit geringer Streuung nach oben und unten – wie es bei normalen Drillgeräten der Fall ist, zu einem besseren Feldaufgang führt als eine ungleichmäßige Ablage bei den älteren Band- oder Breitsaatgeräten. Neuere Geräte haben diesen Nachteil nicht mehr in dem hier auftretenden Ausmaß. Des weiteren sollte bei der Saat darauf geachtet werden, daß die Saatkörner auf den rückverfestigten Horizont mit dem Anschluß an die wasserführende Schicht abgelegt werden.

Die Problematik der sehr feinen Krümelschicht liegt darin, daß zwar die Keimung gefördert, aber auch die Gefahr der Verschlämmung oder zu starken Dichtlagerung im Laufe der Vegetation vergrößert wird. Es stellt sich daher die Frage nach der optimalen Krümelgröße. Schon DOJARENKO hat 1926 die Auswirkung der Krümelgröße auf das Bodengefüge untersucht. Er fand, daß bei äußerst feiner Krümelung der Anteil der kapillaren Poren bei 45 Vol.-% und der Anteil der Grobporen bei 3 Vol.-% lagen. Die Folge dieser ungünstigen Porengrößenverteilung war eine geringere Luftpermeabilität mit einem Absinken des $O_2$-Gehaltes auf 5,4 %. Die N-Mineralisation ging ebenfalls zurück. Mit zunehmender Krümelgröße stieg der Grobporenanteil auf 40 Vol.-%, der Sauerstoffgehalt stieg bis auf 21 %, und die N-Mineralisation erhöhte sich. Die natürliche Krümelgröße liegt bei der Bestellung des Saatbettes bei einem mittleren Aggregatdurchmesser von 45 mm. Untersuchungen über die Beziehung zwischen Aggregatgröße und dem Anteil der Grobporen ergaben im Gegensatz zum Modellversuch DOJARENKOS keine negative Beziehung. Der Grund ist das im Vergleich mit dem Modellversuch gröbere Krümelgemisch des Feldversuches. Wenn man den vorliegenden Bereich von 5 bis 40 mm in Anlehnung an KUIPERS (1961) ergänzt, dann erhält man eine Optimum-Funktion, die mit abnehmender Krümelgröße wiederum einen Rückgang der luftführenden Grobporen verzeichnet (Darst. 31).

Ziel der Bodenbearbeitung in den mitteleuropäischen Klimazonen mit ausreichenden Niederschlägen ist es, einen hohen Grobporenanteil für die Durchlüftung zu erzielen. Das Maximum kann man mit einem mittleren Aggregatdurchmesser von 8 bis 12 mm erreichen. Da hiermit zugleich ein hoher Feldaufgang gewährleistet wird, ist dies der optimale Zerkleinerungsbereich bei Getreide. Winterweizen verträgt sogar ein etwas rauheres Saatbett. Für

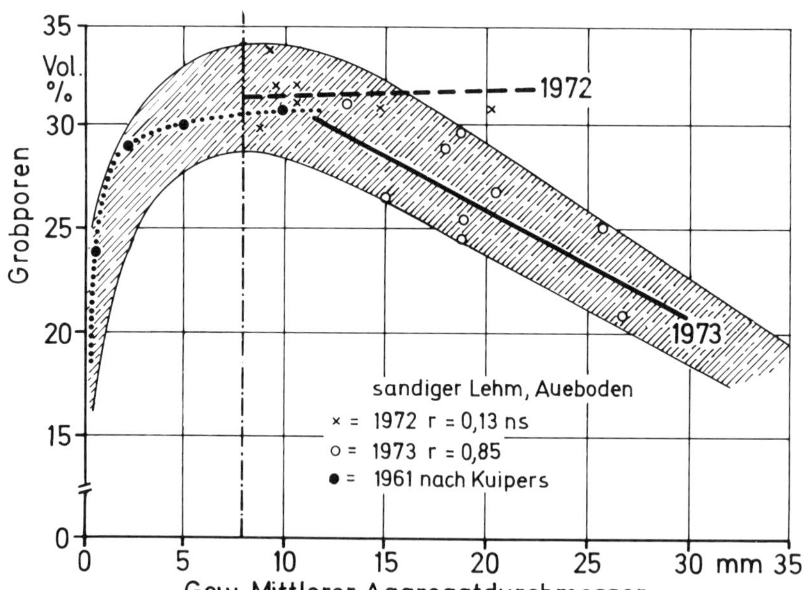


Darst. 31 Einfluß der mittleren Aggregatgröße (GMD) auf den Anteil der Grobporen

| | Zuckerrüben | Getreide | Mais |
|---|---|---|---|
| Lockerer Krümelschleier als Deckschicht | 2-3 cm | 2-4 cm | 4-6 cm |
| Rückverfestigter Horizont | 3-6 cm | 4-6 cm | 4-6 cm |
| Abgesetzte Krume | | | |

Darst. 32 Optimales Saatbett für verschiedene Anbaufrüchte (SCHÖNHAMMER, 1979, GEHLEN, 1978)

Zuckerrüben und Feinsämereien sollte die obere Krümelschicht etwas feiner sein, und zwar 5 bis 8 mm, wobei man je nach Krümelstabilität und Wasserführung zur unteren oder zur oberen Grenze neigt (Darst. 32).
Bei der Erstellung der Saat sind zusammenfassend folgende Vorgänge zu beachten:

- Lockerung des Saatbettes, angepaßt an den Bedarf der Kultur;
- Anschluß des Saatbettes an den wasserführenden Bodenhorizont, der bei Pflugeinsatz durch Absetzen oder Rückverfestigung entsteht und bei flacher Lockerung die ungestörte Krume ist.

## 6.6 Zeitspanne für die Bodenbearbeitung

### 6.6.1 Einfluß der Bodenfeuchte auf den Zerkleinerungseffekt

Der Zerkleinerungseffekt eines Gerätes wird primär durch die Bearbeitbarkeit des Bodens bestimmt. Man kann zwar über die Variation der Bearbeitungsintensität den Zerkleinerungseffekt in gewissen Grenzen steuern, jedoch bringt diese Maßnahme bei schlechter Bearbeitbarkeit einige Nachteile. Abgesehen vom höheren Energieaufwand werden die groben Aggregate meist nur zerschlagen. Sie zerfallen nicht an den natürlichen Bruchstellen. Ein weiterer Gesichtspunkt der Bearbeitbarkeit ist die Tragfähigkeit. Sie ist bei zu feuchtem Boden sehr schlecht. Tiefe Spuren und Verdichtungen sind die Folge (Darst. 16). Die Zerkleinerungsfähigkeit eines Bodens wird durch den Wassergehalt und die Konsistenz beeinflußt. Es gibt einen optimalen Bearbeitungsbereich. Für einen tonigen Lehm lag die maximale Zerkleinerung bei Bodenfeuchten von 10 bis 20 Gew.-% (Darst. 33). Es zeigte sich, daß im Frühjahr infolge der Frostgare die Konsistenz des Bodens geringer war und somit bei gleichem Wassergehalt eindeutig besser zerkleinert wurde als im Herbst. Im Gegensatz zur Saatbettbereitung, die zum optimalen Termin der Anbaufrucht erfolgen sollte, erstreckt sich die Maßnahme zur Grundbodenbearbeitung über einen längeren Zeitraum von der Ernte der Vorfrucht bis einige Tage vor der Aussaat. So kann man den Einsatz des Pfluges variabler gestalten und muß nicht bei einem ungünstigen Bodenzustand pflügen (Darst. 35). Folgende Nachteile bei zu feuchtem Boden sollte man beachten:

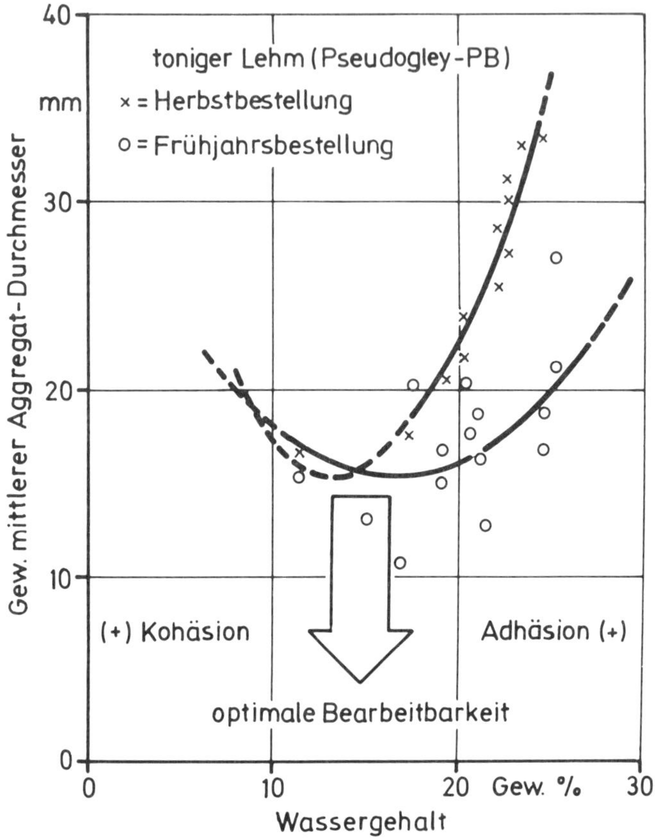


Darst. 33 Einfluß des Bodenwassergehaltes (WG) auf den Zerkleinerungseffekt (GMD) einer Fräse

- Die Lockerung ist schlecht. Es entstehen nur grobe Hohlräume und Scherrisse in den Erdbalken; eine leicht krümelfähige Oberfläche erhält man nicht. Bei einer Sommerung ist dies weniger problematisch, da die rauhen Kämme durch Frost gelockert werden.
- Die Schicht unter der Bearbeitungsgrenze wird durch Schlepperraddruck oder stumpfe Schare verdichtet. Schlupf ist zu vermeiden.
- Der Pflugwiderstand steht in enger Beziehung zur Bearbeitbarkeit des Bodens.

In den letzten Jahren hat sich ein weiterer Nachteil der zu rauhen Pflugarbeit gezeigt. Wenn der Boden nicht rückverfestigt ist, entstehen Hohlräume, die einen idealen Raum für Ackerschnecken darstellen. Gerade in Fruchtfolgen mit kurzen Anbaupausen, wie z. B. Wintergerste – Winterraps – Winterweizen, fehlt bei feuchter Witterung ausreichend Zeit, um auf den optimalen Bearbeitungszeitpunkt zu warten oder den Boden rückzuverfestigen.

Auch die Stoppelbearbeitung ist an den Bodenzustand anzupassen. Nach niederschlagsreichen Perioden ist eine flache Bearbeitung (ca. 10 cm) der tieferen vorzuziehen. Dies gilt vor allem bei Strohdüngung. Rotierende Geräte wie die Fräse sollte man wegen der Bildung eines Schmierhorizontes bei zu feuchtem Boden nicht einsetzen.

### 6.6.2 Einfluß des Saat- und Erntezeitpunktes

Für die Maßnahmen der Bodenbearbeitung steht ein durch Ernte und Saat der Feldfrüchte begrenzter Zeitraum zur Verfügung (Darst. 34).

Die Maßnahmen müssen an den Standort, den Anforderungen der Früchte angepaßt und in die Fruchtfolge eines Betriebes eingegliedert werden. Wird eine Strohdüngung durchgeführt, oder werden Zwischenfrüchte angebaut, so wird der Zeitraum für die wichtige Grundbodenbearbeitung weiterhin eingeengt. Voraussetzung für Stroh- und Gründüngung sind früh räumende Früchte wie Wintergerste und Winterraps (Darst. 36). Auch nach späteren Getreidearten bietet sich noch eine Gründüngung an, lediglich sollte man sich in diesem Fall auf spätsaatverträgliche Kulturen beschränken. Für die Stoppelbearbeitung ist es wichtig, möglichst rasch nach der Ernte den Boden zu bearbeiten, damit die verbliebene Restfeuchte genutzt werden kann.

In Gebieten mit starken Herbstniederschlägen kann es ratsam sein, kurz nach der Ernte bereits zu pflügen, da die gute Bearbeitbarkeit für den Pflug genutzt werden sollte. Auch Zwischenfrüchte reagieren positiv auf eine tiefe Lockerung. Lediglich für die Einarbeitung von Stroh ist eine frühe Sommerfurche nicht zu empfehlen. Letztere wird bei früh gesäten Kulturen wie Winterraps notwendig sein, da der Raps ein gut abgesetztes Saatbett benötigt. Für die Wintergetreidearten steht ausreichend Zeit nach Getreidevorfrüchten zur Verfügung, um die günstigen Augenblicke für eine gute Grundbodenbearbeitung zu nützen. Kartoffeln, Mais und Zuckerrüben werden sehr spät im Jahr geerntet, so daß beim Anbau von Wintergetreide – hier ist nur Winterweizen möglich – Engpässe bei einer konventionellen Bestellung entstehen. Der Verzicht aufs Pflügen kann daher durchaus akzeptabel sein. Ob man mit einem flachen Eggenstrich den Boden einebnet und anschließend sät oder mit einer Frässaatmaschine das Saatgut ausbringt, bleibt den einzelnen Umständen überlassen. Bei leichten Verdichtungen, die bei der Mais- oder Zuckerrübenernte immer zu beachten sind, kann mit der Fräsdrille ein ausreichend guter Effekt erzielt werden. Bei zu starken Spurschäden ist eine tiefe Lockerung nicht zu umgehen.

Bei der Sommerung liegen die Probleme nicht bei der Grundbodenbearbeitung, sondern bei der Bestellung. Eine frühe Bestellung kollidiert meist mit der Tragfähigkeit des Bodens.

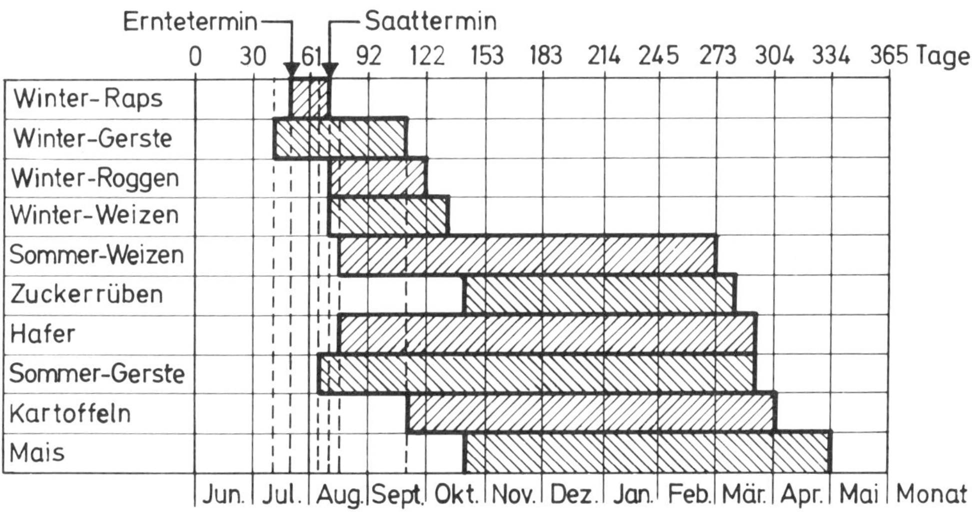


Darst. 34 Für die Bodenbearbeitung verfügbare Zeit zwischen Ernte und Saat verschiedener Anbaufrüchte

Darst. 35  Pflügen bei zu feuchtem Bodenzustand, im Herbst schwierige Nachbereitung

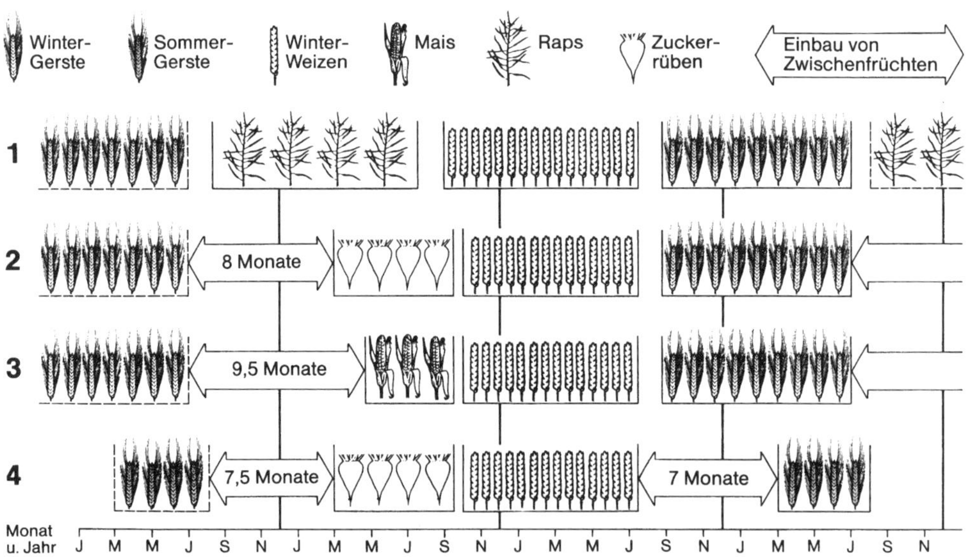


Darst. 36  Fruchtfolge und Bodenabdeckung

## Resümee

Ein allgemein gültiges Rezept für die Bodenbearbeitung in einem Anbausystem gibt es nicht. Sicher mag ein Verfahren für den einen oder anderen Standort seine Berechtigung haben, aber im Augenblick der Maßnahme gilt es immer abzuwägen zwischen:

- den Zielen der Bodenbearbeitung,
- den Eigenschaften des Standortes,
- dem Bodenzustand als Folge der Witterung,
- den Geräten und der Maschinenausrüstung des Betriebes,
- den Auswirkungen auf die ökologischen Forderungen in bezug auf Mineralisation, Sickerverhalten und Bodenleben,
- den Auswirkungen auf das Pflanzenwachstum und den Ertrag,
- und schließlich den Kosten, die für ein Verfahren aufzuwenden sind, und damit dem Kosten/Nutzen-Verhältnis.

# 7 Gerätetechnik und Arbeitsverfahren der Bodenbearbeitung

Die Maschinen und Geräte für die Bodenbearbeitung haben sehr vielseitige und unterschiedliche Aufgaben zu erfüllen. Ganz allgemein ist es für den Praktiker wichtig, die Auswahl der benötigten Geräte so zu treffen, daß einerseits die im Hinblick auf die angebauten Fruchtarten und die vorliegenden Standortbedingungen jeweils günstigste Form der Bodenbearbeitung sichergestellt wird. Es gilt aber auch, den Boden möglichst schonend zu bearbeiten, auch (oder gerade) bei kritischen Witterungsbedingungen. Das Augenmerk ist auch auf das Beherrschen des »Zeitfaktors« zu legen. Dies bedeutet nicht nur, den Boden zum günstigsten Zeitpunkt, sondern auch mit hoher Schlagkraft zu bearbeiten. Letztlich sollten auch Geräte verwendet werden, die möglichst vielseitig verwendbar sind, niedrige Investitionen erfordern, sowie einen geringen Aufwand an Energie und Kosten verursachen.

Neben diesen allgemeinen Aufgaben und Zielen bestehen auch noch einige vordringliche spezielle Forderungen:

- Gezielte Lockerung der gesamten durchwurzelten oder durchwurzelbaren Krume und ggf. des Unterbodens,
- Einmischen von Pflanzenresten, organischen oder mineralischen Düngern,
- Herstellen eines geeigneten Saat- und Pflanzbettes,
- Verbessern des Wasser-, Luft- und Wärmehaushaltes im Boden mit dem Ziel, ein optimales Pflanzenwachstum während der gesamten Vegetationsperiode sicherzustellen,
- Herstellen einer günstigen Bodenstruktur und Strukturstabilität, um Bodenerosionen zu vermeiden, eine bessere Tragfähigkeit und damit Befahrbarkeit der Felder zu gewährleisten,
- Beseitigen von Konkurrenzpflanzen,
- Einfache Bedienbarkeit und hohe Funktionssicherheit der eingesetzten Gerätetechnik,
- Hohe Flächen- und Arbeitsproduktivität,
- Termingerechter und kostengünstiger Maschineneinsatz.

| | **lockern** | | | | **wenden** | **mischen** | **krümeln** | **ein-ebnen** | **verdichten** | **mechanisch Unkraut vernichten** |
|---|---|---|---|---|---|---|---|---|---|---|
| | **grob** | **fein** | **flach** | **tief** | | | | | | |
| **Pflug** | | | | | | | | | | |
| Streichblech | X | | | X | X | | (X) | | | X |
| Scheiben | X | | | X | X | | (X) | | | X |
| rotierender | X | X | | X | X | X | X | (X) | | X |
| Spatenmaschine | X | | | X | (X) | (X) | (X) | | | X |
| Untergrundlockerer | X | | | X | | | | | | |
| **Grubber** | | | | | | | | | | |
| Pflug | X | | | X | | (X) | | | | |
| Stoppel- | X | | X | | | X | (X) | | | X |
| Fein- | | X | X | | | X | X | X | | X |
| Zinkenegge | | X | X | | | X | X | X | | X |
| Wälzegge | | | | | | | X | (X) | X | |
| Scheibenegge<br>Spatenrollegge | | X | X | | | (X) | X | | | X |
| Krumenpacker | | | | | | | | | X | |
| Walze | | | | | | | (X) | (X) | X | |
| Schleppe | | | | | | | | X | X | |
| Bodenfräse | | X | X | | | X | X | X | | X |
| Zapfwellenegge | | X | X | | | X | X | X | | X |

Darst. 37 Eignung der Geräte für wichtige Aufgaben bei der Bodenbearbeitung

| Gerät | Symbol | Bearbeitungseffekt |
|---|---|---|
| **Pflug** | 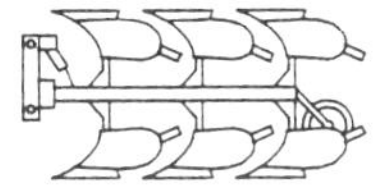 | grob lockern bis auf volle Krumentiefe,<br>wenden des Bodens,<br>mechanische Unkrautbekämpfung |
| **Pfluggrubber** | 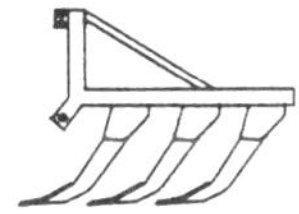 | grob und bis auf volle Krumentiefe<br>lockern und aufbrechen,<br>keine Bodenwendung |
| **Tiefenlockerer (Unterbodenlockerer)** |  | grob lockern und aufbrechen von<br>Schadverdichtungen bis maximal<br>ca. 1 m Tiefe |
| **Schälgrubber** | 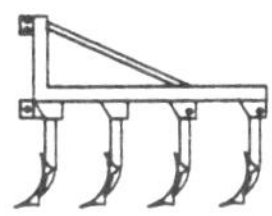 | mitteltief lockern und krümeln,<br>Saatbett schaffen für Unkrautsamen<br>und Ausfallgetreide |
| **Bodenfräse** | 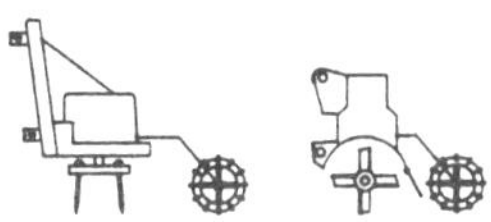 | Zapfwelleneggen<br>Scheiben- und Spatenrollegge<br>flach lockern, fein krümeln, einebnen,<br>mechanische Unkrautbekämpfung |
| **Zinkeneggen** | 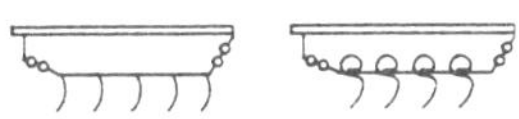 | flach lockern, fein krümeln,<br>einebnen, mischen,<br>mechanisch Unkraut bekämpfen |
| **Packer + Walzen** | 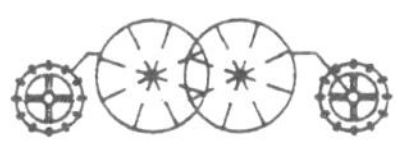 | grobe Schollen zerdrücken,<br>Hohlräume verdichten,<br>Krusten brechen |
| **Gerätekombinationen für die Saatbettbereitung** | 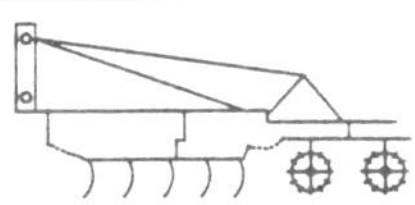 | mit möglichst wenigen Bearbeitungs-<br>gängen das gewünschte Saat- oder<br>Pflanzbett schonend herrichten |
| **Gerätekombinationen für die Stoppelbearbeitung** | 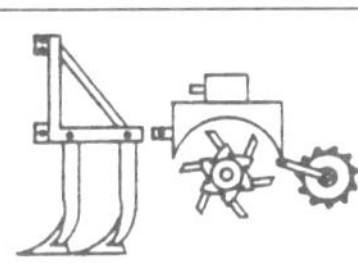 | Nachbearbeitung abgeernteter Felder,<br>Stoppelumbruch, intensives Einmischen<br>von Ernterückständen in den oberen,<br>umsetzungsaktiven Bodenhorizont |
| **Gerätekombinationen für die Saatbettbereitung und Saat** | 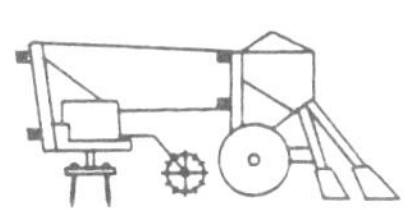 | Zusammenfassen von Bodenbearbeitung<br>und Feldbestellung in einem Arbeitsgang.<br>Konsequentes Reduzieren von Arbeits-<br>gängen, Fahrspuren, Verdichtungszonen,<br>Arbeitszeitbedarf, Energie und Kosten |

Darst. 38 Maschinen und Geräte für die Bodenbearbeitung und ihre vorrangigen Arbeitseffekte

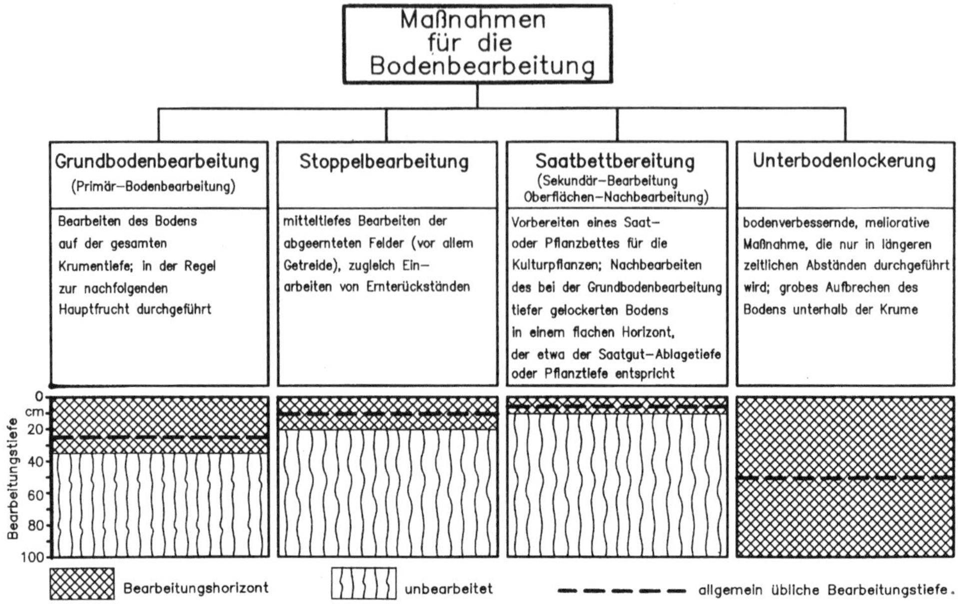


Darst. 39 Maßnahmen für die Bodenbearbeitung und Bearbeitungsziele

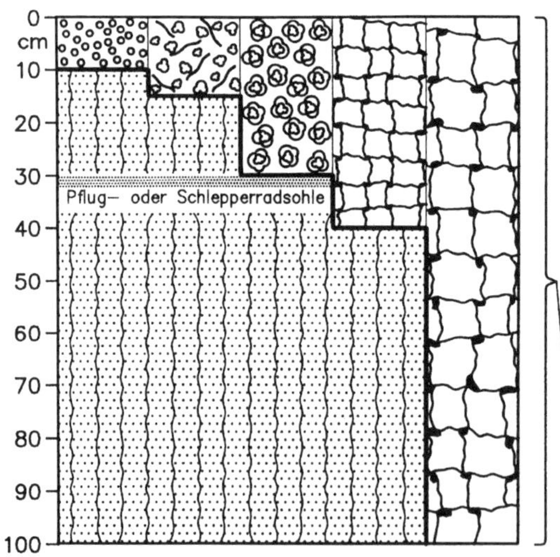


| | Bezeichnung | max. Bearbeitungstiefe ca. cm |
|---|---|---|
| ① | Saatbett<br>Pflanzbett | 3–5<br>8–15 |
| ② | "Oberkrume" = Einarbeitungshorizont für Stoppeln, pflanzl. Reststoffe, organ. und mineral. Dünger | 15–20 |
| ③ | "Krume" = hauptsächlich durchwurzelte Zone, bei Grundbodenbearbeitung mit Pflug, Pfluggruber etc. erfaßter Bodenhorizont | 25–35 |
| ④ | "Krumenbasis", reicht bis ca. 5–10 cm, unterhalb der Krume. Auflockern von Pflugsohlen und anderen Verdichtungshorizonten, Krumenvertiefung, Lockerungszone bei pfluglosen Bewirtschaftungssystemen | 40–50 |
| ⑤ | "Unterboden" ("Unterkrume") = Bereich für Tiefen- oder Unterbodenlockerung (meliorative Maßnahmen) | bis 100 |

Darst. 40 Definition der Bodenhorizonte aus der Sicht der Bodenbearbeitung

Derart vielfältige Aufgaben lassen sich nicht von einem Gerät oder einer Gerätegruppe allein beherrschen. Ein Überblick über die Arbeitseffekte der wichtigsten Bodenbearbeitungsgeräte zeigt, daß einige davon ein sehr weitgespanntes Wirkungsspektrum aufweisen, andere dagegen nur sehr spezielle Funktionen ausüben können. Dies ist vor allem bei Neuanschaffungen zu berücksichtigen (Darst. 37).
Ein weiterer wichtiger Gesichtspunkt ist, wie »kombinationsfähig« die Maschinen und Geräte sind. Nicht nur aus einsatztechnischen, sondern vor allem aus Kostengründen stellt das geschickte Zusammenfassen von Einzelgeräten mit unterschiedlichen, sich ergänzenden Arbeitseffekten in Gerätekombinationen eine wesentliche Voraussetzung dafür dar, die aktuellen Ziele nach einer ordnungsgemäßen, schlagkräftigen, bodenschonenden, energie- und kostensparenden Bodenbearbeitung zu erfüllen.
Für ausgewählte Maschinen- und Gerätegruppen sind die wichtigsten Bearbeitungseffekte zusammengestellt.
Welche Geräte- und Bearbeitungsvarianten gewählt werden, hängt im wesentlichen von den jeweils angestrebten oder erforderlichen Zielen in Zusammenhang mit dem entsprechenden Betriebszweig oder der speziellen Fruchtart ab.
Aus heutiger Sicht sind aber auch die Wechselwirkungen zwischen Bodenbearbeitungs- und Bestelltechnik zu berücksichtigen. Vielfach erzwingen vorhandene technische Lösungen für die Feldbestellung eine bestimmte Form der vorausgehenden Bodenbearbeitung. Dies ist bei der Planung und Geräteauswahl im Gesamtbereich »Bodenbearbeitung und Bestellung« zu beachten.
Generell lassen sich die Maßnahmen der Bodenbearbeitung in die drei großen Bereiche Grundbodenbearbeitung, Stoppelbearbeitung, Saatbettbereitung und Unterbodenlockerung einteilen.
Bei den verschiedenen Bodenbearbeitungsmaßnahmen werden unterschiedliche Bodenhorizonte erfaßt, denen spezifische Bearbeitungstiefen zugeordnet werden können (Darst. 40).

## 7.1 Geräte für die Grundbodenbearbeitung

Die Gruppe der Grundbodenbearbeitungsgeräte ist sehr umfangreich.
Die verschiedenen Bauformen von Scharpflügen (Streichblechpflügen) mit ihrer wendenden Lockerung des Bodens haben nach wie vor die

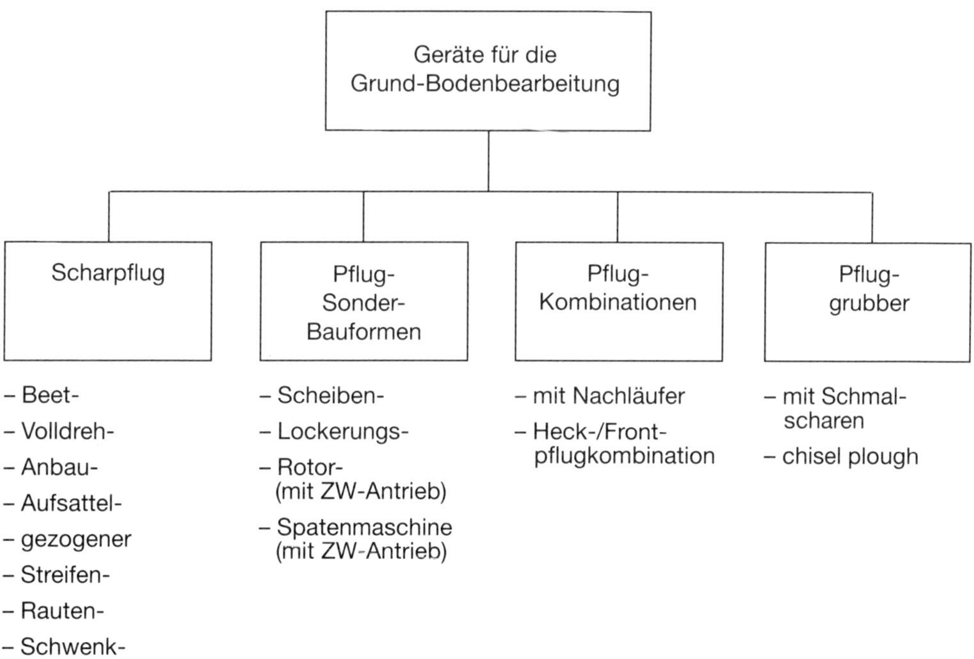

Darst. 41 Einteilung der Geräte für die Grundbodenbearbeitung

größte Bedeutung. Sie hinterlassen eine von Ernterückständen freie Ackeroberfläche (»reiner Tisch«), ermöglichen den problemlosen Einsatz der konventionellen Geräte für Saatbettbereitung und Saat, bekämpfen wirksam Unkraut und Ausfallgetreide durch »Vergraben« in tiefere Schichten und können Felder, die von tiefen Fahrspuren durchzogen sind, wieder einebnen.
Als Hauptnachteile sind der hohe spezifische Leistungs-, Zeit- und Energieaufwand, das Vergraben von bodenschützenden und -stabilisierenden Pflanzenresten sowie die erhebliche »Überlockerung« des Bodens anzusehen.

### 7.1.1 Streichblechpflug (Scharpflug)

Nach wie vor stellt der Scharpflug das Standardgerät für die Bearbeitung des Bodens auf volle Krumentiefe dar. Durch intensive Weiterentwicklungen und technische Verbesserungen wurde ein ausgesprochen »schleppergerechtes« Gerät geschaffen, welches je nach Körperzahl, Körperabstand, Bautyp und Gewicht heute vorzugsweise am Dreipunktgestänge des Schlepper-Heckkrafthebers angebaut oder als Aufsattelpflug teilweise getragen wird. Beide Bauformen werden als Beet- und Volldrehpflüge angeboten.

#### 7.1.1.1 Bauformen

**Beetpflüge** stellen die preisgünstigste Bauform dar, denn sie haben bei gleicher Ausstattung mit Vorwerkzeugen etc. nur etwa zwei Drittel des Gewichtes eines vergleichbaren Volldrehpfluges. Das bedeutet: Geringere Belastung der Schlepperhydraulik und des Krafthebergestänges, vor allem beim Fahren auf schlechten Feldwegen, rascheres Ausheben am

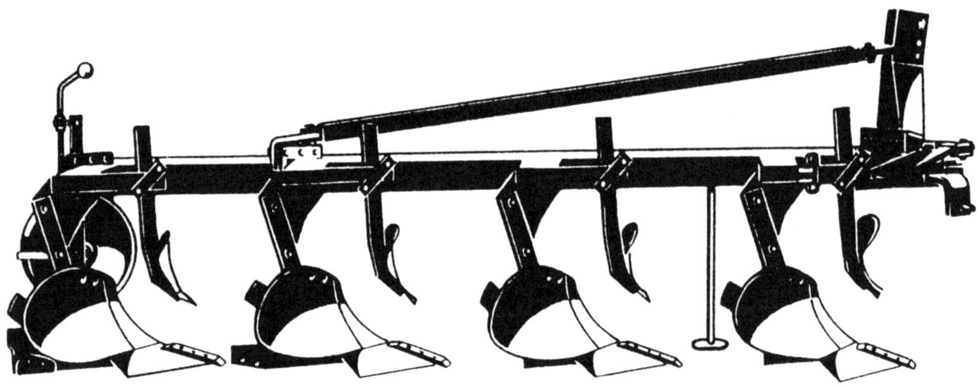

Darst. 42 Beetpflüge wenden den Erdbalken nur nach einer Seite (meist nach rechts)

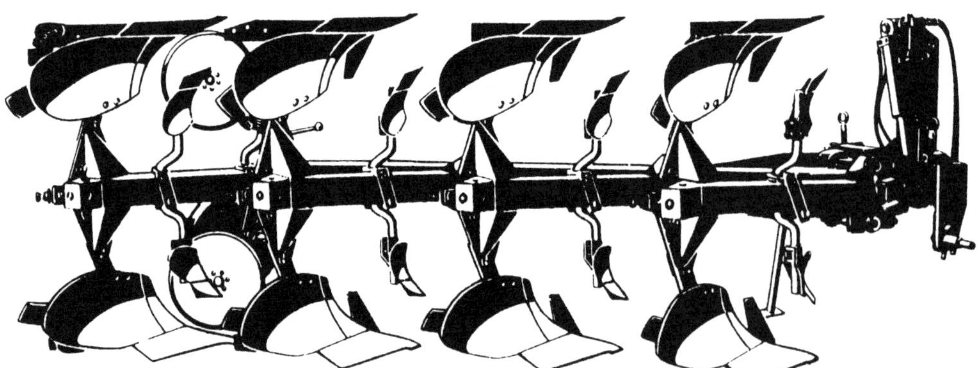

Darst. 43 Kehrpflüge (hier Volldrehpflug) wenden den Boden abwechselnd nach rechts und links

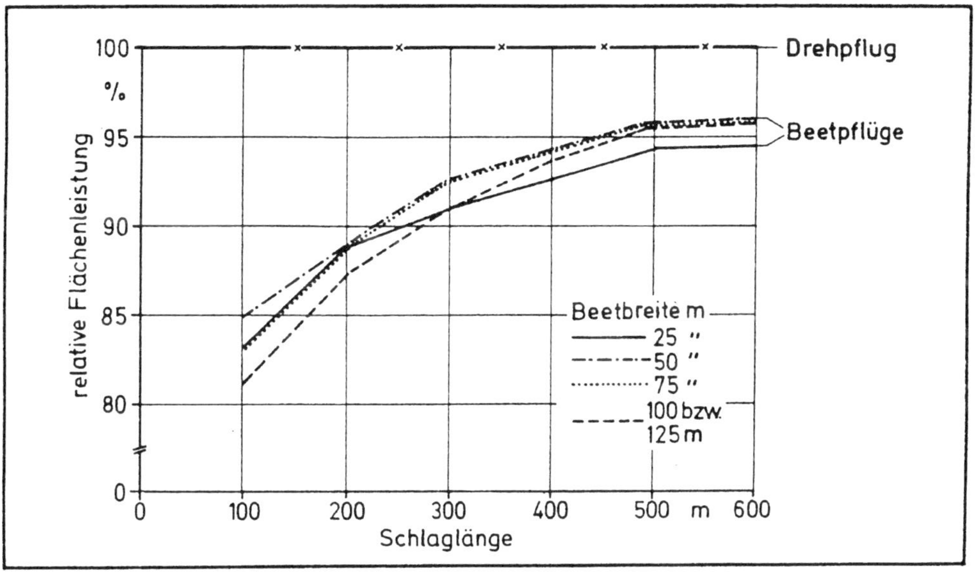


Darst. 44 Einfluß von Schlaglänge und Beetbreite auf die relative Flächenleistung bei Beet- und Kehrpflügen (Drehpflug = 100)

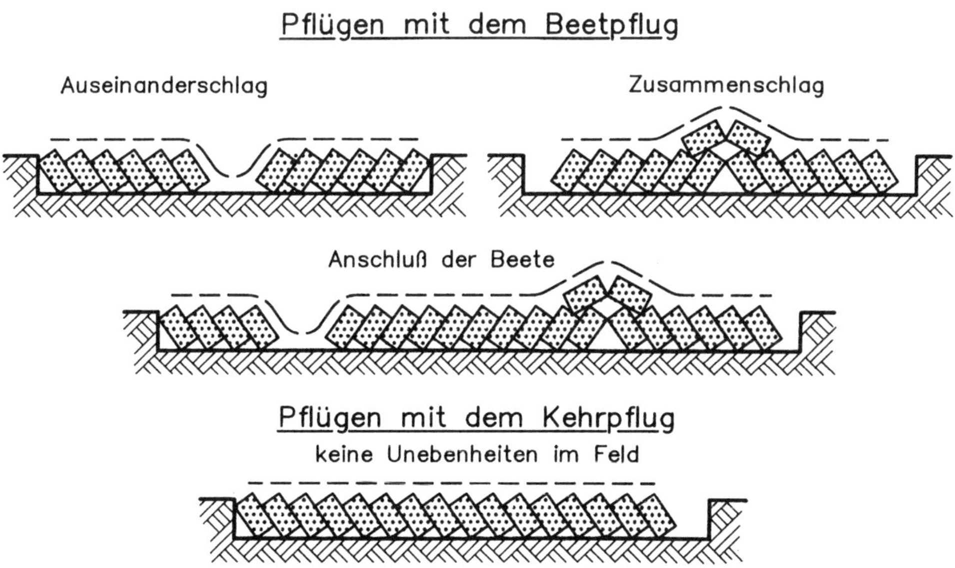


Darst. 45 Vergleich der Arbeitsweise von Beet- und Kehrpflug

Feldende sowie geringere Entlastung der Schlepperfrontachse (Lenkachse) beim Transport.
Beim Pflügen von großen Flächen »im Verband« (mehrere Schlepper mit Pflug fahren gestaffelt hintereinander) kann aus Gründen eines ungestörten Arbeitsablaufes nur mit Beetpflügen gearbeitet werden.
Als wesentlicher Nachteil des Beetpfluges ist anzusehen, daß er das Feld nicht eben hinterläßt, sondern in regelmäßigen Abständen Vertiefungen (Auseinanderschlag) und Erhöhungen entstehen (Zusammenschlag). Außerdem entsteht beim Wenden am Feldende ein höherer Zeitbedarf als beim Volldrehpflug, so daß je nach Feldlänge nur ca. 80 bis 95 % der Flächenleistung erzielt werden können. Infolgedessen ist er vor allem dort zu empfehlen, wo gleichmäßig geformte Felder mit großer Schlaglänge vorliegen, das Land eben oder nur leicht geneigt ist und Schlepper mit begrenzter Hubkraft am Kraftheber vorhanden sind.

**Drehpflüge (Kehrpflüge),** heute fast ausschließlich Volldrehpflüge, haben in letzter Zeit erheblich an Bedeutung gewonnen. Die Nachteile des höheren Gewichtes, eines höheren Anschaffungspreises und der etwas schwierigeren Einstellung werden durch eine Reihe von Vorteilen meistens wettgemacht: keine Furchen und Erhöhungen im Feld, die sich bei Bestell- und Erntearbeiten störend auswirken könnten, besondere Eignung für das Bearbeiten kleiner, unregelmäßig geformter Feldstücke oder von Hanglagen, geringere Wendezeiten und dadurch niedrigerer Gesamt-Arbeitszeitbedarf.
Da beim Pflügen mit modernen Ackerschleppern überwiegend mit eingeschalteter Zugwiderstandsregelung gearbeitet wird, wirkt sich das höhere Gewicht des Volldrehpfluges jedoch eher positiv als negativ aus. Denn in Verbindung mit dem Einzugsbestreben des Pfluges in den Boden sowie dem auf den Pflugkörpern lastenden Gewicht der Erdbalken wird mehr Last auf die Schlepper-Hinterachse übertragen. Dies wirkt sich in vielerlei Hinsicht vorteilhaft aus: höhere Belastung der Schlepper-Hinterräder, dadurch günstigere Triebkraftübertragung und weniger Schlupf, geringerer Kraftstoffverbrauch.
Die Entscheidung, ob ein Beet- oder Volldrehpflug im speziellen Fall als Anbau- oder Aufsattelpflug gewählt werden soll, hängt von der benötigten Körperzahl (Arbeitsbreite), der Schwerpunktlage des Gerätes zum Schlepper und von der Hubkraft des Schlepperkrafthebers ab. Im allgemeinen gelten Pflüge bis zu 4 Körpern (bei leichten Beetpflügen bis maximal 5 Körpern) als typische Anbau-Pflüge. Für schwere Anbau-Volldrehpflüge bieten heute

Darst. 46 Der Aufsattelpflug stützt sich vorn auf die Unterlenker des Heckkrafthebers, hinten auf ein Stützrad ab

Darst. 47 Aufbau eines modernen Pfluges in Holmbauweise

nahezu alle Hersteller luftgummibereifte Stützräder an, auf die sich der Pflug beim Straßentransport abstützt und somit die Hydraulik entlastet. Ab 5 Körpern (Volldrehpflug) bzw. 6 Körpern (leichte Beetpflüge) ist ausschließlich die Aufsattel-Bauweise üblich. Der Pflug wird dann vorn von den Unterlenkern des Dreipunktgestänges, hinten von einem hydraulisch betätigten, luftgummibereiften Stützrad getragen. Pflüge mit mehr als 8 Scharen sind in der Regel mit einem gelenkigen Rahmen ausgestattet. Dieser ist mit einem mittig angeordneten Stützrad ausgerüstet, welches neuerdings über einen Hydraulikzylinder (für eine oberflächenparallele Führung des gesamten Pfluges) betätigt wird.
Die wesentlichen Probleme bei der Verwendung des Aufsattelpfluges sind: geringeres Ansprechen der Regelhydraulik, weniger Gewichtsverlagerung auf die Schlepper-Hinterachse, größerer Wenderadius, höherer Anschaffungspreis. Er bietet aber auch Vorteile: höhere Flächenleistung, Ausheben und Einsetzen sind auf kurzer Strecke möglich, ruhiger »Sitz« des Pfluges.

### 7.1.1.2 Pflugaufbau

Das Gesamtbild des Pflugaufbaues hat sich in den letzten Jahren erheblich gewandelt. Die frühere Bauweise mit einem aus Feder-Flachstahl gefertigten *Rahmen* ist nahezu völlig von der modernen *Holm*bauweise verdrängt worden. Pflugkörper, Vorwerkzeuge und Zusatzeinrichtungen sind an einem Vierkantzentralholm aus Profilstahl angelenkt, dessen Wandstärke und Außenabmessungen sich nach der Körperzahl, Baulänge und einsatzbedingter Stabilität richten. Neben den bekannten Werkstoffqualitäten werden in zunehmendem Umfang »Feinkornstähle« verwendet, die bei gleichen Abmessungen höhere Veschleiß- und Bruchfestigkeit aufweisen, höhere Stoßbelastungen aushalten und eine einfachere Fertigung ermöglichen.
Teilweise werden Pflüge mit keilförmigem Holm angeboten. Dieser soll im vorderen Bereich eine größere Stabilität, im hinteren, sich verjüngenden Teil ein geringeres Gewicht gewährleisten. Daß die Holmbauweise sich sehr

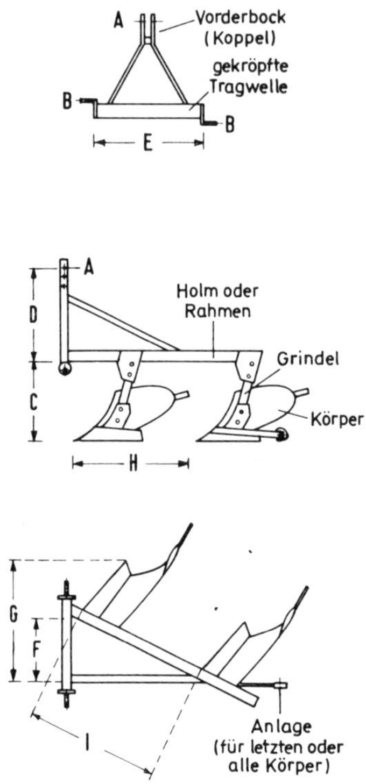


| Zeichen | Begriff |
|---|---|
| A | oberer Kupplungspunkt |
| B | untere Kupplungspunkte |
| C | Rahmenhöhe |
| D | Koppelhöhe |
| E | Koppelweite |
| F | Schnittbreite je Körper |
| G | Gesamt-Arbeitsbreite |
| H | Körper-Längsentfernung |
| I | Scharspitzenentfernung |

Darst. 48 Grundbegriffe des Pflugaufbaues

**Je »steiler« das Streichblech, desto**

- besser die Krümelung des Erdbalkens
- bessere Eignung für leichtere Böden
- »schüttender« die Pflugfurche
- ebener die Ackeroberfläche
- höher der Zugkraftbedarf
- höher der Verschleiß

**Je »gewendelter« das Streichblech, desto**

- geringer die Krümelung
- geringer der Seitentransport des Erdbalkens
- besser die Eignung für schwere Böden
- ausgeprägter die Form des Erdbalkens
- höher die zulässige Arbeitsgeschwindigkeit

Darst. 49 Faustregeln für die Wirkung verschiedener Streichblechformen

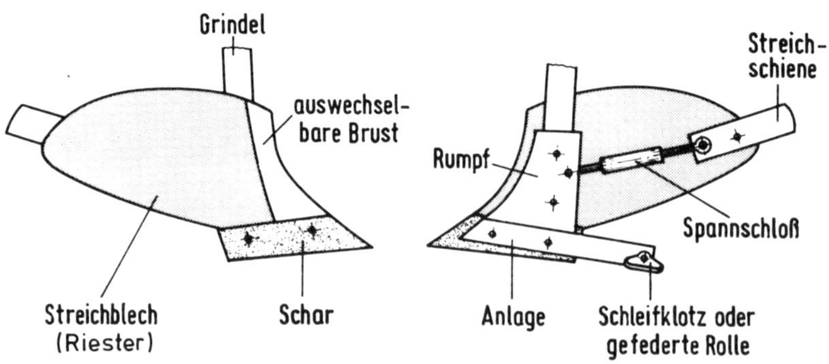


Darst. 50 Wichtige Bauteile des Pflugkörpers

rasch einführte, hat mehrere Gründe: Im Baukastenprinzip kann der letzte Pflugkörper hochgeklappt, entfernt oder wieder angeschraubt werden, je nachdem, welche Einsatzbedingungen vorliegen und welche (auch künftig geplanten) Schleppermotorleistungen vorhanden sind. Außerdem besticht die Holmbauweise durch einfache und rationelle Fertigung, Lagerhaltung und Montage sowie einfaches Anbringen und Verstellen der Vorwerkzeuge. Zudem bietet sie die Möglichkeit, die Pflugkörper seitlich versetzt anzuordnen. Dadurch entsteht über dem Pflugkörper ein größerer Freiraum, so daß beim tiefen Pflügen und beim Einarbeiten voluminöser Pflanzenrückstände die Verstopfungsgefahr geringer wird.

Am Holm oder Rahmen sind der Pflugkörper sowie die Vorwerkzeuge und Zusatzeinrichtungen angeordnet. Um eine richtige Zuordnung, Anlenkung und Dimensionierung des Pfluges zu ermöglichen, ist die Kenntnis einiger Grundbegriffe auch für den Pflugbenutzer wertvoll und wichtig (Darst. 48).

**Pflugkörper:** Streichblech, Schar, Anlage und eventuell Verstellvorrichtungen sind am »Rumpf« angebracht und bilden zusammen die wesentlichen Bauteile des Pflugkörpers (Darst. 49).

**Streichblech:** Bei den meisten Fabrikaten ist das Streichblech aus hochvergütetem Drei-Lagen-Stahl gefertigt. Zwischen den beiden harten, verschleißarmen Außenlagen (je ca. 2,0 bis 2,3 mm stark) befindet sich eine innere, elastische Lage Stahl. Die Herstellung ist zwar kompliziert, derartige Streichbleche besitzen jedoch eine ausreichende Elastizität bei hoher Verschleißfestigkeit. Daneben sind seit einiger Zeit Ein-Lagen-Streichbleche auf dem Markt, deren Oberfläche mit einem speziellen Verfahren »carbonitriert« wird. Die gehärtete Verschleißschicht ist ca. 1,0 mm stark. Durch diese spezielle Behandlung erhält das Streichblech im Hauptbelastungsbereich eine hohe Verschleißfestigkeit, außerdem ist es auch an den Kanten geschützt.

Kunststoff-Streichbleche stellen Spezialformen für schlecht »putzende« Böden (z. B. anmoorige Böden und Moorböden) dar. Da die Verschleißfestigkeit wesentlich geringer ist als beim Stahl-Streichblech, sollten Kunststoff-Streichbleche nur auf Böden ohne Steinbesatz und Grasbewuchs verwendet werden.

Der Verschleiß ist am Streichblech nicht über die ganze Fläche einheitlich. Um die dem Hauptverschleiß ausgesetzten Teile des Pfluges austauschen zu können, ist bei modernen Pflügen das Streichblech geteilt. Die besonders stark beanspruchte Streichblech-Vorderkante (»Brust« oder »Shin«) läßt sich gesondert auswechseln.

**Körperform:** Spricht man von »Körperform«, so ist damit vor allem die Wölbung des Streichbleches angesprochen. Sie beeinflußt nicht nur die hauptsächlichen Funktionen des Pfluges (Lockerung, Seitentransport, Furchenbild, Wendung), sondern auch die zulässige Fahrgeschwindigkeit.

Alle Pflughersteller bieten derzeit eine mehr oder minder umfangreiche Palette unterschiedlicher Körperformen an, die von stumpfwinkeligen, sehr steil und zylindrisch geformten Streichblechen bis hin zu langgezogenen, stark gewundenen Formen reicht. Diesen verschiedenen Körperformen lassen sich bestimmte Einsatzbereiche und Bodenarten zuordnen (Darst. 50), bei welchen sie ihre typischen Funktionen besonders günstig realisieren können. Da in den meisten landwirtschaftlichen Betrieben keine vollkommen einheitlichen Bodenarten und -typen vorhanden sind, ist es meist erforderlich, einen »Kompromiß-Körper« auszuwählen, der bei den überwiegend im Betrieb vorhandenen Bodenarten und Einsatzbereichen einen günstigen Bearbeitungseffekt gewährleistet. Daher bieten die Pflughersteller »Universal-Körper« (U-Körper) an, die in der Lage sind, einen wesentlichen Bereich der »mittleren« Bodenarten zu erfassen.

Beim Gleiten des Erdbalkens über das Streichblech wird dieser verwunden und in mehreren Ebenen gegeneinander verschoben. Dadurch entsteht ein grobes Lockern und Bröckeln des Bodens, welches in einer mehr oder minder deutlichen Zunahme des Bodenvolumens (»Aufwurf«) sichtbar wird (Darst. 53). Als Faustregel gilt: Je stärker gewendelt der Körper, desto höher der Aufwurf im Vergleich zum unbearbeiteten Boden und desto größer das geschaffene Porenvolumen.

Neben dem Lockern und Wenden des Erdbalkens hat der Pflugkörper auch die Aufgabe, den abgetrennten Erdbalken zur Seite zu transportieren (im hängigen Gelände möglichst hangaufwärts). Die hierdurch entstehende Furche sollte gut und, vor allem bei Verwendung breiter Treibradbereifung am Schlepper, genügend breit geräumt werden. Dadurch soll verhindert werden, daß bereits gelockerter Boden von den Schlepperreifen wieder festgefahren wird und zur Pflugsohlenbildung beiträgt (Darst. 54).

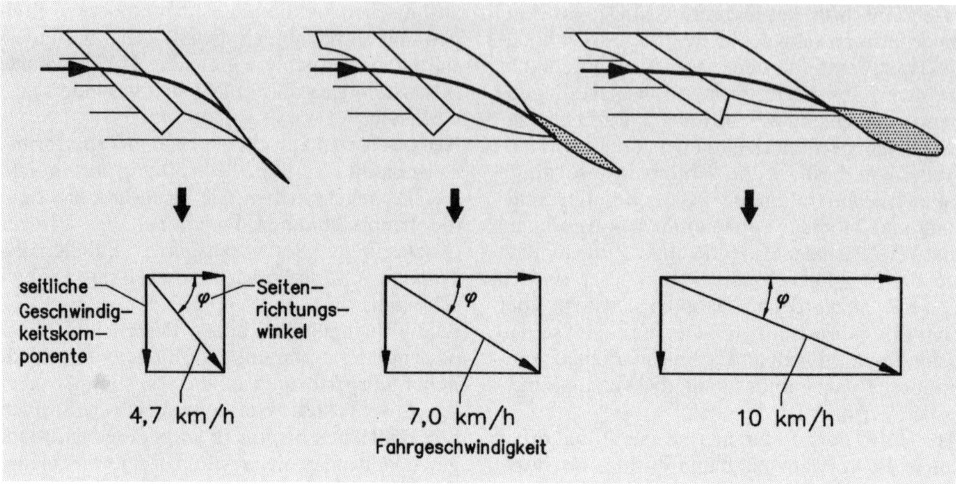


Darst. 51 Wechselwirkungen zwischen Streichblechform und Fahrgeschwindigkeit bei ausgewählten Pflugkörperformen

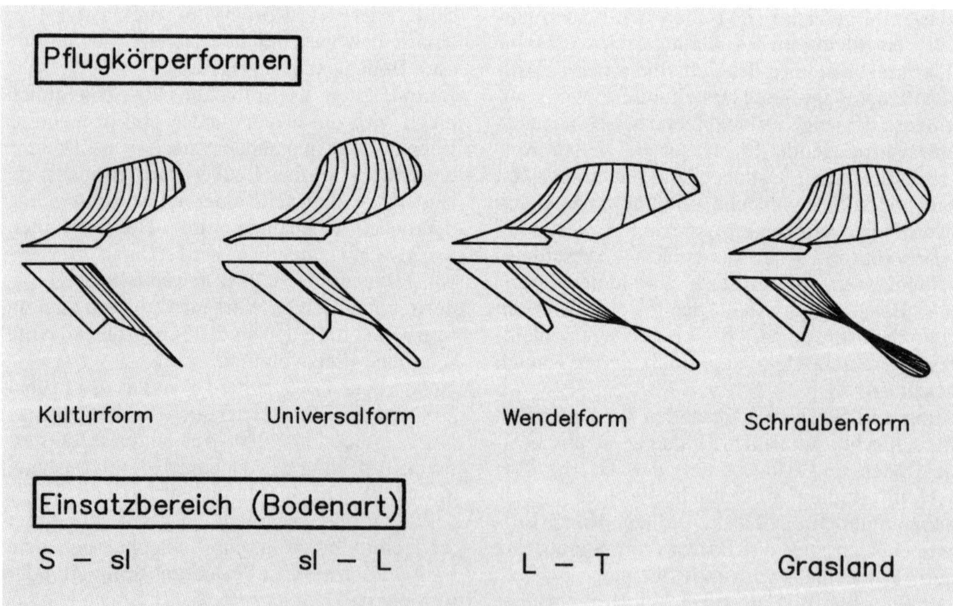


Darst. 52 Eignung der Körperformen für bestimmte Bodenarten

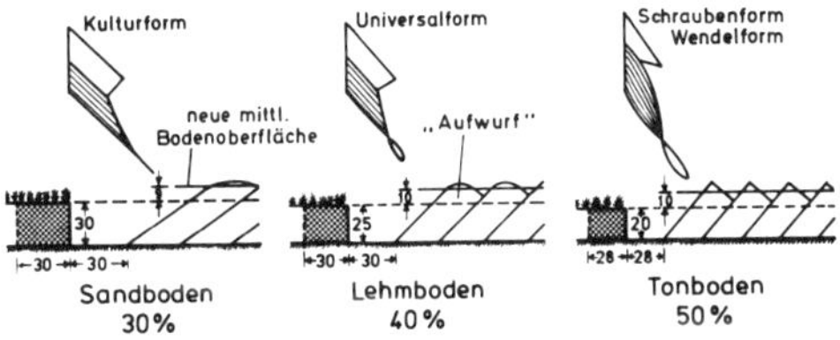


Darst. 53 Bodenlockerung und Zunahme des Bodenvolumens (»Aufwurf«) bei ausgewählten Körperformen

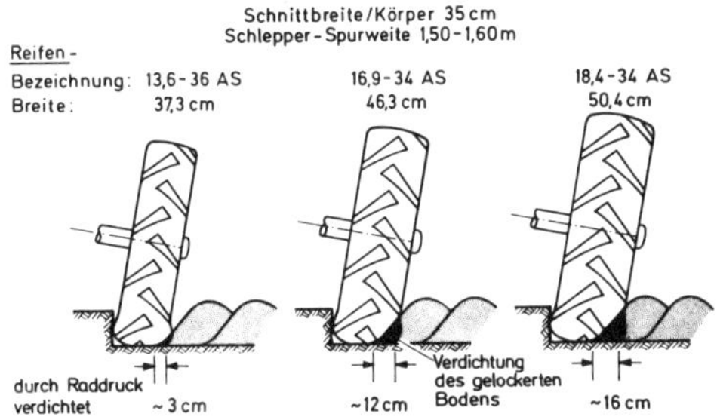


Darst. 54 Verdichtung des gepflügten Bodens in der Furche bei unterschiedlich breiten Traktorreifen

| Scharform | für Bodenart | Erläuterungen zum Einsatz |
|---|---|---|
|  Spitzschar | leicht bis mittelschwer | schlanke Schneide und Spitze, bleibt lange scharf, auch für falsches Pflügen (Schälfurche). |
| 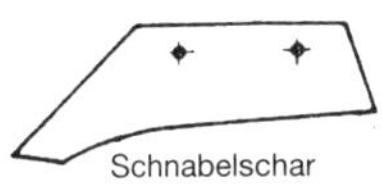 Schnabelschar | mittel bis schwer, nicht extrem steinig | besseres Eindringvermögen auf hartem Boden durch vorgezogenen und nach unten gerichteten »Schnabel«. Größerer Untergriff, dadurch besserer Sitz des Pfluges. Behält Schärfe und Untergriff auch über längere Zeit. Genügend Material zum Nachschmieden und Nachschärfen. |
| 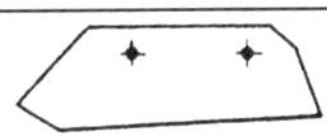 Perfektschar | universell, für problemlose Böden | Verschleißfestes, selbstschärfendes Schar. Durch Welle in der Scharspitze (Sicke) gegen Verbiegungen stabilisiert. Großer Untergriff, damit guter Einzug und Sitz des Pfluges. |
| 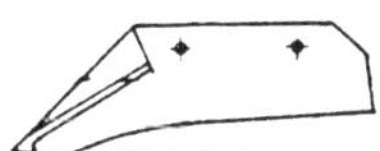 Winkelschar | steinig | Als Winkel-Spitzschar stellt es ein Spezialschar für steinige Böden dar. Der Verstärkungswinkel gewährleistet besondere Stabilität. Besonders geeignet für schwere Pflugbauarten mit Überlastsicherung (Steinauslöser). |
| | schwer, bindig, klebend | Als Winkel-Schnabelschar Spezialschar für schwere Böden. Der Schnabel gewährleistet gutes Eindringen auch bei leichteren Pflugbauarten. Weniger geeignet für Pflüge mit Steinsicherung. |
| 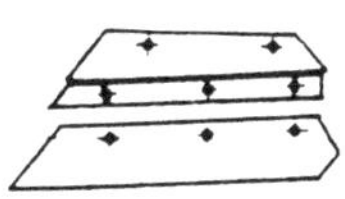 Klingenschar | leicht bis mittelschwer, steinfrei | Das Spitz-Klingenschar ist dünner als die oben genannten Spitz- und Schnabelschare, daher kein Nachschärfen erforderlich. Als »Wegwerfschar« oft wirtschaftlicher als Normalschare, da kein Nachschmieden erforderlich ist und der Preis nur ca. 25 – 30 % eines Normalschares beträgt. |
| | leicht bis mittelschwer, auch hart und steinig | Das Meißel-Klingenschar zeigt duch die meißelartige Spitze ein besseres Eindringvermögen auf verhärteten oder steinigen Böden. |
|  Meißelschar | sehr steinig, extrem hart | Scharspitze (Zone des stärksten Verschleißes) besteht aus einem fest angeschweißten oder nachschiebbaren Meißel. Seine hohe Materialqualität bewirkt verzögerte Abnutzung. Bei Nachschiebmeißel kann Untergriff rasch an die jeweiligen Einsatzverhältnisse angepaßt werden. |
| 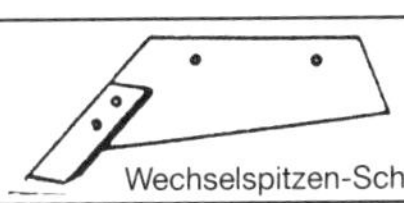 Wechselspitzen-Schnabelschar | hart bis steinig | Verschleißfeste Scharspitze kann bei Abnutzung leicht und rasch ausgewechselt werden. Behält Untergriff für lange Zeit. Nachschmieden und Nachschärfen der Spitze entfällt. |

Darst. 55 Pflugscharformen und deren wichtige Einsatzbereiche

Die günstigsten Bedingungen, nämlich die Übereinstimmung von Schnittbreite des Körpers mit der Breite der Treibradbereifung, lassen sich im praktischen Einsatz kaum verwirklichen, da in der Regel die beim Pflügeschlepper verwendete Bereifung deutlich breiter ist als die Schnittbreite und Furchenräumung der Pflugkörper.

Um den gewendeten Erdbalken in eine stabile Lage zu bringen, ist es notwendig, in Abhängigkeit von der jeweiligen Körperform ein bestimmtes Verhältnis von Arbeitstiefe zu Arbeitsbreite (etwa 1:1,2 bis 1:1,4) einzuhalten. Je größer die Schnittbreite gewählt wird, desto tiefer muß also auch gepflügt werden. Hier bestehen aber in der Regel ackerbaulich-bodenkundliche Grenzen. Angepaßt an die überwiegend eingehaltenen Arbeitstiefen wird derzeit eine Schnittbreite von 35 cm (seltener 40 cm) eindeutig bevorzugt. Im praktischen Einsatz kann man noch etwas »schwindeln«, indem der Pflugrahmen so eingestellt wird, daß eine etwas größere Schnittbreite von ca. 40 cm entsteht. Der verbleibende Streifen von ca. 5 cm wird nicht exakt vom Schar abgeschnitten, aber vom Streichblech weggebrochen.

**Pflugschar:** Die Pflugschare sind der stärksten Beanspruchung und Abnutzung ausgesetzt, da sie in einer verfestigten Zone des Bodens den Erdbalken horizontal abschneiden. Die Beanspruchung ist jedoch sehr unterschiedlich und richtet sich vor allem nach Bodenart, Steinanteil im Boden, Bodenfeuchte etc. Deshalb wird eine umfangreiche Palette von Pflugscharen für die unterschiedlichen Einsatzbedingungen angeboten (Darst. 55).

Die neueren Scharkonstruktionen kommen in zunehmendem Maße der Forderung nach ausreichender Haltbarkeit entgegen. Bei Neuanschaffungen werden vorwiegend Schare mit austauschbarer Spitze bevorzugt. Abhängig von dem vorhandenen Boden können zwei bis drei Wechselspitzen verwendet werden, bevor das gesamte Schar unbrauchbar geworden ist. Dadurch verringern sich die Instandhaltungskosten und der Zeitaufwand für den Scharwechsel. Auch Schnabelschare mit hartmetallbeschichteten Spitzen halten etwa 2- bis 3mal so lange wie einfache Spitzen. Im allgemeinen gilt: Je verhärteter der Boden, je höher der Steinanteil und je größer die bereitgestellte Schleppermotorleistung, desto stabiler muß das Schar sein, um zu starke Abnutzung sowie Bruchgefahr zu vermindern.

Der »Seitengriff« des Schares (ca. 1,5 bis 2,0 cm) ist durch die Scharform vorgegeben oder werksseitig eingestellt. Er schützt den Pflugkörper seitlich vor Druck und Verschleiß durch die Furchenwand und verringert sich mit zunehmender Scharabnutzung. Der »Untergriff« des Schares sorgt für den einwandfreien Einzug. Er verringert sich im gleichen Maße, wie sich das Schar abnutzt.

**Anlage:** Sie hat die Aufgabe, die Seitenkräfte des Pflugkörpers an der Furchenwand abzustützen und eine sichere Pflugführung zu gewährleisten. Meist ist nur der hinterste Körper mit einer Anlage ausgestattet. Beim flachen Pflügen am Hang in der Schichtlinie hat sich jedoch die Ausrüstung jedes Körpers mit einer Anlage bewährt, weil dadurch das Ausbrechen des Pfluges hangabwärts verhindert werden kann. Die heute überwiegend verwendeten Regelhydraulik-Pflüge besitzen kurze Anlagen, damit die Regelimpulse möglichst direkt übertragen werden können. Bei geringer Arbeitstiefe und beim Pflügen von zuvor gegrubberten oder geschälten Feldern haben sich gefederte Anlagen oder Anlagerollen bewährt.

**Drehvorrichtungen:** Kehrpflüge benötigen eine funktionssichere Drehvorrichtung, die ein rasches, aber dennoch sanftes Drehen des Pfluges sowie ein sicheres Festlegen in der Endlage gewährleistet. Derzeit werden zwei unterschiedliche Systeme angeboten:

- mechanische Drehvorrichtungen,
- von der Schlepperhydraulik bediente, hydraulische Drehsysteme.

Die mechanischen Drehvorrichtungen sind einfacher im Aufbau, relativ verschleißarm und funktionssicher. Der gesamte Pflug ist etwas neben der Drehwelle angeordnet. Bei der Drehung verlagert sich der Pflugschwerpunkt nach unten und leitet dadurch die Drehung ein (Falldrehung). In den Drehmechanismus sind Federelemente und Stoßdämpfer integriert, die einen einwandfreien, sanften und schlagfreien Drehvorgang gewährleisten. Bei langbauenden Pflügen ist es jedoch nachteilig, daß infolge des Durchdrehens unter der Drehachse die Aushubhöhe des Pfluges verringert wird. Es kann dann vorkommen, daß das Pflugende die Bodenoberfläche berührt und keine einwandfreie Drehung erfolgt. Eine Weiterentwicklung stellen Fall-Vorrichtungen mit Hydraulik-Unterstützung dar. Sie erfordern aber ein mehrfaches Betätigen des Steuerventils beim Drehvorgang und werden nur noch bei Pflügen mit geringer Körperzahl verwendet.

| Bauart | Dreh-Funktion | Bemerkungen |
|---|---|---|
| **Fall-Drehung**<br>(mechanisch oder hydraulisch)<br> | Drehwelle seitlich zur Pflugmittelachse versetzt angeordnet.<br>Bei **mechanischer** Falldrehung schwenkt der Pflug durch Schwerpunktverlagerung und mit Federunterstützung unter der Drehachse durch. Dämpfungselemente sorgen für weitgehend schlagfreie Drehung.<br>Bei **hydraulischer** Falldrehung setzt das Gewicht des hinten absinkenden Pfluges in einer Kolbenpumpe das Öl unter Druck. Dieses wird in einen doppeltwirkenden Drehzylinder geleitet und bewirkt die Pflugdrehung. | Bei Neukonstruktionen kaum mehr verwendet, da sich beim Durchschwenken des Pfluges unter der Drehachse die Aushubhöhe verringert. Dadurch besteht vor allem bei mehrscharigen Pflügen die Gefahr, daß der hinterste Körper Bodenkontakt erhält, es erfolgt keine einwandfreie und sichere Drehung. Verwendung nur noch bei kleinen, leichten 2- und 3furchigen Pflügen. Auslösung des Drehvorganges von Hand oder automatisch. |
| **Schlepperhydraulische Drehung**<br>– **einfach** wirkender Drehzylinder<br> | Bei einfach wirkenden Zylindern **mit Hilfsfedern** Verbindung zur Schlepperhydraulik über **einen** Schlauch. Drehen des Pfluges durch Betätigen des Steuerventils mit Unterstützung durch die vorgespannten Federn.<br>Bei Systemen **ohne** Hilfsfedern Einleiten der Drehung durch Betätigen des Steuerventils. Restlicher Drehweg durch Schwerkraft. | Die für das Drehen des Pfluges erforderliche Kraft wird von der Hydraulikanlage des Schleppers bereitgestellt und über flexible Schlauchleitungen zum Drehmechanismus des Pfluges geleitet.<br>Mit Hilfsfedern vorwiegend für kleinere, leichtere Pflüge (bis etwa 3furchig) mit weit außen liegendem Schwerpunkt.<br>Ohne Federn vor allem für größere, schwerere Pflüge (ab etwa 3furchig). |
| – **doppelt** wirkender Drehzylinder<br>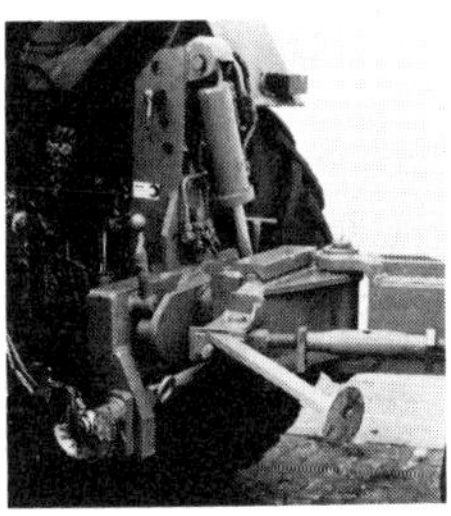 | Drehsystem mit **einem** Verbindungsschlauch zum Schlepper besitzen Gasdruckspeicher, der in Verbindung mit der Öldrucksteuerung die Drehung bewirkt.<br>Bei Systemen mit **zwei** Verbindungsschläuchen dient einer als Druck-, der andere als Rücklaufleitung.<br>Mechanisch-automatische Umschaltung des Druckes in dem doppelt wirkenden Steuergerät, wenn sich der Pflug in der Mittellage befindet. | Systeme mit doppelt wirkender Drehung bei größeren Pflügen vorherrschend und heute fast ausschließlich verwendet. Zunehmende Bedeutung auch bei kleineren Pflügen.<br>Umschaltvorrichtung außerhalb des Drehzylinders vorteilhaft, da nicht abhängig von Öldruck im Zylinder, Viskosität des Öls und Kolbenstangenweg. |

Darst. 56 Funktion und Kenndaten von Drehvorrichtungen für Volldrehpflüge

Für moderne Drehpflüge werden deshalb hydraulische Drehsysteme bevorzugt, bei denen kein Höhenverlust entsteht (Darst. 56).
Die größte Verbreitung haben hydraulische Doppelhub-Drehvorrichtungen erlangt. Sie sind mit doppelt wirkendem Hydraulikzylinder und einer integrierten, automatischen Umschaltung in der Mittellage des Pfluges ausgerüstet. Die eingestellte Pflugneigung wird automatisch verriegelt. Die Vorteile dieses Systems sind: sicheres und kraftschlüssiges Drehen ohne zusätzliches Betätigen des Steuerventils am Schlepper, problemlose Funktion, Betätigung auch mit einfach wirkenden Zylindern möglich.
Vier- und fünfscharige Volldrehpflüge werden oft mit einer hydraulischen Rahmenschwenkvorrichtung angeboten. Sie schwenkt den Pflug vor dem Drehvorgang zur Mitte, so daß ein sicheres Drehen ohne Bodenberührung und mit geringen Drehkräften sichergestellt sind.
**Stützrad:** Während der Arbeit stützt sich der Pflug im wesentlichen auf der Schleifsohle ab. Dennoch werden die Pflüge überwiegend mit einem zusätzlichen Stützrad ausgestattet. Dieses hat jedoch nur eine Hilfsfunktion, insbesondere beim Pflügen mit Regelhydraulik (Zugwiderstandsregelung) auf stark wechselnden Böden. Beim normalen Einsatz in der vorgewählten Arbeitstiefe sollte es nur leicht auf dem Boden aufliegen. Spricht jedoch z. B. beim Übergang vom schwereren zum leichteren Boden das Regelsystem an und senkt infolge des geringeren Zugwiderstandes den Pflug ab, verhindert das Stützrad eine zu starke Schwankung der Arbeitstiefe.
Bei schwergewichtigen Anbaupflügen, insbesondere Anbau-Volldrehpflügen der schweren Baureihe, werden z. T. luftgummibereifte Stützräder angeboten. Diese lassen sich für den Straßentransport des Pfluges arretieren, so daß der Pflug nicht im Dreipunkt-Kraftheber getragen werden muß, sondern sich hinten auf dem Stützrad abstützt. Dies trägt sehr wesentlich zu einer Entlastung des Schlepperkrafthebers beim Straßentransport bei, verhindert Überlastungen des Kraftheberegestänges und eine eventuelle Entlastung der Schlepper-Vorderachse (Lenkachse).
**Rahmenhöhe und Körper-Längsabstand:** Je größer diese sind, desto weniger Verstopfungsprobleme entstehen beim Unterpflügen von voluminösen und sperrigen Ernterückständen. Mit zunehmendem Körper-Längsabstand vergrößert sich aber auch der Schwerpunktsabstand des Pfluges vom Schlepper-Kraftheber und damit die erforderliche Hydraulik-Hubleistung.

#### 7.1.1.3 Zusatzeinrichtungen

Während eines Vegetationsjahres wird der Pflug zu sehr unterschiedlichen Zeitpunkten, bei unterschiedlichen Bodenverhältnissen und wechselnden Einsatzbedingungen verwendet. Um unter allen Bedingungen eine einwandfreie Pflugarbeit zu gewährleisten, werden verschiedene Zusatzeinrichtungen angeboten.
**Vorwerkzeuge:** Sie sollen das einwandfreie Herausschneiden des Erdbalkens aus dem Bodenverband unterstützen bzw. dazu beitragen, daß Pflanzenreste, organische Dünger etc. störungsfrei im Boden untergebracht werden. In Darstellung 61 sind die wichtigsten Vorwerkzeuge mit ihren wesentlichen Wirkungen beschrieben.
*Messersech* und *Scheibensech* haben zwei wesentliche Aufgaben:

- senkrechtes, glattes Abschneiden des Erdbalkens, damit keine Erde in die Furche rollen kann und die Schlepperräder ungehindert an der Furchenwand entlanglaufen können,
- Durchschneiden von Pflanzenresten, um Verstopfungen zu vermeiden und das einwandfreie Unterpflügen zu gewährleisten.

Das Messersech wird vorzugsweise für das senkrechte Vorschneiden des Erdbalkens verwendet. Es ist aber verstopfungsanfällig beim Einarbeiten organischer Substanzen. Da jedoch in neuerer Zeit die Einarbeitung von Pflanzenresten etc. eine immer größere Bedeutung gewinnt, werden immer mehr Scheibenseche bevorzugt. Sie durchschneiden den Boden auch bei starkem Bewuchs oder hohem Anteil organischer Substanzen am saubersten und gewährleisten dadurch eine sichere Unterbringung. Das Scheibensech ist jedoch teurer als das Messersech, seine Arbeitstiefe ist infolge der vorhandenen Drehwelle begrenzt auf den halben Scheibendurchmesser. Scheibenseche werden mit glatter, gezahnter oder gewellter Schneide angeboten. Während für normale Einsatzbedingungen meist das glatte Scheibensech genügt, sollte für das Einarbeiten grober Pflanzenmaterialien (z. B. Maisstroh, massig gewachsene Gründüngungsbestände) die gezahnte Form vorgezogen werden. Beim Scheibensech mit gewellter Schneide soll eine Art Zwangsantrieb bewirkt und vor allem auf lockeren und schmie-

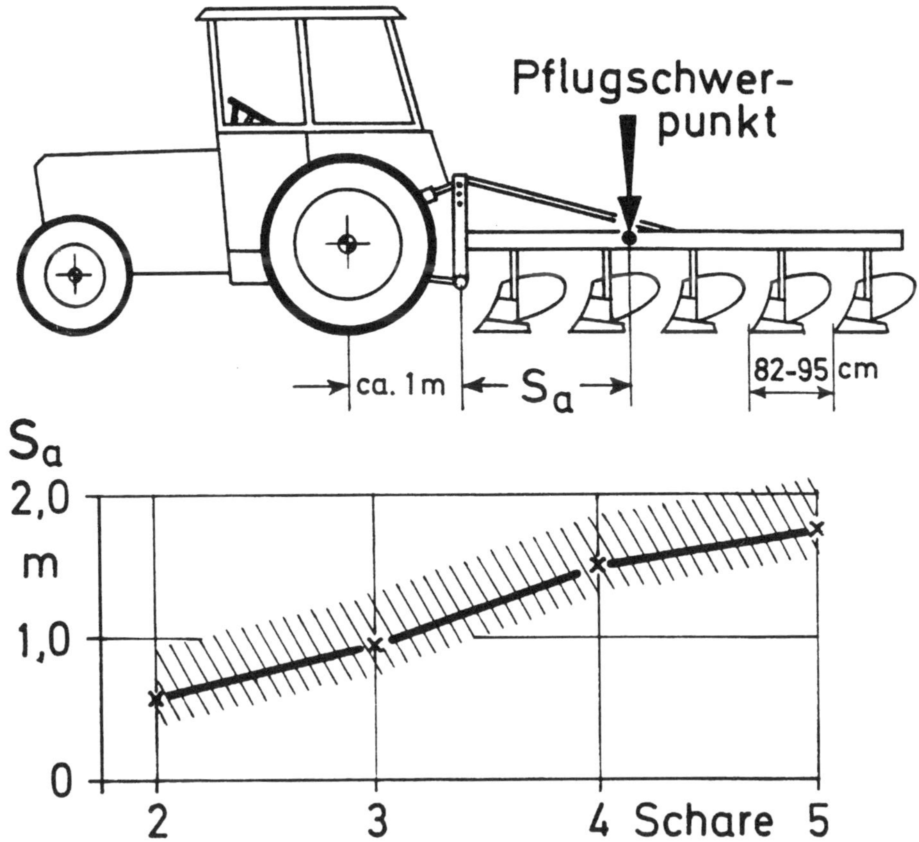


Darst. 57 Schwerpunktabstand des Pfluges bei zunehmender Körperzahl

| Vorwerkzeug | Anbringung an | Wirkung |
|---|---|---|
| <br>**Messersech** | Grindel,<br>Holm oder<br>Rahmen | Vorschneiden des Erdbalkens<br>seitliche Führung des<br>Pfluges |
| 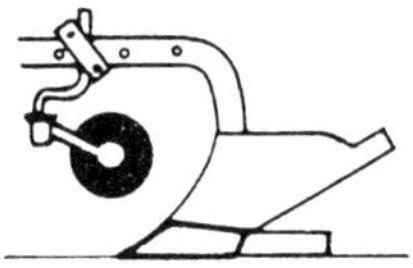<br>**Scheibensech** | Grindel,<br>Holm oder<br>Rahmen | Vorschneiden des Erdbalkens<br>Durchschneiden von Pflanzen-<br>resten |
| 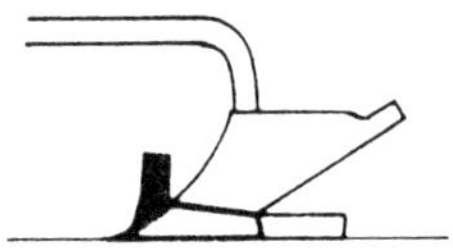<br>**Anlagesech** | Anlage | Vorschneiden des Erdbalkens,<br>seitliche Führung des Pfluges,<br>weniger Verstopfungen |
| 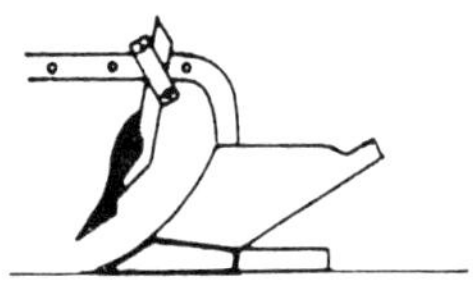<br>**Düngereinleger** | Grindel,<br>Holm oder<br>Rahmen | Einlegen von Stalldung,<br>Pflanzenmaterial (z. B. Grün-<br>düngung) oder Ernterückständen |
| **Strohleithorn**<br>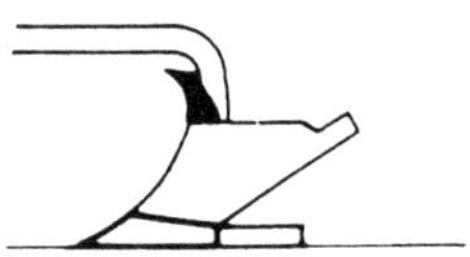<br>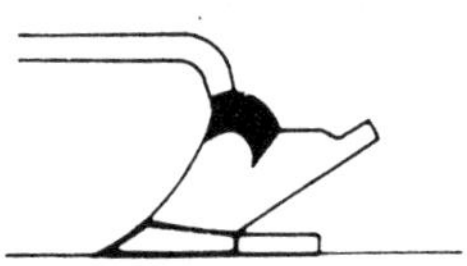<br>**Einlegestreichschiene** | Pflugkörper<br>Grindel | Einlegen von Ernterückständen<br>Verhindern von Verstopfungen |

Darst. 58 Anbringung und spezielle Wirkung der wichtigsten Vorwerkzeuge am Pflug

renden Böden eine sichere Drehung und damit geringe Verstopfungsanfälligkeit gewährleistet werden. Für den Einsatz auf steinigen Böden werden gefederte Scheibenseche angeboten. Neuerdings kann das Scheibensech am letzten Körper schräg angestellt werden. Dadurch ergeben sich eine schräge Furchenkante und mehr Platz für breite Reifen.

Wie viele Seche verwendet werden, hängt von den Einsatzbedingungen ab. Steht das senkrechte Abschneiden und Ausräumen der Furche im Vordergrund, genügt *ein* Sech am letzten Körper. Sollen jedoch größere Mengen von Pflanzenresten sauber eingearbeitet werden, ist es zweckmäßig, jeweils an jedem Körper ein Sech anzubringen.

Anstelle des Messersechs gewinnt in jüngster Zeit das *Anlagensech* verstärkt an Bedeutung. Es wird seitlich an der Anlage des Pfluges angeschraubt und schneidet von unten her senkrecht die Furchenwand ab. Der Raum zwischen Pflugkörper und -rahmen bleibt frei, dadurch läßt sich das bei Verwendung des Messersechs befürchtete Verstopfen sowie das Einklemmen von Steinen zwischen Sech und Pflugschar verhindern.

*Vorschäler* sollen eine bessere Krümelung des Erdbalkens und das breitere Abschneiden des Pflanzenbewuchses bewirken. Bei starkem Bewuchs oder voluminösen Pflanzenresten empfiehlt sich die Verwendung spezieller Hohlscheiben-Vorschäler. Sie arbeiten sich frei, neigen aber zum Kleben.

*Düngereinleger* sind heute nur noch bedingt zu empfehlen, da sie die oberste Bodenschicht mitsamt der dort vorhandenen organischen Substanzen auf die Furchensohle ablegen. Dies schafft zwar den oft zitierten »reinen Tisch«, außerdem werden Unkräuter durch das tiefe Einarbeiten erstickt. Die Umsetzung der Pflanzenreste ist jedoch erschwert.

Allen bisher genannten Vorwerkzeugen ist gemeinsam, daß sie ihre Funktion nur dann sicher und einwandfrei erfüllen können, wenn sie sehr sorgfältig eingestellt sind. Angaben hierzu sind in der Regel in der Betriebsanleitung des Pfluges zu finden. Sollten beim Einsatz des Pfluges z. B. Düngereinleger und Sech verwendet werden, müssen sie in einem ausreichenden Abstand voneinander am Rahmen angelenkt werden. Dadurch wird die Verstopfungsgefahr vermindert, es ist allerdings ein ausreichender

Darst. 59 Streichschiene über den Pflugkörper zur besseren Einarbeitung von z. B. Pflanzenresten

Körper-Längsabstand erforderlich. Bei neueren Pflugkonstruktionen sind die Vorwerkzeuge seitlich vom Pflugkörper angebracht. Dadurch soll auch bei kürzerem Körperabstand ein sicheres, verstopfungsfreies Einarbeiten möglich sein. *Strohleithörner* und *Einlegestreichschienen* sind direkt am Pflugkörper oberhalb des Streichbleches angebracht und sollen, vor allem bei nicht einwandfrei vorzerkleinertem Pflanzenmaterial, das saubere Einlegen in die Pflugfurche gewährleisten. Gleiches gilt für gefederte Niederhalter (Federzinken-Einleger). Sie lassen sich gegebenenfalls auch in Kombination mit den vorgenannten Werkzeugen verwenden. Einlegestreichschienen können daneben aber eine weitere Funktion übernehmen. Bei hoher Arbeitsgeschwindigkeit besteht die Gefahr, daß der Erdbalken am Körper hochsteigt und die Oberkante »überströmt«. In derartigen Fällen bewirken die Streichschienen eine exakte Führung und Wendung des Erdbalkens.

### Lockerungswerkzeuge am Pflug

Überall dort, wo lediglich flache Verdichtungshorizonte vorhanden sind (z. B. Pflugsohlenbildung), müssen nicht unbedingt Spezial-Untergrundlockerungsgeräte eingesetzt werden. Hier genügen oft einfache Lockerungswerkzeuge, die am Pflugkörper oder -holm angebaut werden und maximal bis etwa 10 bis 12 cm unter die normale Pflugtiefe greifen. Viele Betriebe versuchen derzeit, einen weiteren Effekt zu nutzen. Zur Energieeinsparung wird nicht mehr der Boden auf die bisher übliche, volle Krumentiefe gewendet, sondern nur noch zu ca. $^2/_3$. Die Lockerung (ohne Wendung) der restlichen Krumenzone übernehmen die Lockerungsschare oder -dorne. Diese Lockerungswerkzeuge (Darst. 60) sind unterschiedlich ausgebildet. Je nach Bauform arbeiten sie im Bereich der normalen Ackerkrume, können aber auch unter die übliche Pflugbearbeitungstiefe greifen, dort den Boden lockern und Verdichtungshorizonte aufbrechen. Übereinstimmend wird jedoch die erfaßte Schicht lediglich gelockert, aber kein »toter Boden« an die Oberfläche gebracht. Folgende Lockerungswerkzeuge lassen sich am Pflug anbringen:

- **Untergrundschar:** Hier ist das Lockerungsschar mit einer speziellen Halterung am Pflugkörper angelenkt. Der Tiefgang ist verstellbar, die Arbeitsbreite deutlich geringer als die des normalen Pflugkörpers.
- **Untergrunddorn:** Auch dieser ist an einer besonderen Haltung höhenverstellbar angeordnet. Es können ein oder besser zwei Dorne verwendet werden. Untergrunddorne sind etwas leichtzügiger als Untergrundschare, ihre Wirkung ist jedoch nicht so intensiv.
- **Lockerungsschar vor dem ersten Körper:** Auf druckempfindlichen Böden und beim Einsatz breiter Schleppertreibradbereifungen in einer schmalen Furche kann es vorteilhaft sein, vor dem ersten Körper ein Lockerungsschar anzubringen. Dies soll die Furchensohle und den vom Schlepperrad festgefahrenen Furchenteil wieder auflockern.

Der Leistungsbedarf dieser Lockerungswerkzeuge richtet sich danach, ob nur ein Schar verwendet wird (z. B. zum Aufbrechen der Furchensohle) oder alle Pflugkörper mit einem Lockerer ausgerüstet sind. Im letzteren Fall beträgt der zusätzliche Leistungsbedarf ca. 15 bis 20 %.

Wenn die Verwendung derartiger Lockerungswerkzeuge geplant ist, empfiehlt es sich, eine sehr stabile Pflugbauform zu wählen.

**Steinsicherungen (Überlastsicherungen):** Die zunehmende Verwendung leistungsstarker Ackerschlepper, die gerade bei der Grundbodenbearbeitung einen wesentlichen Einsatzbereich vorfinden, sowie die erhöhten Arbeitsgeschwindigkeiten machen es erforderlich, den Pflug beim Einsatz auf verhärteten oder steinigen Böden vor Überlastungen und eventuellem Schaden zu schützen. Handelt es sich dabei lediglich um Vibrationen oder kurzzeitige Stöße, lassen sich diese beim Volldrehpflug durch ein Stoßdämpfersystem absorbieren, welches zwischen den sich jeweils gegenüberstehenden Körpern angebracht ist.

Bei »echten« Überlastsicherungen ist es dagegen wichtig, daß die Sicherung rasch und für jeden Pflugkörper einzeln anspricht, beim Auftreffen auf das Hindernis ausreichend weit auslenkt und sich rasch wieder in Arbeitsstellung zurückstellt. Im wesentlichen werden drei Bauformen von Überlastsicherungen angeboten:

- Grindel-Überlastschutz durch *Abscherschrauben* oder -bolzen, die bei extremer Belastung abscheren und den Pflugkörper nach hinten ausschwenken lassen. Durch Auswechseln des Bolzens kann der Pflugkörper wieder in normaler Arbeitsstellung arretiert werden.
- *Mechanische Steinsicherungen* (Darst. 61 bis 65) sind in ihrer modernen Bauform mit Blattfedern, Schraubenfedern oder Gummipuffern ausgestattet. Durch ein spezielles Kniehebelsystem wird erreicht, daß die

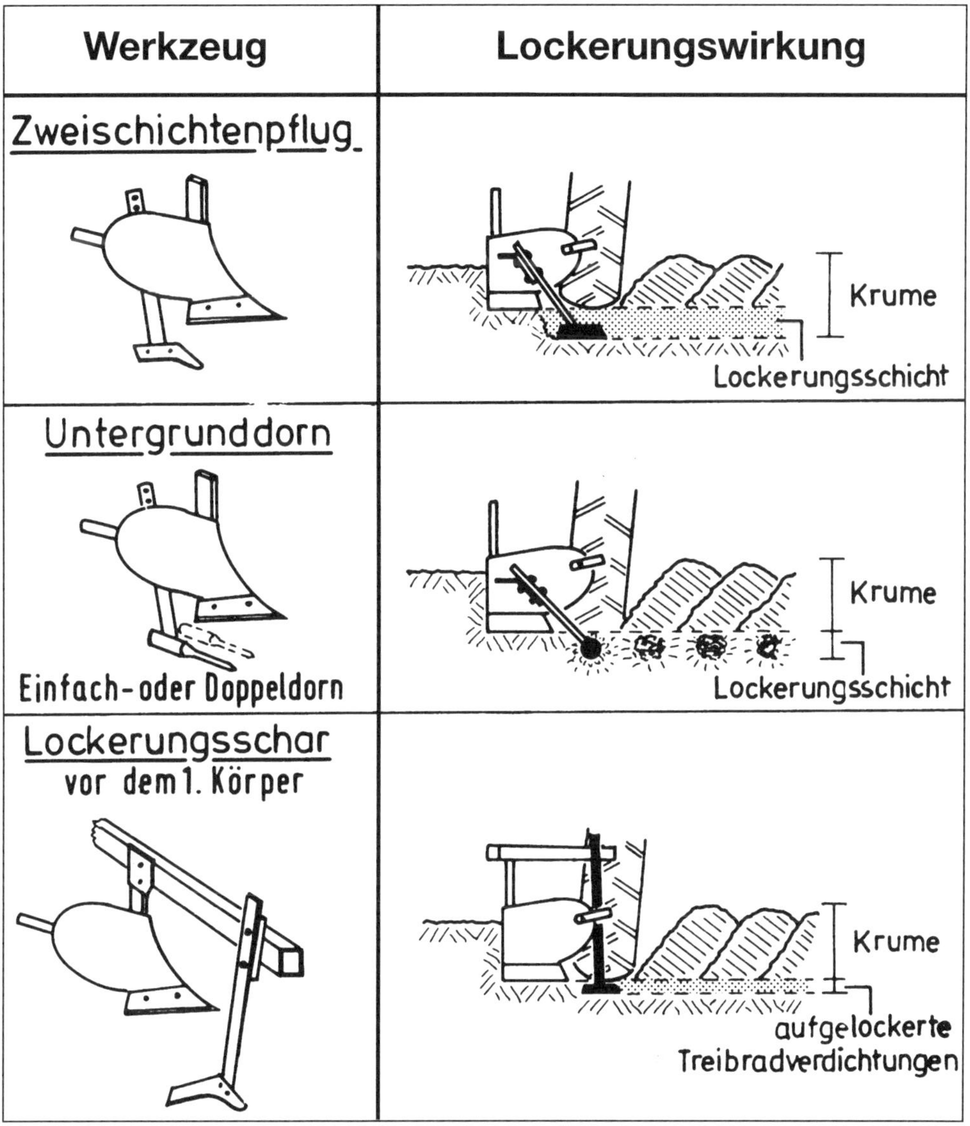


Darst. 60 Bauarten und Wirkung von Lockerungswerkzeugen

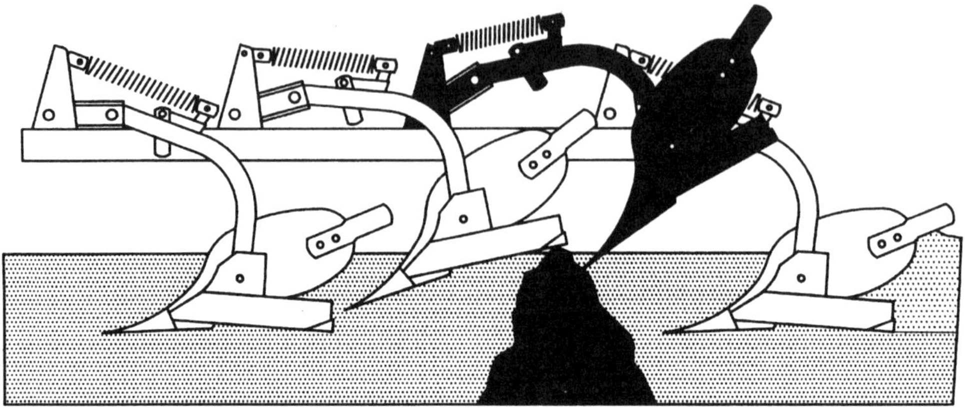

Darst. 61 Funktion der Überlastsicherung (hier mechanisches Prinzip)

Darst. 62

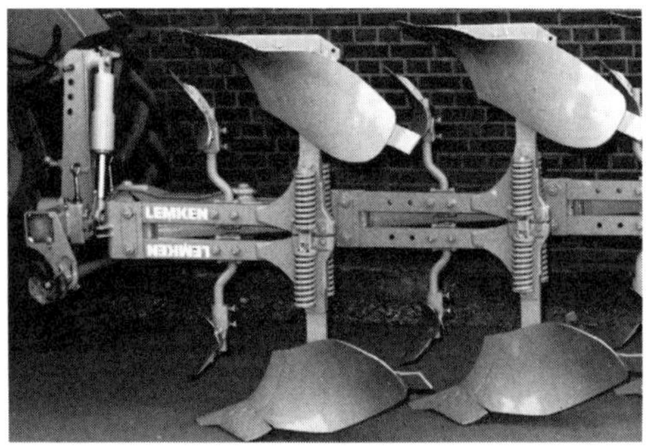


Darst. 63

Darst. 64

Darst. 65

Darst. 61 bis 65 Bauformen von Überlastsicherungen (Steinsicherungen) – (oben links: einfache oder doppelte Schrauben- bzw. Blattfeder; oben rechts: Doppelfedersicherung am Volldrehpflug; unten links: Federelement im Holm untergebracht; unten rechts: hydraulische Steinsicherung mit Einzel-Druckspeicher)

größte Rückstellkraft in der Arbeitsstellung vorliegt. Beim Auftreffen auf ein Hindernis und Auslenken des Pflugkörpers nimmt die Kraft ab. Dadurch werden vor allem Schar und Streichblech geschont. Der Auslösewiderstand läßt sich für jeden Körper getrennt einstellen. Mechanische Steinsicherungen sind sehr funktionssicher, preiswert und unproblematisch hinsichtlich Wartung und Pflege.

- *Hydraulische Steinsicherungen* stellen eine besonders elegante Lösung dar. Sie werden in der Regel von der Schlepperhydraulik gespeist, der Auslösewiderstand kann durch Druckveränderung den jeweiligen Bodenverhältnissen angepaßt werden. Ein zentraler Druckspeicher für alle Körper oder Einzelspeicher auf jedem einzelnen Pflugkörper sorgen für den erforderlichen Druckausgleich. Hydraulische Steinsicherungen sind etwas teurer als mechanische, die möglichen Rückstellkräfte sind etwas höher.

Neben den meist gebräuchlichen Sicherungen, die lediglich nach hinten ausschwenken, werden neuerdings auch nach allen Seiten wirksame Auslösevorrichtungen angeboten. Unter den meisten Einsatzvoraussetzungen ist das seitliche Ausschwenken nicht erforderlich. Als Weiterentwicklungen sind Überlastsicherungen anzusehen, bei denen hydraulisch und vom Schleppersitz aus der Auslösedruck den jeweiligen Bodenverhältnissen entsprechend verstellt werden kann. Dies kann vor allem beim Pflügen von stark wechselnden Böden oder bei unterschiedlichem Steingehalt Vorteile bringen.
Bei allen Steinsicherungssystemen sollte die Aushubhöhe mindestens so groß sein wie die mögliche Arbeitstiefe (ca. 30 bis 40 cm).
Ein wesentlicher Vorteil der modernen mechanischen und hydraulischen Steinsicherungen besteht darin, daß der Pflugkörper unter dem erhöhten Feder- bzw. Öldruck sofort in seine Arbeitsposition zurückkehrt, sobald das Hindernis im Boden überwunden ist.
Eine wichtige Maßnahme stellt das richtige Einstellen der Auslösekraft dar und sollte sehr sorgfältig vorgenommen werden. Vor allem beim tieferen Pflügen auf verhärteten und mit Steinen versetzten Böden bereitet es oftmals Probleme, den richtigen Wert zu finden. Ist die Auslösekraft zu gering eingestellt, löst der Mechanismus zu oft und bereits bei geringer Belastung aus, eine exakte Pflügearbeit ist nicht gewährleistet. Wird die Sicherung auf eine zu hohe Auslösekraft eingestellt, löst die Sicherung gegebenenfalls nicht rechtzeitig aus, und es können Schäden am Pflug entstehen.

#### 7.1.1.4 Pflugeinstellung

Pflug und Schlepper bilden beim praktischen Einsatz eine Einheit und beeinflussen sich gegenseitig. Deshalb sind verschiedene Einstellmaßnahmen vorzunehmen und sorgfältig aufeinander abzustimmen, damit eine gute Arbeitsqualität und exakte Pflugführung bei gleichzeitig möglichst geringem Zugkraftbedarf erreicht wird. Im einzelnen sind am Pflug oder am Kraftheber folgende Einstellungen vorzunehmen:

- Arbeitstiefe,
- Schnittbreite (für den gesamten Pflug und die Einzelkörper),
- exakte Anschlußfurche (Vorderfurchenbreite),
- Querneigung,
- gleicher Tiefgang sämtlicher Körper.

Diese Einstellungen werden am Pflug selbst, am Dreipunktgestänge und am Steuergerät des

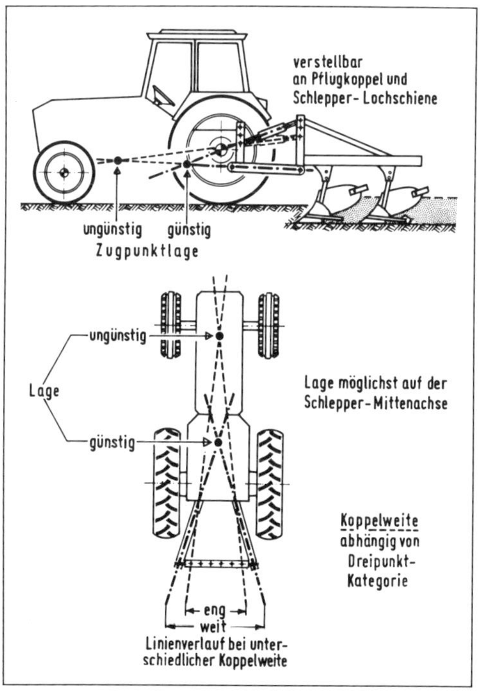


Darst. 66 Verlauf der Zuglinien und Lage des »ideellen Zugpunktes«

| Einstell-Möglichkeit | Technik und Auswirkungen |
| --- | --- |
| 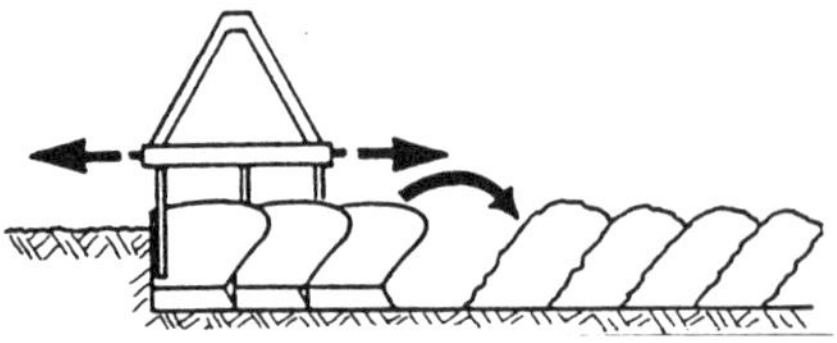 | Der erste Pflugkörper soll eine saubere Anschlußfurche und damit eine gleichmäßige Oberfläche des gesamten, gepflügten Feldes gewährleisten. Dies läßt sich durch Verdrehen der gekröpften Tragachse des Pfluges oder (bei moderneren Pflügen) durch mechanisches oder hydraulisches seitliches Verschieben des gesamten Pfluges erreichen. |
| 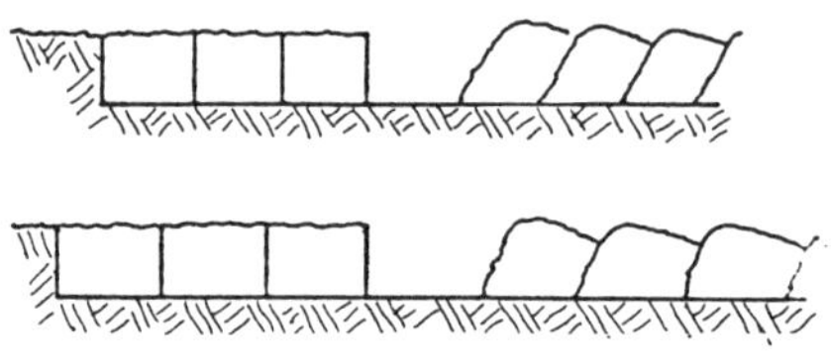 | Durch Einstellen der Arbeitsbreite der **Einzelkörper** kann der Bearbeitungseffekt (je breiter, desto grobscholliger), durch Verändern der **Gesamtbreite** des Pfluges (z. B. bei Verstellpflügen) die Flächenleistung und die Anpassung an vorhandene Schlepperleistungen variiert werden. Stets ist auf das Einhalten eines günstigen Verhältnisses von Arbeitstiefe : Schnittbreite des Körpers (ca. 1 : 1,1 bis 1,3) zu achten. |
| 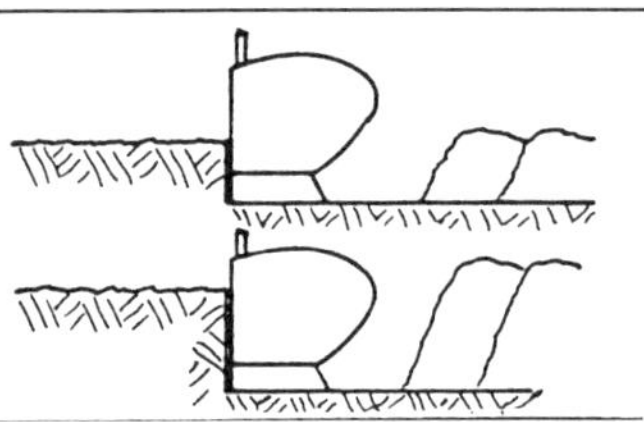 | Je nach Krumentiefe und Bearbeitungsziel (z. B. Schälfurche oder Winterfurche) kann die Arbeitstiefe eingestellt werden. Beim Pflügen mit Regelhydraulik erfolgt dies durch entsprechende Einstellung am Hydraulik-Steuerhebel, beim Pflügen mit »Schwimmstellung« durch Verkürzen oder Verlängern des Oberlenkers. |
|  | Fährt der Schlepper beim Pflügen in der Furche, steht er schräg zur Bodenoberfläche. Die Pflugschare sollen aber den Boden waagerecht abschneiden. Das setzt voraus, daß die Grindel der Pflugkörper stets im rechten Winkel zur Bodenoberfläche stehen. Die Einstellung erfolgt an einer der Hubspindeln des Drei-Punkt-Gestänges, bei Volldrehpflügen auch mittels einer zentralen, auf den Drehzylinder wirkenden Spindel. |
| 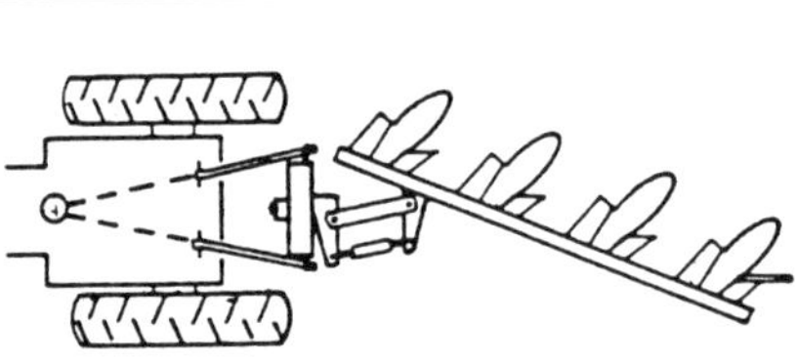 | Die Lage des »ideellen Zugpunktes« beeinflußt die exakte, energiesparende Führung des Pfluges. Der Zugpunkt ergibt sich aus den Fluchtlinien der beiden Unterlenker sowie von Ober- und Unterlenker. Eine gute Führung des Pfluges wird erreicht, wenn der Zugpunkt auf der Schlepper-Mittelachse und nicht zu weit vorn liegt. |

Darst. 67 Einstellmöglichkeiten am Pflug und deren Auswirkungen

Krafthebers durch Betätigen des Bedienungshebels vorgenommen.
Bei Anbaupflügen bildet das Dreipunktgestänge mit seinen beiden Unterlenkern und dem Oberlenker die Verbindung zum Pflug. Bei Aufsattelpflügen wird meist auf den Oberlenker verzichtet. Wenn das Dreipunktgestänge frei beweglich ist, korrigiert es selbsttätig die Abweichungen des Pfluges von der eingestellten Richtung.
Die beim Pflügen zwischen Schlepper und Gerät auftretenden Kräfte wirken so, als ob beide durch ein Seil miteinander verbunden wären, welches am Schlepper in einem imaginären Punkt befestigt ist, dem sogenannten »ideellen Zugpunkt« oder »ideellen Führungspunkt«. Er liegt in der Draufsicht (Darst. 66) dort, wo sich die Fluchtlinien der beiden Unterlenker schneiden. Eine Lage dicht bei der Mittelachse des Schleppers ist besonders günstig, weil dann der Pflug bei seitlichen Abweichungen rasch wieder in die günstigste Lage zurückgeführt und der Schlepper nicht aus der Fahrtrichtung gezogen wird. Der ideelle Zugpunkt sollte nicht zu weit vor den Schlepper-Hinterrädern liegen, weil sonst die Rückstellkräfte ungenügend sind.
In der Seitenansicht ist es beim Pflügen mit Regelhydraulik dagegen vorteilhaft, wenn der Oberlenker nahezu parallel zu den Unterlenkern verläuft. Dies verbessert die Übertragung der Regelimpulse auf den Kraftheber und damit das Ansprechverhalten des Regelsystems.
Das Einstellen der **Arbeitstiefe** erfolgt bei Anbaupflügen mit Regelhydraulik, der heute weitverbreitetsten Bauform, ausschließlich durch Anheben oder Absenken des Dreipunktgestänges (Betätigen des Bedienungshebels am Steuergerät des Krafthebers). Ein Verlängern (oder Verkürzen) des Oberlenkers ist nur erforderlich, wenn der hintere Körper zu flach (oder zu tief) pflügt. Das hinten angebrachte Tastrad läuft ohne Druck mit und soll lediglich extreme Tiefenabweichungen verhindern.
Aufsattelpflüge stützen sich vorn in den Unterlenkern des Dreipunktgestänges, hinten auf ein hydraulisch betätigtes Stützrad ab. Ein Verändern der Arbeitstiefe geschieht durch Betätigen des Steuergerätes, welches auf Unterlenker und Stützrad wirkt.
**Die Arbeitsbreite** kann für den gesamten Pflug oder an jedem einzelnen Körper eingestellt werden. Für alle Körper gemeinsam erfolgt dies durch Verdrehen der gekröpften Querwelle mittels Handhebel, Handspindel oder Hydraulikzylinder. Für Pflüge in Holmbauweise werden Schnittbreiten-Verstellkeile angeboten, mit welchen an jedem einzelnen Körper je nach Einlegerichtung eine schmalere oder breitere Schnittbreite eingestellt werden kann.
Bei den neuen »Verstellpflügen«, die bei manchen Herstellern bereits mehr als 50 % der gesamten Pflugproduktion einnehmen, kann die Schnittbreite aller am Pflugholm drehbar angebrachten Körper stufenlos in einem Bereich von ca. 25 bis 50 cm variiert werden. Dies geschieht zentral durch eine hydraulisch vom Schleppersitz aus betätigte und auf alle Körper wirkende Steuerstange, seltener mittels einer von Hand bedienten Verstellspindel. Bei neueren Konstruktionen passen sich automatisch beim Verstellen auch die Vorderfurchenbreite, die Zuglinie, die Vorwerkzeuge und das Stützrad an die neue Einstellung an.
Mit diesen Verstell-Pflügen lassen sich folgende Vorteile erzielen:

- Volles und gleichmäßiges Auslasten der Schlepper-Motorleistung bei wechselnden Bodenverhältnissen, hohe Schlagkraft und geringer Kraftstoffverbrauch. Beim Pflügen in der Fallinie ist es z. B. möglich, bergauf mit einer schmaleren, bergab mit einer breiteren Schnittbreite zu arbeiten.
- Bei Verwendung des Pfluges an Schleppern mit unterschiedlicher Motorleistung lassen sich Pflugarbeitsbreite und vorhandene Schlepperzugleistung optimal aufeinander abstimmen.
- Individuelles Beeinflussen des Bearbeitungseffektes durch Verändern der Verhältnisse von Schnittbreite:Arbeitstiefe. Schmale Schnittbreite = für Saatfurche. Bessere Lockerung und vor allem Krümelung des Erdbalkens, Arbeitsersparnis bei der späteren Saatbettbereitung. Große Schnittbreite = für Winterfurche. Grobschollige Lockerung, bessere Frosteinwirkung möglich, höhere Flächenleistung.
- Durch Einstellen einer größeren Arbeitsbreite läßt sich die Zahl der Feldüberfahrten und damit die befürchteten Bodenverdichtungen wirksam reduzieren. Beispiel: 100 m breites Feld: bei einem 4-Schar-Pflug mit 35 cm Schnittbreite pro Körper sind 71 Fahrten erforderlich, bei 45 cm Schnittbreite jedoch nur 55 Fahrten. Dies entspricht 25 % Einsparung.
- Anpassen der Furchenbreite an die Reifenbreite des Pflügeschleppers möglich. Dies ist bei den heute allgemein bevorzugten, groß-

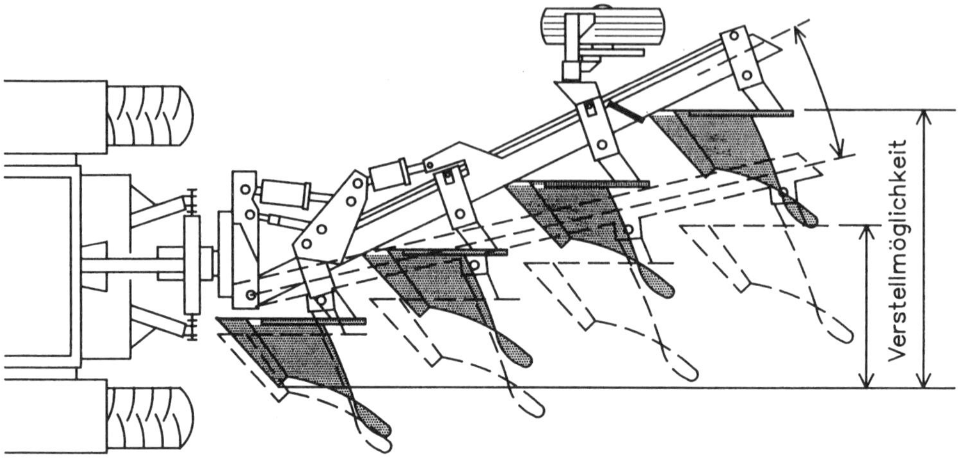


Darst. 68 Verstellmöglichkeit am Pflug mit stufenloser Schnittbreitenverstellung (Draufsicht)

Darst. 69 und 70 Beim Verstellpflug läßt sich die Schnittbreite je nach Einsatzbedingungen, Traktormotorleistung etc. stufenlos verstellen (links: geringste Arbeitsbreite; rechts: breiteste Stellung)

dimensionierten Triebradbereifungen sehr wichtig.

- Optimierung des Schlupfes an den Schlepper-Triebrädern.
- Zeiteinsparungen beim Auspflügen unregelmäßig geformter Felder.
- Geringere Transportbreite bei vielscharigen Pflügen.

Der höhere Anschaffungspreis für diese Pflüge kann sich aber nur dann lohnen, wenn im Einzelfall die genannten Vorteile auch tatsächlich genutzt werden können.

Besonderes Augenmerk verdient beim Pflügen die exakte **Anschlußfurche**, damit ein gleichmäßig eben gepflügtes Feld entsteht. Dies läßt sich durch Verdrehen der gekröpften Querwelle erreichen, bei modernen Pflugbauarten jedoch wesentlich eleganter durch ein mechanisches oder hydraulisches seitliches Verschieben der Tragachse.

**Querneigung:** Um eine exakte Wendung und stabile Lage des Erdbalkens zu erreichen, ist es erforderlich, daß der Pfluggrindel stets im rechten Winkel zur Bodenoberfläche steht. Dies muß auch bei unterschiedlicher Arbeitstiefe (und damit Querneigung des Schleppers) gewährleistet sein. Zu diesem Zweck läßt sich eine Hubstange oder auch beide Hubstangen des Dreipunktgestänges in der Länge verstellen.

**Gleiche Arbeitstiefe aller Körper**. Durch Verstellen des Oberlenkers und gegebenenfalls durch zusätzliches Einstellen am Stützrad kann dafür gesorgt werden, daß der Pflug in seiner gesamten Länge gleichmäßig parallel zur Bodenoberfläche steht und damit der gleiche Tiefgang aller Körper hergestellt wird.

Probleme können jedoch bei vielscharigen Pflügen auftreten, wenn die Stabilität des Pflugholmes nicht ausreicht und er sich infolge des Einzugsbestrebens der Pflugkörper in der Mitte durchbiegt. Im praktischen Einsatz äußert sich dies in einem größeren Tiefgang der in der Mitte des Pfluges befindlichen Körper und somit einer sich gleichmäßig wiederholenden, unterschiedlichen Höhe der Furchenkämme. Abhilfe ist an einem vorhandenen Pflug kaum möglich, bei Neuanschaffungen sollte jedoch darauf geachtet und ein ausreichend stabiler Holm gewählt werden.

Das richtige Einstellen des Pfluges in allen Funktionen erfordert viel Erfahrung und Fingerspitzengefühl, zumal bei unterschiedlichen Bodenarten und -zuständen jeweils eine entsprechende Anpassung notwendig ist. Generelles Ziel ist es, daß alle Einstellungen gesondert und unabhängig voneinander durchführbar sein und sich außerdem nicht gegenseitig beeinflussen oder beeinträchtigen sollen.

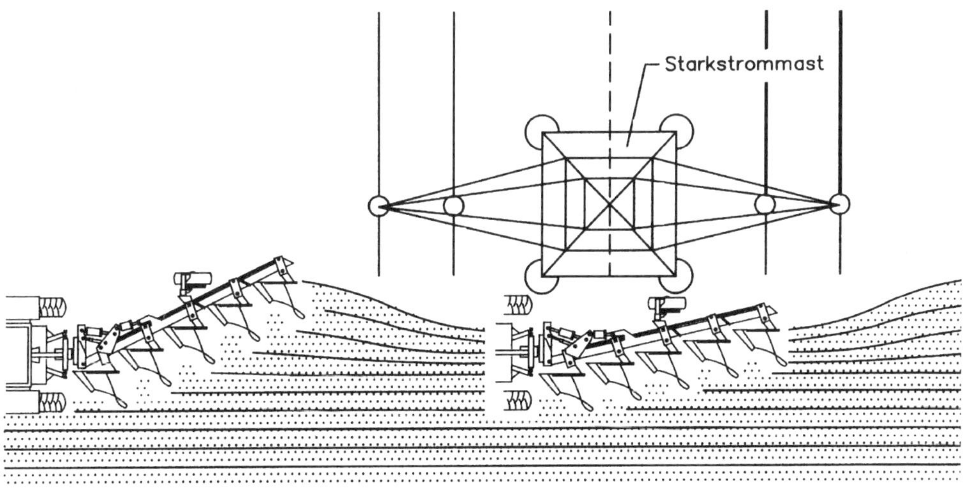


Darst. 71 Funktionsprinzip eines Pfluges mit stufenloser Schnittbreitenverstellung, hier beim Umpflügen eines Starkstrommastes im Feld

Darst. 72 Beim Pflügen am Hang in der Schichtlinie ist der Einsatz des Volldrehpfluges besonders vorteilhaft: Der Boden wird stets hangaufwärts gepflügt, weniger Kippgefahr für den Traktor durch geringere Schräglage

Um hier dem Praktiker eine Hilfestellung zu geben, bieten einige Pflughersteller Einstellhilfen an. Sie sollen selbsttätig einen optimalen Verlauf der ideellen Zuglinie und damit das einwandfreie, energiesparende Führen des Pfluges hinter dem Schlepper und – unabhängig davon – das Anpassen der Vorderfurchenbreite gewährleisten. Die Verstellung erfolgt über Spindeln, Spannschlösser oder durch Hydraulikzylinder. Zum Teil ist eine Fernbedienung vom Schleppersitz aus möglich.
Den größten Einstellkomfort bieten elektronisch gesteuerte Einstellsysteme, bei welchen die wichtigsten Verstellfunktionen (Neigung, Schnittbreite, Wendung, Zugpunkteinstellung und Transportstellung) vom Schleppersitz aus an einem Bedienpult gesteuert werden können.

### 7.1.1.5 Pflugauswahl, Pflugeinsatz, Leistungsbedarf

Die speziellen Einsatzbedingungen beeinflussen nicht nur die Wahl eines geeigneten Pfluges, sondern auch die verfahrenstechnischen Auswirkungen.

Seitdem die Regelhydraulik zur Standardausrüstung der Ackerschlepper zählt, werden praktisch nur noch *Beet- und Volldrehpflüge* angeboten. Welche dieser beiden Bauarten aus der Sicht des Pflugeinsatzes zu wählen ist, hat sich vor allem nach der Schlagform, Schlaglänge und -breite zu richten. Während auf gleichmäßig geformten, rechteckigen Feldern mit großer Feldlänge (mindestens 500 m) kaum Unterschiede in der Flächenleistung zwischen Beet- und Kehrpflug bestehen, schneidet der Volldrehpflug bei unregelmäßigen Schlagformen eindeutig besser ab.
Die mit dem Beetpflug im Vergleich zum Kehrpflug erreichbare Flächenleistung wird darüber hinaus auch direkt von der möglichen Beetbreite beeinflußt. Nur bei einer Beetbreite von 75 bis maximal 100 m kann mit dem Beetpflug eine annähernd so hohe Flächenleistung erzielt werden wie mit dem Kehrpflug. Beim Pflügen entsprechend großer Schläge ist daher darauf zu achten, daß diese in Beete mit optimaler Breite eingeteilt werden.
Besondere Aufmerksamkeit verdient die *Bodenbearbeitung im hängigen Gelände,* weil dort stets die Gefahr von Bodenabtrag besteht.

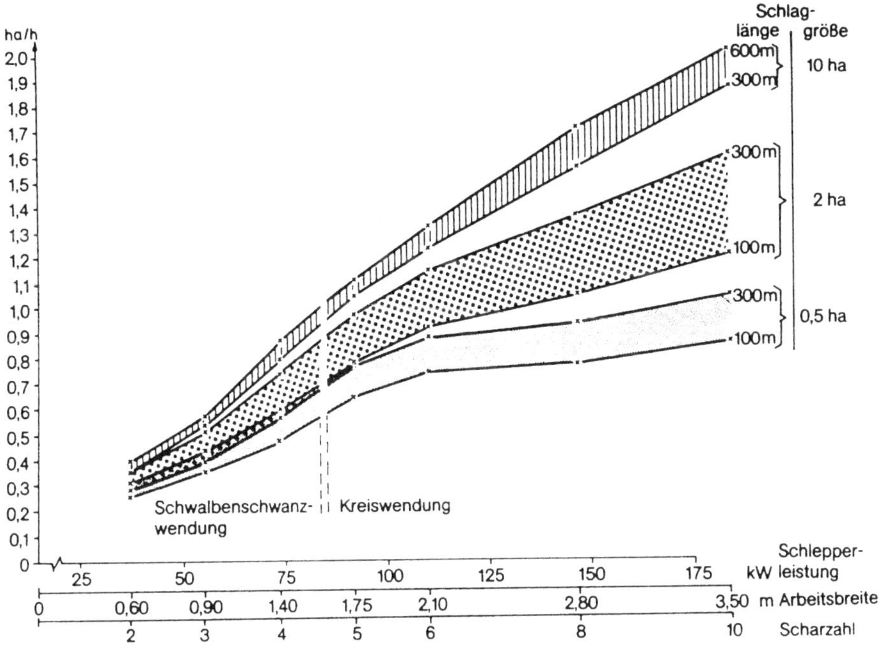


Darst. 73 Flächenleistung mehrschariger Kehrpflüge in Abhängigkeit von Arbeitsbreite, Schlaggröße und Schlaglänge

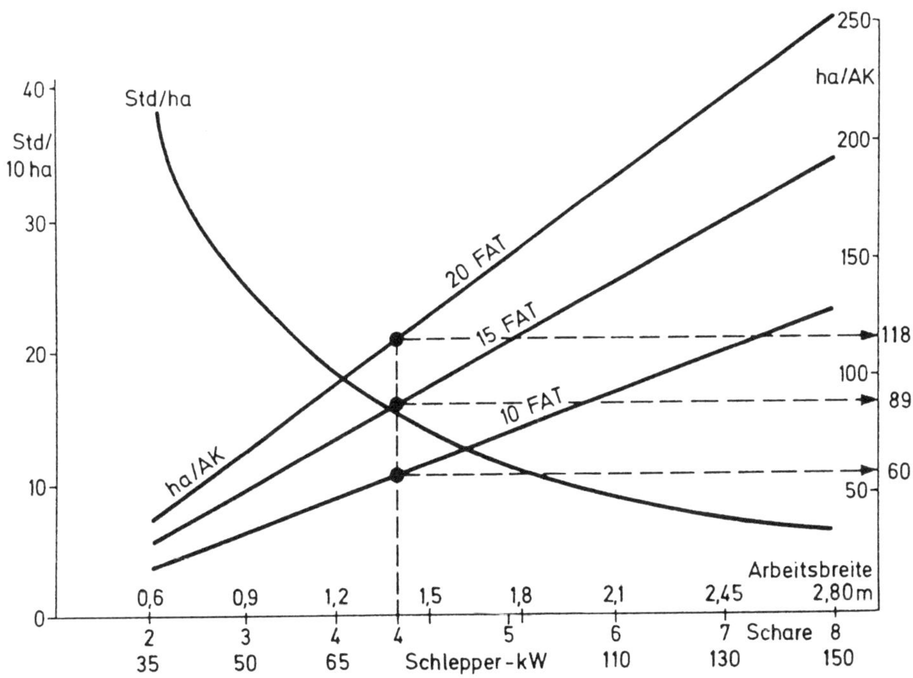


Darst. 74 Arbeitszeitbedarf und Arbeitsvolumen (ha/AK) beim Pflügen für unterschiedliche Einsatzzeitspannen

Hier kommt dem Volldrehpflug eine besonders wichtige Aufgabe zu, weil er bei Schichtlinienarbeit durch den Seitentransport des Erdbalkens in der Lage ist, dem natürlichen, hangabwärts gerichteten Transport des Bodens entgegenzuwirken. Deshalb sollte bei einer Aufteilung der Felder im hängigen Gelände stets darauf geachtet werden, daß die größere Feldlänge (und damit die Pflügerichtung) in Richtung der Schichtlinie verläuft. Für das Pflügen hängiger Flächen sind Kehrpflüge besonders prädestiniert, da mit ihnen der Boden stets hangaufwärts gewendet werden kann. Außerdem verringert sich dadurch die Schräglage des Schleppers, da die hangoberen Räder in der Pflugfurche laufen. Bei der Ausstattung des Pfluges sollte darauf geachtet werden, daß gegebenenfalls alle Pflugkörper mit einer Anlage ausgestattet sind, damit der Pflug nicht durch sein Eigengewicht hangabwärts ausweichen kann. Es werden auch hydraulische Rahmenschwenkvorrichtungen angeboten.

Die beim Pflügen erreichbare *Flächenleistung* wird vor allem von folgenden Kriterien beeinflußt:

- Arbeitsbreite,
- Arbeitsgeschwindigkeit,
- Schlaggröße,
- Schlaglänge,
- Vorbeetbreite (und damit die mögliche Wendeform).

In Darstellung 73 ist dargestellt, welche Flächenleistungen mehrscharige Kehrpflüge in Abhängigkeit von den genannten Einflußfaktoren erreichen können. Die Werte beziehen sich auf einen Hektar fertig gepflügtes Feld, d. h. einschließlich der Bearbeitung der Vorgewende. Dabei ist deutlich zu erkennen, daß auf kleinen Schlägen mit kurzer Schlaglänge ab einer bestimmten Arbeitsbreite (Scharzahl) keine weitere Steigerung der Flächenleistung möglich ist. Der Anteil für das Bearbeiten der Vorgewende nimmt hier im Vergleich zur Bearbeitung des Hauptfeldes unverhältnismäßig stark zu.

Erst bei ausreichender Schlaggröße und Schlaglänge kann auch bei einer Steigerung der Scharzahl und damit der Gesamtarbeitsbreite ein Zuwachs an Flächenleistung erzielt werden. Für die Planung des Pflugeinsatzes ist neben

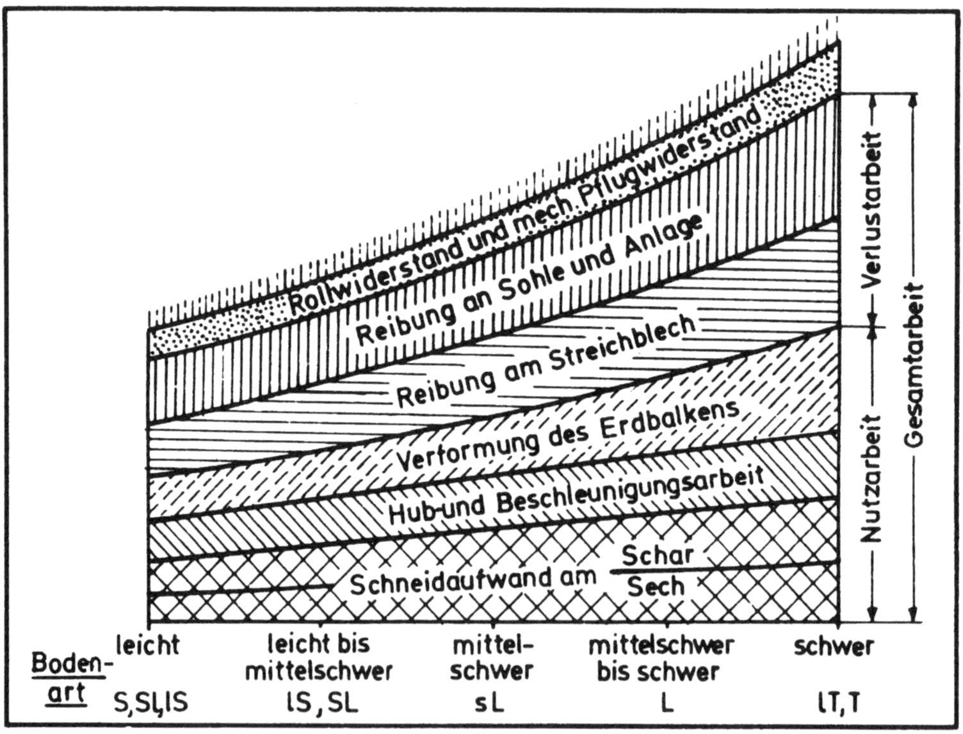


Darst. 75 Energiebilanz beim Streichblechpflug (Quelle: SCHILLING)

der erzielbaren Flächenleistung auch ausschlaggebend, wie viele Feldarbeitstage (FAT) unter den jeweiligen Einsatzbedingungen zur Verfügung stehen. Eine Darstellung dieser Zusammenhänge (Darstellung 74) veranschaulicht das erreichbare Arbeitsvolumen beim Pflügen (ha/AK) bei zunehmender Arbeitsbreite des Pfluges sowie bei einer sehr kurzen Einsatzzeitspanne (10 Feldarbeitstage), mittleren Bedingungen (20 Feldarbeitstage) und günstigen Einsatzverhältnissen (20 Feldarbeitstage). Beim Einsatz eines vierscharigen Pfluges mit insgesamt 1,40 m Arbeitsbreite (35 cm Schnittbreite/Körper) ergibt sich bei einer Steigerung der Feldarbeitstage von 10 auf 15 FAT eine Erhöhung des Arbeitsvolumens von 60 auf 89 ha/AK, dies entspricht einer Steigerung von fast 50 %. Eine weitere Ausdehnung der Feldarbeitstage auf 20 FAT würde nahezu eine Verdoppelung des Arbeitsvolumens bewirken. Die Kurve für den Arbeitszeitbedarf (h/ha) läßt erkennen, wie stark dieser von der Arbeitsbreite (bei konstanter Arbeitsgeschwindigkeit von 6,5 km/h) beeinflußt wird.

Die Bearbeitung des Bodens auf volle Krumentiefe erfordert nach wie vor einen relativ hohen Energiebedarf. *Eine Energiebilanz* für den Streichblechpflug (Darst. 75) veranschaulicht, wie sich bei verschiedenen Bodenarten die vom Pflug geleisteten Effekte auf Nutzarbeit, Verlustarbeit und Gesamtarbeit verteilen. Dabei zeigt sich, daß der Schneidaufwand an Schar und Sech den höchsten Anteil einnimmt. Die Verformung des Erdbalkens erfordert bei zunehmend schwereren Böden einen steigenden Energieanteil, ebenso die Reibung an Streichblech, Sohle und Anlage. Demgegenüber erhöht sich die Hub- und Beschleunigungsarbeit nur geringfügig. Daraus wird auch deutlich, daß nur bescheidene Möglichkeiten bestehen, den Gesamtenergieaufwand zu reduzieren. Am ehesten gelingt dies noch, wenn sorgfältig darauf geachtet wird, daß gut geschärfte Pflugschare und Seche verwendet werden. Die Reibung am Streichblech läßt sich, selbst bei Verwenden eines Streifenkörpers, nur geringfügig verringern. Bei der Verformung des Erdbalkens bzw. bei der Hub- und Beschleunigungsarbeit kann ebenfalls kaum Energie gespart werden, wenn der angestrebte Bearbeitungseffekt gewährleistet bleiben soll.

Der erforderliche **Zugkraftbedarf** ist beim Pflügen besonders wichtig, weil der Schlepper die für eine entsprechende Bearbeitung (Wen-

| **Bodenarten** | | **spez. Pflugwiderstand da N/dm$^{2}$*** |
|---|---|---|
| leicht | lehmiger Sand<br>kalkhaltiger Sand<br>humoser Sand | 22 – 35 |
| leicht bis mittelschwer | sandiger Humus<br>lehmiger Humus<br>toniger Humus | 25 – 40 |
| mittelschwer | Kalk<br>Sandmergel<br>Lehmmergel<br>Tonmergel | 30 – 55 |
| mittelschwer bis schwer | sandiger Lehm<br>humoser Lehm<br>kalkhaltiger, milder Lehm | 35 – 60 |
| schwer bis sehr schwer | humoser Ton<br>schwerer Lehm<br>kalkhaltiger Ton | 60 – 120 |
| Sonderböden | steinige Böden<br>Unterboden<br>Verdichtungshorizonte | 120 – 180 |

Darst. 76 Spezifischer Pflug-(Boden-)Widerstand (nach SEIFERT und KRAUS [jeweils angepaßte Körperform, Arbeitsgeschwindigkeit 5 km/h])

| Körperform | Koeffizient ε | Seitenrichtungswinkel φ |
|---|---|---|
| Kulturform | 3,0 | 45 - 50° |
| Universalform | 2,5 | 30 - 35° |
| Wendelform | 2,0 | 25 - 30° |
| Schraubenform | 1,5 | 20 - 25° |

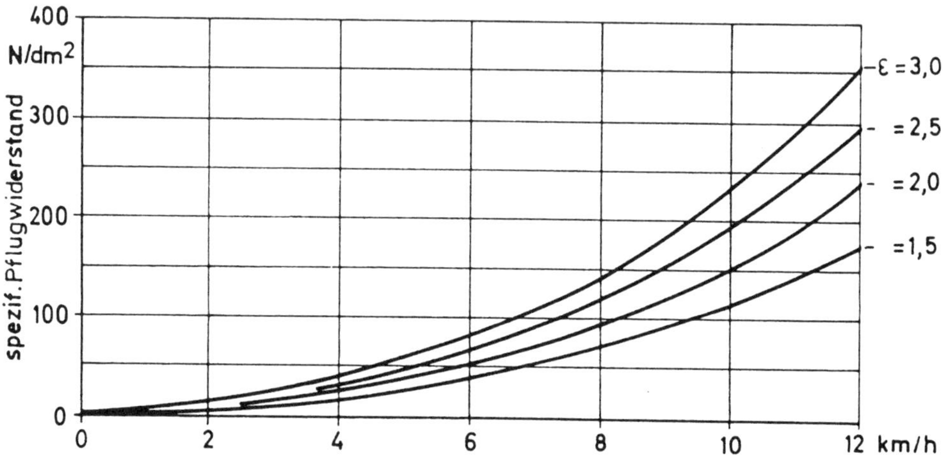


Darst. 77 Einfluß der Arbeitsgeschwindigkeit und des Epsilon-Wertes auf den spezifischen Pflugwiderstand

**Vereinf. Berechnung der Schlepper-Motorleistung beim Pflügen mit dem Allradschlepper**
**Unterstellungen:**

**Boden:** sandiger Lehm, spez. Pflugwiderstand 65 daN/dm2

**Schlepper:** Fahrgeschwindigkeit 6,0 km/h
Getriebewirkungsgrad 0,85
Triebkraftbeiwert 0,6
Motorauslastungsgrad 0,85
(mit Regelhydraulik)

**Pflug:** Arbeitsbreite 1,40 m
(4 Schare mit 35 cm Schnittbreite)
Arbeitstiefe 25 cm
Leistungsbedarf der Vorwerkzeuge
15 % = Faktor 1,15

**Berechnung:**

**1. Zugkraftbedarf des Pfluges**
Arbeitsbreite x Arbeitstiefe x spez. Pflugwiderstand
= 140 x 25 cm = 35,0 dm x 65 daN/dm$^2$; = 2,275 daN

**2. Erforderliche Schlepper-Motorleistung**

$$\frac{\text{Zugkr. d. Pfluges x Fahrgeschw. x Leistungsbed. der Vorwerkz.}}{\text{Faktor x Getriebewirkundsgrad x Triebkraftbeiwert}} \times \frac{1}{\text{Motorauslastungsgrad}}$$

$$= \frac{2{,}275 \text{ daN} \times 6{,}0 \text{ km/h} \times 1{,}15}{360 \times 0{,}85 \times 0{,}6} \times \frac{1}{0{,}83} = \frac{15{,}697 \times 1}{184 \times 1{,}20}$$

**= 71 kw (97 PS) erforderliche Schlepper Motorleistung**

Darst. 78 Für die Berechnung der beim Pflügen erforderlichen Traktor-Motorleistung werden spezielle Daten von Boden, Traktor und Pflug benötigt dung, Krümelung, Durchlüftung) notwendigen Kräfte in Form von Zugleistung an den Laufrädern aufzubringen hat. Der Zugkraftbedarf wird vorrangig beeinflußt von:

- dem spezifischen Bodenwiderstand (Pflugwiderstand),
- der Fahrgeschwindigkeit,
- der Arbeitstiefe,
- der Arbeitsbreite,

Außerdem wirken darauf ein

- die Körperform (Wendung, Krümelung),
- der Bodenzustand (trocken, feucht, naß),
- der Steigwiderstand (z. B. beim Pflügen am Hang),
- die verwendeten Vor- bzw. Nachwerkzeuge,
- die Schärfe der Pflugschare,
- der Steinanteil im Boden,
- das Ausräumen der Furche.

Der spezifische Pflug-(Boden-)Widerstand stellt ein Maß für die Schwere des Bodens dar und errechnet sich aus der notwendigen Zugkraft in daN je dm$^2$ des Furchenquerschnittes. Bei Verwendung geeigneter, an die jeweilige Bodenart angepaßter Körperformen und einer Arbeitsgeschwindigkeit von 5 km/h ergibt sich für jede Bodenart ein typischer Bereich des spezifischen Pflugwiderstandes. Er beträgt für die normalen Ackerböden zwischen etwa 22 und 120 daN/dm$^2$, kann aber unter besonderen Bedingungen noch weit darüber hinaus ansteigen (bis 180 daN/dm$^2$). Die angegebenen Pflugwiderstandszahlen stellen lediglich Mittelwerte dar, die durch andere Einflußfaktoren verändert werden können (z. B. Verändern des Furchenquerschnittes).

Es ist naheliegend, daß sich auch bei Verwendung unterschiedlicher Pflugkörperformen der spezifische Pflugwiderstand verändert. GORJATSCHKIN entwickelte als Maßzahl hierfür den sogenannten »Epsilon-Wert« (E-Wert), der sich am Seitenrichtungswinkel der verschiedenen Körperformen orientiert (Darst. 77). Bei zunehmender Arbeitsgeschwindigkeit bewirken die »steileren« Körperformen einen erheblich höheren Anstieg des spezifischen Pflugwiderstandes als die »gewundenen« Körperformen.

Auch hinsichtlich des Gesamt-Zugkraftbedarfes ergibt sich eine deutliche Abhängigkeit von der Fahrgeschwindigkeit und der Bodenart. Während auf den leichteren und mittleren Böden der Zugkraftbedarf annähernd gleichlaufend ansteigt, ergibt sich auf dem schweren Boden ein deutlich progressiver Anstieg des Zugkraftbedarfes.

Von diesen Grunddaten ausgehend läßt sich die *benötigte Schleppermotorleistung* für das Pflü-

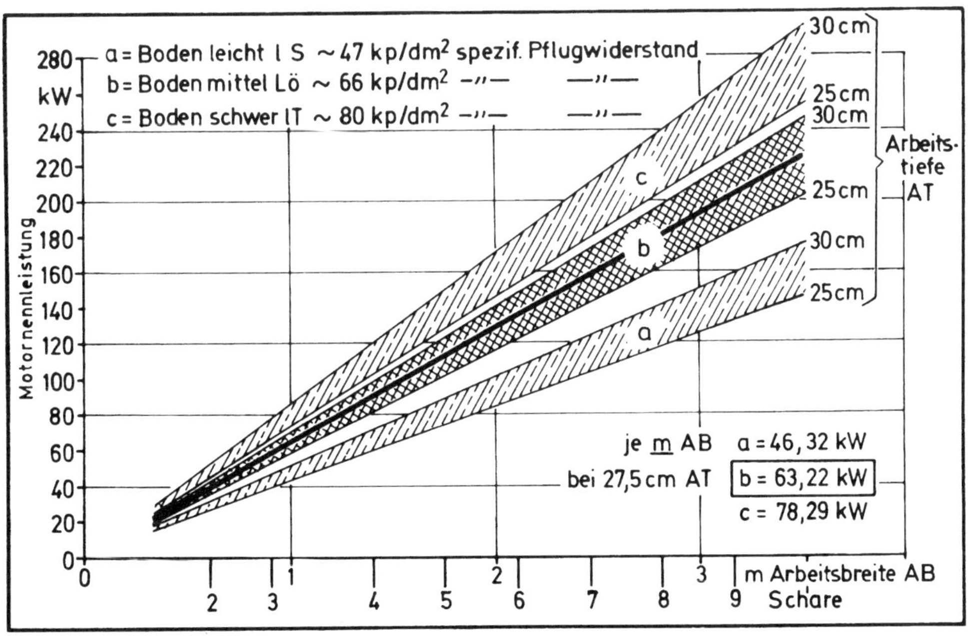


Darst. 79 Erforderliche Traktormotor-Nennleistung bei konstanter Arbeitsgeschwindigkeit (6 km/h) und steigender Arbeitsbreite

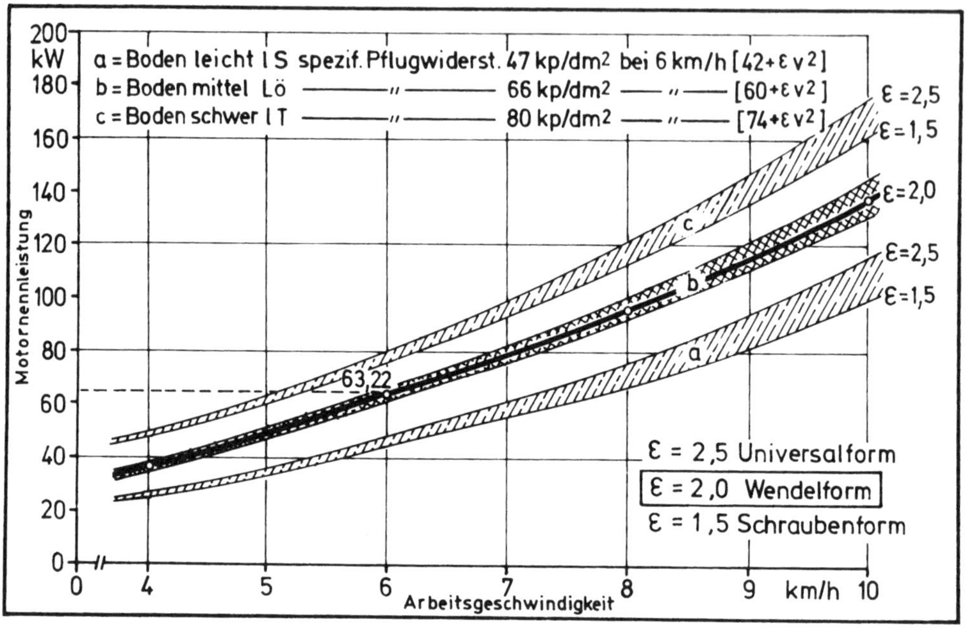


Darst. 80 Erforderliche Traktormotor-Nennleistung bei konstanter Arbeitsbreite (1 m) und zunehmender Arbeitsgeschwindigkeit

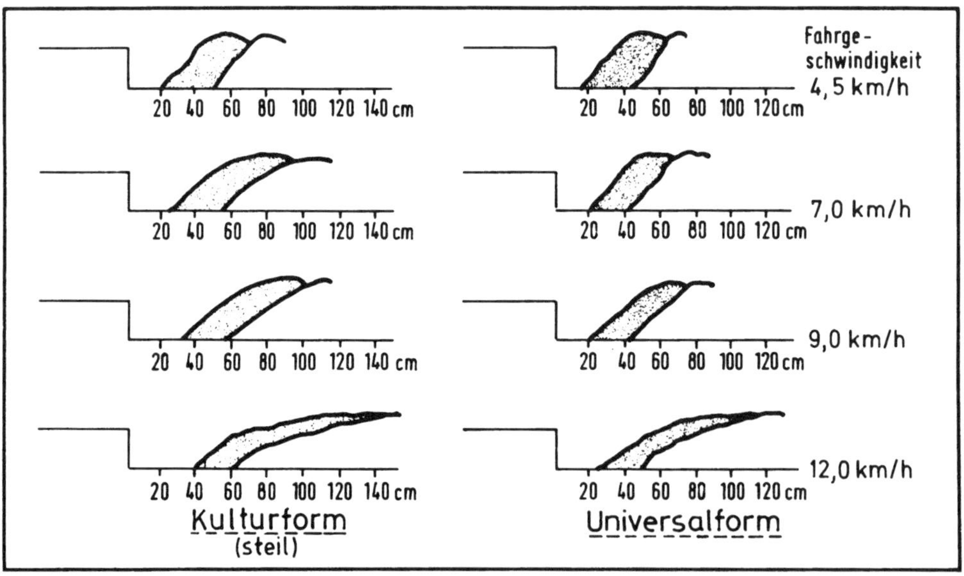


Darst. 81 Einfluß der Fahrgeschwindigkeit und Pflugkörperform auf das Erdbalkenprofil

gen bei den jeweils vorliegenden Einsatzbedingungen berechnen. Aus dem vereinfachten Beispiel ist zu ersehen, daß für die Berechnung der erforderlichen Motor-Nennleistung des Schleppers folgende Daten benötigt werden:

- für den Boden:
  spezifischer Pflug-(Boden-)Widerstand
- für den Schlepper:
  Arbeitsgeschwindigkeit
- für den Pflug:
  Arbeitstiefe
  Gesamtarbeitsbreite

In der Gesamtformel sind darüber hinaus noch schlepperspezifische Durchschnittswerte (z. B. für Triebkraftbeiwert und Motorauslastungsgrad) sowie einsatztechnische Daten (Vorwerkzeuge) zu berücksichtigen.

Insgesamt ergibt sich für den hier unterstellten Pflug beim Einsatz auf lehmigem Sandboden ein Gesamtleistungsbedarf von 71 kW. Beim Einsatz auf Tonboden mit einem spezifischen Pflugwiderstand von 90 daN/dm$^2$ würde sich für den gleichen Pflug ein Schlepperleistungsbedarf von 98 kW ergeben.

Für eine rasche, aber dennoch genaue Information ist die benötigte Schleppermotor-Nennleistung bei konstanter Arbeitsgeschwindigkeit von 6 km/h (Darst. 79) in Abhängigkeit von Bodenart, Arbeitsbreite sowie bei konstanter Arbeitsbreite von 1 m (Abb. 80), abhängig von Bodenart, Arbeitsgeschwindigkeit und Pflugkörperform, zusammengestellt. Ein spezieller Pflugkörper kann jedoch nur in einem bestimmten Arbeitsgeschwindigkeitsbereich eine optimale Funktion vollbringen. Bei steigender Arbeitsgeschwindigkeit (Darst. 81) verändert sich der Querschnitt des Erdbalkens ganz wesentlich, eine exakte Formung ist dann nicht mehr gewährleistet. Allerdings bestehen zwischen unterschiedlichen Streichblechformen wesentliche Unterschiede. So gewährleistet ein Universal-Pflugkörper in dem relativ weiten Bereich von 4,5 bis 9 km/h noch einen annähernd gleichbleibenden Erdbalken-Querschnitt, währenddessen bei einem Pflugkörper mit steil angestelltem Streichblech (Kulturform) bereits beim Übergang von 4,5 auf 7 km/h eine deutliche Veränderung entsteht.

Zwei Gesichtspunkte sind bei Überlegungen zur Zugkraftübertragung nicht zu vernachlässigen: die Wirkung der Regelhydraulik und die Übertragung der Zugkräfte zwischen Traktorrad und Boden.

Beim Einsatz des Traktors mit einem Anbau-Pflug bietet die Zugwiderstandsregelung eine willkommene Möglichkeit, zusätzliche Last (Eigengewicht des Pfluges, sein Einzugsbestreben in den Boden, Gewicht des auf dem Streichblech lastenden Erdbalkens) auf die Traktor-Hinterachse zu übertragen. Dadurch

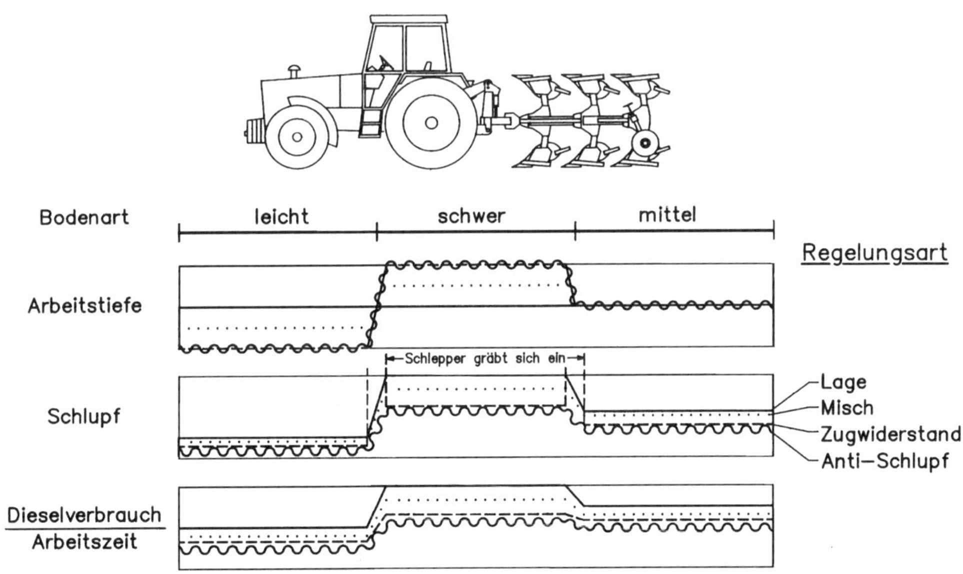


Darst. 82 Arbeitstiefe, Schlupf, Dieselkraftstoffverbrauch und Arbeitszeitbedarf bei den verschiedenen Formen der Dreipunktregelung

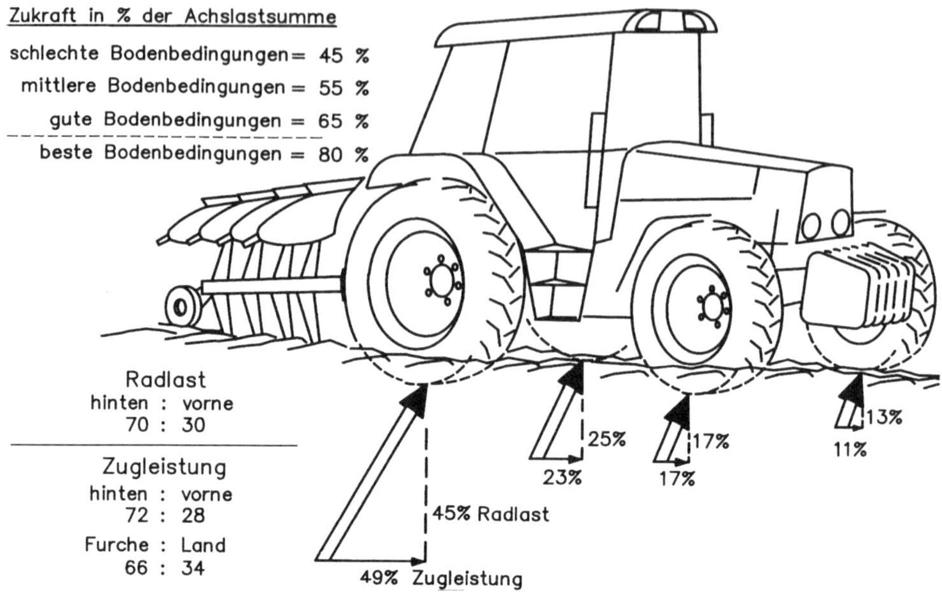


Darst. 83 Achslasten und Zugkräfte am Allrad-Standardtraktor beim Pflügen (Quelle: RENIUS)

erhöht sich die mögliche Zugkraft. Allerdings verursachen die verschiedenen Regelungssysteme jeweils spezielle Auswirkungen auf Arbeitstiefe, Schlupf, Dieselkraftstoffverbrauch und Arbeitszeitbedarf.

Auch die Verteilung der Achslast und der Zugkräfte spielt eine gewichtige Rolle, vor allem beim Pflügen »in der Furche«. Unter durchschnittlichen Einsatzbedingungen muß das jeweils in der Furche laufende Traktor-Hinterrad allein nahezu 50 % der gesamten Zugleistung aufbringen. Daher kommt vor allem bei Allrad-Traktoren einer gezielten frontseitigen Ballastierung eine besondere Bedeutung zu, damit auch die angetriebenen Vorderräder ihren entsprechenden Anteil an der Zugkraftübertragung übernehmen können.

Neben der Zugleistung spielt auch die Hubleistung des Schleppers eine wichtige Rolle. Der erforderliche Hubkraftbedarf hängt vor allem vom Pfluggewicht und dem Abstand des Geräteschwerpunktes zum Schlepper ab. Als Faustregel wird gerechnet: Pfluggewicht mal 2 – 3 = Hubkraftbedarf in daN. Für einen 3furchigen Anbau-Volldrehpflug mit ca. 760 kg sind etwa 1700 daN, für einen 4furchigen Pflug mit 1200 kg erhöht sich der Hubkraftbedarf auf ca. 3700 daN.

Aus ökonomischer Sicht verdienen auch die *Kosten der Arbeitserledigung* für das Pflügen besondere Beachtung. In den Abbildungen sind die Hektarkosten für das Pflügen einschließlich der Kosten für Schlepper und Fahrer bei unterschiedlichen Einsatzflächen pro Jahr dargestellt. Die Anschaffungspreise und Kosten steigen pro Schar mit größer werdendem Pflug deutlich an. Es bestehen aber auch erhebliche Unterschiede zwischen Beet- und Volldrehpflügen. Einen gewissen Anhaltspunkt, wie hoch die Kosten bei Eigenmechanisierung liegen sollten, gibt der Vergleich mit dem überbetrieblichen Einsatz. Anschließend sollen nochmals die Kriterien zusammengestellt werden, anhand derer bei Neuanschaffungen die Auswahl von Bauweise und Ausstattung des Pfluges erfolgen sollte.

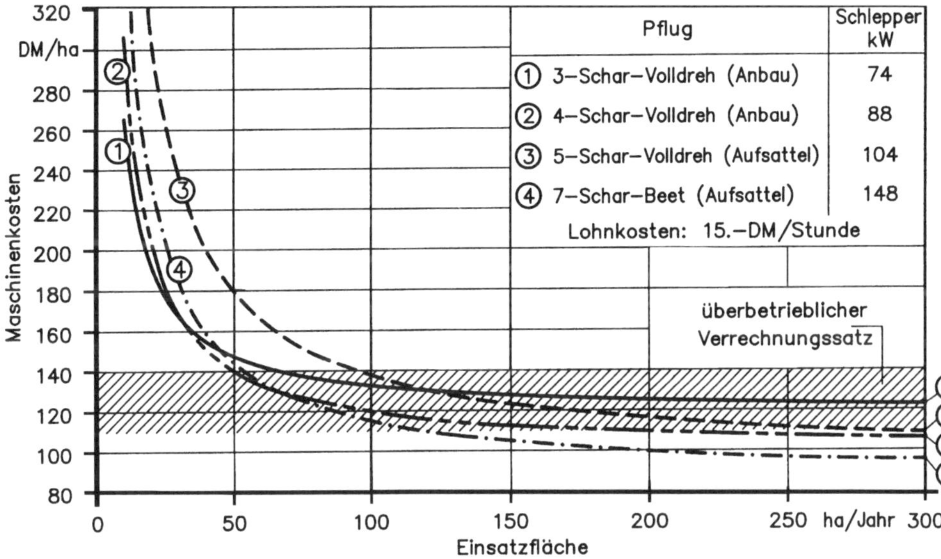


Darst. 84 Gesamtkosten für das Pflügen (Traktor + Fahrer + Pflug) für ausgewählte Pflugbauformen

Darst. 85 Durch das Wenden des Erdbalkens beim Plfugeinsatz werden Pflanzenreste tief eingearbeitet, es entsteht ein »reiner Tisch«

## Auswahlkriterien beim Pflugkauf

| Vorteile | Probleme |
|---|---|
| – in einem weiten Bereich von Einsatzbedingungen z. B. Bodenarten, -zuständen, Feuchtigkeiten, Pflanzenrückständen etc. zufriedenstellende Arbeitsqualität.<br>– Wende- und Bearbeitungseffekt durch gezielte Wahl von Streichblechform und Fahrgeschwindigkeit variierbar.<br>– Pflug schafft »reinen Tisch«. Pflanzenrückstände (auch große Mengen oder sperriges Material), organische oder mineralische Dünger werden einwandfrei untergebracht.<br>– durch Wendeeffekt »Vergraben« und Ersticken von Unkräutern etc. in anaeroben Bodenzonen. Auch »phytosanitärer Effekt«.<br>– bei nachfolgenden Arbeitsgängen keine Verstopfungsgefahr durch Pflanzenreste.<br>– Heraufbringen von Nährstoffen oder Bodenschichten aus dem unteren Krumenbereich in oberflächennahe Zone.<br>– bei zerfahrenen Äckern im Herbst (z. B. nach Zuckerrübenernte bei ungünstiger Witterung) stellt der Pflugeinsatz oft die einzige Möglichkeit dar, die Felder einzuebnen und trockenere Bodenschichten für die Saatbettbereitung zu Winterweizen nach oben zu bringen. | – natürliche Bodenschichtungen und Lebensbedingungen für Bodenlebewesen werden massiv gestört (z. B. begrenzter Regenwurmbesatz bei permanentem Pflugeinsatz).<br>– Unterbrechen der senkrechten Leitungsbahnen im Boden.<br>– oft zu intensive Auflockerung der Krume (»Überlockerung«), zusätzlicher Aufwand für Rückverfestigung.<br>– keine Pflanzenreste an der Bodenoberfläche zum Schutz vor Verschlämmung oder Erosion.<br>– Gefahr von »Pflugsohlenbildung« bei langjährigem Pflugeinsatz auf gleichbleibender Arbeitstiefe.<br>– hoher Zugkraftbedarf, bei lockeren oder feuchten Bodenverhältnissen Gefahr von Druck- und Schlupfschäden.<br>– Einhalten der optimalen Arbeitseffekte bestimmt die mögliche Fahrgeschwindigkeit. Dadurch hoher Arbeitszeitbedarf und begrenzte Schlagkraft. |

## Auswahlkriterien beim Pflugkauf

| Fragestellung | bei Anschaffung berücksichtigen |
|---|---|
| 1. Welche Pflugbauart ist für die vorhandenen Einsatzbedingungen am zweckmäßigsten? | Beetpflug, Volldrehpflug, Anbau- oder Aufsattelpflug, mechanische oder hydraulische Drehung. |
| 2. Welche Flächenleistung ist erforderlich? | Sie wird bestimmt von der Einsatzfläche pro Jahr und der Anzahl verfügbarer Feldarbeitstage. Danach richten sich Gesamtarbeitsbreite, Schnittbreite je Körper, Körperzahl und Fahrgeschwindigkeit. |
| 3. Ist ein »Verstellpflug« vorteilhaft? | Er erlaubt durch Verkleinern oder Erhöhen der Arbeitsbreite das Anpassen an unterschiedliche Arbeitsbedingungen bzw. an Schlepper mit unterschiedlicher Motorleistung. |
| 4. Welche Bodenart und Geländeausformung herrschen im Betrieb vor? | Sie beeinflussen die richtige Wahl der Körper- und Scharform, der Vorwerkzeuge usw. |
| 5. Welche Zugleistung steht bei dem vorhandenen Ackerschlepper zur Verfügung? | Die Abhängigkeit vom spezifischen Pflugwiderstand hat sich danach zu richten, ob zwei- oder mehrfurchige Pflüge verwendet werden können. |
| 6. Müssen Pflanzenreste (Getreidestroh, Maisstroh, Zwischenfrucht etc.) im Boden untergebracht werden? | Durch Wahl der richtigen Körperform, geeigneter Vorwerkzeuge, ausreichender Rahmenhöhe und Körperlängsabstand, seitlicher Anbringung von Körper und Vorwerkzeugen am Holm lassen sich Verstopfungen verhindern. Ggf. soll die Möglichkeit zum nachträglichen Anbau von Strohleithörnern etc. gegeben sein. |
| 7. Welche Scharform ist zweckmäßig? | Sie wird vor allem bestimmt von Bodenart, Steinanteil im Boden und Pflugtyp. Ggf. sind Schare mit auswechselbaren oder aufschweißbaren Spitzen zu verwenden. |
| 8. Läßt sich die Arbeitsbreite verstellen? | Eine Schnittbreitenschnellverstellung kann dazu beitragen, die Wendung des Bodens, Furchenräumung, Krümelung und die Anschlußfurche günstig zu beeinflussen. |
| 9. Welche Drehvorrichtung für den Volldrehpflug? | Mechanische oder hydraulische Drehung; unkomplizierte und sichere Drehvorrichtungen sind vorzuziehen, auf sicheres Festlegen des Pfluges in der Endlage achten. Für das Pflügen am Hang sollte der Volldrehpflug mit getrennter Neigungseinstellung für jede Pflugseite ausgestattet sein, um gleiche Arbeitstiefe und gleiches Pflugbild einzuhalten. |

## Auswahlkriterien beim Pflugkauf

| Fragestellung | bei Anschaffung berücksichtigen |
|---|---|
| 10. Stimmen Reifenbreite und Furchenräumung überein? | Breite Reifen bringen günstige Zugübertragungsverhältnisse, aber Gefahr des Festdrückens von gelockertem Boden. |
| 11. Läßt sich der Pflug an die Schlepperspur anpassen? | Bei Verwendung des Pfluges an mehreren Schleppern sollte ein großer Verstellbereich der Tragachse vorhanden sein, um eine exakte Anpassung an verschiedene Schlepperspurweiten und -reifenbreiten zu ermöglichen. |
| 12. Wie lassen sich Handhabung, Einstellung, An- und Abbau bewerkstelligen? | Die Maßnahmen sollten einfach und von einer Person durchzuführen sein. Zweckmäßig ist es, wenn der Oberlenker in der Höhe und seitlich verstellbar ist, um die optimale Lage des ideellen Zugpunktes zu gewährleisten. Bei schweren Pflügen erleichtert der Schnellkuppler den An- und Abbau. |
| 13. Wie hoch ist der Wartungs- und Reparaturaufwand, sind Ersatzteil- und Kundendienst gewährleistet? | Bei modernen Pflügen lassen sich die Hauptverschleißteile (z. B. Brust) gesondert austauschen. Auf haltbare und preisgünstige Schare achten. |
| 14. Wie hoch ist der Anschaffungspreis? | Preisangaben generell für den kompletten Pflug, also Grundgerät mit Vorwerkzeugen, Zusatzteilen, Furchenrad etc. einholen. |
| 15. Läßt sich der Pflug bei Eigenmechanisierung kostengünstig einsetzen, oder ist der überbetriebliche Einsatz rentabler? | Das Pflügen stellt oft keine streng termingebundene Arbeit dar. Vor allem, wenn ein leistungsstarker Schlepper ausschließlich für das Pflügen benötigt wird, sollte die Möglichkeit des überbetrieblichen Einsatzes sorgfältig überprüft werden. |

### 7.1.1.6 Spezielle Scharpflug-Bauformen

Neben der bisher geschilderten Normal-Bauform des Scharpfluges haben in letzter Zeit einige weitere Konstruktionen Bedeutung erlangt.

**Streifenpflug:** Diese an sich seit langem bekannte Pflugkörper-Bauform hat in letzter Zeit erhebliche Verbreitung gefunden. Der Körper ist dadurch gekennzeichnet, daß in einer »aufgelösten« Bauform das ursprünglich volle Streichblech in einzelne Streifen unterteilt ist (Darst. 86). Die Zwischenräume zwischen den Streifen vergrößern sich nach hinten konisch, so daß sich z. B. keine Steine zwischen die Streifen klemmen können. Je nach Fabrikat besitzt der Körper eine auswechselbare Brust und daran einzeln angebrachte Streifen. Bei anderen Bauformen sind die Streifen-Zwischenräume aus dem vollen Streichblech herausgeschnitten.

Der Streifenpflug hat besondere Vorteile bei der Bearbeitung schwerer, stark klebender Böden bzw. für Moorböden, wo stets erhebliche Probleme beim »Putzen« des Streichbleches bestehen. Er kann jedoch erfolgreich auch bei normalen Einsatzbedingungen verwendet werden, stellt also eine Art »Universalkörper« dar. Beim Streifenkörper verteilt sich der Druck des über den Körper gleitenden Erdbalkens nicht mehr auf die gesamte Fläche des Streichbleches, sondern konzentriert sich auf die relativ schmalen Streifen. Durch diese stärkere Flächenpressung kann auch auf diesen Problemböden das einwandfreie Abgleiten des Furchenbalkens vom Streifenblech und eine ordnungsgemäße Wendung bzw. Formung des Erdbalkens erreicht werden.

Aufgrund dieser Wirkungsweise wird auch eine gewisse Verringerung des Energiebedarfes erwartet. Aus der zuvor beschriebenen Energiebilanz des Pfluges (Darst. 87) geht jedoch hervor, daß sich lediglich die Reibung am Streichblech verringen kann, da alle anderen Funktionen unbeeinflußt bleiben. In Anbetracht des begrenzten Anteils der Streichblech-Reibung an der Gesamtarbeit kann die Verwendung des Streifenkörpers nur eine geringfügige Senkung des Gesamtenergiebedarfes bewirken. Indirekt lassen sich aber auf den klebenden oder puffigen Böden positive Auswirkungen erwarten, da der Erdbalken exakt über den Streifenkörper gleitet und nicht bloß zur Seite weggedrängt wird.

Im praktischen Einsatz kann bei Streifenkörpern mit Einzelstreifen die erhöhte Flächenpressung zu einer verstärkten Abnutzung einzelner Streifen führen, vor allem auch dann, wenn Bewegungsrichtung des Erdbalkens und Anstellwinkel der Streifen im Bereich der Haupt-Druckbelastung nicht übereinstimmen. Dies soll bei Körpern mit ausgefrästen Streifen

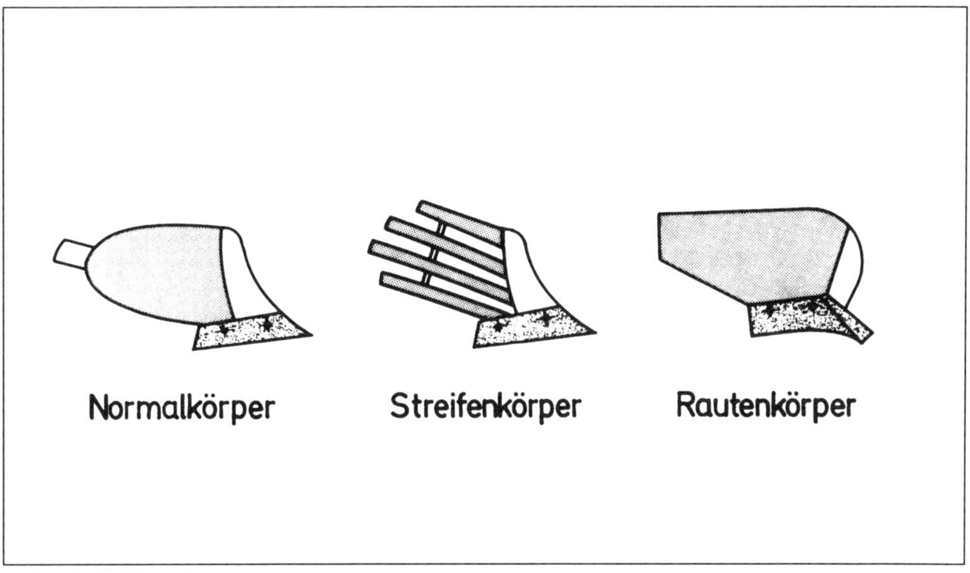


Darst. 86 Merkmale wichtiger Pflugkörperformen.

Darst. 87 Streifen-Pflugkörper mit ausgesparten Streifen

(Darst. 87) dadurch vermieden werden, daß im Bereich der höchsten Druckbelastung das Streichblech vollflächig ist und erst im hinteren Bereich in ein Streifenprofil übergeht. Außerdem werden von einigen Herstellern Pflugkörper mit geschwungenen Streifen angeboten, bei denen der Streifenverlauf an die Bewegungsbahn des Erdbalkens angepaßt ist. Bei Einzelstreifenkörpern ist es deshalb besonders wichtig, daß die Pflugbrust und die einzelnen Streifen gesondert ausgetauscht werden können.

Angepaßt an die derzeitigen speziellen Einsatzbereiche werden je nach Hersteller nur wenige unterschiedliche Körperformen angeboten. Bei einer breiteren Angebotspalette ist es möglich, die Vorteile des Streifenkörpers nicht nur auf Problemböden, sondern auch unter normalen Einsatzbedingungen zu nutzen.

**Rautenpflug:** Die Körperform des Rautenpfluges ist dadurch gekennzeichnet, daß die vordere Streichblechkante gewölbt ist. Im Gegensatz zu dem beim normalen Streichblechpflug rechteckigen Furchenquerschnitt entsteht ein rautenförmiges Profil des Erdbalkens. Derzeit werden zwei generell unterschiedliche Körperformen angeboten:

- die original französische Bauform mit relativ großem Körper und steil angestelltem Streichblech
- die Weiterentwicklung eines deutschen Herstellers mit kleinerem, stärker gewendeltem Körper (angepaßt an die Universal-Körperform).

Aus der speziellen Erdbalkenform resultieren eine Reihe von konstruktiven und einsatztechnischen Vorteilen. Während die Rahmenhöhe mit ca. 80 cm ähnlich ist wie beim Normalpflug, kann beim Rautenkörper ein engerer Körper-Längsabstand gewählt werden, ohne daß der günstige Erdfluß beeinträchtigt wird (Darst. 89). Die Vorteile einer bei gleicher Körperzahl kürzeren Pflugbauweise liegen auf der Hand: geringeres Gesamtgewicht, günstigerer Schwerpunktabstand zum Schlepper, geringere Beanspruchung der Hydraulik-Hubkräfte und des Krafthebergestänges, Übergang vom Anbau- zum Aufsattelpflug erst bei fünf bis sechs Scharen.

Auch hinsichtlich des Bearbeitungseffektes ergeben sich deutliche Unterschiede zwischen Normalpflug und Rautenpflug (Darst. 89). Zwar muß der Schwerpunkt beim Wenden

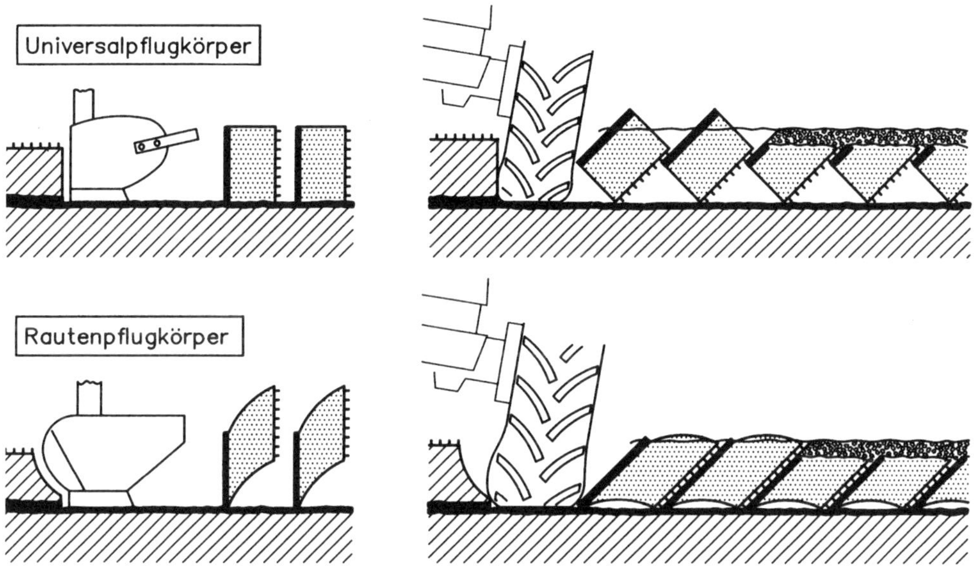


Darst. 88 Vergleich der Arbeitsweise von Universal- und Rautenpflugkörper

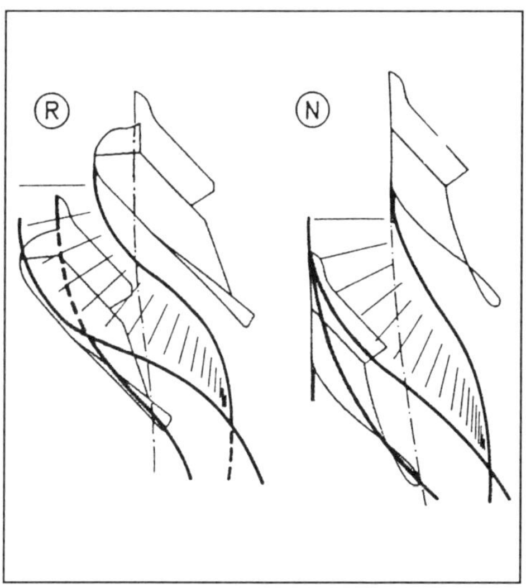


Darst. 89 Bewegungsablauf des Erdbalkens bei Normal-(N) und Rautenkörper (R)

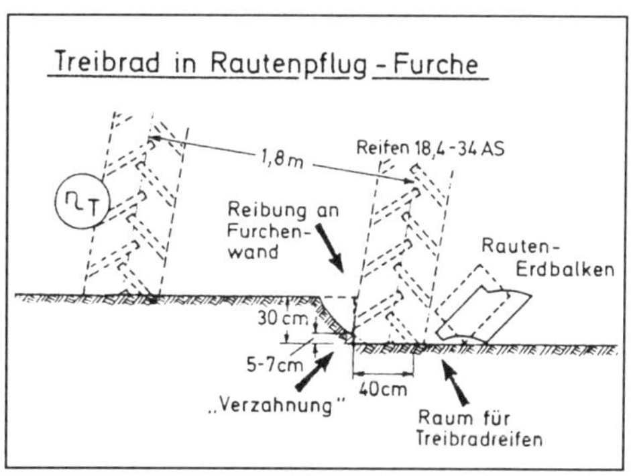


Darst. 90 Durch die spezielle Furchenform wird beim Rautenpflug vor allem bei breiter Triebradbereifung die Zugkraftübertragung verbessert

höher angehoben werden, die Erdbalken bilden jedoch beim Rautenpflug weniger Hohlräume und eine ebenere Oberfläche. Bei geringerer Arbeitstiefe verwischen sich diese Unterschiede etwas.
Der wohl schwerwiegendste Vorteil ist in der Verbesserung der Zugkraftübertragung zwischen Furchen-Treibrad des Schleppers und des Bodens zu sehen (Darst. 90). Durch die gebogene Furchenkante entsteht eine breit und sauber geräumte Furche, die auch einer breiten Treibradbereifung genügend Raum bietet. Die bei einer senkrechten Furchenwand unvermeidliche Reibung zwischen Reifenflanke und Furchenwand entfällt. Dies spart nicht nur Energie, sondern verhindert vor allem auf steinigen Böden evtl. Verletzungen an der Reifenflanke. Außerdem können sich die Stollen des Schlepperreifens mit der niedrigen, senkrechten Furchenkante »verzahnen«. Auch dies verbessert die Zugkraft-Übertragungsverhältnisse. Die Erwartungen, daß generell beim Einsatz des Rautenpfluges der Leistungsbedarf verringert und damit Energieeinsparungen erzielt werden können, haben sich bisher nicht unter allen Einsatzbedingungen bestätigt. Übereinstimmend lassen die Untersuchungen jedoch erkennen, daß die Vorteile des Rautenkörpers erst mit zunehmender Arbeitstiefe (ab etwa 25 cm) voll zum Tragen kommen. Die heutigen Rautenpflug-Bauformen lassen sich ähnlich universell einsetzen wie der normale Streichblechpflug, zumal Zusatzeinrichtungen (z. B. Steinsicherungen) und alle Vorwerkzeuge angebaut werden können. Die günstige (seitlich versetzte) Anordnung der Vorwerkzeuge neben dem Pflugholm verhindert Verstopfungen beim Unterpflügen voluminöser Ernterückstände und Pflanzenmaterialien. Die Erfahrungen zeigen, daß der Rautenkörper teilweise etwas schwieriger einzustellen ist als der Normalkörper. Dennoch ist er bei richtiger Auswahl und Einstellung als eine echte Alternative zum Normalpflug anzusehen, vor allem, wenn Schlepper mit breiter Treibradbereifung eingesetzt werden.
**Schwenkpflüge:** Diese neuentwickelte Pflugform soll die Vorteile des Beetpfluges (z. B. einfache Bauweise, geringeres Gewicht, billig) mit denen des Volldrehpfluges (z. B. ebene Oberfläche des gepflügten Feldes, geringere Wendezeiten, gute Eignung für kleine und unregelmäßig geformte Felder) miteinander kombinieren.
Am Pflugholm sind die Körper fest angebracht. Das Streichblech ist zylindrisch und mit ziemlich steiler Wölbung, teilweise auch mit Kunststoffbeschichtung zur Verbesserung der Gleitfähigkeit.
Durch Schwenken des gesamten Pfluges um einen vorderen Zentralbolzen mit Hilfe eines Hydraulikzylinders kann der Erdbalken abwechselnd nach rechts und links gewendet werden. Die zylindrische Streichblechform bewirkt eine intensive Krümelung des Erdbalkens, aber nur einen begrenzten Wendeeffekt.
Die derzeit angebotenen Schwenkpflüge sind meist leichter und billiger als vergleichbare konventionelle Volldrehpflüge. Sie besitzen Schnittbreiten von ca. 40 bis 50 cm/Körper. Dies gestattet die Verwendung einer breiten Treibradbereifung beim Pflügeschlepper.
Vorliegende Einsatzerfahrungen lassen sich wie folgt zusammenfassen:
- gute Furchenräumung
- keine Beschränkung auf bestimmte Bodentypen, aber bei feuchtem Boden Gefahr von grobklutiger Bearbeitung
- deshalb vorzugsweise geeignet für mittlere bis schwerere Böden mit günstigem Feuchtezustand (Praktiker sagen scherzhaft »Schönwetter-Pflug«)
- gleichmäßige Stroheinarbeitung nicht immer gewährleistet (Verstopfungsgefahr)
- gute Einsatzsicherheit durch einfache Einstellung und wenig Verschleißteile
- Energiebedarf infolge des zylindrischen Streichbleches höher als beim Volldrehpflug, insbesondere bei höheren Fahrgeschwindigkeiten (über 7 – 8 km/h).

Insgesamt stellt der Schwenkpflug vor allem für »mittlere« Böden eine brauchbare Alternative zum konventionellen Volldrehpflug dar.

### 7.1.2 Pflug-Sonderbauformen

Wenngleich der Streichblechpflug nach wie vor die bevorzugte Pflugbauform darstellt, sind seit einiger Zeit weitere Pflugsysteme auf dem Markt, die einige der wesentlichen Nachteile des Streichblechpfluges (z. B. mangelnder Mischeffekt, hoher Energiebedarf, mangelnde Anpassungsfähigkeit an unterschiedliche Einsatzbedingungen) auffangen sollen.
Die wichtigsten Pflug-Sonderbauformen lassen sich unterteilen in
- Pflüge mit passiv bewegtem Streichblech (Scheibenpflug, Rollenpflug)
- Pflüge mit zapfwellengetriebenen Arbeitswerkzeugen (Kreiselpflug, Spatenmaschine).

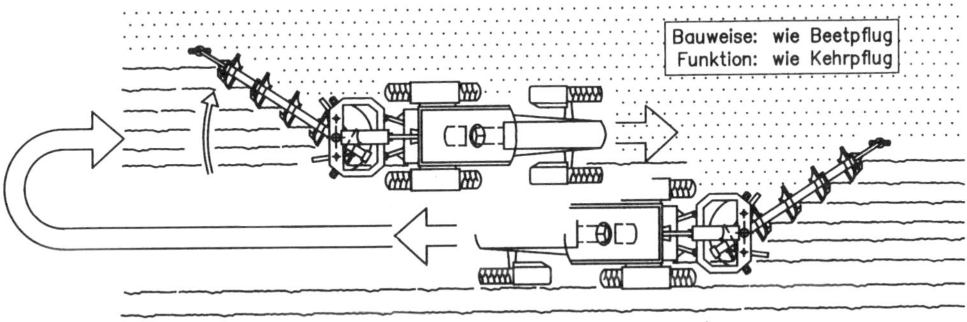


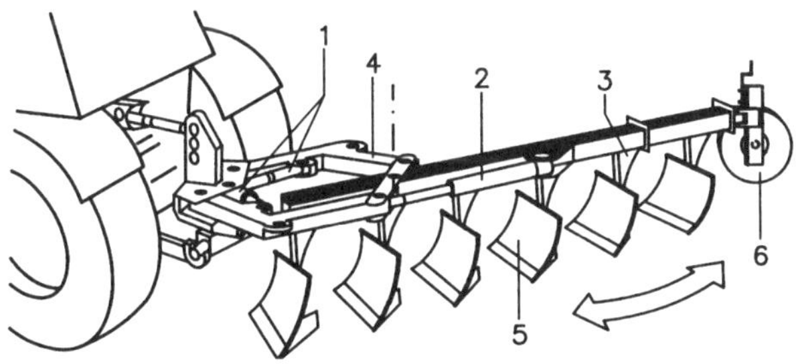


| | |
|---|---|
| 1 | Schnellverstellung für Schnittbreite des 1. Körpers |
| 2 | Schwenkzylinder |
| 3 | wahlweise mechanische oder hydraulische Steinsicherungen |
| 4 | je nach Fabrikat beweglicher oder starrer Anlenkrahmen |
| 5 | Streichbleche zum Teil mit Kunststoffbeschichtung |
| 6 | Stützrad |

Darst. 91 Bauweise und Funktion des Schwenkpfluges

Darst. 92 Der Schwenkpflug kombiniert die Bauweise eines Beetpfluges mit der Funktion eines Kehrpfluges

■ Pflugmaschinen, Front-/Heckpflug-Kombinationen.

**Scheibenpflug:** Für eine mitteltiefe bis tiefe Saatfurche wird der Scheibenpflug im intensiven Ackerbau heute kaum noch eingesetzt. Eine Ausnahme bilden Umbrucharbeiten (z. B. in Forstkulturen) oder erste Bodenbearbeitungsmaßnahmen nach Baumrodungen (z. B. in Entwicklungsländern).

Als Arbeitswerkzeuge besitzt der Scheibenpflug gewölbte, selbstschärfende Stahlscheiben von ca. 65 bis 75 cm Durchmesser. Diese sind an einem geneigten Zapfen drehbar gelagert und wirken gleichzeitig als Schar und Streichblech. Diese Scheiben rollen schräg zur Fahrtrichtung im Boden ab, nehmen dabei die Erde auf und stürzen sie über einen Abstreifer zur Seite. Es entsteht kein ausgeprägter Furchenbalken und auch keine exakt geformte Furche (Darst. 93).

Der Grund, weshalb der Scheibenpflug unter unseren Einsatzbedingungen nie eine echte Bedeutung als Grundbodenbearbeitungsgerät erlangen konnte, ist vor allem darin zu sehen, daß er

■ durch unterschiedliche Bodenbeschleunigung innen bzw. außen an der Scheibe zwar eine bessere Mischung des Bodens, jedoch eine schlechtere Wendung und keinerlei Schereffekt wie beim Gleiten des Bodens über das Streichblech erzielt;
■ sich nicht selbst »in den Boden zieht«, sondern ein hohes Eigengewicht und ggf. Zusatzgewichte benötigt, um die volle Bearbeitungstiefe zu erreichen;
■ den Erdbalken nicht sauber senkrecht und waagerecht abschneidet, sondern eine muldenförmige Furchensohle erzeugt. Dies erschwert die Schlepperführung in der Furche und die Scheibenpflugführung z. B. bei Schichtlinienarbeit im hängigen Gelände;
■ die Regelhydraulik nicht benutzt werden kann, da zur Tiefen- und Seitenführung Stützräder erforderlich sind;
■ durch sein hohes Eigengewicht ein relativ hoher Preis entsteht;
■ keine Werkzeugauswahl zur Anpassung an bestimmte Bodenverhältnisse möglich ist.

Unter speziellen Einsatzbedingungen, vor allem bei Umbrucharbeiten, Neulandgewinnung

Darst. 93 Scheibenpflug mit großdimensionierten, gewölbten Scheiben und hohem Eigengewicht

Darst. 94 Der Lockerungspflug besitzt schräg angestellte Zinken mit verstellbaren Scharplatten

auf verhärteten bzw. durchwurzelten Böden, werden dagegen seine Vorteile geschätzt. Denn der Scheibenpflug

- »steigt« infolge der rotierenden Bewegung der Scheiben über Hindernisse auf oder im Boden hinweg (z. B. Steine, Baumwurzeln). Er benötigt deshalb keine Steinsicherung und ist dennoch geschützt gegen Überlastung.
- Er mischt den Erdbalken besser als der Streichblechpflug, die Verstopfungsgefahr ist geringer.
- Infolge des großen Durchmessers, der geringen Materialstärke der Scheiben sowie des hohen Eigengewichtes dringt er auch auf verhärteten Böden gut ein.

Der *Scheiben-Saatpflug* ist deshalb ein bevorzugtes Gerät für den Export in Länder, in denen die ersten Schritte zu einer intensiven Ackerkultur getan werden.

**Lockerungspflug:** Dieser Pflugtyp (auch als »Paraplow« bekannt) wurde für die nichtwendende Grundbodenbearbeitung entwickelt. Er besitzt schräg in den Boden bis auf ca. 35 bis 40 cm Tiefe eingreifende Zinken mit schmalen Lockerungsscharen. Im unteren Zinkenbereich sind verstellbare Scharplatten angeordnet, die den Boden je nach Anstellwinkel mehr oder minder intensiv aufbrechen. Die natürliche Schichtung im Boden wird dabei nicht verändert. Vor jedem Zinken ist im gleichen Anstellwinkel ein Scheibensesch angebracht, welches Pflanzenbewuchs, Ernterückstände etc. durchschneidet und den Boden für den nachfolgenden Zinken öffnet.

Als Haupteinsatzbereiche für den Lockerungspflug sind anzusehen:

- verdichtete, schwer bearbeitbare Böden mit mangelnder Wasserführung und begrenztem Luftaustausch,
- das Auflockern von Verdichtungen im Krumen- und Pflugsohlenbereich,
- schwere Böden, auf denen nach späträumenden Früchten (z. B. Zuckerrüben, Mais) eine pfluglose Wintergetreide-Bestellung durchgeführt werden soll,
- das Auflockern der durchwurzelten Krume in Betrieben, die langjährig pfluglos arbeiten, zur Verbesserung der Bodenstruktur, jedoch bei Bedarf eine nicht-wendende Lockerung benötigen.

Da Pflanzenbewuchs und Ernterückstände nicht eingearbeitet werden, muß bei den nachfolgend eingesetzten Geräten für Saatbettbereitung und Saat darauf geachtet werden, daß sie möglichst unempfindlich gegen Verstopfungen sind.

Der Energiebedarf wird beim Lockerungspflug im Vergleich z. B. zu einem Grubber mit starren Zinken dadurch vermindert, daß der Scharstiel nicht senkrecht, sondern in einem Winkel von ca. 50° angeordnet ist. Dieser entspricht in etwa der von dem schmalen Lockerungsschar erzeugten, schräg nach oben verlaufenden Bodenaufbruchlinie (»Böschungswinkel«).

Unter normalen Einsatzbedingungen ist mit einem Leistungsbedarf von ca. 25 bis 28 kW/Zinken bei einer Arbeitstiefe von 35 bis 40 cm zu rechnen.

**Spatenpflug (Spatenmaschine):** Für den normalen landwirtschaftlichen Betrieb stellt der Spatenpflug keine Alternative zum normalen Streichblechpflug dar. Unter speziellen Einsatzbedingungen kann er jedoch Bedeutung erlangen, denn er verfolgt folgende wesentliche Ziele:

- eine Stabilisierung grober Hohlräume und das Schaffen eines höheren Porenvolumens auf verschlämmenden und verkrustenden Böden,
- das Bearbeiten stark verhärteter Böden bei Trockenheit oder Frost,
- die Grundbodenbearbeitung auf nassen Böden ohne Schlupfgefahr,
- das Vermeiden einer Pflugsohlenbildung.

Nach ihrer Funktion, Anordnung der Arbeitswerkzeuge und Arbeitsweise sind zwei typische Bauformen zu unterscheiden (Darst. 95):

- Bei Spatenmaschinen mit waagerecht angeordneter, rotierender Welle sind die Einzelspaten versetzt gegeneinander angeordnet und bewegen sich ähnlich wie bei der Bodenfräse (»Rotations-Prinzip«). Je nach Verwendungszweck werden unterschiedliche Werkzeugformen angeboten: spatenförmige Messer für die grobe Bearbeitung, Winkelmesser-Schare für das exakte, horizontale Abschneiden der Erdziegel. Da die Umlaufgeschwindigkeit der Werkzeugwelle konstant ist, läßt sich die Bearbeitungswirkung (Bissenlänge) nur durch ein Verändern der Arbeitsgeschwindigkeit variieren. Die Erdziegel werden in sich nicht gelockert und gekrümelt, sondern kompakt abgelegt.
  Eine früher hergestellte Variante dieser Spatenmaschine war mit einer von Kurvenbahnen gesteuerten Drehbewegung der Spaten ausgestattet. Dadurch war es möglich, den Erdziegel nach dem Herausheben aus dem Boden umzudrehen und grob abzulegen.
  Beiden Bauformen ist gemeinsam, daß bei feuchten Bodenverhältnissen eine Art Schmierhorizont (ähnlich wie bei der Bodenfräse) entstehen kann.
- Dieser Nachteil soll von der zweiten Bauform vermieden werden. Hier sind die Einzelspaten auf einer gekröpften Welle angeordnet (»Stich-Wurf-Prinzip«). Sie stechen senkrecht in den Boden ein und werfen den Boden nach hinten/oben gegen eine Prallfläche (Prallblech, Federzinkenrechen etc.). Durch das Herausbrechen der Erdziegel aus dem Boden wird das Entstehen von Verdichtungshorizonten (Pflugsohle, Schmierschicht) vermieden. Der Bearbeitungseffekt ist im wesentlichen abhängig von der Fahrgeschwindigkeit (Bissenlänge). Manche Fabrikate besitzen jedoch ein Wechselgetriebe, durch welches die Drehzahlen der Spaten-Antriebswelle in maximal drei Stufen verstellt werden kann.

Als wesentliche Vorteile der Spatenmaschinen sind anzusehen, daß die Schlepperspuren vollständig durchgearbeitet werden, kein Auseinander- oder Zusammenschlag wie beim Beetpflug entsteht, eine mittel- bis grobschollige Bodenstruktur geschaffen und eine Arbeitsqualität ähnlich wie beim Pflug erzielt werden kann. Dem stehen jedoch einige schwerwiegende Nachteile gegenüber: die Gefahr der Schmierhorizontbildung beim Bearbeiten zu nasser Böden (bei der erstgenannten Bauart), oft nicht befriedigende Einarbeitung von Ernterückständen, im Vergleich zum Streichblechpflug wesentlich unruhigerer Lauf und mehr Verschleißteile, erheblich geringere Arbeitsgeschwindigkeit und damit Flächenleistung, höherer Anschaffungspreis und damit höhere Kosten der Arbeitserledigung.

Aufgrund dessen beschränkt sich der Einsatz des Spatenpfluges auf Einsatzbedingungen, bei denen eine sehr grobschollige Bodenstruktur oder das Vermeiden von Verdichtungshorizonten angestrebt wird.

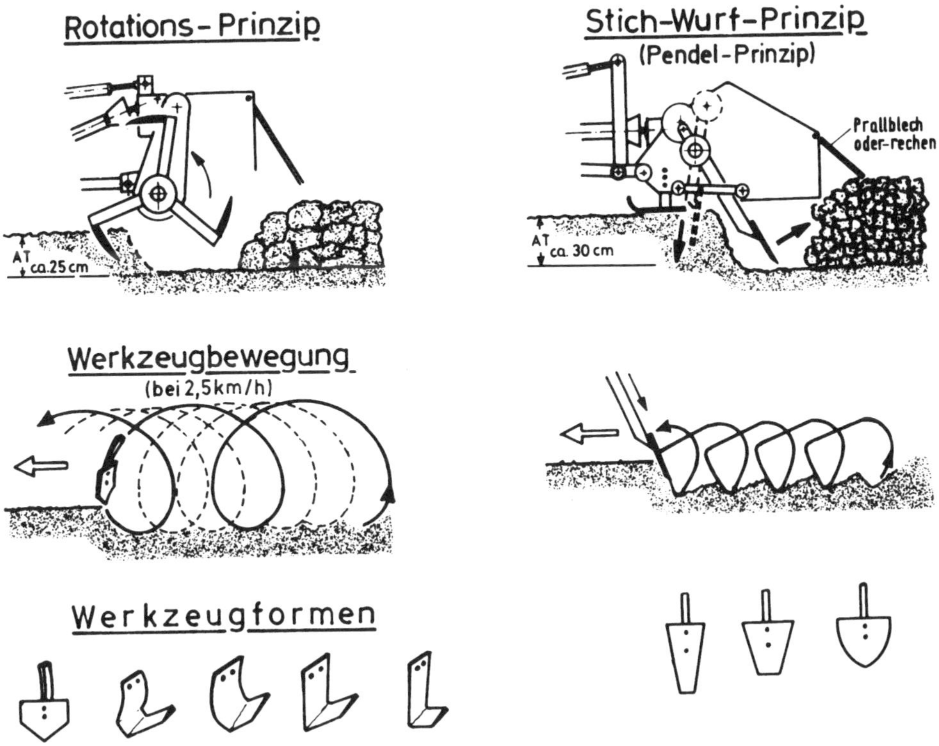


Darst. 95 Aufbau und Wirkungsweise von Spatenmaschinen mit Rotations- und Stich-Wurf-Prinzip

Darst. 96 Rotorpflug mit zapfwellenbetriebener Spatenwelle

**Zapfwellengetriebener Rotorpflug:** Seit langem wird das Ziel verfolgt, für die Grundbodenbearbeitung auf volle Krumentiefe ein Gerät zu entwickeln, bei welchem ein möglichst hoher Anteil der benötigten Schlepperleistung nicht wie bisher als **Zug**leistung, sondern als **Dreh**leistung von der Schlepperzapfwelle aufgebracht wird. Die Pflug-typischen Bearbeitungseffekte sollen dabei aber möglichst erhalten bleiben.

Beim zapfwellengetriebenen Rotorpflug in Beetpflugbauweise sind auf der Rotorwelle spatenförmige Werkzeuge angebracht. Zwei Rotorbauarten stehen zur Verfügung, die je nach Einsatzbedingungen ausgetauscht werden können: für trocken-harte Bodenverhältnisse gekrümmte Spatenblätter; für lehmig-feuchte Bedingungen gewölbte Scheiben, die am Umfang mit kurzen Spatenblättern bestückt sind.

Die Rotordrehzahl und damit der Bearbeitungseffekt läßt sich über ein Wechselgetriebe in mehreren Stufen verändern.

Bei einer Arbeitstiefe von max. ca. 28 cm und einer Arbeitsgeschwindigkeit von max. ca. 7 km/h ist mit einem spezifischen Leistungsbedarf (übertragen von der 1000er-Zapfwelle) ab ca. 45 kW/m Arbeitsbreite zu rechnen.

Der Hauptvorteil liegt darin, daß infolge des Zapfwellenantriebes geringere Energieverluste als beim Normalpflug und dadurch weniger Schlupfschäden am Boden auftreten. Dies verringert auch die Gefahr der Pflugsohlenbildung. Da jedoch keine exakte Bodenwendung zu erreichen ist, stellt der Rotorpflug eher eine Ergänzung, als einen Ersatz des herkömmlichen Scharpfluges dar.

**Pflugmaschinen, Front-/Heckpflug-Kombinationen:** Seit Beginn der Motorisierung der Pflugarbeit gab es Bestrebungen, Spezial-Pflugmaschinen zu entwickeln, bei denen der Triebsatz (mit Motor, Getriebe, Laufwerk und Fahrerstand) und der Pflug fest miteinander gekoppelt sind. Sie arbeiteten anfangs vorzugsweise als Beetpflüge, Konstruktionen der letzten Jahre bevorzugten dagegen das Kehrpflugprinzip. Trotz technischer Weiterentwicklungen (teilweise wurden sie sogar mit vollautomatischer Steuerung der Richtungsänderung, der Pflugbewegung etc. ausgerüstet) konnten sich diese Lösungen bislang nicht durchsetzen (Darst. 97).

Dem Arbeitsprinzip von Front-/Heckpflug-Kombinationen liegt folgende Überlegung zugrunde: Beim Einsatz von heckseitig am

Abb. 97 Der zusätzliche Anbau eines Frontpfluges dient zur besseren Leistungsübertragung an den Vorderrädern bei Allrad-Traktoren

Schlepper angelenkten Anbau- oder Aufsattelpflügen wird bei Benutzung der Zugwiderstands-Regelhydraulik die Schlepper-Hinterachse belastet, aber auch die Vorderachse entlastet. Bei Allradschleppern beeinträchtigt dies die angestrebte zusätzliche Zugleistungsübertragung über die angetriebenen Vorderräder.
Front-/Heckpflug-Kombinationen sollen beim Einsatz mit Allradschleppern bei der Pflugarbeit mehrere Vorteile bringen: gleichmäßige Belastung aller angetriebenen Räder durch Arbeitsgeräte und nicht durch Ballastgewichte, optimale Zugleistungsübertragung, weniger Schlupf, höhere effektive Arbeitsgeschwindigkeit und Flächenleistung sowie Energieeinsparungen. Derzeit besteht das Hauptproblem darin, daß infolge der Überlänge des Frontpfluges das Fahren auf öffentlichen Straßen nicht gestattet ist.
Mit derartigen Pflugkombinationen kann je nach Ausführung in wechselnden Arbeitsrichtungen gepflügt werden (hierfür ist ein Schlepper mit Schwenksitz erforderlich), zum größten Teil werden sie jedoch als Volldrehpflüge nur für Vorwärtsfahrt angeboten, wie dies beim herkömmlichen Heck-Kehrpflug üblich ist. Beim Wenden am Feldende entsteht für den Schlepperfahrer eine erhebliche Arbeitsbelastung, da er nicht nur den Wendevorgang mit dem Schlepper, sondern auch das Drehen des vorderen und hinteren Pflugteils durchführen und überwachen muß.
Die Vorteile derartiger Front-/Heckpflug-Kombinationen lassen sich deshalb vor allem in Betrieben mit sehr großen, vor allem sehr langen Schlägen, bei arrondierten Flächen und bei Allradschleppern mit großen, möglichst gleich großen Vorder- und Hinterrädern ausnutzen.
Einige weitere Pflug-Sonderbauformen sollen lediglich der Vollständigkeit halber erwähnt, aber nicht ausführlich beschrieben werden, da sie unter unseren Einsatzbedingungen keine nennenswerte Bedeutung erlangen konnten oder trotz guter Einsatzerfahrungen, nicht mehr hergestellt werden.
Dies gilt vor allem für den **Kreiselpflug,** bei welchem anstelle des feststehenden Streichbleches an jedem Körper ein rotierender, von der Schlepper-Zapfwelle angetriebener und mit Schlägerwerkzeugen bestückter konischer Kreisel angebracht ist. Dadurch sollte außer der Wendung auch gleichzeitig eine intensive Krümelung und Mischung des Erdbalkens erreicht werden.

**Schichten-** und **Stufenpflüge** bearbeiten die Krume in meist zwei getrennten, übereinander liegenden Schichten. Sie haben vor allem dort Bedeutung, wo z. B. durch das einwandfreie, tiefe Unterpflügen der mit Samen- oder Wurzelunkräutern durchsetzten obersten Bodenschicht eine wirksame mechanische Unkrautbekämpfung erfolgen soll. Außerdem laufen die Schlepperräder nicht auf der Furchensohle, sondern auf der ersten Stufe, wodurch Druck- und Schlupfschäden, Pflugsohlenbildung etc. vermieden werden.

## 7.2 Unterbodenlockerer

Strukturschäden im Ackerboden (z. B. Ortsteinschichten, Verdichtungshorizonte) unterhalb der ständig bearbeiteten Krume können zu Wuchsschäden bei den Kulturpflanzen führen. Abhilfe könnte der Anbau mehrjähriger, tiefwurzelnder Gründüngungspflanzen bieten. Da hierfür in modernen Fruchtfolgen oft keine Zeit bleibt, wird als Ergänzung in zunehmendem Umfang die mechanische Untergrundlockerung angewandt. Entsprechend der Lage der Störschichten werden Bearbeitungstiefen zwischen ca. 50 und 90 cm benötigt. Dies erfordert ein gezieltes Anpassen des Geräte-Gesamtaufbaues und der Zinken- und Scharformen an diesen Einsatz.

### 7.2.1 Bauformen, Geräteauswahl und -einsatz

Derzeit werden zwei generelle Bauformen angeboten: Unterbodenlockerer mit starren Werkzeugen bzw. von der Zapfwelle bewegten Werkzeugen (Darst. 98).
Bei der erstgenannten Bauform bestehen die Arbeitswerkzeuge aus einem flachen, senkrechten Schwert, welches an seinem unteren Ende ein etwa 15 cm breites, in einem Winkel von 25 bis 30° zur Horizontalen schräg angestelltes Meißelschar besitzt. Von ihm wird der Boden nach oben aufgebrochen und gelockert.
Diese Geräte verursachen jedoch einen hohen Zugkraftbedarf, so daß in verstärktem Umfang Unterbodenlockerer mit zapfwellengetriebenen, beweglichen Scharen angewendet werden.
Das Angebot konzentriert sich auf drei wesentliche Bauarten:
**Hubschwenklockerer:** Schwert und Schar sind bei dieser Bauform fest miteinander ver-

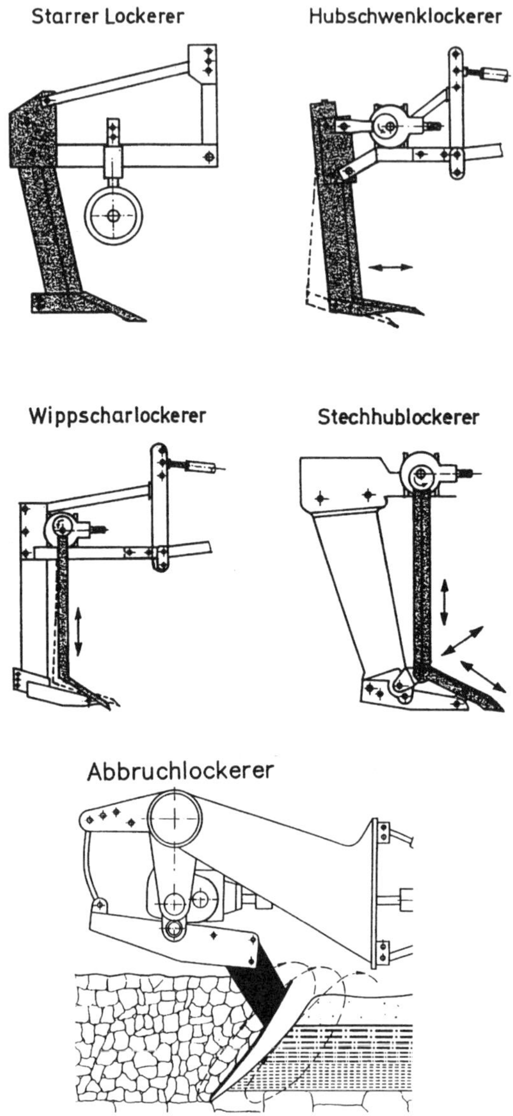


Darst. 98 Bauarten von Untergrundlockerern mit starren und aktiv bewegten Werkzeugen

bunden. Durch einen Exzenterantrieb wird das gesamte Werkzeug in Fahrtrichtung in eine pendelnde Bewegung versetzt.

**Wippscharlockerer:** Dieses Gerät besitzt ein starres Schwert, das Schar ist jedoch gelenkig gelagert und wird durch Exzenterantrieb auf und ab bewegt. Hierdurch soll die aufbrechende Wirkung unterstützt werden.

**Stechhublockerer:** Auch diese Variante besitzt ein starres Schwert. Durch eine spezielle Führung des Schares wird jedoch erreicht, daß dieses erst nach vorn in den Boden einsticht, dann angehoben wird und dadurch den Boden aufbricht.

Allen diesen Bauformen von zapfwellenangetriebenen Unterbodenlockerern ist gemeinsam, daß durch den Zwangsantrieb der Arbeitswerkzeuge ein intensives Aufbrechen des Unterbodens und dort vorhandener Störschichten sowie eine Verringerung des Leistungsbedarfs erzielt werden soll. Da außerdem nur ein Teil der Antriebsleistung von den Traktor-Treibrädern übertragen werden muß, lassen sich der Schlupf und damit Strukturschäden in den oberen Bodenschichten verhindern. Als Gesamtbedarf an Schlepper-Motorleistung ist mit den in Tabelle 12 genannten Werten zu rechnen.

**Abbruchlockerer:** Während die zuvor genannten Unterbodenlockerer den Boden von unten her mit starren oder aktiv bewegten Scharen aufbrechen, verfolgt der Abbruchlockerer ein anderes Arbeitsprinzip. Die Spatenschare werden, gesteuert von einem Gelenkviereck und einer zapfwellengetriebenen Kurbelwelle, von oben her in den Boden eingestoßen und dann nach hinten bewegt. Durch das horizontale Verschieben entsteht der gewünschte Lockerungs- und Krümeleffekt.

Für unterschiedliche Einsatzzwecke stehen mehrere Lockerungswerkzeuge zur Verfügung: lange Spatenschare für die Tieflockerung bis ca. 80 cm Tiefe; Kürzere Schare für die Pflugsohlenlockerung (bis ca. 40 cm Tiefe); Zinken für die Oberbodenbearbeitung bis ca. 20 cm Tiefe.

Im Vergleich zu anderen Lockerungsgeräten entsteht beim Abbruchlockerer ein geringerer Leistungsbedarf (vorwiegend Drehleistung), nachteilig sind aber die hohen Drehmomentspitzen und der ständige Wechsel von Zug- und Schubkräften in den Dreipunkt-Anlenkpunkten.

Nur bei günstigen Einsatzbedingungen können die Unterbodenlockerer die angestrebte Wirkung erzielen. Der Einsatz zum falschen Zeitpunkt (z. B. bei zu hoher Bodenfeuchte) kann die vorhandenen Schäden noch vergrößern. Deshalb sollten Unterbodenlockerer nur nach eingehender fachlicher Beratung eingesetzt werden. Da es sich hierbei um eine meliorative Maßnahme handelt, die in den meisten Fällen nur im Abstand von mehreren Jahren durchgeführt wird, empfiehlt sich der überbetriebliche Geräteeinsatz.

## 7.3 Grubber

Der Grubber stellt mit seiner im Gegensatz zum Pflug wühlenden, nicht exakt wendenden Arbeitsweise eines der ältesten Bodenbearbeitungsgeräte dar. Sein Einsatz war jedoch eingeschränkt, solange keine ausreichenden Zugkräfte bereitgestellt werden konnten. Diese Situation hat sich grundlegend gewandelt, so daß sich die neuen oder weiterentwickelten modernen Grubber innerhalb kurzer Zeit zu einem sehr wichtigen Bodenbearbeitungsgerät entwickelt haben.

Moderne Grubber haben zwei wesentliche Einsatzbereiche, aus denen sich spezielle Anforderungen an Bauweise und Einsatz ergeben.

- **Bearbeitung auf Pflugtiefe:** Hier stehen das Auflockern und grobe Zerkleinern des Bodens auf volle Krumentiefe im Vordergrund. Außerdem wird auch ein gewisses Wenden des Bodens angestrebt, um eine mechanische Unkrautbekämpfung und ein Verlagern oberflächennaher Schichten nach unten (und umgekehrt) zu bewirken. Durch die Bearbeitung auf Pflugtiefe soll außerdem ein Durchlüften des gesamten Krumenbereiches und das Vermischen verschiedener Bodenschichten erreicht werden.
- **Stoppelbearbeitung, Einarbeiten von Pflanzenresten:** Durch ein mitteltiefes (bis zu ca. 15 cm Arbeitstiefe) Lockern und Krümeln des Bodens wird das oberflächennahe Einmischen von Pflanzenresten in einen umsetzungsaktiven Horizont erreicht. Die relativ flache Arbeitsweise schafft außerdem ein günstiges Keimbett für Unkrautsamen und Ausfallgetreide, hinzu kommt eine wirksame Unkrautbekämpfung.

In beiden Einsatzbereichen werden heute echte Möglichkeiten gesehen, den bislang dominierenden Saat- bzw. Schälpflug durch entsprechende Grubberbauarten zu ersetzen. Dabei sollen die modernen Grubber möglichst die Nachteile der Pflugarbeit vermeiden, deren Vorteile aber weitgehend beibehalten.

### 7.3.1 Bauformen, Geräteaufbau und -einsatz

Diese sehr unterschiedlichen Aufgaben lassen sich von einem »Universalgrubber« nicht erfüllen. Daher werden derzeit drei wesentliche Bauformen von Grubbern angeboten:

- Pfluggrubber (chisel plough),
- Schälgrubber,
- Kurzgrubber

Unabhängig von diesen Haupteinsatzbereichen gilt, daß Bearbeitungseffekt, Funktionssicherheit und Leistungsbedarf des Grubbers vor allem von seinem Gesamtaufbau, von Zinkenausbildung und Scharform beeinflußt werden.

Die wichtigsten Konstruktionsmerkmale von Grubbern lassen erkennen, daß Rahmenaufbau, Strichabstand und Zinkendurchgang in enger Wechselbeziehung zueinander stehen.

So stellt beim Schälgrubber ein enger Strichabstand die wesentliche Voraussetzung für einwandfreies Lockern und Krümeln des Bodens sowie für die intensive Einmischung von Pflanzenrückständen dar (Darst. 99). Um jedoch eine geringe Verstopfungsanfälligkeit zu erreichen, ist ein ausreichend großer seitlicher und diagonaler Zinkendurchgang erforderlich. Deshalb werden bei modernen Schälgrubber-Konstruktionen die Zinken auf drei, neuerdings in zunehmendem Umfang auf vier Querholme verteilt. Dabei wird die Zinkenanordnung so gewählt, daß kein Seitenzug und keine Verstopfungen z. B. zwischen Schar und seitlichen Stützrädern entstehen. Eine ausreichend große Rahmenhöhe ist erforderlich, wenn größere Mengen von sperrigen Pflanzenrückständen ohne Verstopfungen in den Boden eingemischt werden sollen. Auch beim Pfluggrubber hat die Rahmenhöhe wegen der größeren Arbeitstiefe eine wichtige Bedeutung und ist bei Anschaffungen zu beachten. Die Zinken sind an den Querholmen fest oder verschiebbar angeordnet. Zum Teil sind Vorrichtungen für ein einfaches Ändern des Zinken-Anstellwinkels vorhanden. Sie sollen stets einen guten Einzug und optimale Arbeitseffekte gewährleisten. Für Schälgrubber werden im wesentlichen starre, halbstarre und voll gefederte Zinken angeboten, für Pfluggrubber ausschließlich starre Zinken, gegebenenfalls mit Überlastsicherung (Darst. 100).

Generell ist festzuhalten, daß starre Zinken auch bei hoher Arbeitsgeschwindigkeit die eingestellte Arbeitstiefe sicher einhalten. Eine Scherschraube dient als Überlastsicherung.

Bei halbstarren Zinken ist der eigentliche Scharstiel starr, eine Druckfeder bietet jedoch, ähnlich wie die Steinsicherung am Pflug, einen wirksamen Schutz gegen Überlastung.

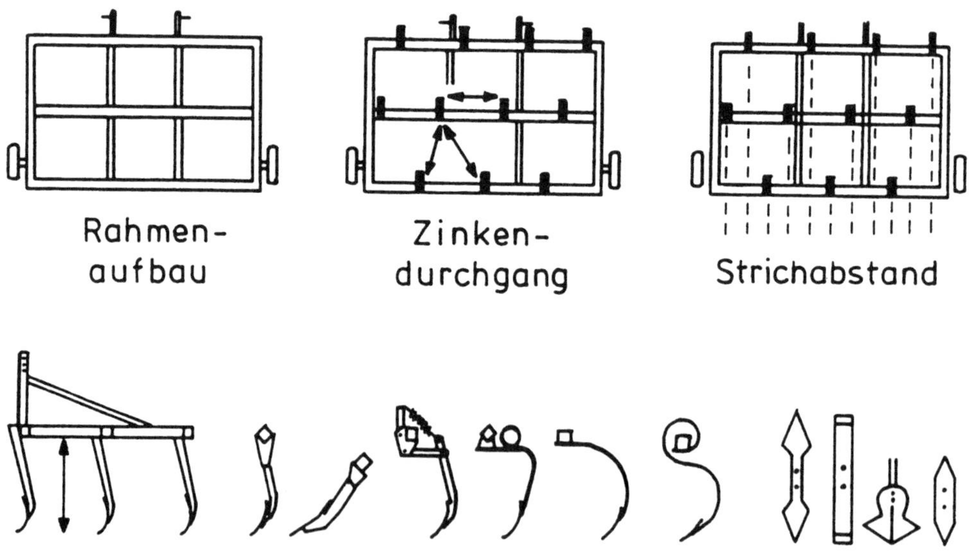


Darst. 99 Wichtige Konstruktionsmerkmale beim Grubber

| Zinkenform | Funktion |
|---|---|
| **starr**   | auch bei hoher Arbeitsgeschwindigkeit sicheres Einhalten der Arbeitstiefe<br>Scherschraube oder Feder als Überlast-Sicherung |
| **halbstarr** 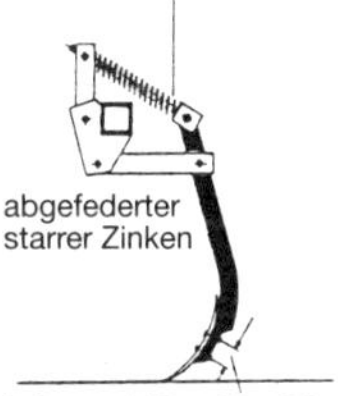  | Federwirkung einstellbar. Arbeitstiefe auf wechselnden Böden ungleichmäßig. Wirksamer Überlastungsschutz |
| **voll gefedert** 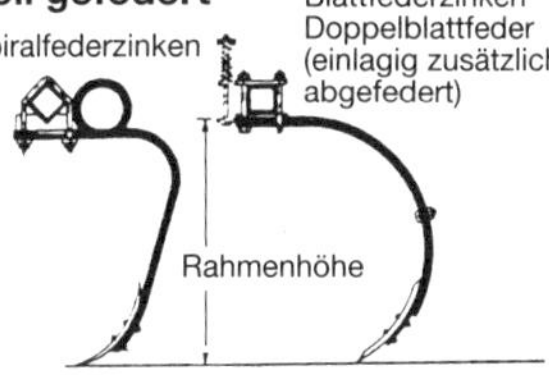  | Zinken federt bei Überlastung aus. Vibration im Boden fördert die Krümelwirkung. Kann seitlich und in der Tiefe ausweichen, deshalb kein gleichmäßiger Tiefgang und Strichabstand |
| **starr** (Meißel)   | typischer Zinken für Lockerung auf volle Krumentiefe. Beschränkte Mischwirkung. Durch flachen Anstellwinkel geringerer Zugkraftbedarf |

Darst. 100 Formen und Wirkungen üblicher Grubberzinken

Bei voll gefederten Zinken soll durch Vibration im Boden die Lockerungs- und Krümelwirkung gefördert werden. Sie federn bei Überlastung aus, so daß ähnlich wie beim halbstarren Zinken kein gleichmäßiger Tiefgang entsteht. Hinzu kommt, daß auf tonigen, verhärteten Böden der voll gefederte Zinken auch seitlich ausweichen und quasi den »Weg des geringsten Widerstandes« nehmen kann. Die hinteren Zinken am Gerät neigen dann dazu, in den gelockerten Furchen der vorderen Zinken zu laufen.

Bearbeitungseffekt und Zugkraftbedarf des Grubbers werden vor allem von der Scharform beeinflußt. Je schmaler die Bearbeitungsbreite pro Zinken (Darst. 101), desto tiefer muß gearbeitet werden, um eine intensive, ganzflächige Bearbeitung des Bodens zu erreichen.
Deshalb werden Schmalschare mit 8 bis 10 cm Bearbeitungsbreite im wesentlichen nur für Pfluggrubber verwendet. Das Schar besitzt beidseitig eine Schneide. Wenn eine Seite abgenutzt ist, wird es um 180° gedreht, und die an-

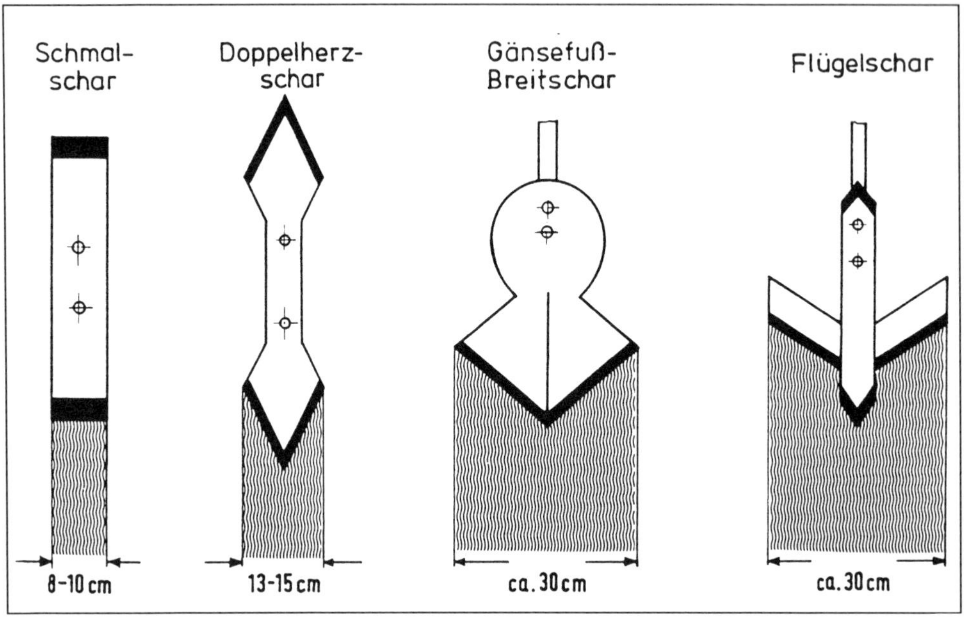


Darst. 101 Scharformen für Pfluggrubber und Schälgrubber

dere Scharseite kommt zum Einsatz. Dies verringert sehr erheblich den Instandsetzungsaufwand und reduziert die Reparaturkosten.

Das Doppelherzschar stellt die Universallösung für Stoppelumbruch und Stroheinarbeitung dar. Mit einer Schnittbreite von 13 bis 15 cm (maximal 18 cm) ist es für den dort üblichen Strichabstand von 20 bis 25 cm sehr gut geeignet. Beim Einsatz bewirkt das jeweils nicht im Boden befindliche »Herz« einen intensiven Wende- und Wirbeleffekt, so daß bei entsprechend hoher Arbeitsgeschwindigkeit (mindestens 8 km/h) eine gute Vermischung von Stroh und Boden erreicht wird. Auch das Doppelherzschar ist beidseitig verwendbar.

Das Gänsefuß-Breitschar besitzt eine Schnittbreite von etwa 30 cm und eignet sich vor allem für die extrem flache Stoppelbearbeitung bis ca. 10 cm Arbeitstiefe. Bei größeren Bearbeitungstiefen steigt der Zugkraftbedarf rasch an. Bei Verwendung dieser Scharform kann infolge der großen Schnittbreite der Strichabstand etwas weiter gewählt werden (bis maximal 30 cm).

Flügelschare sollen ein sehr flaches Arbeiten ermöglichen, sie werden aber auch bei einem ein- oder zweibalkigen »Kurzgrubber« bevorzugt. Ein mittig angeordnetes Spitz- oder Doppelherzschar ist beidseits mit Flügeln ausgerüstet. Dadurch soll trotz der Bearbeitungsbreite von ca. 30 bis 35 cm/Schar ein tragbarer Zugkraftbedarf erreicht werden. Zunehmend sind bei den Flügelscharen die Verschleißteile (Mittelschar, Scharspitze, Scharflügel) auswechselbar. Dies ermöglicht eine deutliche Senkung der Verschleißteilkosten.

Je nach der Bauweise der Grubber ergeben sich verschiedene einsatztechnische Gesichtspunkte.

**Pfluggrubber.** Nach den bisherigen Erfahrungen kann der Pfluggrubber den konventionellen Pflug nur zeitweise ersetzen. Er wird als Pflugersatz vor allem auf extrem schweren Böden zur Bestellung von Wintergetreide dann verwendet, wenn die Pflugarbeit aufgrund der Witterungs- und Bodenverhältnisse nicht ordnungsgemäß zu erledigen ist und das Nachbearbeiten der Pflugfurche einen zu hohen Zeit- und Kostenaufwand erfordert.

Beim Einsatz des Pfluggrubbers für die Grundbodenbearbeitung hat sich seine Wirkung an den positiven Effekten des Pflugeinsatzes zu orientieren. Das Einhalten einer Bearbeitungstiefe von ca. 30 cm kann nur dann sicher und mit einem tragbaren Zugkraftaufwand eingehalten werden, wenn ein ausreichend großer Strichabstand (30 bis 35 cm), starre Zinken mit

Darst. 102 Vergleich von Bauweise und Nachläufern bei mehrbalkigem Schälgrubber und bei Kurzgrubber

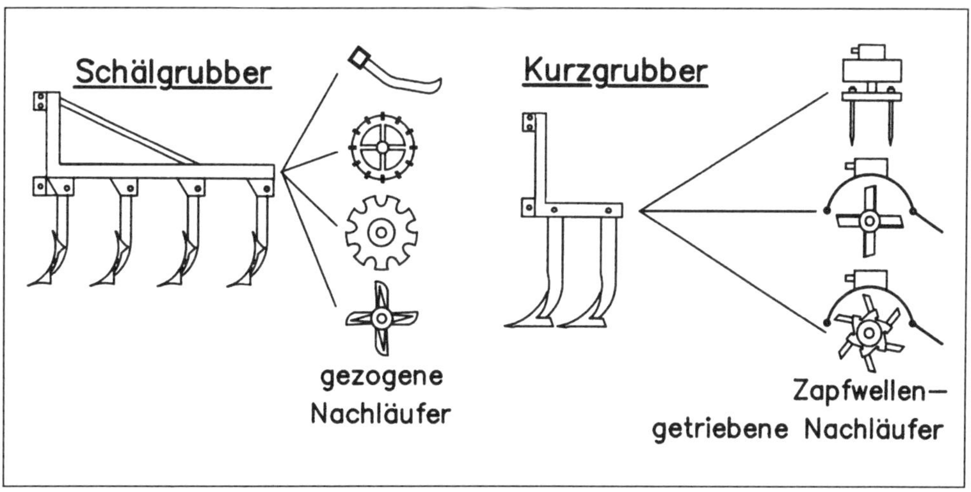


Darst. 103 Pfluggrubber besitzen starre, schräg angestellte Zinken und Schmalschare

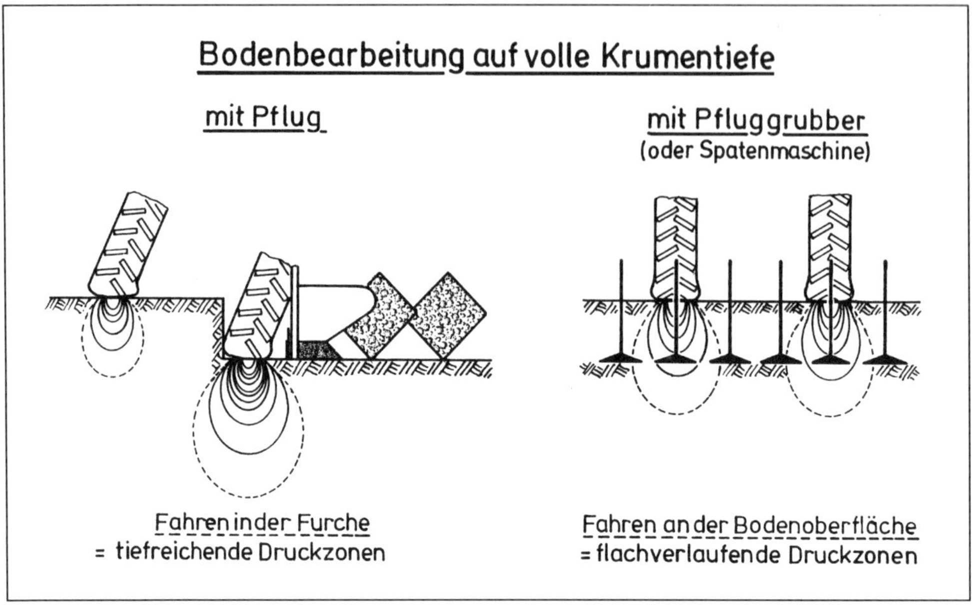


Darst. 104 Verlauf der Druckzonen unter den Traktorrädern beim Fahren in der Furche bzw. an der Bodenoberfläche (Quelle: NÜCHTERN)

flachem Anstellwinkel (ca. 35°) und spezielle Schmal- oder Spitzschare verwendet werden (Darst. 103). Infolge des großen Strichabstandes entsteht allerdings ein relativ unebener Bearbeitungshorizont, insbesondere beim Einsatz unter feuchteren Bodenverhältnissen, weil dann nur Rillen in den Boden gezogen werden, die seitlich brechende Wirkung jedoch entfällt. Hinzu kommt die von der letzten Zinkenreihe hervorgerufene, ausgeprägte Dammbildung.
Hieraus resultiert bei der Saatbettbereitung zur nächstfolgenden Hauptfrucht die Schwierigkeit, eine gleichmäßig flache Bodenvorbereitung durchführen zu können.
Beim Eingliedern des Pfluggrubbers in ein komplettes Bodenbearbeitungs- und Bestellverfahren ist zu berücksichtigen, daß er nicht wie der konventionelle Pflug einen »sauberen Tisch« schafft, sondern Pflanzenreste an der Oberfläche oder in den oberflächennahen Bodenschichten hinterläßt. Hierauf ist bei der Auswahl der Geräte für Saatbettbereitung und Saat zu achten.
Ein wichtiger Vorteil besteht darin, daß der Traktor beim Pfluggrubber-Einsatz auf der Bodenoberfläche fährt. Radspurverdichtungen werden also von den Grubberzinken gleich wieder größtenteils aufgelockert.

**Schälgrubber:** Etwa Anfang der 80er Jahre begann – von England kommend – der »Schwergrubber« auch den deutschen Markt zu erobern und die meisten der bis dahin bevorzugten Geräte für Stoppelbearbeitung und Einarbeitung von Ernterückständen zu verdrängen. Tatsächlich weisen die heutigen Bauformen von 3- und 4balkigen Schälgrubbern vor allem im Vergleich zum Schälpflug eine Reihe wesentlicher Vorteile auf:

- bei Verwendung geeigneter Schare (z. B. Doppelherzschare) intensive Einmischung von Stoppeln und Ernterückständen bis auf eine Tiefe von ca. 15 bis 20 cm,
- kein schichtweises Unterbringen der Pflanzenreste, sondern gleichmäßiges Einmischen,
- auch auf trockenen oder verhärteten Böden sicheres Einhalten der angestrebten Arbeitstiefe,
- durch die für einen intensiven Bearbeitungseffekt erforderliche, hohe Arbeitsgeschwindigkeit (ca. 8 km/h) wird eine hohe Flächenleistung erreicht.

Allerdings sind beim praktischen Einsatz des Schälgrubbers zwei gravierende Probleme zu verzeichnen: Er hat zwar einen relativ günstigen spezifischen Leistungsbedarf (kW/m Ar-

| **Pflüggrubber** | |
|---|---|
| Vorteile | Probleme |
| ● grobes Aufbrechen und Lockern auf volle Krumentiefe<br>● keine Gefahr von Pflugsohlenbildung<br>● Ernterückstände verbleiben in der obersten Bodenschicht, guter Verschlämmungs- und Erosionsschutz<br>● Schlepper fährt auf der Bodenoberfläche, Verdichtungen und Schlupf in den Radspuren werden sofort wieder gelockert<br>● einfache Bauweise, problemlose Einstellung<br>● Kombination mit Nachläufern möglich (aber meist nicht üblich) | ● keine Bodenwendung, keine mechanische Unterdrückung des Unkrautwachstums durch »Ersticken«<br>● bei üblichen Strichabständen und Schmalscharen nur bei trockenen Einsatzbedingungen befriedigende Lockerungswirkung<br>● bei feuchten Bedingungen Gefahr, daß der Boden »geknetet« wird und nach dem Austrocknen hoher Nachbearbeitungsaufwand entsteht<br>● unebene, dächerartige Bodenoberfläche nach dem Einsatz, bei Nachbearbeitung ist intensive Einebnung erforderlich<br>● relativ hoher Gesamtleistungsbedarf, da die Arbeitsbreite des Grubbers meist größer, als Gesamtbreite des Schleppers. |
| **Schälgrubber** | |
| Vorteile | Probleme |
| ● intensive Lockerungs-, Krümel- und Mischwirkung in einstellbarer Arbeitstiefe bis ca. 20 cm<br>● bei 4balkigen Grubbern trotz engem Strichabstand (20 bis 30 cm) infolge des großen Zinkendurchganges nur geringe Verstopfungsgefahr<br>● Ernterückstände oberflächennahe in den umsetzungsaktiven Bodenhorizont eingemischt, dadurch rasche und intensive Umsetzung<br>● starre Zinken halten eingestellte Arbeitstiefe gleichmäßig ein<br>● vielseitiges Angebot an Grubberscharen macht es möglich, die gewünschten Bearbeitungseffekte sicher zu erreichen | ● Unkrautsamen, Ausfallgetreide etc. werden nur flach eingemischt, keine Bekämpfung durch »Vergraben«<br>● beim Schälgrubber ohne Nachläufer mindestens zwei, möglichst kreuzweise angelegte Arbeitsgänge erforderlich<br>● nach dem Einsatz verbleibt unebene Bodenoberfläche, Einebnung erforderlich<br>● relativ hoher Gesamtleistungsbedarf, da hohe Fahrgeschwindigkeit (ca. 8 km/h) angestrebt wird und Arbeitsbreite des Grubbers meist breiter ist, als Gesamtbreite des Schleppers |

Darst. 105 Vorteile und Probleme beim Pflug- und Schälgrubber

beitsbreite), da aber aus einsatztechnischen Gründen in der Regel eine Gesamtarbeitsbreite gewählt wird, die mindestens der Gesamtbreite des Schleppers entspricht, entsteht insgesamt ein relativ hoher Schlepperleistungsbedarf.
Hinzu kommt, daß Schälgrubber, die nicht mit einem funktionsfähigen Nachläufer ausgerüstet sind, mindestens zwei Arbeitsgänge (möglichst über Kreuz) benötigen, um die gewünschten Bearbeitungseffekte sicher zu erreichen.
Zusammenfassend lassen sich für Pflug- und Schälgrubber folgende Vorteile und Probleme festhalten (Darst. 105):

**Kurzgrubber:** Vor allem der zuletzt genannte Nachteil des Schälgrubbers hat zur Entwicklung verschiedener Bauformen von Kurzgrubbern geführt. Bei diesen sind die Zinken auf meist zwei Querbalken in einem Abstand von ca. 30 bis 40 cm, z. T. auch auf lediglich einem Balken im Abstand von bis zu 80 cm angebracht. Um trotzdem eine befriedigende, ganzflächige Bodenlockerung zu erreichen, müssen breitschneidende Flügelschare verwendet werden. Diese Schare haben die Aufgabe, den Boden in einstellbarer Tiefe lediglich grob aufzubrechen. Da Kurzgrubber prinzipiell mit einem

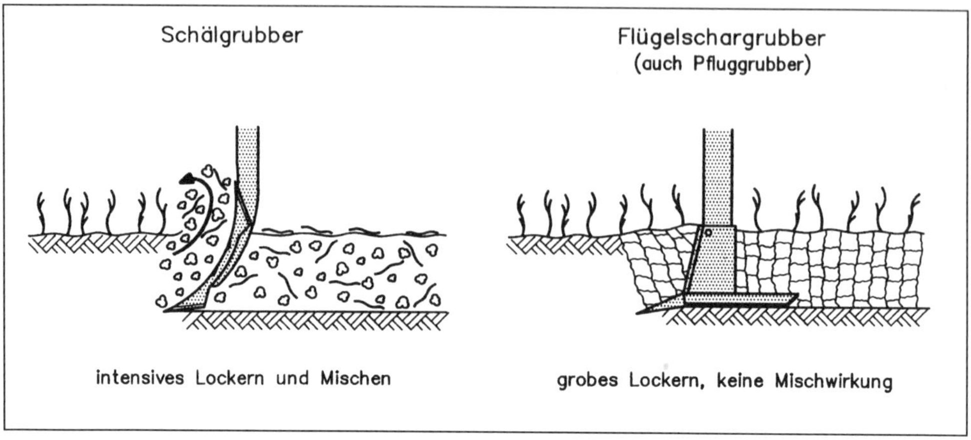

Darst. 106 Funktionsprinzip und Arbeitseffekt beim Schäl- und Flügelschargrubber

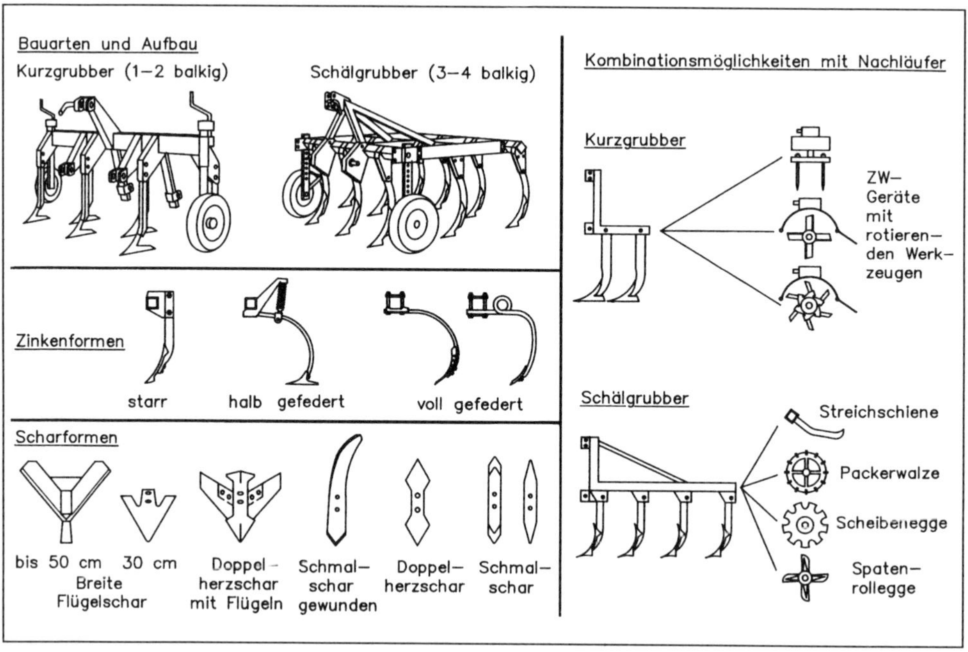

Darst. 107 Grubber-Bauarten und wichtige Bauteile

Darst. 108 Kurzgrubber mit angebauter Bodenfräse. Durch den großen Abstand der Grubberzinken mit Flügelscharen sollten Verstopfungen vermieden werden

zapfwellengetriebenen Nachlaufgerät (z. B. Bodenfräse, Rotoregge, Kreiselegge etc.) kombiniert werden, übernehmen diese das intensive Krümeln der oberen, flachen Bodenschicht und das Einmischen der Ernterückstände.
Bei Zinkenabständen von 30 bis 40 cm werden oft Flügelschare mit auswechselbaren Verschleißteilen (Spitze, Leitblech, Flügel) verwendet, dadurch lassen sich die Verschleißteilkosten deutlich senken. Bei 80 cm Zinkenabstand und entsprechend breiten Flügelscharen gilt es, trotz der großen Schnittbreite, einen guten und raschen »Einzug« zu gewährleisten. Deshalb sind die dort verwendeten Schare oft mit einer gesonderten, deutlich »auf Griff« stehenden Spitze ausgerüstet. Auch diese ist bei Verschleiß getrennt austauschbar.
Die Bearbeitungstiefe von Kurzgrubber und Nachlaufgerät kann stufenlos oder in genügend engen Stufen eingestellt werden. Dies erlaubt ein exaktes Anpassen an spezielle Einsatzbedingungen.

### 7.3.2 Leistungsbedarf und Flächenleistung

Für eine Abstimmung von Schleppermotorleistung und Arbeitsbreite bzw. Zinkenzahl des Grubbers ist ausschlaggebend, welcher Leistungsbedarf zu unterstellen ist. Dabei ist zu unterscheiden zwischen dem »spezifischen Leistungsbedarf« des einzelnen Zinkens bzw. bestimmter Zinken-Schar-Kombinationen, sowie dem Leistungsbedarf des gesamten Grubbers bei definierten Bedingungen.
Aus der Sicht des praktischen Einsatzes sind darüber hinaus für die Ermittlung der tatsächlich benötigten Schleppermotorleistung eine Reihe weiterer Kriterien und Einflußfaktoren zu berücksichtigen:

- erforderliche Gesamtarbeitsbreite (sie richtet sich im allgemeinen nach den Schlepperaußenmaßen, da in der Regel eine voll spurdeckende Arbeitsbreite angestrebt wird),
- gewünschter Strichabstand,

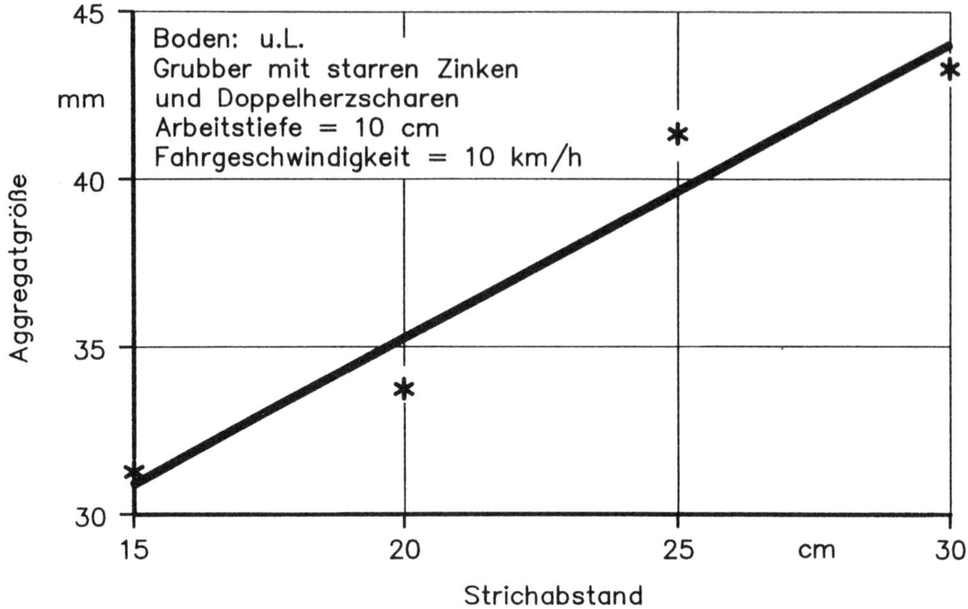


Darst. 109 Einfluß des Strichabstandes auf den Zerkleinerungseffekt des Grubbers (KÖLLER)

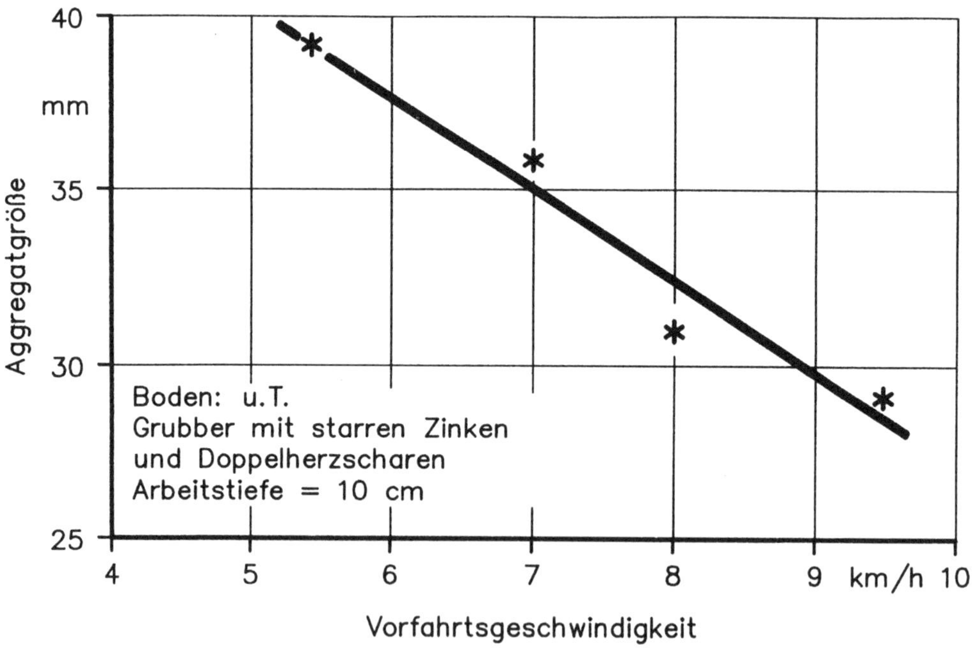


Darst. 110 Einfluß der Fahrgeschwindigkeit auf den Zerkleinerungseffekt eines Grubbers (KÖLLER)

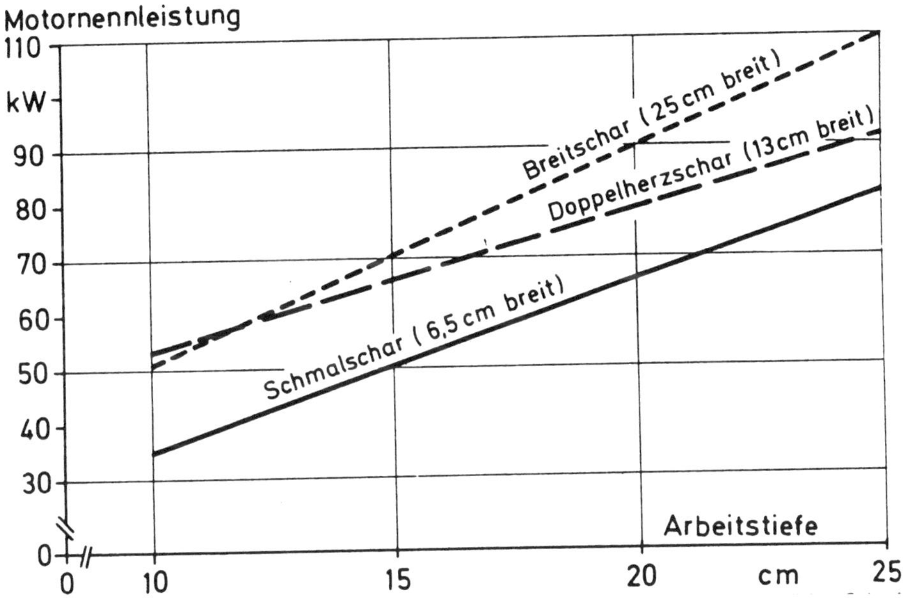


Darst. 111 Erforderliche Traktor-Nennleistung für Grubber mit unterschiedlichen Scharformen (Arbeitsbreite 2,5 m, Arbeitsgeschwindigkeit 5,8 m/h, Strichabstand 24 cm, Allradschlepper, mittelschwerer Boden)

- aus diesen beiden Werten errechnet sich die Gesamtzahl an Zinken,
- Bearbeitungstiefe,
- erforderliche Arbeitsgeschwindigkeit (je höher, desto intensiver die Misch- und Lockerungswirkung),
- Verwendung von Nachläufern,
- vorliegende Bodenarten und -verhältnisse,
- Vorfrucht (sie kann Einfluß nehmen auf die Dichtlagerung des Bodens, Menge der Pflanzenrückstände etc.).

Der spezifische Leistungsbedarf (kW/Zinken) beträgt bei einer Fahrgeschwindigkeit von 6 bis 8 km/h, 15 cm Arbeitstiefe und starren Zinken mit Doppelherzschar auf mittleren Böden ca. 5,5 bis 6,0 kW/Zinken. Flach angestellte Pfluggrubberzinken mit Schmalschar haben einen geringeren, halb- oder vollgefederte Zinken einen etwas höheren spezifischen Leistungsbedarf.

Eine Gegenüberstellung des Leistungsbedarfes von kompletten Grubbern mit unterschiedlichen Scharformen (Darst. 111) läßt erkennen, daß mit zunehmender Arbeitstiefe der Leistungsbedarf bei einem Grubber mit Breitschar steiler ansteigt als bei Grubbern mit Doppelherz- bzw. Schmalscharen. Daher eignet sich diese Scharform vorwiegend für die Flachbearbeitung.

Wie bereits erwähnt, wird der Bearbeitungseffekt der Grubber u. a. sehr wesentlich von der eingehaltenen Fahrgeschwindigkeit beeinflußt. Auch mit zunehmender Arbeitstiefe ergibt sich ein stetig ansteigender Leistungsbedarf je m Arbeitsbreite.

Aus diesen Zusammenhängen wird ein ganz wesentliches Handikap des Schälgrubbers im Vergleich zu anderen Stroheinarbeitungsgeräten deutlich: der relativ hohe Leistungsbedarf. Unterstellt man eine voll spurdeckende Arbeitsweise des Gerätes, eine Spurweite des Schleppers von ca. 1,6 m und normal übliche Bereifung, dann erfordert dies eine Gesamtbreite des Grubbers von 2,30 bis 2,50 m. Bei einem Strichabstand von 24 cm würde dies eine Bestückung des Grubbers mit 10 bis 11 Zinken ergeben. Bei einer Fahrgeschwindigkeit von 8 km/h und einer Bearbeitungstiefe von 15 cm ist für den Einsatz eines derartigen Schälgrubbers auf lS-Boden ein Schlepper mit mindestens 80 kW Motorleistung erforderlich. Auf schwereren Böden erhöht sich dieser Wert erfahrungsgemäß um ca. 20 bs 30 %, kann aber noch darüber liegen.

Ebenso wie bei anderen Geräten hängt auch beim Schälgrubber die erzielbare Flächenleistung im wesentlichen von der Arbeitsbreite und der eingehaltenen Arbeitsgeschwindigkeit

Grafik Abb. 112

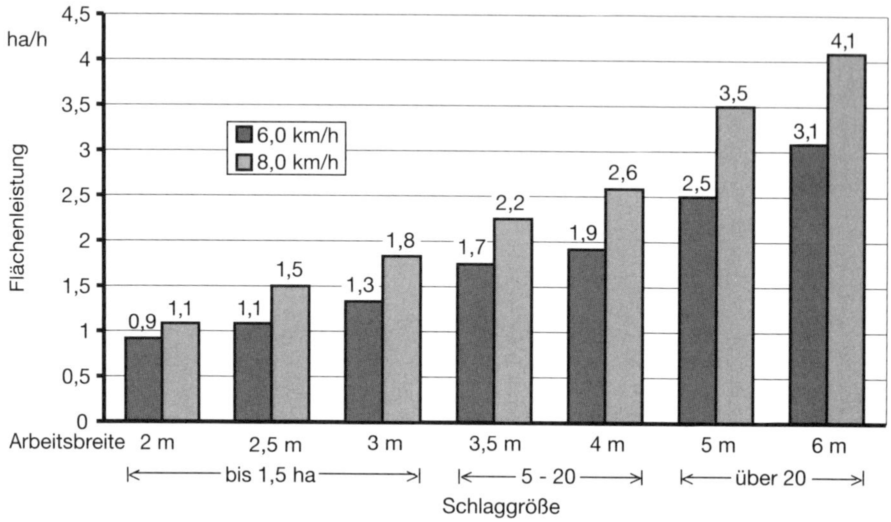


Darst. 112 Flächenleistung des Schälgrubbers bei unterschiedlicher Fahrgeschwindigkeit, Arbeitsbreite und Schlaggröße

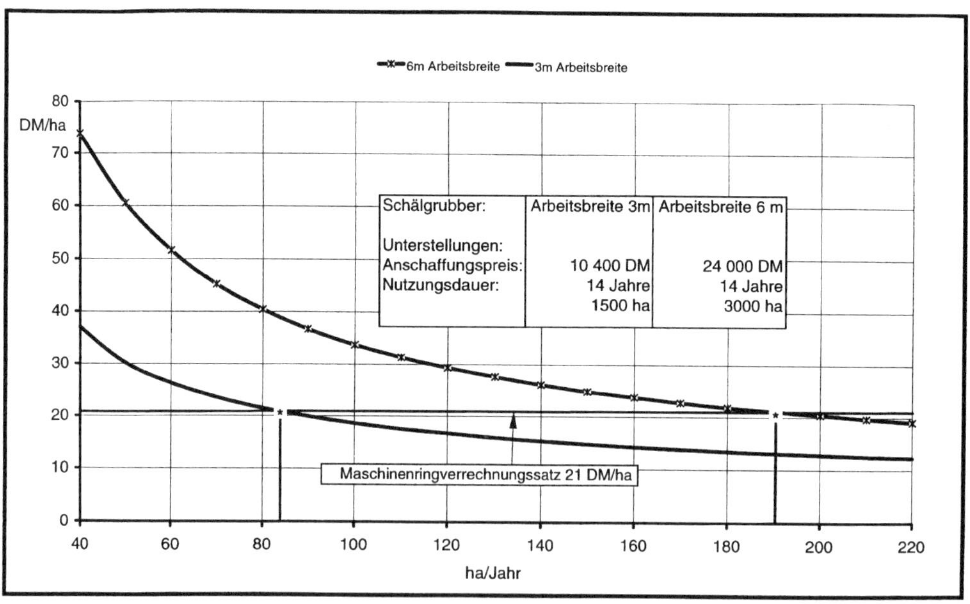


Darst. 113 Maschinenkosten für Schälgrubber mit 3 m und 6 m Arbeitsbreite bei unterschiedlicher Einsatzfläche/Jahr

| | Schälgrubber | Pfluggrubber (chisel plough) | Tiefgrubber Sohlenbrecher |
|---|---|---|---|
| Aufgabe | flache Stoppelbearbeitung | Lockern auf Pflugtiefe | Lockern und Unterfahren von Verdichtungshorizonten |
| Scharform | mittel bis breit (Doppelherz, Gänsefuß) | schmal bis mittel (Meißel, Doppelherz) | schmal (Meißel) |
| Zinkenart | starr oder halbstarr (federnd) | starr (halbstarr) | starr |
| Abstand der Zinkenreihen | mind. 60 cm | mind. 70 cm | mind. 75 cm |
| Strichabstand | ca. 20 cm | ca. 30 cm | 30 - 40 cm |
| erforderliche Rahmenhöhe | ab 70 cm | 70 - 80 cm | 70 - 90 cm |
| Nachlaufgerät | erforderlich | erwünscht | nicht erforderlich |
| Arbeitstiefe | 5 cm | 15 cm | 30 cm bis 70 cm |

Darst. 114 Bauweise, Einsatzbereiche und technische Kenndaten verschiedener Grubber-Bauformen

ab. In diesem Zusammenhang ist darauf hinzuweisen, daß Grubber ohne zusätzliches Nachbearbeitungsgerät in der Regel zwei, möglichst diagonal zueinander angelegte Arbeitsgänge benötigen, um einen befriedigenden Bearbeitungseffekt zu erreichen. Da sich dies in einer wesentlichen Steigerung des Arbeitszeitbedarfes niederschlägt, wird heute eindeutig angestrebt, durch die Verwendung unterschiedlicher Zusatzaggregate (Nachläufer) diesen zweiten Arbeitsgang einzusparen und in einer Überfahrt bereits den gewünschten Bearbeitungseffekt zu erzielen. Die hierfür vorhandenen technischen Varianten sind im Kapitel »Gerätekombinationen« erläutert.
Betrachtet man zusammenfassend noch einmal die Aufgaben der verschiedenen Grubberformen und die daraus resultierenden Auswirkungen auf die entsprechende Bauweise (Darst. 114), dann zeigt sich ganz offensichtllich, weshalb spezielle Grubberbauformen mit einer angepaßten Ausstattung angeboten und eingesetzt werden. Einen »Universal-Grubber«, der gleichermaßen für die flachere und tiefere Bearbeitung, für grobe Bodenlockerung und intensive Einmischung organischer Substanzen geeignet ist, kann es daher nicht geben.

## 7.4 Geräte für die Saatbettbereitung

Das Nachbearbeiten der Pflugfurche oder des mit dem Grubber bearbeiteten Feldes hat das Ziel, ein auf die jeweilige Fruchtart abgestimmtes Saatbett herzurichten. Diese Oberflächen-Nachbearbeitung oder Saatbettbereitung wird auch als »Sekundärbearbeitung« bezeichnet. Die verschiedenen Aufgaben wie z. B. Einebnen der Ackeroberfläche, Lockern und Krümeln des Saathorizontes, Rückverfestigung der oberen Bodenschichten, Einmischen von Mineraldünger und Bodenherbiziden etc. sollten unter Berücksichtigung der Ansprüche von Boden und Pflanze vorgenommen werden. Unter den heutigen produktionstechnischen Aspekten kommt aber auch der arbeitssparenden Oberflächen-Nachbearbeitung eine besondere Bedeutung zu, da eine hohe Schlagkraft eine der wesentlichen Voraussetzungen für die termingerechte und bodenschonende Saatbettbereitung und Feldbestellung darstellt.
Das Angebot an Geräten für die Oberflächennachbearbeitung ist außerordentlich vielseitig und umfangreich. Verschiedene Geräte wurden aus der Gespannstufe übernommen und konse-

quent zu schleppergerechten Bauformen weiterentwickelt. Daneben wurden aber auch völlig neue Geräte entwickelt, die z. B. eine entsprechend hohe Fahrgeschwindigkeit des Schleppers benötigten, um ihre Bearbeitungseffekte voll ausspielen zu können. Oftmals sind jedoch Einzelgeräte nicht in der Lage, die vorgenannten Aufgaben ordnungsgemäß zu erfüllen. In zunehmendem Umfang werden sie deshalb mit Geräten kombiniert, die andere, ergänzende Effekte besitzen.
Hierauf wird im Kapitel »Gerätekombinationen« noch ausführlich eingegangen.

### 7.4.1 Gezogene Geräte

Die sich ständig vergrößernde Palette unterschiedlicher Oberflächen-Nachbearbeitungsgeräte macht es schwierig, einen aktuellen Überblick über das derzeitige Angebot zu geben. Eine grundsätzliche Übersicht (Darst. 115) läßt jedoch erkennen, daß bei den gezogenen Geräten prinzipiell zu unterscheiden ist zwischen Feingrubber, Zinkeneggen, Rolleggen, Walzen und Schleppen.
Jede dieser großen Gruppen läßt sich wiederum unterteilen in Gerätegruppen mit unterschiedlichen Bauformen, Aufgaben und Bearbeitungseffekten.
Gezogene Geräte sind preisgünstig in der Anschaffung, unkompliziert in der Anwendung, verursachen geringeren Wartungsaufwand und Reparaturkosten und sind meist gut kombinierbar. Ihr Hauptnachteil besteht darin, daß der Bearbeitungseffekt nicht so »gezielt« an unterschiedliche Bodenverhältnisse und Einsatzbedingungen angepaßt werden kann, wie dies z. B. bei Eggen mit Zapfwellenantrieb der Fall ist. Dennoch bestehen auch bei gezogenen Geräten verschiedene Möglichkeiten, eine günstige Wirkung zu erzielen:

- Einhalten einer optimalen Fahrgeschwindigkeit,
- Anwenden mehrerer Arbeitsgänge,
- Wahl des richtigen Arbeitswerkzeuges,
- Zusammenfassen von Einzelgeräten in »Gerätekombinationen«,
- Einsatz zum günstigsten Zeitpunkt (vor allem Bodenfeuchte).

#### 7.4.1.1 Geräte mit gefederten und starren Zinken (Feingrubber und Zinkeneggen)

Die Geräte dieser Gruppe werden vor allem für die mehr oder minder flache Saat- und Pflanzbettbereitung verwendet. Ihre Wirkung besteht darin, daß durch den Aufprall der Zinken auf die Bodenaggregate eine intensive Krümelung, Mischung und Einebnung bewirkt wird.
Die optimale Wirkung der Zinkengeräte ist abhängig von

- dem Zinkengewicht: Das Gewicht je Zinken errechnet sich aus dem Gesamtgewicht des Gerätes, dividiert durch die jeweils vorhandene Anzahl an Zinken. Je höher das Zinkengewicht, desto größer die mögliche Bearbeitungstiefe, um so besser »liegt« aber auch das Gerät im Boden, vor allem bei höheren Fahrgeschwindigkeiten.

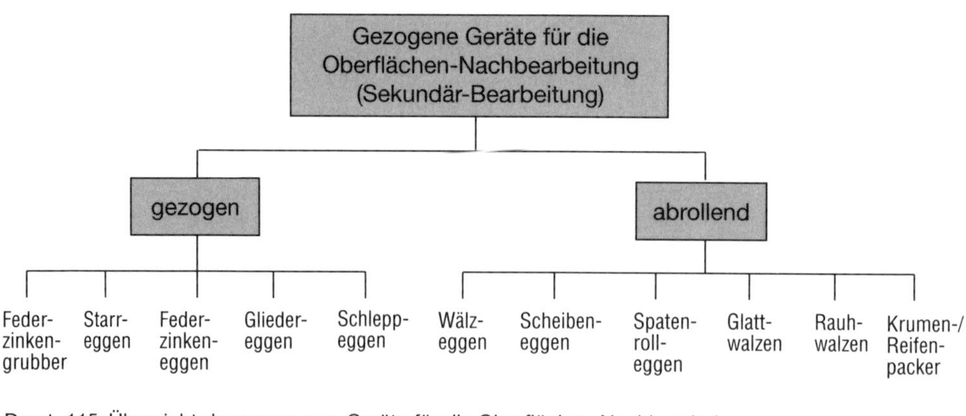

Darst. 115 Übersicht der gezogenen Geräte für die Oberflächen-Nachbearbeitung

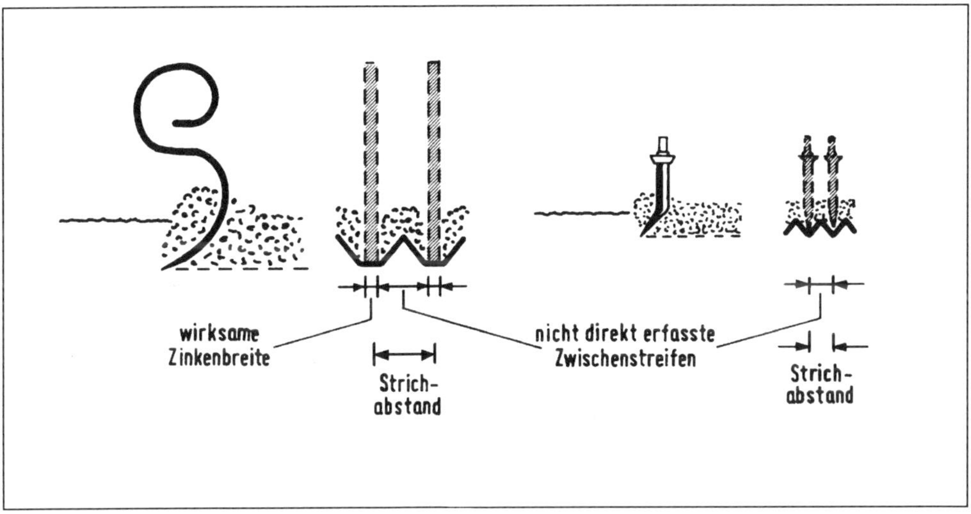


Darst. 116 Einfluß von Strichabstand und wirksamer Zinkenbreite auf die Bearbeitungswirkung bei Feingrubber und Zinkenegge

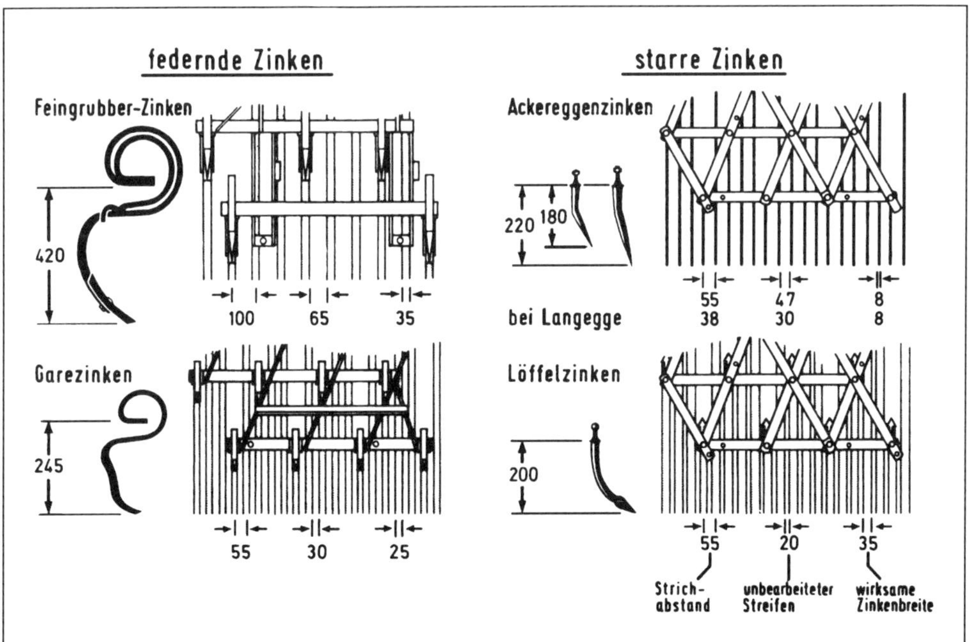


Darst. 117 Bauformen und technische Kenndaten von federnden und starren Zinken

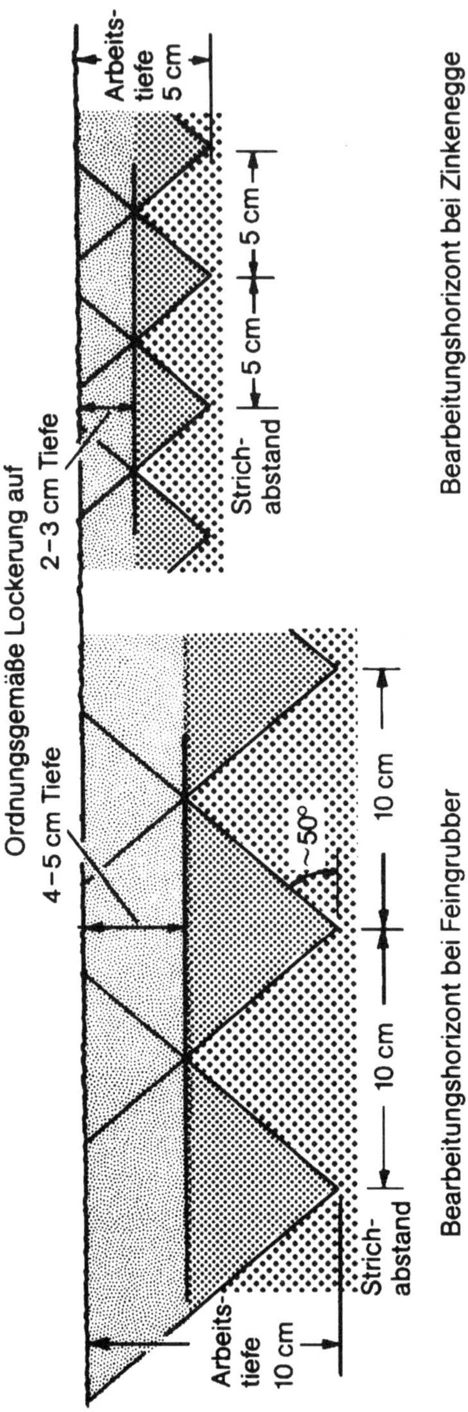


Darst. 118 Ausformung des Bearbeitungshorizontes bei Feingrubber und Zinkenegge

- dem Strichabstand: Beim Ziehen eines Zinkens durch den Boden wird die Erde in einem bestimmten Böschungswinkel nach schräg oben aufgebrochen. Im Boden entsteht dadurch ein dächerförmiger Bearbeitungshorizont. Dieser ist um so schwächer ausgeprägt, je enger der Strichabstand eines Gerätes ist (Darst. 116). Zwischen Strichabstand und Arbeitstiefe besteht ebenfalls eine Wechselbeziehung. Als Faustregel ist davon auszugehen, daß eine ordnungsgemäße Lockerung des Saathorizontes nur dann gewährleistet ist, wenn die Arbeitstiefe etwa das 1,0- bis 1,2fache des Strichabstandes beträgt. Hierdurch wird der Einsatzbereich bestimmter Zinkengeräte für die Saatbettbereitung zu bestimmten Fruchtarten deutlich eingegrenzt.
- der Zinkenanordung: Eine geringe Verstopfungsanfälligkeit ist zu erreichen, wenn die Zinken einen ausreichend großen seitlichen und diagonalen Abstand voneinander besitzen. Zwischen den verschiedenen Bauformen von Zinkengeräten bestehen hierbei erhebliche Unterschiede. Der Feingrubber erreicht die höchsten Werte, Netzeggen (Striegel) die niedrigsten.
- der wirksamen Zinkenbreite. Da die verschiedenen Zinkenformen eine unterschiedliche Breite besitzen, werden trotz annähernd gleichen Strichabstandes sehr unterschiedliche Arbeitseffekte erzielt (Darst. 117 und 118). Dies ist auf die bauartbedingte, wirksame Zinkenbreite zurückzuführen: Je größer diese ist, desto schmaler bleibt der nicht direkt erfaßte Bodenstreifen zwischen den Zinken, um so intensiver ist die Bearbeitungswirkung, und desto ebener ist der Bearbeitungshorizont.
- der Geräteanhängung: Während der Arbeit sollen alle Zinken gleichmäßig tief in den Boden eingreifen. Dies setzt eine richtige Geräteanhängung voraus. An modernen Zugbalken besteht heute die Möglichkeit, die Eggen in unterschiedlicher Höhe anzubringen und damit neben der gewünschten Bearbeitungstiefe auch die gleichmäßig-exakte Wirkung des Gerätes auf der gesamten Länge sicherzustellen.
- dem Zinken-Anstellwinkel: Neben senkrecht nach unten stehenden Zinken findet man auch Bauformen, bei denen die Zinkenspitze oder der gesamte Zinken schräg nach vorn gerichtet ist. Dies bewirkt einen besseren Einzug in den Boden sowie eine intensivere Lockerungs- und Krümelwirkung.

Allerdings besteht die Gefahr, daß diese Zinken zu tief greifen. Sie müssen deshalb in ihrem Tiefgang begrenzt (z. B. durch einen Tragrahmen) oder ausreichend schnell gefahren werden. Schräg nach hinten gerichtete Zinken ebnen besser ein, krümeln und mischen aber nicht so intensiv. Deshalb werden oft innerhalb eines Eggenfeldes nach hinten und nach vorn gerichtete Zinken verwendet (Darst. 119).

**Feingrubber:** Dieses auch als Kulturegge, Vibrationsegge oder Federzinkengrubber bezeichnete Gerät besitzt einen stabilen Rahmen mit drei bis fünf Querholmen. An diesen sind die großen, G-förmigen Federstahlzinken mit hochvergüteter Scharspitze oder aufgeschraubten, beidseitig verwendbaren Spitzscharen angelenkt. Für den Einsatz auf verhärteten Böden empfiehlt sich die Verwendung von besonders stabilen Zinken oder von Feingrubberzinken mit Doppelblattfederung. Durch entsprechende Form, Befestigung und Materialqualität der Zinken wird ein intensives Vibrieren während der Arbeit und dadurch ein günstiger Bearbeitungseffekt bewirkt.

Die Zinken sind in einem Abstand von etwa 40 cm auf den Querholmen angebracht. Bei einem 4balkigen Feingrubber ergibt sich daraus ein Strichabstand von ca. 10 cm. Aufgrund des großen Zinkendurchganges und Strichabstandes ist eine gute Selbstreinigung und geringe Verstopfungsanfälligkeit gewährleistet. Der relativ große Strichabstand bereitet jedoch im praktischen Einsatz oftmals Probleme: Wenn die gesamte Ackeroberfläche durchgearbeitet werden soll, muß ein Tiefgang von etwa 10 cm gewährleistet sein. Für eine flache Bearbeitung, wie sie zu manchen Getreidearten und vor allem zu Zuckerrüben angestrebt wird, ist der Feingrubber in dieser Bauweise daher nicht zu empfehlen. Es werden jedoch Federzinken mit Doppelscharen angeboten. Damit läßt sch der Strichabstand etwa halbieren, und die Bearbeitung kann entsprechend flacher erfolgen. Es wächst aber auch die Verstopfungsgefahr erheblich an.

Feingrubber sind daher vor allem für die Saat- und Pflanzbettbereitung von Früchten geeignet, bei welchen keine gleichmäßig-flache Bodenbearbeitung erforderlich ist (z. B. Kartoffeln, Mais, gegebenenfalls Winterweizen). Die relativ tiefe Lockerung und die damit verbundene unebene Bodenoberfläche erfordern ein entsprechendes Einebnen und Rückverfestigen des Saathorizontes. Deshalb werden Feingrubber meist in Kombination mit Glättschienen, Krümelwalzen etc. eingesetzt (vgl. Kapitel »Gerätekombinationen«). Auf leichteren Böden ist es möglich, den Feingrubber auch zur Stoppelbearbeitung und Einarbeitung von kurzgehäckseltem Stroh zu verwenden.

**Zinkeneggen:** Sie werden für die flache Saatbettbereitung bevorzugt und sind aus einzelnen »Feldern« zusammengesetzt, deren Breite im allgemeinen 0,9 bis 1,5 m beträgt. Durch ein

Darst. 119 Bei Eggen wird die Zinkenanordnung oft so gewählt, daß die Zinken der vorderen Reihe eine einebnende, die Zinken der hinteren Reihe eine aufreißende und krümelnde Wirkung haben

Nebeneinander-Anordnen dieser einzelnen Felder ergeben sich dann entsprechend unterschiedliche Gesamtarbeitsbreiten. Jedes Eggenfeld ist gesondert am Zugrahmen angelenkt, so daß sie sich unabhängig voneinander bewegen können. Dadurch läßt sich eine exakte Anpassung an die Bodenoberfläche und eine gleichmäßige Bearbeitung erreichen.
Die **Gareegge** besitzt schmale Federstahlzinken, die in einer verkleinerten Form den Feingrubberzinken entsprechen. Durch das Vibrieren des federnden Zinkens wird ein intensives Krümeln, Mischen und Einebnen des Bodens bewirkt. Die Verstopfungsanfälligkeit ist gering, jedoch nicht so günstig wie z. B. beim Feingrubber. Es werden jedoch Gareeggenzinken mit einer ausgeprägten »Brust« angeboten, die eine noch bessere Selbstreinigung bewirken sollen.
Die Zinken der Gareeggen sind aus hochvergütetem Federstahl hergestellt. Ein Nachschmieden ist im allgemeinen nicht möglich, jedoch werden für abgenutzte Zinken Ersatz-Scharspitzen zum Selbstanschweißen angeboten. Für den Einsatz auf leichteren Böden empfiehlt es sich, Zinken mit verbreiterter Scharspitze zu verwenden, für schwere Böden eignen sich besser spezielle »Schmalschnittzinken« mit abgeflachter Schneide. Es werden auch Gareeggen mit Wechselzinken angeboten. Im Eggenverband sind die Gareeggenzinken in einem Strichabstand von allgemein etwa 50 bis 55 mm angeordnet. Dies erlaubt, im Vergleich zum Feingrubber, eine entsprechend flache Saatbettbereitung. Andererseits ist die Zinkenlänge mit ca. 25 cm so bemessen, daß bei entsprechender Belastung auch eine tiefere Bearbeitung (z. B. Pflanzbettbereitung zu Kartoffeln) möglich ist. Gareeggen lassen sich deshalb sehr universell und praktisch auf allen Böden einsetzen. Sie stellen heute für Betriebe mit vielseitig organisierter Fruchtfolge den bevorzugten Vorläufer in Gerätekombinationen für die flache bis mitteltiefe Saatbettbereitung bei Getreide, Mais, Kartoffeln etc. dar.
Die **Ackeregge** besitzt starre Zinken und eignet sich vorwiegend für den Einsatz auf leichten bis mittleren Böden, wo sie nicht nur ein ebenes und feinkrümeliges Saatbett erzeugt, sondern auch Mineraldünger und Herbizide einmischt sowie mechanisch das Unkraut bekämpfen soll. Im Vergleich zur Gareegge hat die Ackeregge zwar einen etwa vergleichbaren Strichabstand (40 bis 60 mm). Zinkenlänge (16 bis 18 cm) und Zinkengewicht (1,2 bis 2,0 kg/Zinken) sind jedoch erheblich geringer. Für eine tiefere Bearbeitung werden spezielle »Langzinken« angeboten (Länge ca. 22 cm), deren vergrößerter Durchgang eine geringere Verstopfungsanfälligkeit gewährleisten soll.
Die Zinken sind aus Vierkantmaterial gefertigt und mit gerader oder gebogener Spitze ausgestattet. Gerade oder nach hinten gebogene Zinken besitzen eine mehr einebnende Wirkung, nach vorn gebogene Zinken »reißen«, krümeln und mischen intensiver.
Eine Sonderform der Ackeregge stellt die sogenannte »Langegge« dar. Durch eine größere Zinkenzahl und deren Verteilung auf 7 Querbalken (bei der normalen Ackeregge 5 Balken) wird ein Strichabstand von nur ca. 38 bis 40 mm errecht. Da der seitliche und diagonale Abstand der Zinken jedoch ähnlich ist wie bei der Ackeregge, wird eine intensivere Krümelung bei gleichzeitig geringer Verstopfungsanfälligkeit erreicht (Darst. 120), auch bei geringer Arbeitstiefe.
**Löffelegge (Schottlöffelegge):** Die Bezeichnung dieser Eggenbauform rührt von der besonderen Zinkenform her, die sich unten in einem kleinen, löffelartigen Schar verbreitert. Diese Form bewirkt nicht nur einen besseren Einzug (die Zinken stehen »auf der Spitze«) und einen größeren Tiefgang, sondern auch eine intensive Durchmischung, Krümelung und Einebnung des Bodens. Infolge dieser Wirkung eignet sich die Löffelegge vorzugsweise für die flache Lockerung und Krümelung auf schwereren, auch verkrusteten Böden. Dagegen arbeitet sie auf leichteren Böden oftmals zu tief und neigt dann, vor allem bei starkem Unkrautbesatz oder beim Vorhandensein von Pflanzenresten im Saathorizont, verstärkt zum Verstopfen.
Für alle Eggen mit starren Zinken gilt, daß abgenutzte Zinken ausgeschmiedet und nachgeschärft, bei der Löffelegge die abgenutzten Löffel auch aufgeschweißt werden können. Diese Instandsetzung ist jedoch meist sehr zeitaufwendig und nicht ganz einfach, da die Zinken exakt ausgerichtet werden müssen.
**Schleppegge:** Für Fruchtarten, bei denen eine extrem flache Saattiefe eingehalten werden muß (z. B. Zuckerrüben), arbeiten die vorgenannten Eggenbauformen oftmals zu tief. Die Schleppegge soll diesen Nachteil beseitigen und stellt eine Kombination von Schleppe und Egge dar. Je nach Fabrikat sind die Eggenzinken höhenverstellbar an den Schleppplanken angebracht, oder es wechseln in einem Eggen-

Darst. 120 Typische Formen von Acker-, Lang- und Gareegge

Darst. 121 Bei der Schleppegge sind zwischen den Zinkenreihen höhenverstellbare Schleppschienen zur Einebnung der Bodenoberfläche angebracht

Darst. 122 Von den Gliedereggen haben Netz- und Wieseneggen die weiteste Verbreitung

feld Zinkenreihen und dazwischen angeordnete Schleppplanken ab. Letztere sind in ihrem Anstellwinkel verstellbar und z. T. mit Federdruck belastbar. Dadurch läßt sich die Wirkung variieren.

Schleppeggen ebnen die Bodenoberfläche gut ein und bewirken in der obersten, flachen Bearbeitungsschicht eine intensive Krümelung und leichte Verdichtung. Durch gezielte Abstimmung der Arbeitstiefe von Schleppschienen und Eggenzinken kann die Wirkung für die einzelnen Fruchtarten gut eingestellt werden (Darst. 121). Gewisse Vorsicht ist bei sehr locker liegenden oder zu feuchten Böden angebracht, hier neigt das Gerät verstärkt zum »Schieben«.

**Gliedereggen:** Diese Eggenbauform setzt sich aus einzelnen Gliedern zusammen, so daß sie sich gut dem Boden anschmiegen können. Dadurch wird bewirkt, daß auf jedem Zinken stets das gleiche Gewicht lastet und er auch gleichmäßig in die Bodenoberfläche eindringt. Gliedereggen stellen deshalb Spezialgeräte für besondere Einsatzbereiche dar.

**Netzeggen** sind aus einzelnen Stahldrahtgliedern zusammengesetzt, die gelenkig miteinander verflochten sind (Darst. 122). Die Zinken werden mit unterschiedlichem Durchmesser angeboten und sind entweder als Fortsetzung eines Netzgliedes gestaltet, oder durch Schraubverbindungen am Netz befestigt. Die runden oder schiffchenförmigen, stumpfen oder spitzen Zinkenenden sind meist auf der Unterseite länger, auf der Oberseite relativ kurz. Wird mit den langen Zinken nach unten gearbeitet, läßt sich eine günstige Wirkung z. B. beim Verteilen von Stallmist auf dem Grünland, bei der Unkrautbekämpfung und bei mechanischen Pflegemaßnahmen im Kartoffelbau erreichen. Mit den kurzen Zinken nach unten wird eine mehr schleppende, einebnende und verteilende Wirkung erzielt. Da die Zinken in V-Form angeordnet sind, wird ein sehr enger Strichabstand (1,9 bis 2,7 cm) erreicht. Die Arbeitstiefe läßt sich ausschließlich über die Wahl einer Netzegge mit entsprechendem Zinkengewicht variieren, eine Zusatzbelastung ist im allgemeinen kaum möglich.

Im Gegensatz zur Netzegge besitzt die **Wiesenegge** kurze, messerartige Zinken. Sie sollen beim Abschleppen von Wiesen und Weiden oberflächlich aufgebrachte organische Substanzen (z. B. Stallmist, Stroh usw.) verteilen, Maulwurfshaufen einebnen und unerwünschte Bestandteile der Grasnarbe (z. B. Moos, Flechten) herausreißen. Zinkengewicht und Strichab-

| Effekt | beeinflußt von |
|---|---|
| Lockern und Krümeln | Strichabstand, Zinkenform, wirksame Zinkenbreite |
| Arbeitstiefe | Gewicht pro Zinken, Anlenkpunkt am Zugbalken Einzugsbestreben des Zinkens, evtl. Zusatzbelastung |
| Profil des Bearbeitungshorizontes | Zinkenform, Strichabstand, wirksame Zinkenbreite |
| Verstopfungsanfälligkeit | Zinkenlänge, Zinkendurchgang, starre oder federnde Zinken |

Darst. 123 Arbeitseffekte und Gerätemerkmale von Zinkeneggen

| Merkmal | | Ackeregge Normalzinken | Langzinken | Langegge | Löffelegge | Gareegge | Feingrubber |
|---|---|---|---|---|---|---|---|
| Zinkengewicht | pond | 1200 – 2000 | 2000 – 3000 | 1200 – 2000 | 1700 – 2500 | 2000 – 3000 | 7000 – 8000 |
| Zinkenlänge | cm | 16 – 18 | 22 – 24 | 16 – 18 | 16 – 20 | 22 – 25 | 40 – 42 |
| wirksame Zinkenbreite | mm | 8 – 10 | 8 – 10 | 8 – 10 | 35 – 50 | 20 – 25 | 30 – 35 |
| Strichabstand | cm | 50 – 55 | 50 – 55 | 36 – 38 | 50 – 55 | 50 – 55 | 100 – 110 |
| Anzahl Zinkenreihen je Feld | | 5 | 5 | 6 – 7 | 5 | 5 – 6 | 4 – 5 |

Darst. 124 Technische Kenndaten von Zinkeneggen

| Gerätebauart | für welche Böden | Einsatzmöglichkeiten und -hinweise |
|---|---|---|
| Ackeregge | leicht bis mittelschwer | Gute Krümelung, Lockerung und Sortierung des Bodens. Bei hohen Arbeitsgeschwindigkeiten (8 – 10 km/h) und/oder schwer bearbeitbaren Böden schwere Ausführung und hohes Zinkengewicht wählen, damit ausreichende Arbeitstiefe gewährleistet ist. |
| Langegge | mittelschwer bis bindig | Durch engen Strichabstand auch bei flacher Saatbettbereitung intensiver Bearbeitungseffekt. |
| Löffelegge | mittelschwer bis schwer | Auch bei festem Boden und grobscholliger Ackeroberfläche intensive Bearbeitung. Gute Tiefenhaltung, auf leichteren und lockeren Böden aber Gefahr von zu großem Tiefgang. Auf verunkrauteten oder mit Pflanzenresten durchsetzten Feldern Verstopfungsgefahr. |
| Gareegge | leicht bis mittelschwer | Universell verwendbar. Geringe Verstopfungsgefahr, da Zinken im Boden vibrieren. Auf verhärteten Böden kann der Tiefgang zu gering sein, deshalb Belastung durch Tragrahmen vorteilhaft. |
| Feingrubber | leicht bis schwer | Universeller Einsatz möglich, geringe Verstopfungsgefahr. Der größere Strichabstand (10 cm) macht für eine ordnungsgemäße Bearbeitung mindestens 10 cm Arbeitstiefe erforderlich. Deshalb ist der Feingrubber für flache Bearbeitung (z. B. Saatbett für Zuckerrüben, Raps etc.) nicht geeignet. |

Darst. 125 Gerätebauart, Einsatzbereiche und Einsatzhinweise für gezogene Geräte

stand sind deutlich höher als bei der Netzegge. Dadurch soll gerade beim Einsatz auf Wiesen und Weiden eine intensive Wirkung erzielt werden. Bei manchen Wieseneggen haben die oben bzw. unten angeordneten Zinken eine unterschiedliche Länge und Form, dadurch läßt sich der Bearbeitungseffekt verändern.

## Einsatz von Feingrubber und Zinkeneggen

Die vorgenannten Geräte für die Saatbettbereitung haben vielfältige Aufgaben zu erfüllen. Je nachdem, welcher Effekt erzielt werden soll, müssen bestimmte Kriterien bei Auswahl und Einsatz der Geräte beachtet werden (Darst. 123). Dabei zeigt sich, daß Strichabstand, wirksame Zinkenbreite und Zinkenform als die wesentlichen Einflußfaktoren auf den Arbeitseffekt anzusehen sind. Nicht minder wichtig ist jedoch die Arbeitsgeschwindigkeit, da sich mit zunehmender Fahrgeschwindigkeit die Wucht des Aufpralles der Zinken auf die Bodenteilchen im Quadrat vergrößert. Hohe Fahrgeschwindigkeit ist also gleichbedeutend mit intensiver Lockerung und Krümelung des Bodens. Federzinken können durch ihr Vibrieren im Boden diese Wirkung noch unterstützen.

Aber auch aus verfahrenstechnischer Sicht kommt einer hohen Arbeitsgeschwindigkeit eine besondere Bedeutung zu, denn sie ermöglicht eine hohe Flächenleistung und Schlagkraft bei der Oberflächennachbearbeitung. Aus vielerlei Gründen wird heute angestrebt, die Zeitspanne der günstigsten Bearbeitbarkeit des Bodens konsequent auszunutzen und dann die Bearbeitungsmaßnahmen mit hoher Schlagkraft durchzuführen. Deshalb besteht bei der Neukonstruktion und Weiterentwicklung von gezogenen Bodenbearbeitungswerkzeugen und -geräten das Grundprinzip, daß diese auch für den Einsatz bei hoher Fahrgeschwindigkeit geeignet sein müssen.

Ein Überblick über die technischen Merkmale von Zinkeneggen (Darst. 124) zeigt die erhebli-

chen Unterschiede zwischen den verschiedenen Bauformen. Nach der Faustregel: »Je enger der Strichabstand und je größer die wirksame Zinkenbreite, desto flacher die mögliche Arbeitstiefe« lassen sich die verschiedenen Eggenbauformen recht exakt den jeweiligen Bodenarten und Einsatzbereichen zuordnen (Darst. 125). Aus dieser Übersicht wird deutlich, weshalb eine derartige Viefalt an Eggenbauformen angeboten wird und im Hinblick auf die Fülle unterschiedlicher Einsatzbedingungen in den landwirtschaftlichen Betrieben auch erforderlich ist. Bei der gezielten Auswahl ist jedoch darauf zu achten, daß das jeweilige Gerät für die im Betrieb vorherrschenden Bodenarten gut geeignet ist und auch in anderen Bereichen (z. B. Arbeitstiefe, Verstopfungsgefahr) die gestellten Forderungen erfüllt.
Wie bereits erwähnt, ist es jedoch nicht immer möglich, mit den Einzelgeräten die gewünschten Bearbeitungseffekte zufriedenstellend zu erreichen. Sie werden deshalb vorwiegend in Kombination mit anderen Geräten eingesetzt (z. B. Krümelwalzen, Ackerwalzen etc.), um durch eine Ergänzung der Wirkungsweise eine gezielte Bodenbearbeitung in möglichst wenigen Arbeitsgängen zu erreichen. Die derzeit vorwiegend verwendeten Gerätekombinationen werden in Kapitel 8.5 erläutert, dort sind auch Angaben über Flächenleistung, erforderliche Schleppermotorleistung etc. aufgeführt.

### 7.4.1.2 Rolleggen

Unter diesem Oberbegriff läßt sich eine Vielzahl unterschiedlicher Bauformen von Bodenbearbeitungswerkzeugen einordnen, die im wesentlichen auf dem Boden abrollen, nur relativ flach in die obere Bodenschicht eingreifen und dort je nach Bauweise eine lockernde, krümelnde, mischende, schneidende, aufreißende oder verdichtende Wirkung ausüben. Während früher zwischen typischen »Kombinationsgeräten« (z. B. Krümelwalze, Krumenpacker) und »Einzelgeräten« (z. B. Scheibenegge, Spatenrollegge) unterschieden wurde, läßt sich unter heutigen Aspekten diese strenge Trennung nicht mehr aufrechterhalten. Neuere Entwicklungen zeigen nämlich, daß auch diese »Einzelgeräte« in zunehmendem Umfang Verwendung in Gerätekombinationen finden (z. B. Scheibenegge und Spatenrollegge in Verbindung mit dem Schälgrubber, Wälzeggen in Packer-Kombinationen).

**Wälzeggen (Krümelwalzen):** Ihre Hauptaufgaben sind das Einebnen, Krümeln und Verdichten der Ackeroberfläche. Bei Verwendung in Gerätekombinationen übernehmen sie dort zugleich die Führung der Vorlaufgeräte in einer bestimmten Tiefe, wobei sich der Geräterahmen auf den Krümelwalzen abstützt, sie dadurch entsprechend belastet und ihre Wirkung verbessert.
Die typische Funktion der Wälzeggen besteht darin, daß die Werkzeuge in den Boden eindringen und dabei die Kluten zerdrücken und zerschlagen. Zugleich verfestigen sie durch das Abrollen leicht die Bodenoberfläche. Beim Herausziehen verteilen die Werkzeuge kleine Bodenteilchen als lockere, feingekrümelte Schicht über dieser etwas verfestigten Zone.
Krümelwalzen mit spitzen und schmalen Werkzeugen dringen verhältnismäßig tief in den Boden ein, ihre Wirkung ist vorwiegend zerschlagen/krümelnd. Die feinkrümelige Schicht über dem verfestigten Horizont kann bis zu 5 cm Dicke betragen. Dagegen arbeiten breite und stumpfe Werkzeuge flacher, sie hinterlassen nur eine dünne Krümelschicht. Mit solchen Geräten wird vor allem eine verfestigende Wirkung angestrebt. Im allgemeinen werden Doppelkrümler mit zwei hintereinander angeordneten Krümelwalzen benutzt. Die Wendelung der schräg angeordneten Stege verläuft dann spiegelbildlich, so daß eine intensive Wirkung und exakter Geradeauslauf erzielt werden.
Die früher vorhandene Vielfalt an Wälzeggen-Varianten hat sich heute weitgehend reduziert. Die beiden nachfolgend geschilderten Bautypen werden eindeutig bevorzugt.
**Schrägstabwälzegge (Flachstegkrümler):** Die Arbeitswerkzeuge bestehen aus gewendelten, hochkant stehenden Flachstahlstäben mit rechteckigem Querschnitt. Diese Wälzegge ist sehr universell einzusetzen. Obwohl sie in erster Linie für die Bearbeitung mittlerer Böden entwickelt wurde, lieferte sie auch auf schwereren und auf leichten Böden eine durchaus zufriedenstellende Arbeit. Die Krümelwirkung reicht bis etwa 3 cm Arbeitstiefe.
**Zahnwälzegge (Zahnkrümler):**
Diese Bauart läßt sich ebenfalls sehr vielseitig einsetzen, da auf leichten Böden das Verfestigen, auf schwereren Böden die krümelnde Wirkung stärker hervortritt. Zahnwälzeggen werden in zwei unterschiedlichen Varianten angeboten:

- mit schweren, gewendelten Stahlwellenschienen. Mit dieser Bauform wird vor allem

Darst. 126 Bevorzugte Bauformen von Krümelwalzen (Wälzeggen). Oben: Stegwalzenkrümler; unten: Zahnkrümler

eine bodenverfestigende Wirkung erreicht. Deshalb ist der Einsatzschwerpunkt auf den leichteren bis mittleren Böden zu sehen.

- mit V-förmigen Zahnschienen. Derartige Zahnkrümler werden aufgrund ihrer aggressiven Wirkung vor allem auf den schwereren Böden eingesetzt, wo ein intensives Zerschlagen der Kluten und Krümel des Bodens angestrebt wird.

Dagegen haben **Drahtwälzeggen** an Bedeutung verloren. Die Krümelelemente bestehen aus schräg verspannten Stahldrähten, die je nach Anwendungsbereich mit unterschiedlichem Drahtdurchmesser angeboten werden. Je geringer der Durchmesser, desto tiefer dringen die Werkzeuge in den Boden ein (etwa 3 bis 5 cm tief) und um so intensiver ist die Krümelungswirkung. Bei der Verwendung von Drahtwälzeggen ist gewisse Vorsicht geboten, da sie den Boden »scharf« anfassen. Bei der Saatbettbereitung zu Zuckerrüben wird das Saatbett oft zu tief bearbeitet, außerdem wird auf leichteren und mittleren Böden oftmals eine zu starke Krümelung und damit die Gefahr von Verschlämmungen hervorgerufen. Deshalb ist die Bedeutung von Drahtwälzeggen etwas rückläufig. **Flachstern-** und **Stachelwälzeggen** sollen vor allem zerkleinern und packen.

Zusammenfassend läßt sich feststellen, daß bei Auswahl und Einsatz der verschiedenen Wälzeggen-Bauarten die typische Wirkung beachtet und danach die Einsatzmöglichkeiten bestimmt werden sollten. Nur in wenigen Betrieben sind jedoch einheitliche Bodenarten vorhanden, außerdem ändert sich der Bearbeitungszustand je nach Einsatzzeitpunkt. Deshalb wird versucht, durch verschiedene technisch-konstruktive Maßnahmen einen möglichst vielseitigen Einsatz der Wälzeggen zu erreichen. So werden z. B. Doppelkrümler mit zwei unterschiedlichen Krümelwalzenformen ausgerüstet, um eine Ergänzung der Bearbeitungseffekte zu erzielen. Außerdem hat sich gezeigt, daß der Durchmesser des Krümlers um so größer sein sollte, je leichter der Boden ist, um eine entsprechende Verfestigung zu erreichen und das »Schieben« zu vermeiden. Umgekehrt sollten auf schwereren Böden Krümler mit geringerem Durchmesser verwendet werden, da diese bei gleicher Arbeitsgeschwindigkeit und Stegzahl eine intensivere Krümelung bewirken. Deshalb eignen sich Doppelkrümler mit zwei unterschiedlichen Krümelwalzen-Durchmessern besonders für stark wechselnde Böden.

Beim Einsatz unter feuchteren Bodenverhältnissen (z. B. Winterweizenbestellung nach späträumenden Früchten) können feuchte Kluten in den Krümler-Innenraum gelangen, so daß sich der Krümler nach und nach völlig zusetzt. Dadurch wird nicht nur das Gesamtgewicht erheblich gesteigert, sondern vor allem die Krümlerfunktion stark beeinträchtigt. Daher werden in zunehmendem Maße Krümler ohne Mittelwelle bevorzugt. Allerdings muß dann der Krümleraufbau sehr stabil sein. Moderne Krümelwalzen sind meist Bestandteile von Gerätekombinationen, sie erreichen erst bei hohen Arbeitsgeschwindigkeiten (ca. 8 km/h) und bei ausreichender Belastung ihre volle Wirkung.

Krümelwalzen, die als Nachläufer bei zapfwellengetriebenen Geräten eingesetzt werden, sind dort erläutert.

**Scheibeneggen:** Hinsichtlich ihrer Wirkung nehmen Scheibeneggen eine gewisse Zwischenstellung ein. Sie eignen sich einerseits gut für den Stoppelumbruch, das Einmulchen von gehäckseltem Stroh und Gründüngung sowie zum Herrichten eines zufriedenstellenden Keimbettes für Unkrautsamen und Ausfallgetreide. Andererseits lassen sie sich auch für die Saatbettbereitung einsetzen.

Für eine intensive Bodenbearbeitung sollte die Scheibenegge mit zwei hintereinander angeordneten Reihen von Hohlscheiben ausgestattet sein. Durch die X- oder V-förmige Anordnung und die verstellbare Schrägstellung der Scheibenreihen zueinander kann die Bearbeitungswirkung geändert werden. Bei kleineren Geräten erfolgt die Verstellung mechanisch, bei mo-

Darst. 127 Moderne Aufsattel-Scheibenegge bei der Stoppelbearbeitung. Das Einklappen der Seitenteile und Ausschwenken der Laufräder erfolgen hydraulisch (Werkbild Rabe-Werk)

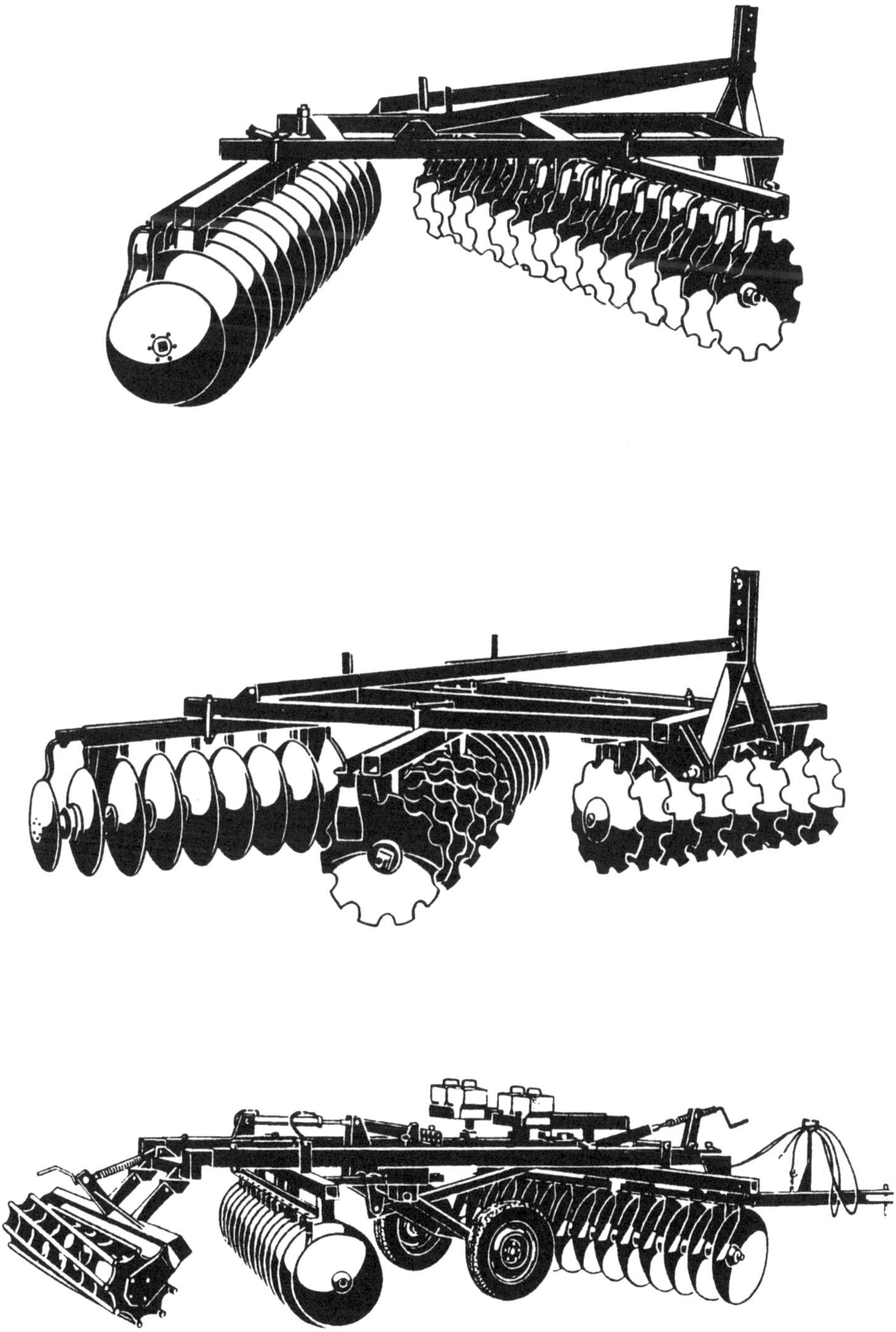

Darst. 128 Bauarten und Scheibenanordnung bei Scheibeneggen (oben und Mitte: Anbau-Scheibenegge; unten: Aufsattel-Scheibenegge mit Rückverdichtungswalze)

| Vorteile | Probleme |
|---|---|
| ● vielseitig verwendbares Gerät: von Stoppelumbruch und Stroheinarbeitung, Nachbearbeitung grob gepflügter Felder, Zerschneiden von Grasnarben für Wiesenumbruch bis zur Saatbettvorbereitung<br>● Bearbeitungswirkung durch unterschiedliche Schrägstellung der Scheibensätze variierbar<br>● geringe Empfindlichkeit gegenüber unterschiedlichen Boden- und Feuchtigkeitsverhältnissen und bei Steinen<br>● einfacher Aufbau, problemlose Einstellung, keine Spezialkenntnisse für den Einsatz notwendig<br>● bei neueren Bauformen viele Einstellfunktionen und Umstellung von Feldeinsatz auf Straßenfahrt und zurück vom Fahrersitz aus hydraulisch vorzunehmen | ● auf nicht vorbearbeiteten Feldern ist Arbeitstiefe auf ca. 10 cm begrenzt<br>● auf verhärteten oder dichtlagernden Böden hohes Eigengewicht und ggf. Zusatzgewichte erforderlich<br>● in moderner, ausreichend schwerer Bauform nicht als Anbau-, sondern nur als Anhängegerät verwendbar<br>● bei großen Mengen von Langstroh besteht Gefahr, daß angestrebte Arbeitstiefe nicht erreicht wird<br>● Mischwirkung nicht immer ausreichend<br>● Gefahr der Vermehrung von ausläufertreibenden Wurzelunkräutern<br>● für gute Arbeitsqualität meist zweimaliges, kreuzweises Bearbeiten erforderlich<br>● Kombination mit zusätzlichen Geräten (z. B. Vorgrubber oder Nachläuferwalze) vergrößert die Baulänge und die erforderliche Vorgewendebreite |

Darst. 129 Vorteile und Probleme bei Scheibeneggen

dernen Großflächen-Scheibeneggen mit Hilfe eines Hydraulikzylinders. Je schräger der Anstellwinkel in Fahrtrichtung, desto intensiver die krümelnde und mischende Wirkung. Werden dagegen die Scheibenblocks geradegestellt, so haben die Scheiben eine vorwiegend schneidende Wirkung. Diese Einstellung wird vor allem zum Durchschneiden von bewachsenen Böden (z. B. Wiesenumbruch) oder zum Unterstützen des Absetzens einer frisch gepflügten Furche etc. gewählt.
Die Arbeitswerkzeuge bestehen aus gewölbten, selbstschärfenden Stahlscheiben mit einem Durchmesser von etwa 45 bis 60 cm (maximal 90 cm) und glattem bzw. gezacktem Rand. Glatte Scheiben bewirken eine intensive Mischung des Bodens, da die Bodenteilchen am Scheibenrand bzw. mehr zur Mittelachse hin unterschiedlich beschleunigt werden. Gezackte Scheiben wirken aggressiver, dringen besser in den Boden ein und lassen sich besonders vorteilhaft beim Einarbeiten voluminöser Ernterückstände verwenden. Deshalb werden Doppel-Scheibeneggen meist mit einer Reihe gezackter und einer Reihe glatter Scheiben bestückt.
Scheibeneggen sind vielseitig einsetzbar, eignen sich aber auch für die Bearbeitung schwerer und steiniger Böden. Um hier eine ausreichende Arbeitstiefe zu erreichen, ist ein entsprechendes Eigengewicht oder die Verwendung von Zusatzgewichten erforderlich. Moderne Scheibeneggen werden daher überwiegend als Anhängegeräte angeboten. Sie sind meist mit luftbereiften, hydraulisch betätigten Laufrädern ausgestattet, so daß ein einfaches Umstellen von Transportstellung in Arbeitsstellung und zurück möglich ist. Bei Geräten mit mehr als 3 m Arbeitsbreite wird die Schlepperhydraulik auch zum Einklappen der überstehenden Seitenteile verwendet.
Scheibeneggen sind im allgemeinen leicht zu bedienen und einzustellen. Die Instandhaltung ist problemlos, da die Scheiben selbstschärfend sind und die Abnutzung wesentlich langsamer verläuft als z. B. diejenige von Zinkeneggen. Wenn ein entsprechender Bearbeitungseffekt und insbesondere eine günstige Einebnungswirkung erzielt werden soll, darf die Scheibenegge nicht zu schnell gefahren werden (optimal ca. 5 km/h).
**Spatenrollegge:** In ihrem Aufbau ähnelt die Spatenrollegge der Scheibenegge. Auch hier sind die werkzeugtragenden Wellen V- oder X-förmig angeordnet, im Gegensatz zur Scheibenegge jedoch bis zu 4 Messerwalzen hintereinandergeschaltet. Die Arbeitswerkzeuge selbst, 4zackige, leicht gewölbte Messersterne

Darst. 130 Spatenrolleggen werden mit unterschiedlicher Anzahl und Anordnung der Messerwellen angeboten

Darst. 131 Spatenrollegge bei der Stroheinarbeitung

mit einem Durchmesser von 30 bis 40 cm, sind abwechselnd rechts- und linkswerfend angeordnet. Außerdem müssen sie in einem bestimmten Winkel zueinander angestellt sein, um eine intensive Krümel- und Mischwirkung zu erzielen (Darst. 130, 131). Für das Erzielen einer guten Arbeitsqualität sollte die Arbeitsgeschwindigkeit ca. 12 km/h betragen. Für das Bearbeiten schwerer Böden lassen sich Beton-Zusatzgewichte aufbringen. Im allgemeinen ist ein zweimaliges Bearbeiten über Kreuz erforderlich. Auf verhärteten, schweren Böden kann dennoch der Bearbeitungseffekt, vor allem die Arbeitstiefe, unbefriedigend sein.
Spatenrolleggen waren früher bevorzugte Geräte für die Stoppelbearbeitung. Sie haben in letzter Zeit für diesen Einsatzbereich etwas an Bedeutung verloren, da in ständig steigendem Umfang Stroh auf dem Feld verbleibt und intensiv in den Boden eingemischt werden soll. Dies gelingt mit exakt gehäckseltem Stroh recht gut, auf leichten Böden eindeutig besser als auf schweren Böden. Bei langem und feuchtem Stroh neigen die Spatenrolleggen jedoch zum Wickeln. Außerdem ist die Einarbeitungstiefe (vor allem bei größeren Strohmengen) oft nicht ausreichend.
Auch ein Einsatz zur Saatbettbereitung ist möglich, da die Spatenrolleggen den Boden recht gut krümeln und einebnen. Im Gegensatz zur Saatbettkombination läßt sich jedoch keine einheitliche Arbeitstiefe und kein gezielter Arbeitseffekt erreichen. Beim Einsatz zur Stoppelbearbeitung schaffen Spatenrolleggen ein gutes Keimbett für Unkrautsamen und Ausfallgetreide, weil sie oberflächennah arbeiten. Dagegen sind sie zur Bekämpfung von Wurzelunkräutern nicht geeignet. Auch als Nachläufer in Gerätekombinationen (z. B. zum Schälgrubber) haben sich Spatenrolleggen gut bewährt.
In der momentanen Bauform werden sie als Anhänge- und Anbaugeräte angeboten. Bei Arbeitsbreiten über 3 m werden die überstehenden Seitenteile mechanisch oder hydraulisch eingeklappt. Moderne Anbaugeräte mit drei bis vier hintereinander angeordneten Spatenwellen lassen sich für die Arbeits- bzw. Transportstellung ziehharmonikaartig auseinanderziehen bzw. zusammenschieben. Dadurch ist in Arbeitsstellung die einwandfreie Funktion, in Transportstellung ein geringer Schwerpunktabstand zum Schlepper und damit ein problemloser Transport gewährleistet. Darüber hinaus gibt es aufgesattelte Geräte mit luftgummi-bereiftem Fahrwerk.

### Geräte mit Bodenantrieb und Doppelrotorprinzip

Als Ergänzung zu den vorgenannten, abrollenden Geräten und als gewisse Alternative zu den zapfwellengetriebenen Nachbearbeitungsgeräten wurden abrollende Geräte mit zwei hintereinander angeordneten Rotoren entwickelt. Der frontseitige Rotor rollt auf dem Boden ab und treibt dabei über einen Kettenantrieb den hinteren an. Die Antriebsübersetzung beträgt je nach Bauart 1:2,5 oder 1:3,2. Im Einsatz wird der vordere Rotor etwas abgebremst, der hintere arbeitet dagegen mit mehr als der doppelten Drehzahl. Dadurch ergeben sich sehr unterschiedliche Arbeitseffekte. Derzeit ist im wesentlichen zwischen folgenden zwei Bauformen zu unterscheiden (Darst. 132):

- **Doppelzinkenrotor (»Dyna-Drive«):** Die beiden Rotoren sind mit löffelartigen Zinken (17 Zinken je m Arbeitsbreite) besetzt, die ineinandergreifen und somit eine gute Selbstreinigung gewährleisten. Der vordere Rotor bricht den Boden in ca. 5 bis 10 cm Arbeitstiefe grob auf, während der hintere das intensive Krümeln und Mischen übernimmt. Eine nachfolgende Flachstegwalze übernimmt die Tiefenführung und Rückverdichtung. Das Gerät erzielt bei hohen Fahrgeschwindigkeiten von ca. 10 bis 12 km/h den günstigsten Bearbeitungseffekt. Sein Haupteinsatzbereich liegt in der Stoppelbearbeitung.
- **Doppeleggenkrümlerwalze:** Hier sind hintereinander in einem Tragrahmen eine Zinkenegge mit großem Strichabstand, eine Krümlerwalze mit acht hochgebogenen, glatten Stegleisten, eine Egge mit engem Strichabstand sowie eine Walze mit acht Zackenleisten angeordnet. Die vordere, abrollende Walze hat eine mehr schleppende, einebnende Wirkung, die hintere, angetriebene und federbelastbare Walze krümelt mit den Zahnleisten intensiv eine flache Oberschicht. In Kombination mit den beiden höhenverstellbaren Eggen soll in einem relativ weiten Geschwindigkeitsbereich (6 bis 10 km/h) eine optimale Saat- und Pflanzbettbereitung erzielt werden können.

Die vorliegenden Erfahrungen mit dem Doppelzinkenrotor zeigen, daß die Wirkung der durch einen Kettenantrieb verbundenen Walzen vor allem durch die vorhandene Bodenart und den Bearbeitungszustand bestimmt wird. Theoretisch und konstruktiv ist zwar die Erhöhung der Drehzahl der hinteren, angetriebenen Walze

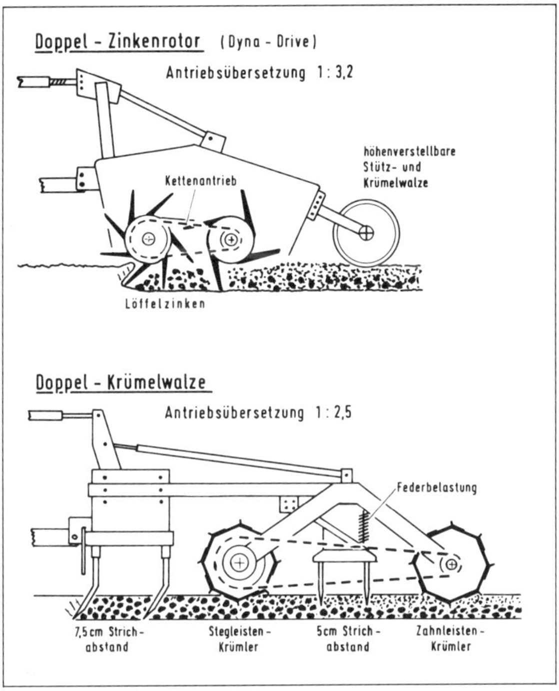


Darst. 132 Geräte mit Doppelrotorprinzip und Bodenantrieb

zur vorderen Walze gegeben. Je stärker jedoch der Boden vorgelockert (z. B. durch eine vorausgehende Pflugfurche oder den Grubbereinsatz) oder je leichter die Bodenart ist, desto stärker gleitet die vordere Zinkenwalze durch den Boden, besitzt also einen erheblichen »Schlupf«. Dadurch wird zwar ihre aufreißende, lockernde Wirkung erhöht, entsprechend geringer ist aber auch ihre Antriebswirkung und damit die Umfangsgeschwindigkeit der hinteren Walze. Je lockerer daher die obersten Bodenschichten sind, desto mehr ähnelt die Wirkung der vorderen Walze einer Zinkenegge, da sie wesentlich langsamer rotiert, als es aufgrund der Fahrgeschwindigkeit und bei ungehindertem Abrollen auf der Bodenoberfläche möglich wäre. Dann kann unter Umständen das vorgegebene Übersetzungsverhältnis nicht mehr für eine ausreichende Beschleunigung der hinteren Walze und für das Erzielen eines befriedigenden Krümeleffektes ausreichen. Auf bindigen Böden konnten dagegen bessere Ergebnisse erzielt werden.
In übertragenem Sinne gelten diese Erfahrungen auch für die Doppeleggenkrümlerwalze, wenn die vordere Walze nicht ausreichend belastet wird und zu hohen Schlupf aufweist.

### 7.4.1.3 Walzen, Krumenpacker

In früheren Jahren stellten die Walzen einen festen Bestandteil des Geräteparks von Ackerbaubetrieben dar. Mit der zunehmenden Verwendung von Ackerschleppern traten sie etwas in den Hintergrund. Der Grund dafür war, daß eine gute Wirkung der Walzen vor allem von einem hohen Eigengewicht, einem großen Durchmesser und einer entsprechenden Gestaltung des Walzenmantels abhängt. Außerdem ist eine Aufteilung in mehrere schmale Einzelelemente erforderlich, wenn eine gute Bodenanpassung erreicht werden soll. Diese Anforderungen verhinderten anfangs einen Anbau der Walzen im Heckkraftheber des Schleppers. Diese Situation hat sich in den letzten Jahren grundlegend gewandelt. Neuartige, schleppergerechte Konstruktionen bieten nunmehr die Möglichkeit, die Walzeneinzelelemente einzuschwenken, zusammenzuschieben oder hochzuklappen. Dadurch wird der Anbau der Walzen in der Schlepperheckhydraulik möglich. Bei großen Arbeitsbreiten werden die Walzen jedoch aufgesattelt und besitzen gummibereifte Transporträder. (Darst. 133).

Darst. 133 Aufgesattelte Cambridge-Walze mit Luftgummi-bereiften Laufrädern und hydraulisch einklappbaren Seitenteilen (oben in Transportstellung, unten in Arbeitsstellung

Walzen sollen die Kluten an der Bodenoberfläche zerschlagen und zerdrücken, den oberen Bereich der Krume verfestigen und verdichten sowie auf verschlämmten Böden die Kruste brechen. Nach ihrer Bauform wird unterschieden nach *Glatt-* und *Rauhwalzen*.

**Glattwalzen** besitzen einen kompakten, zylindrischen Walzenkörper aus Stahlblech oder Gußstahl mit glatter Oberfläche. Stahlblechglattwalzen können z. T. mit Wasser oder Sand gefüllt werden, um das Gewicht und damit die verdichtende Wirkung zu steigern. Während Ackerglattwalzen einen Zylinderdurchmesser von etwa 65 cm besitzen, beträgt dieser bei Wiesenglattwalzen bis über 120 cm. Auf dem Acker werden Glattwalzen meist nur im letzten Bearbeitungsvorgang vor der Zuckerrübensaat eingesetzt, um ein gleichmäßig verdichtetes, oberflächlich glattes Saatbett zu schaffen.

**Rauhwalzen** bestehen aus einzelnen Ringen, die auf einer Welle nebeneinander angeordnet sind. Die Bohrung ist oft etwas größer als der Wellendurchmesser, dadurch können sich die einzelnen Ringe unabhängig voneinander bewegen. Dies verbessert die Krümelwirkung der Walze, die Anpassung der einzelnen Ringe an die Bodenoberfläche sowie die Selbstreinigung. Als wichtigste Bauarten von Rauhwalzen sind anzusehen:

- Cambridge-Walze,
- Crosskill-Walze,
- Prismenwalze (Sternwalze),
- Ringelwalze.

Bei der **Cambridge-Walze** sind auf der Welle abwechselnd glatte Ringe und Zackenscheiben angeordnet. Dadurch soll eine gute verdichtende, aber gleichzeitig auch zerdrückende Wirkung erzielt werden (Darst. 134).

**Crosskill-Walzen** haben ebenfalls glatte Ringe, zwischen denen jedoch jeweils Scheiben mit keilförmigen Nocken am Umfang angebracht sind. Diese Keilnocken bewirken ein intensives Zerschlagen und Zerdrücken der Kluten, so daß diese Walzenbauform vor allem für den Einsatz auf schweren Böden geeignet ist. Die Selbstreinigung ist allerdings nicht so gut wie bei der Cambridge-Walze. Sind anstelle der glatten Ringe Zackenscheiben vorhanden, so wird diese Walze »Cambridge-Crosskill-Walze« bezeichnet.

Die **Prismenwalze** (Sternwalze) besitzt sternförmige Rippen, wodurch außer dem Zerdrücken der Schollen auch eine aufrauhende Wirkung an der Ackeroberfläche erzielt wird. In einer neuen Bauform sind die einzelnen Sternelemente in der Mitte geteilt. Sie können sich dadurch gegeneinander verschieben und erreichen eine gute Selbstreinigung. Diese Bauform wird neuerdings auch anstelle von Wälzeggen (Krümelwalzen) als Nachläufer in Saatbettkombinationen oder als Frontpacker am Traktor verwendet.

Die scharfen Ringe der **Ringelwalze** üben eine schneidende Wirkung an der Bodenoberfläche aus. Das dächerförmige Bodenprofil mit glatten Flanken bewirkt eine größere Bodenoberfläche und damit erhöhte Wasserverdunstung. Je nach Bauweise bestehen Ringelwalzen aus einem kompletten Walzenkörper oder aus einzelnen, auf einer Welle angeordneten Walzenringen.

Die Wirkung der Walzen hängt vor allem vom Eigengewicht, dem Durchmesser und der Form des Walzenmantels bzw. der einzelnen Ringe ab. Um durch den hohen spezifischen Flächendruck auch eine entsprechende Wirkung zu erzielen, benötigt die Walze eine gewisse Einwirkungszeit. Sie sollte daher verhältnismäßig langsam gefahren werden (etwa 4 km/h).

Im modernen Ackerbau und insbesondere in Betrieben, in denen im vermehrten Umfang organische Substanzen (z. B. Getreidestroh, Gründüngung etc.) in den Boden eingearbeitet werden und somit die Gefahr einer zu lockeren Oberkrume besteht, haben Walzen heute wieder verstärkte Bedeutung. Ein weiterer, wichtiger Anwendungsbereich besteht im Niederdrücken des hochgefrorenen Bodens, wodurch z. B. im Frühjahr bei jungen Wintergetreide-Saaten der Bodenschluß wieder hergestellt und den Pflanzen die Verbindung zum Unterboden verschafft wird. Auch zum Krustenbrechen werden Walzen verwendet. Die Tiefenwirkung sämtlicher Walzen ist allerdings gering, sie reicht im allgemeinen nicht tiefer als ca. 5 bis 10 cm.

### Krumenpacker

Überall dort, wo die Zeit für ein natürliches Absetzen des Bodens fehlt, lassen sich Krumenpacker für das mechanische Verdichten des Bodens bis in eine Tiefe von ca. 15 bis 20 cm einsetzen. Deshalb werden Krumenpacker vor allem als Pflugnachläufer und vorzugsweise auf leichteren bis mittleren Böden verwendet. Sie bewirken einen ausreichenden Bodenschluß, außerdem erhält der Boden die notwendige Tragfähigkeit für den Einsatz von Schleppern und Geräten bei den folgenden Arbeitsgängen.

| Walzen-Bauform | Durchmesser ca. cm | Gewicht kp/m AB | Wichtige Wirkungen |
|---|---|---|---|
| **Ringelwalze** 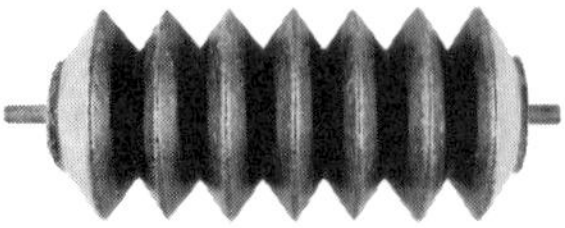 | 35 – 40 | 200 – 250 | Fördern des kapillaren Wasseraufstiegs in den obersten Bodenschichten sowie der Wasserverdunstung. |
| **Stern- oder Prismenwalze** 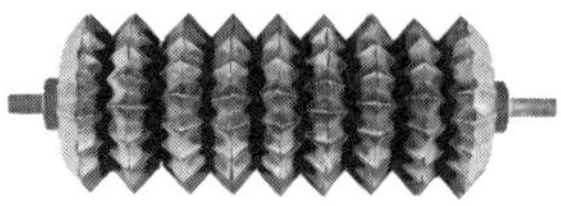 | 32 – 40 | 140 – 200 | Grobe Kluten zerdrücken, Verminderung der Wasserverdunstung, Rückverfestigung bei tief gelockertem Boden. |
| **Cambridgewalze**  | 35 – 65 | 250 – 500 | Krusten brechen, Niederwalzen hochgefrorener Saaten im Frühjahr, Bodenverfestigung an der Oberfläche. |
| **Crosskillwalze**  | 35 – 50 | 220 – 420 | „Schollenbrecher", intensivste Zertrümmerung grober Schollen an der Ackeroberfläche. |
| **Cambridge-Crosskill-Walze**  | 35 – 65 | 240 – 480 | Zerdrücken grober Schollen, Bodenverfestigung in einem flachen Horizont. |
| **Glattwalze** (Acker) | 50 – 65 | 160 – 200 (250 – 550)* | Schaffen einer glatten, ebenen Bodenoberfläche. |
| **Glattwalze** (Wiese)  | bis 125 | 350 – 650 (bis 2000)* | Andrücken der Grasnarbe, Einebnen der Bodenoberfläche. |

* ( ) = mit Wasserfüllung

Darst. 134 Bauarten und technische Kenndaten von Walzen

Darst. 135 Beim Packer mit verschraubten Einzelsegmenten läßt sich die Arbeitsbreite an die Pflug-Schnittbreite anpassen

Darst. 136 Doppel-Keilringpacker mit nachgeschalteter Einebnungsschiene

Typische Krumenpacker als Pflugnachläufer besitzen schmale, schwere Gußstahlringe, die in Abständen von ca. 15 cm auf einer Welle angeordnet sind. Bei neueren Konstruktionen sind die Packerringe miteinander verschraubt. Dadurch läßt sich die Arbeitsbreite variieren. Infolge des hohen Eigengewichtes schneiden die keilförmigen Ringe tief in den Boden ein (5 – 10 cm, auf Sandböden maximal ca. 20 cm), zerdrücken bis in diese Tiefe große Schollen und verfestigen den Boden auch in den unteren Krumenschichten. An der Oberfläche wird eine krümelige Bodenschicht hinterlassen.
Für den Packereinsatz gilt: Je größer der Durchmesser, desto größer das Gewicht, um so leichtzügiger ist der Packer und desto besser seine Wirkung. Dies gilt insbesondere für den Einsatz auf humosen Sandböden, auf denen vorzugsweise Packer mit 90 cm Ringdurchmesser verwendet werden. Auf den bindigen Böden, wo es mehr auf die schneidende Wirkung der Packerringe ankommt, werden Packer mit sehr schmalen Ringen und geringerem Durchmesser (ca. 70 cm) bevorzugt. Hier hat auch der Doppelpacker seinen bevorzugten Einsatzbereich. Zum richtigen Zeitpunkt eingesetzt, lassen sich dann ein bis zwei Bearbeitungsgänge bei den Folgegeräten einsparen.
Eine Sonderform stellt die **Sternwälzegge** (Notzonegge) dar. Sie besitzt als Einzelwerkzeuge 5- bis 6zackige Sterne mit einem Durchmesser von 25 bis 30 cm, die in einem Abstand von ca. 10 cm auf einer Welle schraubig versetzt angeordnet sind. Im allgemeinen werden Sternwälzeggen mit doppelt angeordneten Sternwellen verwendet, um eine ausreichende Wirkung zu erzielen. Da sie den Boden lediglich in einer Tiefe bis höchstens 15 cm verdichten können, ist auch auf leichten Böden meist kein ausreichendes Absetzen des gepflügten Bodens zu erreichen. Sie werden deshalb vorzugsweise in Kombinationen mit Packern eingesetzt.
Bei Verwendung von »Packerkombinationen« ist es auf allen leichteren Böden möglich, gleichzeitig mit dem Pflügen ein fertiges Saatbett herzurichten. Krumenpacker, Sternwälzegge und Krümelwalzen können in unterschiedlicher Reihenfolge hintereinander angeordnet werden. Hierdurch soll ein tiefgründiges Pakken und oberflächliches Krümeln des Bodens erreicht werden. Um bei den unterschiedlichen Einsatzbedingungen eine befriedigende Wirkung zu erzielen, sollte eine getrennte Verstellung der Arbeitstiefe für alle Einzelaggregate möglich sein. In letzter Konsequenz läßt sich auf derartige Pflugnachläuferkombinationen ein Säaggregat aufbauen (vgl. Kapitel Kombinationen von Pflug und Nachläufer).

**Reifenpacker:** Durch das Pflügen oder Grubbern wird der Boden intensiv gelockert. Beim darauffolgenden Befahren entstehen unter den Schlepperrädern vertiefte Fahrspuren und verdichtete Zonen, während daneben der Boden nicht verfestigt wird. Ziel muß es aber sein, daß der Boden auf der gesamten Arbeitsbreite eine gleichmäßige Dichtlagerung aufweist. Nur dadurch läßt sich der gewünschte Bodenschluß, eine gute vertikale Wasserführung und bei den nachfolgenden Bestellarbeiten eine gleichmäßige Saatgut-Ablagetiefe erreichen.
Für diese Aufgabe haben sich in letzter Zeit Reifenpacker besonders eingeführt, und zwar als

- Frontreifenpacker am Schlepper,
- Reifenpackerwalze unter der Drillmaschine,
- Nachläufer-Reifenpacker an zapfwellengetriebenen Bodenbearbeitungsgeräten.

**Frontreifenpacker** haben die Aufgabe, den Boden zwischen den Schlepperreifen (vorzugsweise Breit- oder Zwillingsreifen) zu verdichten. Eine »aktive Lenkung« des Reifenpackers vermeidet das seitliche Schieben beim Kurvenfahren. Der Frontreifenpacker sollte über den Frontkraftheber gezielt mit dem Gewicht der Schlepper-Vorderachse belastet werden können. Vorliegende Erfahrungen zeigen, daß z. B. auf gepflügtem Boden der Frontreifenpacker generell eine deutlich höhere und bis in eine Tiefe von ca. 30 cm gleichmäßigere Rückverfestigung bewirkt, als ein Gußring-Frontpacker.
Nur teilweise über den Frontkraftheber mit Schleppergewicht belastet (ca. 1000 kg), ist die Rückverfestigung unter dem Frontreifenpacker bei weitem nicht so stark wie in der Schlepperradspur. Erst wenn der Frontreifenpacker voll durch das Schleppergewicht belastet wird (ca. 1500 kg), so daß die Schleppervorderräder nahezu ohne Bodenkontakt sind, kann eine vergleichbare Rückverfestigung erreicht werden wie in der Schlepperradspur.
Da es aber ohne geeigneten Druck-Sensor nicht möglich ist, den Auflagedruck unter den Schlepperreifen und den Reifen des Packers stets gleichbleibend zu halten, gelingt es in der Regel nicht, über die gesamte Rückverfestigungsbreite (Frontpacker + Schlepperreifen) eine einheitliche Bodenverfestigung zu gewährleisten.

Darst. 137 Front-Reifenpacker sollen Zwischenraum zwischen den Traktorrädern gleichmäßig rückverfestigen. Moderne Bauformen sind lenk- und belastbar (Werkbild Silo-Wolff)

Darst. 138 Prismenwalzen im Frontanbau am Traktor zur Krümelung und Rückverdichtung der obersten Bodenschichten

Der in Drillmaschinen oder Einzelkornsämaschinen **integrierte Packer** soll über die gesamte Drillmaschinen-Arbeitsbreite eine gleichmäßige Verdichtungswirkung und gleichzeitig den sicheren Säwellenantrieb gewährleisten. Der Saatgut-Vorratsbehälter stützt sich direkt auf den Reifenpacker ab und unterstützt dadurch die Verdichtungswirkung. Durch die Walkbewegung der Reifen ergibt sich auch bei feuchteren Einsatzverhältnissen eine gute Selbstreinigung.

Hinter **zapfwellengetriebenen Bodenbearbeitungsgeräten** angebrachte Reifenpacker sollen den meist intensiv gekrümelten und gelockerten Boden gezielt rückverfestigen. Je nach Fabrikat sind die Reifen auf zwei hintereinander angeordneten Achsen »auf Lücke« angebracht oder auf einer Welle, die in ca. 1 m breite Segmente unterteilt ist. Dies soll eine bessere Bodenanpassung erleichtern. Auch hier stellt die gute Selbstreinigung einen wichtigen Effekt dar.

Darst. 139 Reifenpacker werden zur gleichmäßigen Rückverfestigung des Saathorizontes auch in Drillmaschinen oder Säkombinationen integriert

| Gerät | günstige Fahrgeschwindigkeit km/h | spezif. Leistungsbedarf kW/m AB | Arbeitstiefe cm | Flächenleistung je m Arbeitsbreite ha/h je m AB |
|---|---|---|---|---|
| Scheibenegge | 6 – 8 | 15 – 30 | 5 – 15 (25) | 0,50 – 0,65 |
| Spatenrollegge | 10 – 12 | 15 – 18 | 5 – 10 | 0,80 – 1,00 |
| Doppelzinkenrotor | 10 – 12 | 15 – 20 | 5 – 10 | 0,80 – 1,00 |
| Doppel-Eggenkrümlerwalze | 6 – 10 | 13 – 20 | 5 – 15 | 0,50 – 0,80 |
| Krumenpacker | 5 – 7 | 10 – 15 | 10 – 15 | 0,40 – 0,55 |

Darst. 140 Einsatztechnische Kenndaten von abrollenden Bodenbearbeitungsgeräten

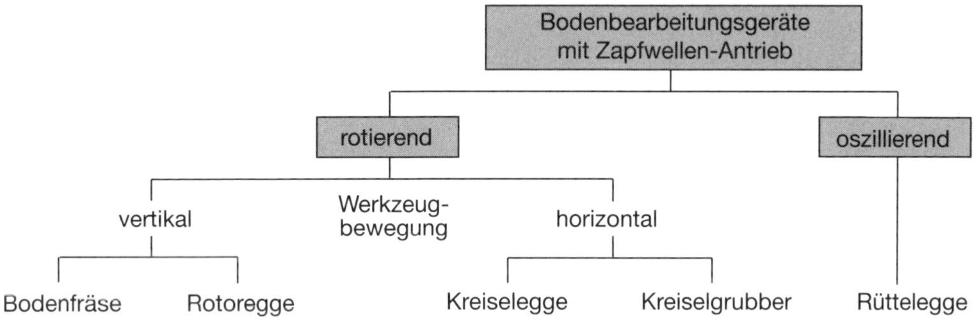


Darst. 141 Übersicht der Geräte für die Oberflächen-Nachbearbeitung mit Zapfwellenantrieb

## 7.4.2 Zapfwellengetriebene Geräte

### 7.4.2.1 Spezielle Aufgaben und Einsatzbereiche

Bodenbearbeitungsgeräte mit aktiv bewegten, über die Schlepperzapfwelle angetriebenen Werkzeugen haben in den letzten Jahren erheblich an Bedeutung gewonnen.
Anfangs stand der Einsatz auf trocken-harten, feucht-klebenden, verdichteten, sehr tonhaltigen oder generell schwer bearbeitbaren Böden im Vordergrund. Unter solchen Bedingungen ist mit gezogenen Geräten der angestrebte Bearbeitungseffekt nur in mehreren Überfahrten zu erreichen. Entsprechend hoch sind dann Arbeitszeitaufwand, Fahrverkehr im Feld und somit Verdichtungshorizonte. Zapfwellengeräte benötigen unter derartigen Bedingungen in der Regel nur einen einzigen Arbeitsgang.
Die ursprünglich verfügbaren, relativ einfachen Bauformen von Bodenfräsen verursachten eine sehr aggressive Zertrümmerung der Bodenaggregate und damit oftmals ackerbauliche Probleme (Schaffen einer »Einzelkornstruktur«). Die Folge davon war, daß diese Geräte nur als eine Art »Feuerwehr« für extrem ungünstige Einsatzbedingungen verwendet wurden.
Heute haben sich die Einsatzbereiche und Bearbeitungseffekte von zapfwellengetriebenen Bodenbearbeitungsgeräten erheblich gewandelt und erweitert. Dies ist auch auf das inzwischen sehr vielfältige Angebot an Gerätebauformen und Arbeitswerkzeugen zurückzuführen. Die heutigen Einsatzmöglichkeiten von zapfwellengetriebenen Geräten sind gekennzeichnet durch

- die Möglichkeit, den Bearbeitungseffekt an unterschiedlichen Boden- und Standortverhältnisse sowie an spezielle Ansprüche der einzelnen Fruchtarten gezielt anzupassen,
- die Kombinierbarkeit mit anderen Bodenbearbeitungsgeräten oder -werkzeugen (z. B. mit Flügelschar-Vorgrubber) und dadurch die Eignung für den Einsatz im Rahmen moderner Bodenbewirtschaftungsverfahren (z. B. pfluglose Bodenbewirtschaftung),
- die besonders vorteilhafte Eignung für eine Kombination mit Sägeräten jeglicher Art (Getreidedrillmaschine, Einzelkornsämaschine etc.) in Form von »Bestellsaatmaschinen«.

Diese Vorteile werden in zunehmendem Maße auch von Betrieben genutzt, die auf leichteren Böden wirtschaften.

**Vorteile zapfwellengetriebener Geräte gegenüber gezogenen Zinkeneggen**

- höherer Wirkungsgrad der Leistungsübertragung Schlepper – Gerät durch Zapfwellenantrieb (60 – 65 %, bei Zug unter 50 %)
- exaktes Einstellen des gewünschten Bearbeitungseffektes möglich
- bei nahezu allen Bodenarten und -zuständen ist Bearbeitung in einem Arbeitsgang möglich
- deshalb besonders geeignet für die Kombination Bodenbearbeitung und Saat
- weniger Fahrspuren und Verdichtungshorizonte
- geringerer Arbeitszeitbedarf und Kosten

Darst. 142 Vorteile der zapfwellengetriebenen Geräte gegenüber gezogenen Zinkeneggen

| Maschinen-Bauart | Kenndaten |
|---|---|
| **Bodenfräse** 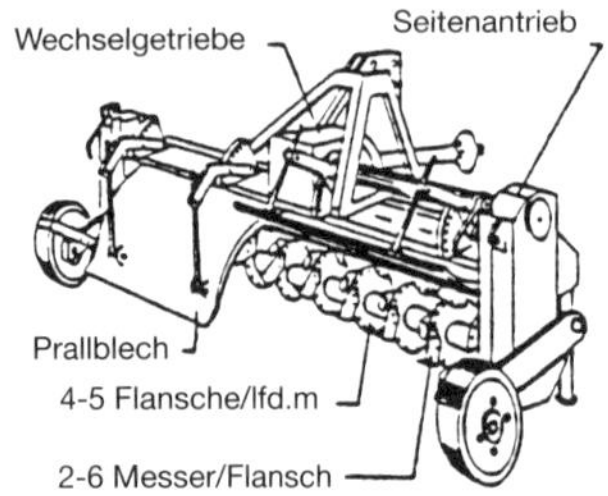  | vertikal rotierende Messer (Winkel- oder Mulchmesser). Wechselzahnräder oder Schaltgetriebe zum Verändern der Fräswellen-Drehzahl. Vorwiegend Seitenantrieb.<br>Bearbeitungseffekt einstellbar durch Verändern von Fräswellen-Drehzahl, Fahrgeschwindigkeit, Anzahl Messer pro Flansch, Prallblecheinstellung. Sehr gute Misch- und Zerkleinerungswirkung. Kombinierbar mit Vorlockerer und/oder Drillmaschine. |
| **Zinkenrotor (Rotoregge)** 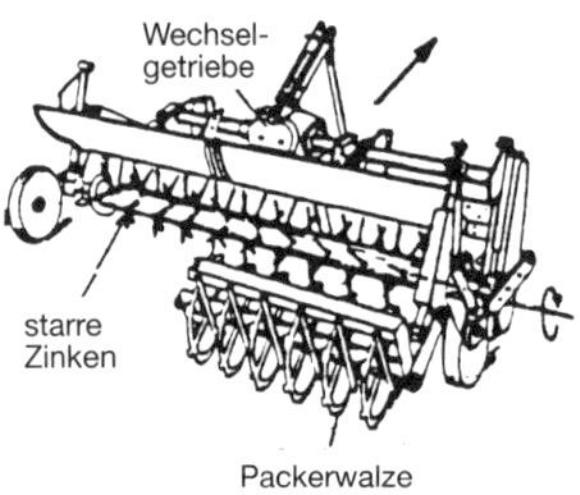  | Grundaufbau und Antrieb wie bei Bodenfräse. Starre Zinken, bei neueren Konstruktionen keilförmig und »stechend« angeordnet. Für Einarbeitung von Pflanzenresten sind spezielle Mulchzinken verwendbar. Einstellung des Bearbeitungseffektes wie bei Bodenfräse. Gute Mischwirkung. Oft in Kombination mit Vorlockerer (z. B. Stoppelbearbeitung) und/oder Drillmaschine eingesetzt (Bestellsaat bei Getreide/Mais). |
| **Kreiselegge/Kreiselgrubber** 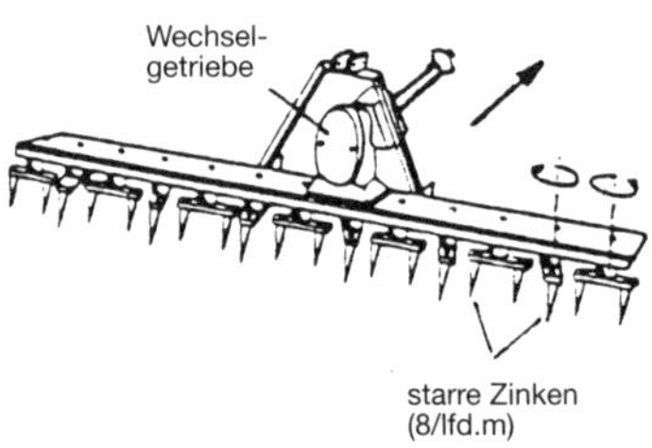  | Horizontal rotierende Zinkenträger (je 2 gegenläufig), mit verschiedenen Werkzeugformen (runde oder ovale Zinken, Messer etc.). Bei Kreiselegge sind die Werkzeuge »schleppend« angeordnet (sehr guter Einebnungseffekt), bei Kreiselgrubber stehen sie »auf Griff« (lockernde und mischende Wirkung).<br>Bearbeitungseffekt einstellbar durch Verändern von Kreiseldrehzahl (über Schaltgetriebe oder Wechselzahnräder), und Fahrgeschwindigkeit. Kreiselegge ist meistverwendetes Gerät in Bestellkombinationen für Getreide, Mais etc. |
| **Rüttelegge** 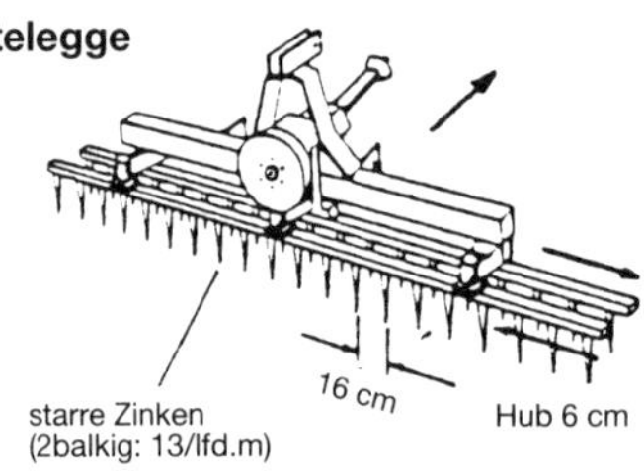  | Paarweise (2 bis 4) hintereinander angeordnete, horizontal oszillierende (hin- und herschwingende) Zinkenbalken. Mittelantrieb. Die Spitzzinken stehen leicht »auf Griff«.<br>Bearbeitungswirkung hauptsächlich durch Verändern der Fahrgeschwindigkeit verstellbar. Sehr guter Einebnungseffekt. Vorwiegend Einsatz auf Feldern ohne Pflanzenrückstände auf der Bodenoberfläche. |

Darst. 143 Bauarten und Kenndaten von Geräten mit Zapfwellenantrieb

Darst. 144 Aufbau einer Fräse mit Messerrotor und Seitenantrieb

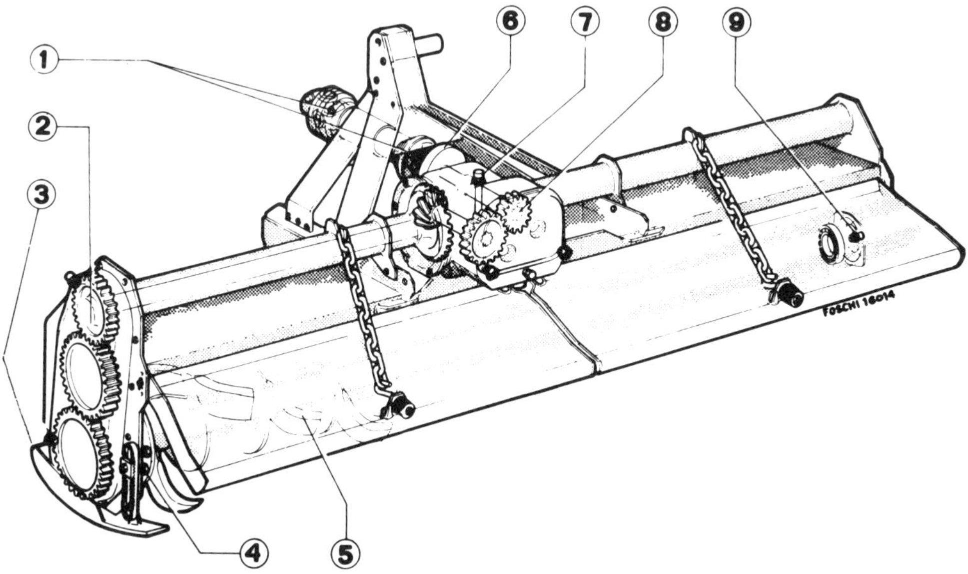


Darst. 145 Bauteile und Gesamtaufbau einer Bodenfräse (1 = Gelenkwelle [ggf. mit Überlastschutz], 2 = Seitenantrieb [Stirnradantrieb], 3 = Schleifkufe zur Tiefenführung, 4 = Messerflansch mit Fräsmessern, 5 = Fräsmesser [Winkel- oder Mulchmesser], 6 = Rutschkupplung, 7 = Getriebegehäuse, 8 = Untersetzungsgetriebe [Wechselzahnräder oder Schaltgetriebe], 9 = staubgeschützte Rotorlager)

Darst. 146 Mit dem Bedienungshebel eines Schaltgetriebes lassen sich einfach und elegant mehrere Rotordrehzahlen einstellen

### 7.4.2.2 Gerätetechnik

Je nach Gerätebauform wird der Bearbeitungseffekt durch horizontal (Kreiselegge, Kreiselgrubber, Rüttelegge) oder vertikal bewegte Werkzeuge (Bodenfräse, Rotoregge) erreicht. Daraus resultieren gerätetypische Effekte, die bei den einzelnen Bauformen besprochen werden.

### 7.4.2.3 Bodenfräse, Rotoregge

#### Grundsätzlicher Aufbau

Beide Gerätebauformen haben einen weitgehend übereinstimmenden Grundaufbau (Darst. 144). Auf einer horizontalen, quer zur Fahrtrichtung angeordneten Welle sind die Arbeitswerkzeuge spiralförmig montiert. Durch das nacheinander erfolgende Eindringen der Werkzeuge in den Boden werden ein gleichmäßiger Lauf gewährleistet und Drehmomentspitzen vermieden. Die Drehrichtung stimmt in der Regel mit derjenigen der Schlepperräder überein.

Der Antrieb erfolgt von der Schlepperzapfwelle mit hohem Wirkungsgrad auf ein Winkelgetriebe am Gerät. Dieses ist heute meist als Schalt- oder Wechselzahnrad-Getriebe ausgerüstet und erlaubt es, bei konstanter Zapfwellendrehzahl die Rotordrehzahl in mehreren (meist bis zu vier) Stufen zu verändern. Schaltgetriebe sind zwar teurer, aber problemlos und bequem zu bedienen, also eindeutig vorteilhafter. Wechselzahnräder laufen in Fließfett, das beim Einsatz heiß wird. Beim Öffnen des Gehäuses zum Zahnradwechsel kann es herauslaufen. Beides führt dazu, daß meist der Zahnradwechsel unterbleibt und andere Möglichkeiten zur Änderung des Bearbeitungseffektes benutzt werden.

Vom Getriebe geht der Kraftfluß zum Seitenantrieb, der über eine Rollenkette (für leichtere Bautypen) oder massive Stirnräder (bei schwereren Typen) die Kräfte auf die Rotorwelle überträgt. Bei Fräsen mit hohem Leistungsbedarf (im allgemeinen bei mehr als 3 m Arbeitsbreite) wird der beidseitige Antrieb bevorzugt. Geräte mit »Mittelantrieb«, bei welchem sich

Darst. 147 Durch den Austausch von Zahnrädern kann die Rotordrehzahl in mehreren Stufen verändert werden

Darst. 148 Antrieb der Rotorwelle durch seitlichen Kettenantrieb

Darst. 149 Bei Bodenfräsen für höhere Traktor-Motorleistungen wird oft der Zahnrad-Seitenantrieb bevorzugt

das Winkelgetriebe direkt auf der Rotorwelle befindet, werden kaum mehr angeboten. Der Grund: Im Bereich des Getriebes bleibt ein unbearbeiteter Bodenstreifen zurück, der auch von Hilfswerkzeugen (z. B. Lockerungsschar oder -zinken) nicht befriedigend aufgebrochen und gekrümelt werden kann.
Die auf der Rotorwelle angebrachten Arbeitswerkzeuge schleudern die Bodenteile nach hinten gegen ein verstellbares Prallblech. Generell gilt: je höher der Deckel angehoben ist, desto geringer ist die zusätzliche Zerkleinerungswirkung. Je tiefer der Deckel gestellt ist, desto mehr unterstützt er die Zertrümmerung und Krümelung der Erdkluten.
Die gewünschte Arbeitstiefe kann auf verschiedene Weise eingestellt werden:

- in engen Stufen oder stufenlos über Metall-Stützräder (bei aufwendigeren Konstruktionen auch durch luftgummibereifte Räder). Sie sind seitlich hinter dem Gerät (Nachteil: zusätzliche Radspuren) oder frontseitig im Bereich der Schlepperradspuren angebracht,
- seitliche, in Lochleisten höhenverstellbare Schleifkufen (Nachteil: zusätzliche Schleif- und Verdichtungsspuren),
- derzeit eindeutig bevorzugt: hinter dem Gerät angebrachte, über die gesamte Arbeitsbreite reichende und stufenlos höhenverstellbare Packer-Stützwalzen. Sie üben eine Doppelfunktion aus: Tiefenführung des Zapfwellengerätes und gleichzeitig Rückverfestigung des intensiv gekrümelten und gelockerten Bodenhorizontes.

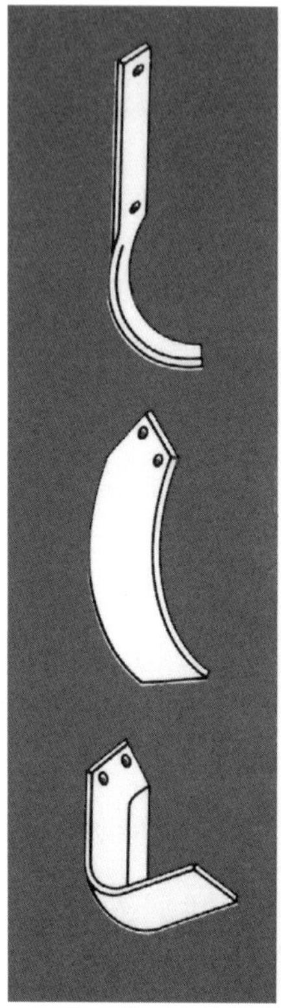


Darst. 150 Typische Messerformen für die Bodenfräse

### Arbeitswerkzeuge der Bodenfräse

Auf der Fräswelle sind in bestimmten Abständen Flansche aufgeschweißt, an denen in der Regel bis zu sechs Messer jeweils abwechselnd links- und rechtsschneidend angeschraubt werden. Je mehr Messer je Flansch vorhanden sind, desto intensiver die Zerkleinerungs- und Mischwirkung des Gerätes. Die spiralige Messeranordnung bewirkt, daß der Rotor im Einsatz relativ ruhig läuft und Drehmomentspitzen vermieden werden.
Welche Messerform verwendet wird, richtet sich vor allem nach Bodenart, Bodenzustand und Einsatzzweck.

**Winkelmesser** sind sehr stabil und schaffen einen gleichmäßig-ebenen Fräshorizont. Sie werden vorzugsweise auf schwer bearbeitbaren Böden, auf nicht mit Pflug oder Grubber vorbearbeiteten Feldern sowie für das zusätzliche Zerkleinern und intensive Einmischen von organischer Masse (Stroh, Stoppeln, Zwischenfrüchte, organischer Dünger etc.) eingesetzt. Leistungsbedarf und Verschleiß sind infolge der intensiven Zerkleinerungsarbeit höher als bei den anschließend beschriebenen Messerformen.
Geschwungene **Sichel- oder Mulchmesser** sind die bevorzugten Messerformen für die Stoppelbearbeitung auf leichteren Böden. Sie werden auch für die etwas grobere Saatbettbereitung verwendet. Die Bearbeitungsintensität ist etwas geringer als bei Winkelmessern, entsprechend niedriger ist auch der Leistungsbedarf.

**Rillenmesser** fräsen lediglich schmale (ca. 3 cm breite) Rillen in die Bodenoberfläche. Diese Fräsrillen können gleichzeitig als Saatrillen verwendet werden, so daß diese Messerform derzeit vor allem für die umbruchlose Grünland-Neuansaat bevorzugt wird.

## Verändern des Bearbeitungseffektes

Für den von der Bodenfräse erzielten Bearbeitungseffekt (vor allem Krümelungswirkung) ist die sogenannte »Bissenlänge« ausschlaggebend. Darunter ist in Fahrtrichtung der Abstand von einem Messereinschlag in den Boden bis zum nächsten zu verstehen (Darst. 151). In Abhängigkeit von Rotordrehzahl und Arbeitsgeschwindigkeit ergibt sich für jedes Messer eine typische Bewegungsbahn (sogenannte »Zykloidenbahn«).

Grundsätzlich gilt: Bei konstanter, durch die Normdrehzahl der Schlepperzapfwelle vorgegebener Umfangsgeschwindigkeit der Fräsmesser und geringer Arbeitsgeschwindigkeit entsteht eine relativ kurze Bissenlänge und somit ein sehr intensiver Bearbeitungseffekt. Wird bei gleichbleibender Fräsmesser-Umfangsgeschwindigkeit jedoch die Fahrgeschwindigkeit erhöht, vergrößert sich die Bissenlänge, es entstehen grobere Bodenkrümel. Bei extremer Fahrgeschwindigkeitssteigerung tauchen die Messer nur mehr in gewissen Abständen in den Boden, so daß keine gleichmäßig-ganzflächige Bearbeitung gewährleistet ist.

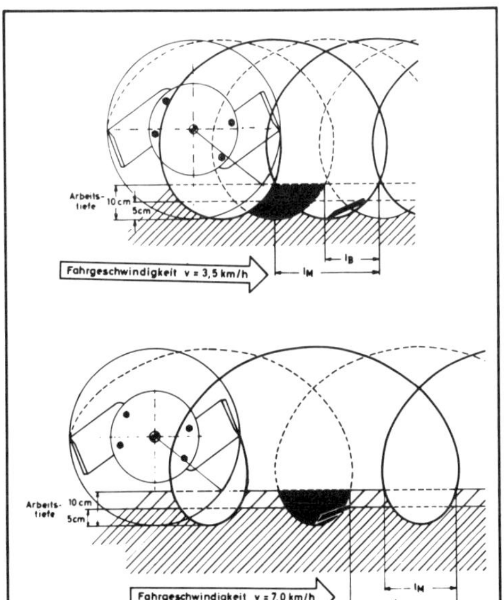


Darst. 151 Bewegungsbahnen (Zykloidenbahnen) der Fräsmesser bei konstanter Messer-Umfangsgeschwindigkeit und unterschiedlicher Vorfahrtgeschwindigkeit (oben 3,5 km/h; unten: 7 km/h)

Die **Bearbeitungswirkung** der Bodenfräse ist abhängig von

- Bissenlänge
- Messer-Umfangsgeschwindigkeit
- Messerzahl pro Flansch
- Messerform (Winkel- oder Mulchmesser)
- Prallblecheinstellung
- vorhandene Nachläufer

Darst. 152 Einflußfaktoren auf die Bearbeitungswirkung der Bodenfräse

Generell bestehen mehrere Möglichkeiten, die Bissenlänge und damit den Bearbeitungseffekt gezielt einzustellen:

- Einschalten unterschiedlicher Zapfwellendrehzahlen am Schlepper. Nur bedingt verwendbar, da z. B. eine auf 500 Umdrehungen/Minute konstruktiv ausgelegte Fräse aus Sicherheitsgründen keinesfalls mit 750 oder 1000 Umdrehungen/Minute betrieben werden darf.
- Angepaßte Vorfahrtgeschwindigkeit. Ebenfalls nur bedingt verwendbar, da im allgemeinen eine hohe Schlagkraft und somit auch hohe Vorfahrtsgeschwindigkeit angestrebt wird.
- Untersetzungsgetriebe auf der Fräse zur Veränderung der Fräswellendrehzahl. Wichtigste Möglichkeit, es sollten jedoch mindestens drei bis vier unterschiedliche Rotorgeschwindigkeiten im Bereich zwischen ca. 130 und 350 Umdrehungen/Minute einzustellen sein.
- Anzahl Messer pro Flansch. Je geringer die Messerzahl, desto grober die Bearbeitungswirkung. Pro Flansch müssen jedoch drei Messer vorhanden sein, da sonst ein unruhiger Lauf des Rotors entsteht.
- Unterschiedliche Messerform. Auf die Bearbeitungswirkung von Winkel- und Mulchmessern wurde bereits hingewiesen.
- Prallblecheinstellung. Bei hochgestelltem Prallblech können die Erdkluten ungehindert nach hinten wegfliegen, werden also nicht zusätzlich zertrümmert. Außerdem entsteht eine gewisse Entmischung der Bodenteile, da gröberes Material weiter weggeschleudert wird und sich somit über das unten liegende, feinere Material schichtet. Bei tiefgestelltem Deckel werden die darauf aufprallenden Erdkluten zusätzlich zertrümmert und gekrümelt. Außerdem entsteht ein gewisser Erd-

stau vor dem Deckel, so daß auch die Fräsmesser selbst eine zusätzliche Zerkleinerungswirkung ausüben.
Hinzu kommen weitere Einflüsse, vor allem Bodenart, Bodenzustand (vor allem Wassergehalt) sowie die Bauweise der verwendeten Packer-Stützwalze.

## Einsatzbereiche

Ohne Zweifel ist die Fräse das zapfwellenbetriebene Bodenbearbeitungsgerät mit den vielseitigsten Einsatzbereichen. Da sie das Gerät mit dem vergleichsweise besten Mischeffekt darstellt, hat sie besondere Bedeutung für alle Arbeiten, bei welchen dieser Vorteil besonders zum Tragen kommt.
Vor allem in der Ausrüstung mit Winkelmessern hat die Fräse eine sehr intensive Zerkleinerungswirkung. Dies ist auf schwer bearbeitbaren Böden vorteilhaft, auf leichteren Böden kann es zu einer zu starken Zerkleinerung der Bodenaggregate und der Gefahr von Bodenverschlämmung, Bodenverkrustung und Erosion kommen. Deshalb sollte auf solchen Böden unbedingt die Rotordrehzahl entsprechend reduziert werden.
Im Frühjahr und auf tonigen, feuchten Böden ist beim Fräseneinsatz Vorsicht geboten. Es besteht die Gefahr, daß eine verdichtete und verschmierte »Frässohle« entsteht. Dies gilt vor allem dann, wenn die Messerumfangsgeschwindigkeit im Verhältnis zur Vorfahrtgeschwindigkeit zu gering ist und der Messerrücken über den noch nicht abgeschnittenen Boden streift.

## Arbeitswerkzeuge der Rotoregge

Ebenso wie bei der Bodenfräse ist auch bei der Rotoregge eine spiralige Werkzeuganordnung auf der Rotorwelle üblich.
Die Arbeitswerkzeuge lassen sich nach ihrer Form, Anlenkung am Rotor und Bearbeitungswirkung einteilen.
Prinzipiell ist zu unterscheiden zwischen »schlagenden« (stumpfer Aufprall der Zinken auf die Bodenteile) und »stechenden« Zinken (die keilförmigen Spitzzinken sprengen die Bodenkrümel auseinander). Hinsichtlich des Bearbeitungseffektes bestehen zwischen beiden Zinkenformen kaum Unterschiede. Die stechenden Zinken dringen jedoch in verhärtete Bodenoberflächen besser ein, so daß sie auch bei einer Oberflächenbearbeitung ohne vorhergehende Lockerung mit Pflug oder Grubber vorteilhaft einzusetzen sind.
Während früher die Zinken radial durch den Rotor gesteckt und verschraubt wurden, ist bei neueren Konstruktionen jeder Zinken in einer eigenen Halterung verschraubt. Zum Teil lassen

| Einsatzbereiche | besondere Wirkungen |
|---|---|
| Stoppelbearbeitung, Einarbeiten von Stroh, organischem und mineralischem Dünger | intensives und gleichmäßiges Einmischen in eine Bearbeitungstiefe bis ca. 15 cm (max. 20 cm) |
| Einarbeiten von Zwischenfrucht, Rübenblatt, Maisstroh etc. | vor allem bei Verwendung von Winkelmessern erfolgt mit dem gleichmäßigen Einmischen auch ein intensives Zerkleinern des Pflanzenmaterials |
| Saat- und Pflanzbettbearbeitung bei schwierigen Bodenverhältnissen nach Pflug oder Grubber | gezielte Zerkleinerung und Krümelung grobscholliger Felder in meist einem einzigen Arbeitsgang |
| pfluglose Feldbestellung | in Kombination mit Auf- oder Anbausämaschinen kann die Einsaat z. B. von Zwischenfrüchten zugleich mit der Stoppelbearbeitung, oder die Winterweizenbestellung nach spätraumenden Früchten (z. B. Körnermais oder Zuckerrüben) vorgenommen werden |
| Mulchsaatverfahren für Erosionsschutz bei Reihenfrüchen (z. B. Mais) | ganzflächige oder Streifenbearbeitung der Mulchflächen mit gleichzeitiger Einsaat z.B. von Mais in abgestorbene Zwischenfruchtbestände |

Darst. 153 Einsatzbereiche und besondere Wirkungen bei Bodenfräsen

Darst. 154 Werkzeugfunktion bei Rotoreggen mit unterschiedlich angeordneten Zinken

| Zinkenform | Anlenkung am Rotor | Zerkleinerungsprinzip |
|---|---|---|
| Rundzinken (spitz zulaufend oder mit stumpfabgeschrägter Spitze) | radial durch Bohrungen im Rotor gesteckt und beidseits verschraubt | »schlagend« |
| Flachstahlzinken oder – klingen (gekröpft) | radial angeordnet, an Flanschen oder Einzelhalterungen befestigt | »schlagend« |
| Spitzzinken mit schiffchenförmiger Verbreiterung | in Einzelhalterungen befestigt, Anstellwinkel derart gewählt, daß Zinkenspitze wie ein Keil in den Boden eindringt | »stechend« |
| Keilzinken (aus massivem Vierkantstahl), hochvergütet und verschleißarm | in Einzelhalterung befestigt, Anstellwinkel so bemessen, daß Zinkenspitze wie ein Keil in den Boden eindringt | »stechend« |
| Mulchzinken (Vierkant-Keilzinken mit flügelartigen seitlichen Fortsätzen) | wie bei Keilzinken oben | »stechend« Spezialzinken für das Einmulchen von Pflanzenresten |

Darst. 155 Zinkenanlenkung und Zerkleinerungsprinzip bei Rotoreggen

sich die Zinken nachschieben oder um 180° schwenken. Dies erleichtert den Zinkenaustausch bei Verschleiß.
Der seitliche Zinkenabstand (Strichabstand) beträgt meist ca. 3,5 bis 6,6 cm, dadurch wird eine ausreichend-intensive Durcharbeitung des gesamten erfaßten Bodenhorizontes erreicht. Bei Flachstahlzinken soll die Kröpfung einen gewissen seitlichen Bodentransport und damit eine bessere Einebnung der Bodenoberfläche bewirken.
Grundsätzlich bieten die Hersteller technisch die Möglichkeit, den Zinkenrotor gegen einen Messerrotor auszutauschen. Leider ist dies nur bei wenigen Fabrikaten rasch und problemlos mittels Schnellverschluß möglich. Meistens müssen mit entsprechendem Zeit- und Werkzeugaufwand Verschraubungen gelöst werden.

**Verändern des Bearbeitungseffektes**

Grundsätzlich gelten für die Rotoregge die bereits bei der Bodenfräse erläuterten Möglichkeiten zum Verändern des Bearbeitungseffektes.
Von gewisser Bedeutung ist die gewählte Zinkenform. Spitze, schmale und »stechende« Zinken bewirken vor allem auf tonigen, trockenharten und verdichteten Böden einen besseren

Darst. 156 Rotoregge mit Flachstahlzinken

Darst. 157 Durch Austausch des Rotors läßt sich eine Bodenfräse in eine Rotoregge verwandeln

Zerkleinerungs- und Krümeleffekt als runde, breite und »schlagende« Zinken. Auf leichter bearbeitbaren Feldern arbeiten dagegen die zuletzt genannten Zinkenformen schonender.

## Einsatzbereiche

Rotoreggen eignen sich, unabhängig von der verwendeten Zinkenform, besonders für die Saatbettbereitung nach Pflug oder Grubber. Für den Einsatz auf unbearbeiteten Feldern (pfluglose Feldbestellung) haben allerdings die mit »stechenden« Zinken ausgrüsteten Konstruktionen Vorteile.

Rotoreggen haben eine gute Misch- und Einmischwirkung. Sie werden deshalb meist dort bevorzugt, wo mit der oberflächlichen Bodenbearbeitung auch Pflanzenreste etc. eingemischt werden sollen. Ein wichtiger Einsatzbereich ist daher die Stoppelbearbeitung, hierbei wird die Rotoregge meist mit einem Vorgrubber kombiniert.

Ergebnisse aus einem Vergleichseinsatz von neun Rotoreggen-Bauarten beim Einsatz auf unterschiedlichen Böden und bei der Einarbeitung von Pflanzenresten verschiedener Herkunft zeigen, daß im Mittel 66 % (Variationsbereich 51 bis 77 %) der Pflanzenrückstände einwandfrei in den Boden eingearbeitet wurden. Besonders günstig war der Einmischeffekt bei der Stoppelbearbeitung (Weizenstoppel) und bei einem abgestorbenen Phacelia-Zwischenfruchtbestand.

Problematisch ist der Einsatz im Frühjahr auf oberflächlich abgetrockneten, im darunterliegenden Bearbeitungshorizont aber noch feuchten Feldern. Hier besteht die Gefahr, daß der trockene Boden untergemischt und feuchte Krümel an die Oberfläche gebracht werden. Dadurch kann es, vor allem bei einer Kombination der Rotoregge mit einer Sämaschine, zu Verklebungen an Säscharen, Druckrollen etc. kommen.

Speziell für das zusätzliche Zerkleinern und gleichzeitige Einmischen von Zwischenfruchtbeständen (grün oder abgestorben), Maisstroh etc. wurden sogenannte »Mulchzinken« mit kurzen, seitlichen Flügelfortsätzen entwickelt. Sie bewirken zudem ein noch gleichmäßigeres Bearbeiten des gesamten erfaßten Bodenhorizontes.

### 7.4.2.4 Kreiselegge und Kreiselgrubber

Von allen zapfwellengetriebenen Geräten hat die Kreiselegge in den letzten Jahren die weiteste Verbreitung in der Praxis gefunden und stellt die mit Abstand größte Gerätegruppe dar. Im Vergleich dazu konnte sich der Kreiselgrubber noch nicht so stark durchsetzen.

Darst. 158 Besonderer Vorteil von Zapfwellengeräten: Auch auf schweren Böden genügt in der Regel ein Arbeitsgang für die Vorbereitung eines saatfertigen Feldes

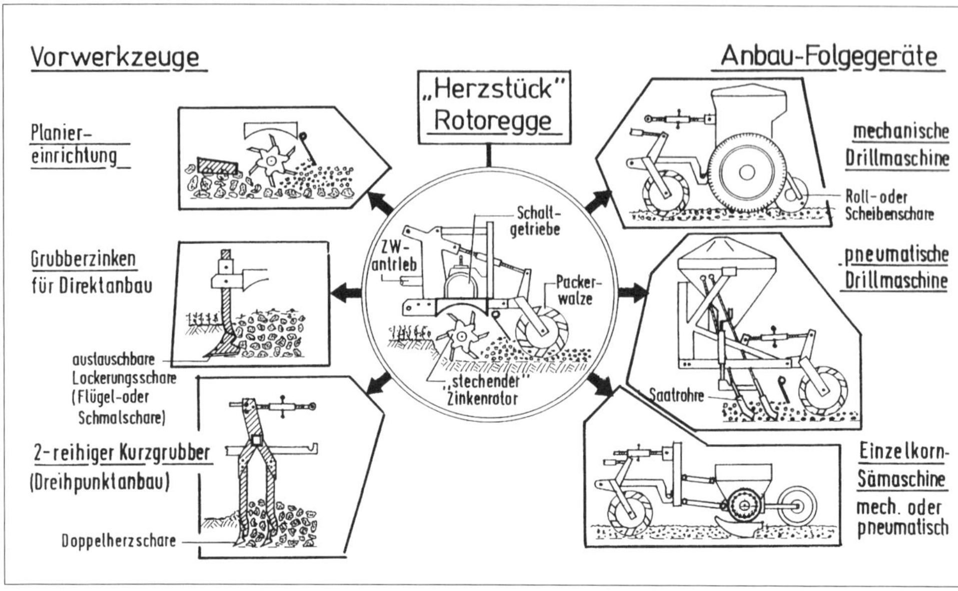


Darst. 159 Zusatzeinrichtungen zur Rotoregge ermöglichen eine Vielzahl von Einsatzbereichen

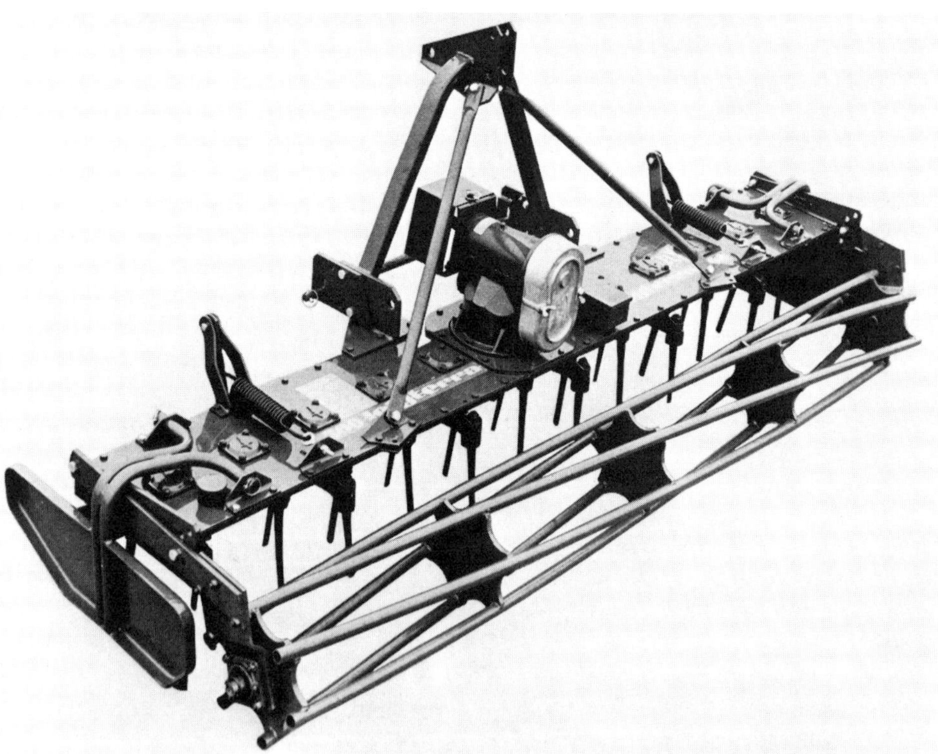

Darst. 160 Kreiselegge mit horizontal rotierenden Zinken, seitlichen Prallblechen und nachlaufender Rückverfestigungswalze

## Technischer Aufbau

Kreiselegge und -grubber besitzen horizontal rotierende, über Zahnräder angetriebene Zinkenträger, die in der Regel mit je zwei Zinken bestückt sind. Jeweils zwei benachbarte Kreisel drehen sich gegenläufig, wobei sich die Zinkenbahnen etwas überlappen. Die im Antriebsgehäuse untergebrachten Stirnräder (je eines pro Kreisel) werden von dem mittigen Stirnrad aus angetrieben. Um Verwindungen und dadurch Verschleiß oder Bruch an den ineinander greifenden Zahnrädern zu vermeiden, muß das Gehäuse sehr stabil gebaut sein. Für besonders schwierige Einsatzbedingungen konstruierte Geräte, oder solche mit großer Arbeitsbreite besitzen meist verstärkte Gehäuse.

Die Ausrüstung mit einem Schalt- oder Zahnrad-Wechselgetriebe zur Verstellung der Kreiseldrehzahl gehört bei vielen Herstellern bereits zur Standardausrüstung. Wenn die Kreiselegge in Kombination mit einer pneumatischen Sämaschine eingesetzt werden soll (z. B. bei der Einzelkornsaat von Mais), ist darauf zu achten, daß das Untersetzungsgetriebe mit einem »Durchtrieb« ausgerüstet ist (nach hinten aus dem Gehäuse ragender Zapfwellenstummel).

Rechts und links außen am Gehäuse sind schwenkbare oder abgefederte Seitenbleche angebracht. Sie sollen ein seitliches Wegschleudern des Bodens verhindern und gleichzeitig einen Unfallschutz bieten. Vorteilhaft ist es, wenn die äußeren Kreisel sich nach innen drehen, damit in der Anschlußspur keine Dämme aufgeworfen werden.

Kreiseleggen sind deutlich steinempfindlicher als andere Zapfwellengeräte. Vor allem können sich Steine zwischen Gehäuseboden und rotierenden Zinkenträgern, oder zwischen den Zinken von zwei benachbarten Kreiseln verklemmen. Um Beschädigungen an den Geräten, aber auch am Schlepper zu vermeiden, ist die Verwendung von Überlastsicherungen vorteilhaft. Generell zweckmäßig und zu empfehlen ist die Verwendung einer Gelenkwelle mit wirksamem Überlastschutz (Scherbolzen-, Reib- oder Nokkenspreizkupplung). Es werden aber auch Schutzvorrichtungen an den Kreiseln selbst angeboten, z. B. in den Kreiselantrieb integrierte Nockenschaltsicherungen, federnde Zinkenbefestigungen, Schwenkzinken, oder Zinkenbefestigung an Scheiben, die dicht unter dem Gehäuse rotieren und keinen Spalt für das Ein-

Darst. 161 Die Packerwalze dient zur Tiefenführung der Kreiselegge (Einstellung über seitliche Spindeln) und zur Rückverdichtung des gelockerten Bodens

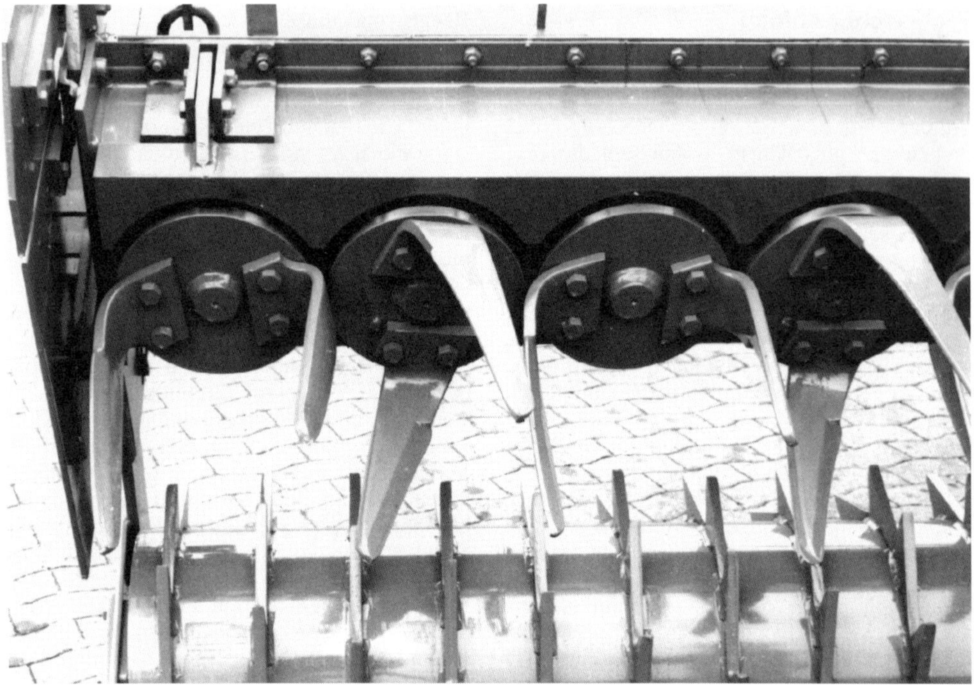

Darst. 162 Der Teller für die Zinkenanbringung dient gleichzeitig als Steinsicherung

klemmen von Steinen freilassen. Bei manchen Fabrikaten stützt sich die Kreiselegge über Spiralfedern auf der Packerwalze ab, damit sie leicht nach oben ausweichen kann.
Kreiselgrubber, die auch auf nicht vorgelockerten Feldern eingesetzt werden, können mit einer Ausschwenkvorrichtung für den kompletten Kreisel ausgerüstet werden. Eine starke Druckfeder drückt nach Überfahren eines Hindernisses (Steine etc.) den Kreisel wieder in Arbeitsstellung zurück.

## Arbeitswerkzeuge

Die Zinken der Kreiselegge sind leicht »schleppend« angebracht. Dadurch soll bei der Saatbettbereitung, dem bevorzugten Einsatzbereich, eine gute Krümelung und Einebnung erreicht werden, ohne die Schichtung im Boden zu verändern. Allerdings neigt die Kreiselegge vor allem auf dicht lagernden oder steinigen Böden dazu, nach oben auszuweichen. Dadurch kann sich eine ungleichmäßige Bearbeitungstiefe ergeben. Unter derartigen Einsatzbedingungen ist auf ein ausreichendes Eigengewicht zu achten.

Beim Kreiselgrubber stehen dagegen die Zinken »auf Griff«, dadurch wird auch auf nicht vorbearbeiteten Feldern ein sicherer und rascher Einzug gewährleistet.
Bei der Kreiselegge kann, abgestimmt auf den jeweiligen Einsatzzweck, zwischen verschiedenen Zinkenformen gewählt werden:

- Weit verbreitet sind runde oder längsovale Zinkenquerschnitte, die universell verwendbar sind.
- Zunehmend werden auch messerförmige Zinken angeboten. Sie eignen sich vor allem für die Saatbettbereitung auf trocken-harten, schwereren Böden und für die Einarbeitung von Pflanzenrückständen. Eine echte »Schneidwirkung« ist jedoch kaum zu erwarten, da die Schneide trotz des hochvergüteten Zinkenmaterials rasch stumpf wird. Besonders breite Messerzinken sollen mehr Erdmaterial bewegen und dadurch einen besseren Krümel- und Einebnungseffekt bewirken.

Für die Befestigung der Zinken am Zinkenträger werden fabrikatsspezifisch sehr unterschiedliche Lösungen angeboten: von einfachen Schraubverbindungen oder Scherstiftsi-

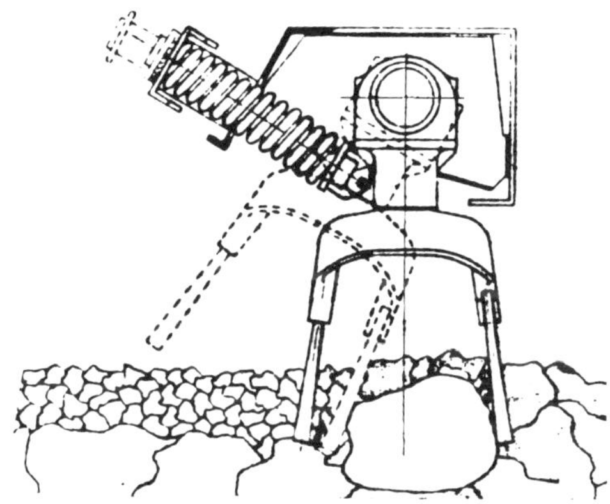

Darst. 163 Der Kreiselgrubber ist mit einer federbelasteten Überlastsicherung ausgerüstet

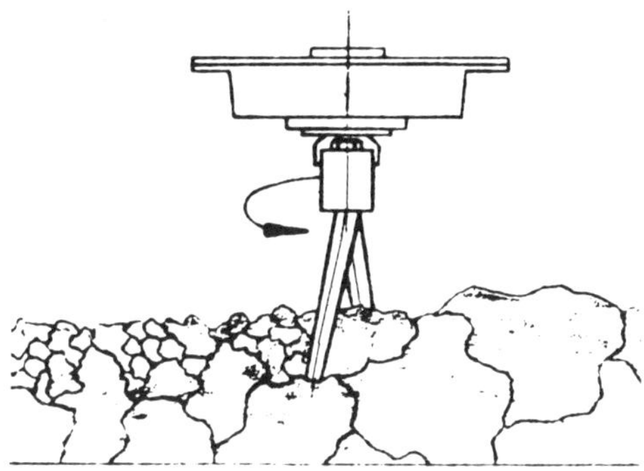

Darst. 164 Bei der Kreiselegge sind die Zinken »schleppend« angeordnet

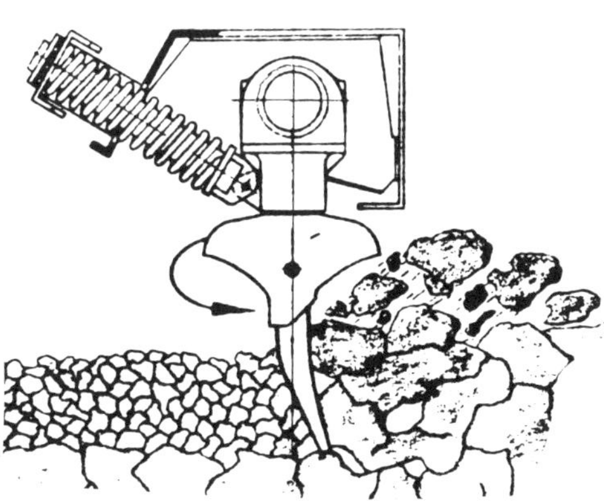

Darst. 165 Die »auf Griff« stehenden Zinken des Kreiselgrubbers bewirken ein intensives Aufbrechen des Bodens

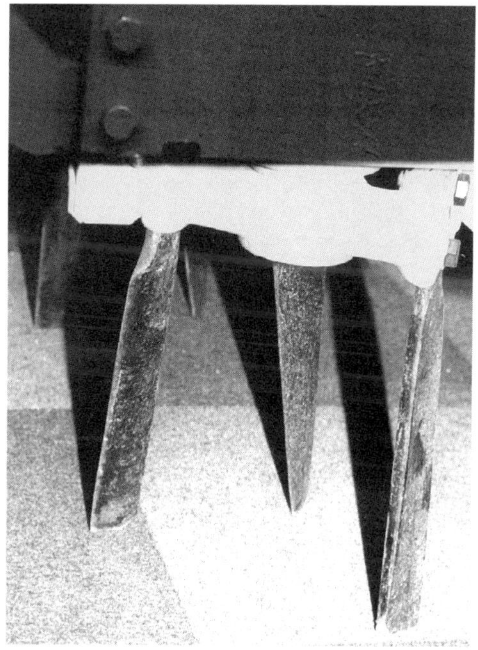

Darst. 166 Flachstahlzinken gewährleisten eine intensivere Bodenbewegung, haben aber keine Schneidwirkung

cherungen bis hin zu konischen, selbstklemmenden Zinkentaschen mit Sicherungsmutter. Ausschlaggebend ist neben der Sicherheit der Befestigung auch die rasche Austauschmöglichkeit bei abgenutzten Zinken.

In Anbetracht der sehr unterschiedlichen Einsatzbereiche (z. B. auch Einarbeitung von sperrigen Pflanzenrückständen) und um verschleißbedingten Zinkenaustausch weniger häufig vornehmen zu müssen, hat die Zinkenlänge in den letzten Jahren ständig zugenommen. Heute werden teilweise Zinken mit 30 cm Länge als Serienausstattung angeboten.

### Verändern des Bearbeitungseffektes

Bei ihrer horizontalen Kreisbewegung beschreiben die Zinken von Kreiselegge und Kreiselgrubber in Abhängigkeit von der Fahrgeschwindigkeit eine typische Zykloidenbahn im Boden. Für den Bearbeitungseffekt und die Verteilung des Gesamtleistungsbedarfes auf Zug- und Drehleistung ist ausschlaggebend, daß der Zinken bei jeder Drehung des Kreisels abwechselnd eine Vorwärtsbewegung (entgegen der Fahrtrichtung) und eine Rückwärtsbewegung ausführt.

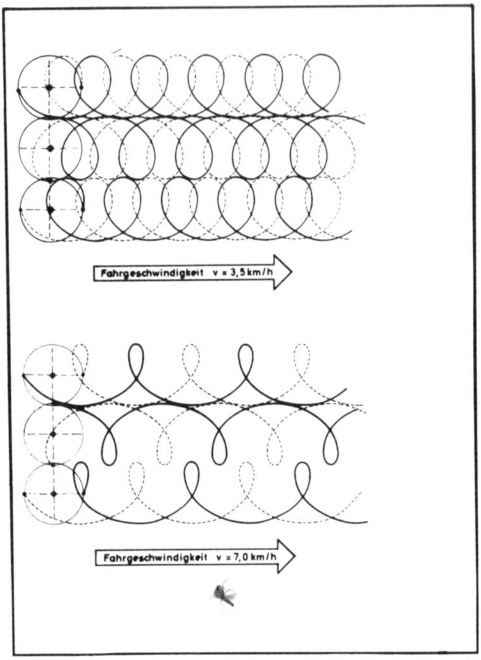


Darst. 167 Bewegungsbahnen (Zykloidenbahnen) der Kreiseleggenzinken bei konstanter Umfanggeschwindigkeit und unterschiedlicher Vorfahrgeschwindigkeit (oben: 3,5 km/h; unten: 7,0 km/h)

Je geringer der Abstand der Zykloidenbahnen in Fahrtrichtung ist, desto intensiver ist die Bearbeitungswirkung. Wird allerdings bei konstanter Kreiseldrehzahl die Fahrgeschwindigkeit erhöht, ziehen sich die Zykloidenbahnen zunehmend auseinander. Dadurch entstehen im Boden Bereiche, die nicht von den Zinken erfaßt werden, so daß der Krümelungseffekt geringer wird. Dies unterstreicht die Wichtigkeit eines Schalt- oder Zahnrad-Wechselgetriebes, um auch bei höheren Fahrgeschwindigkeiten einen ordnungsgemäßen Bearbeitungseffekt sicherstellen zu können.

## Einsatzbereiche

Kreiseleggen haben ihren Haupteinsatzbereich bei der Saatbettbereitung nach einem vorausgehenden Pflug- oder Grubbereinsatz. Durch die intensive Schlagwirkung der aktiv bewegten Werkzeuge kann bei nahezu sämtlichen Bodenarten und -zuständen ein ausreichend feines Saatbett vorbereitet werden. Auf schwer bearbeitbaren Böden ist jedoch die Ausrüstung mit einem Schalt- oder Wechselzahnradgetriebe vorteilhaft. Die »schleppend« angeordneten Zinken bewirken, daß die ursprüngliche Schichtung im Boden (z. B. abgetrocknetes Material oben, feuchtere Bodenteile darunter) erhalten bleibt. Dies ist z. B. bei der Saatbettvorbereitung im Frühjahr besonders vorteilhaft. Ernterückstände, auch größere Mengen oder sperriges Material, behindern die Arbeit der Kreiselegge kaum. Infolge der schleppenden Zinkenanordnung ist allerdings die Einmischwirkung der Kreiselegge deutlich geringer als z. B. bei Fräse, Rotoregge etc. Außerdem kann es bei der Einarbeitung von Pflanzenresten zu einer gewissen »Schwadbildung« zwischen den gegenläufig rotierenden Kreiseln kommen.

Dies und das mangelnde Einzugsbestreben haben zur Folge, daß eine Verwendung der Kreiselegge bei einer Stoppelbearbeitung ohne Vorbearbeitung mit Grubber etc. problematisch ist. Da sich die Zinken bei ihrer Rotationsbewegung im Boden auch quer zur Fahrtrichtung bewegen, wird ein sehr guter Einebnungseffekt erzielt. Dies gilt auch für Fahrspuren, obwohl hier nur ein gewisser »Kosmetikeffekt« erzielt wird, da z. B. bei geringer Arbeitstiefe der Kreiselegge die Fahrspuren lediglich mit feingekrümeltem Bodenmaterial aufgefüllt, die verdichteten Horizonte jedoch nicht gezielt gelockert werden.

Ein weiterer wesentlicher Grund für die bevorzugte Verwendung von Kreiseleggen besteht darin, daß sie auch bei wechselnden, an die Forderungen der verschiedenen Fruchtarten angepaßten Bearbeitungstiefen (z. B. für Kartoffeln bis 15 cm, Ackerbohnen und Mais 4 bis 8 cm, Getreide 3 bis 4 cm, Raps und Zuckerrüben 2 bis 3 cm) die angestrebte Bearbeitungswirkung sicher und in der Regel in einem einzigen Arbeitsgang erreicht. Aufgrund dieser Eigenschaften ist die Kreiselegge ein bevorzugtes Gerät für die Kombination mit Sägeräten jeglicher Art.

Je flacher allerdings die angestrebte Arbeitstiefe ist (z. B. für die Aussaat von Raps oder Zuckerrüben), desto größerer Wert muß auf eine gleichmäßig ebene Bodenoberfläche gelegt werden. Dies gilt bereits bei Arbeitsbreiten von 3 m, vor allem aber bei noch breiteren Geräten. Deshalb sind Kreiseleggen mit mehr als 5 m Arbeitsbreite meist aus zwei in einem gemeinsamen Grundrahmen gelenkig angeordneten Geräten zusammengestellt. Dies verbessert die Anpassung an unebene Bodenoberflächen ganz erheblich.

Darüber hinaus ist es unerläßlich, bei allen vorausgehenden Arbeitsgängen sorgfältig darauf zu achten, daß Fahrspurvertiefungen und Verdichtungshorizonte möglichst vermieden werden. Gitterräder, Zwillings- oder Breitreifen sollten bei der Feldvorbereitung und Bestellung von Flachsaaten unbedingt zur Standardausrüstung gehören. Besonderer Wert ist aber auch auf eine stufenlose und exakte Einstellung der Bearbeitungstiefe über die nachlaufende Packerwalze zu legen.

Für den Einsatz der Kreiselegge im Frühjahr nach einer rauh gepflügten Winterfurche haben sich gefederte und höhenverstellbare Planierschienen bewährt, die frontseitig am Gehäuse angebracht sind. Sie ebnen die Bodenoberfläche ein und schützen die Zinkenträger vor Verschleiß durch Erdkluten oder Steine.

Während z. B. für die Saatbettbereitung zu Raps Kreiseleggen und andere zapfwellengetriebene Bodenbearbeitungsgeräte wegen ihrer intensiven Zerkleinerungswirkung gern verwendet werden, wird ihr Einsatz bei der Zuckerrübenbestellung meist sehr skeptisch beurteilt. Das meist gebrauchte Argument: Zapfwellengeräte müßten relativ tief arbeiten, um eine gute Krümelungswirkung zu erzielen. Dann besteht aber keine Möglichkeit, das Saatgut auf dem nicht bearbeiteten, wasserführenden Bodenhorizont abzulegen und bei ausbleibenden Niederschlägen die Keimwasserversorgung des Saatgutes und einen hohen Feldaufgang sicherzustellen.

Auf sehr unebenen, von Fahrspuren durchzogenen Feldern, die zwangsläufig etwas tiefer bearbeitet werden müssen, mag diese Skepsis zutreffen. Wenn aber die zuvor geschilderten, positiven Voraussetzungen für den Geräteeinsatz geschaffen werden, ist auch bei Flachsaaten eine ordnungsgemäße und gleichmäßig flache Saatbettbereitung mit der Kreiselegge möglich.

## Kreiselgrubber

Typisches Merkmal des Kreiselgrubbers sind die »auf Griff« stehenden Zinken. Diese bewirken im Vergleich zu den schleppend angeordne-

| Vorteile | Probleme |
|---|---|
| – intensive Krümelungs- und Mischwirkung bis ca. 15 cm Arbeitstiefe<br>– durch »aktive« Werkzeugbewegung zufriedenstellender Bearbeitungseffekt bei nahezu sämtlichen Bodenverhältnissen, auch bei verhärteten, trockenharten, dichtlagernden und schweren Böden<br>– Bearbeitungswirkung gezielt einstellbar durch<br>  – Werkzeugwahl<br>  – Anzahl Werkzeuge<br>  – Vorfahrtgeschwindigkeit<br>  – Zapfwellendrehzahl<br>  – Untersetzungsgetriebe<br>– deshalb in der Regel nur ein einziger Arbeitsgang erforderlich, somit weniger Fahrspuren und Verdichtungshorizonte<br>– Übertragung der Antriebskräfte vom Schlepper auf das Gerät bodenschonend und mit hohem Wirkungsgrad durch Zapfwellenantrieb<br>– Fast ausschließlich Drehleistungsbedarf, nahezu kein Zugleistungsbedarf (Ausnahme: Kreiselegge bei hohen Fahrgeschwindigkeiten)<br>– günstig zu kombinieren mit z. B. Vorlockerer, nachlaufender Packerwalze, Sävorrichtung für Getreide und Reihenfrüchte (»Bestellkombination«) | – beim Einsatz unter günstigen Bodenverhältnissen oder auf leichten, humosen Böden besteht die Gefahr von zu intensiver Krümelung und als Folge davon Verschlämmung und Bodenerosion<br>– vielfältige Einstellmöglichkeiten zum Erreichen des günstigsten Bearbeitungseffektes vorhanden (siehe Spalte links). Einschlägige Erfahrungen und Spezialkenntnisse erforderlich<br>– durch aktive Bewegung der Arbeitswerkzeuge entsteht rascherer Verschleiß, höherer Aufwand an Reparatur- und Wartungskosten<br>– höherer Anschaffungspreis im Vergleich zu gezogenen Geräten<br>– Arbeitsgeschwindigkeit begrenzt auf ca. 6 – 8 km/h<br>– spezifischer Leistungsbedarf (kW/m Arbeitsbreite) höher als bei gezogenen Geräten<br>– bei Kombination mit anderen Geräten und Maschinen (z. B. Drillmaschine) ist ausreichende Hubkraft und stabile Bauweise des Heckkrafthebers erforderlich. Auf vorgeschriebene Mindest-Vorderachsbelastung achten! |

Darst. 168 Vorteile und Probleme bei Zapfwellengeräten mit rotierenden Werkzeugen

**Spezielle Aspekte bei der Bodenfräse und Rotoregge**

| Vorteile | Probleme |
|---|---|
| – intensive Mischwirkung. Verschiedene Bodenschichten werden miteinander vermischt, aber auch organische Materialien, Dünger etc. gut und gleichmäßig in den erfaßten Bodenhorizont eingemischt<br>– auch ohne Vorbearbeitung des Bodens mit Pflug, Grubber etc. einsetzbar (»pfluglose Bearbeitung«)<br>– bei vielen Fabrikaten kann Fräsrotor mit Messern gegen einen Zinken-Rotor ausgetauscht werden | – beim Einsatz der Bodenfräse mit Winkelmessern auf feuchten Böden besteht die Gefahr der Bildung einer verdichteten und verschmierten »Frässohle«<br>– beim Einsatz z. B. im Frühjahr auf oberflächlich bereits gut abgetrockneten Feldern wird feuchter Boden aus tieferen Schichten nach oben gebracht. Gefahr von Verkleben der Arbeitswerkzeuge (z. B. Packerwalze und Säschare) |
| **Spezielle Aspekte bei Kreiselegge und Kreiselgrubber** | |
| – Kreiselegge mit »fliehenden« Zinken erreicht beste Einebnungswirkung aller rotierenden Geräte<br>– vorhandene Schichtung im Boden bleibt bei Kreiselegge erhalten (z. B. bei Frühjahrsbearbeitung trockener Boden obenauf, feuchtere Schichten darunter<br>– »auf Griff« stehende Zinken des Kreiselgrubbers erreichen Mischwirkung ähnlich wie Bodenfräse oder Rotoregge | – gute Einebnung ist oft »Oberflächen-Kosmetik«, da Fahrspurvertiefungen meist nicht aufgebrochen, sondern nur mit lockerem Boden aufgefüllt werden<br>– die gegenläufig rotierenden Zinken können vorhandene Pflanzenreste schwadförmig ablegen, vor allem bei längerem Material. Gefahr von Verstopfungen bei den Folgegeräten (z. B. Sämaschinen)<br>– beim Kreiselgrubber kann die Vermischung der Bodenschichten zu ähnlichen Problemen wie bei Fräse oder Rotoregge führen |

Darst. 169 Spezielle Aspekte bei Bodenfräse und Rotoregge (oben) sowie Kreiselegge und Kreiselgrubber (unten)

ten Zinken der Kreiselegge, daß sich das Gerät in den Boden hineinzieht, unabhängig davon, ob der Boden unbearbeitet oder mit Pflug oder Grubber vorgelockert ist. Die angestrebte Arbeitstiefe wird daher sicher eingehalten. Außerdem entsteht eine gewisse Entmischung des erfaßten Bodenhorizontes. Grobe Krümel, Pflanzenreste etc. bleiben in der oberen Bodenzone und schützen die Bodenoberfläche vor Verschlämmung und Erosion. Feineres Bodenmaterial gelangt in den unteren Bearbeitungsbereich und bietet ein günstiges Keimbett mit guter Wasserführung für das anschließend ausgebrachte Saatgut. Auch größere Mengen und sperriges organisches Material wird verstopfungsfrei oberflächennahe eingemulcht.

Ebenso wie die Kreiselegge, gewährleistet auch der Kreiselgrubber eine gute Einebnung der Bodenoberfläche.

Bevorzugte Einsatzbereiche für den Kreiselgrubber sind daher

- Saatbettbereitung zu Wintergetreide im Herbst nach z. B. Kartoffeln, Zuckerrüben, Körnermais oder CCM mit Vorbearbeitung durch Pflug oder Grubber. Daneben aber auch die Saatbettbereitung auf nicht vorgelockerten Böden im Rahmen von »pfluglosen Bestellverfahren«.
- Stoppelbearbeitung auf mittelschweren bis schweren, gut strukturierten Böden, ohne daß zwingend eine Vorlockerung mit Pflug oder Grubber erforderlich ist.
- steinige Böden. Hier gewährleistet das hohe Geräteeigengewicht und das Einzugsbestreben der Zinken in Verbindung mit der wirksamen Steinsicherung eine gleichmäßige Arbeitstiefe ohne die Gefahr von Bruchschäden.

Unter normalen Einsatzbedingungen reicht ein Arbeitsgang aus, um die angestrebten Arbeitseffekte sicher zu erreichen.

Weniger (bis nicht) geeignet ist der Kreiselgrubber dagegen wegen seiner intensiv aufbrechenden und umschichtenden Arbeitsweise für die flache Saatbettbereitung, insbesondere im Frühjahr.

### 7.4.2.5 Rüttelegge

Seit vielen Jahren werden Rütteleggen in unterschiedlicher Bauform für den Einsatz vorwiegend auf leichteren Böden angeboten. Das verstärkte Interesse der Praxis an rotierenden Zapfwellengeräten hat jedoch dazu geführt, daß derzeit nurmehr zwei Rütteleggen-Hersteller nennenswerte Absatzzahlen erreichen.

#### Technischer Aufbau

Die Rüttelegge ist mit zwei quer zur Fahrtrichtung angeordneten, hin- und herschwingenden (oszillierenden) Zinkenbalken ausgerüstet. Ein zentraler Taumelantrieb bewirkt die seitliche Bewegung der Balken und sorgt dafür, daß sich die beiden hintereinander angeordneten Zinkenbalken gegenläufig bewegen. Durch diese Antriebsform, ergänzt durch eine großdimensionierte Schwungscheibe, sollen ein Massenausgleich erreicht, Vibrationen reduziert, zu hohe Lagerbelastungen vermieden und ein möglichst gleichmäßiges Antriebsmoment an der Schlepperzapfwelle erreicht werden. Bei neueren Bauformen sind die beiden Zinkenbalken nochmals mittig geteilt und werden gesondert angetrieben. Dadurch sollen sich für die vier Balken die seitlichen Kräfte noch besser ausgleichen und einen besonders ruhigen Lauf ergeben.

Aus der seitlichen Pendelbewegung der Zinken und der Vorwärtsbewegung des Schleppers entsteht eine Zinkenbahn im Boden, die annähernd eng aneinanderliegenden Sinuskurven entspricht. Der seitliche Pendelausschlag (Zinkenhub) ist konstruktiv durch den Taumelantrieb vorgegeben und beträgt ca. ± 60 mm.

#### Arbeitswerkzeuge

Die ca. 27 bis 30 cm langen Spitzzinken der Rüttelegge sind im unteren Bereich nach vorn gebogen, stehen also »auf Griff« und haben stets das Bestreben, sich tiefer in den Boden zu ziehen. Dies begünstigt das Einhalten der gewünschten Arbeitstiefe. Durch eine federnde Zinkenbefestigung wird eine Art Überlastsicherung geschaffen, die das gesamte Gerät und einzelne Zinken vor übermäßiger Belastung schützt.

#### Verändern des Arbeitseffektes

Beim Antrieb der Rüttelegge mit Normdrehzahl von 540 Umdrehungen/Minute und einer »günstigen« Vorfahrtgeschwindigkeit liegen die sinusförmigen Zinkenbewegungsbahnen im Boden dicht beieinander und gewährleisten einen intensiven Bearbeitungseffekt. Wird jedoch bei gleichbleibender Zapfwellendrehzahl die Vorfahrtgeschwindigkeit erhöht (beispielsweise um die Flächenleistung zu steigern), ziehen sich die Sinuskurven zunehmend weiter auseinander. Es entstehen größere, von den Zinken nicht getroffene Bereiche im Boden. Dadurch verringert sich nicht nur der Bearbeitungseffekt. Die Funktion der Rüttelegge ähnelt dann auch mehr und mehr derjenigen einer gezogenen Egge, so daß ein vergleichsweise höherer Anteil der Zugleistung am Gesamtleistungsbedarf entsteht.

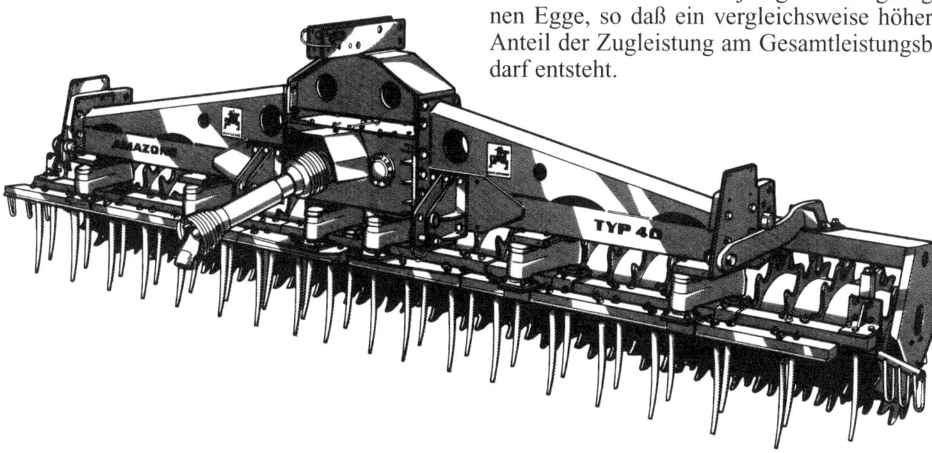


Darst. 170 Rüttelegge mit paarweise angeordneten, oszillierenden (seitlich schwingenden) Werkzeugträgern

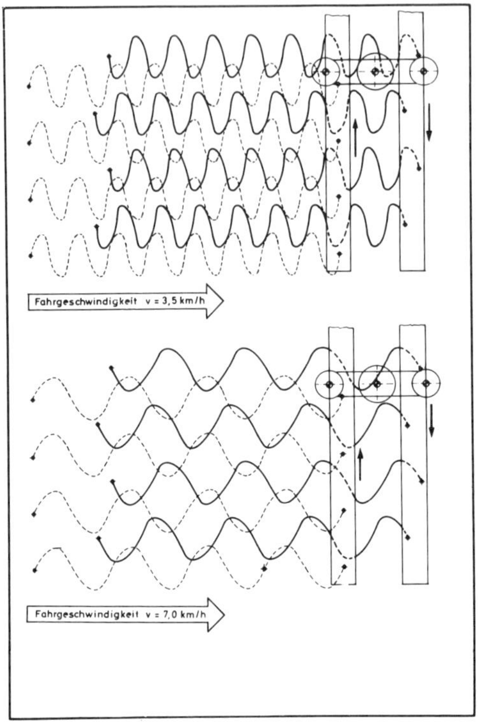


Darst. 171 Bewegungsbahnen (Zykloidenbahnen) der Rütteleggenzinken bei konstanter Werkzeuggeschwindigkeit und unterschiedlicher Vorfahrtgeschwindigkeit (oben 3,5 km/h; unten: 7,0 km/h)

Eine direkte Möglichkeit zur Veränderung der Rüttelfrequenz (z. B. durch ein Schaltgetriebe wie rotierenden Zapfwellengeräten) ist konstruktiv nicht vorhanden. Eine Hilfslösung stellt die Ausstattung des Taumelantriebes mit zwei Zapfwelleneingängen dar. Der eine ist für den üblichen Antrieb mit 540 Umdrehungen/Minute ausgelegt. Der zweite kann mit einer Zapfwellendrehzahl von wahlweise 1000 oder 540 Umdrehungen/Minute angetrieben werden. Durch eine Reduzierung im Antrieb ergeben sich jedoch Drehzahlen von nur 800 bzw. 400 Umdrehungen/Minute im Taumelantrieb. Insgesamt können somit drei unterschiedliche Rüttelfrequenzen genutzt werden.

## Einsatzbereiche

Rütteleggen haben ihren Haupteinsatzbereich bei der Saatbettbereitung auf den leichteren bis mittleren Böden. Auf schwerer bearbeitbaren Böden läßt sich kaum in einem Arbeitsgang ein ausreichend fein gekrümeltes Saatbett herrichten.

Auf schwereren Böden führt die rüttelnde Bewegung der Zinken im Boden zu einem gewissen Sortiereffekt: Gröbere Krümel bleiben an der Bodenoberfläche und bieten einen wirksamen Verschlämmungs- und Erosionsschutz. Feinmaterial wird dagegen in den unteren Bearbeitungshorizont verlagert. Wird nachfolgend das Saatgut in diesen Horizont eingebracht, kann sich dies infolge des besseren Bodenschlusses und der guten Wasserführung positiv auf die Auflaufbedingungen auswirken.
Die rüttelnde Zinkenbewegung bewirkt auch einen sehr guten Einebnungseffekt. Vor allem dann, wenn so tief gearbeitet wird, daß vor dem vorderen Zinkenbalken ein Erdstau entsteht, der nur langsam zwischen den Zinken nach hinten abfließen kann. Allerdings besteht dann die Gefahr, daß seitlich kleine Erddämme entstehen. Diese lassen sich durch zusätzliche, schräg angeordnete Zinken einebnen.
Rütteleggen lassen sich für die sehr flache Saatbettbereitung (z. B. für Raps oder Zuckerrüben), infolge der großen Zinkenlänge aber auch bis hin zur tieferen Bearbeitung, wie sie z. B. bei Kartoffeln gefordert wird, erfolgreich einsetzen. Vorteilhaft ist auch die Unempfindlichkeit gegen Steine sowie die relativ kurze Bauweise, die z. B. bei der Kombination mit Sämaschinen eine Rolle spielt.
Rütteleggen neigen allerdings zum Verstopfen, so daß die Bodenoberfläche möglichst frei von Ernterückständen sein sollte. Deshalb eignet sich die Rüttelegge vor allem für den Einsatz nach dem Pflug, weniger nach dem Grubber. Sind auf der Bodenoberfläche Pflanzenreste, vor allem Langstroh vorhanden, sollte auf den Rütteleggeneinsatz verzichtet werden, da erhöhte Verstopfungsgefahr besteht und erhebliche Störzeiten auftreten können.
Wie bereits erläutert, läßt sich bei der Rüttelegge die Arbeitsgeschwindigkeit nur in relativ engen Grenzen variieren. Ein Erhöhen der Flächenleistung durch Steigerung der Vorfahrtgeschwindigkeit ist zwar möglich, hat jedoch einen geringeren Krümelungseffekt zur Folge. Wenn deshalb aus betriebsspezifischen Gründen eine Steigerung der Flächenleistung angestrebt wird, ist dies vorrangig durch den Einsatz von Geräten mit entsprechend großer Arbeitsbreite zu erreichen.
Heute werden Rütteleggen mit 6 m Arbeitsbreite und darüber angeboten, die mittig geteilt sind. Die beiden Hälften lassen sich hydraulisch nach oben klappen, so daß im Feldeinsatz die große Arbeitsbreite genutzt werden kann,

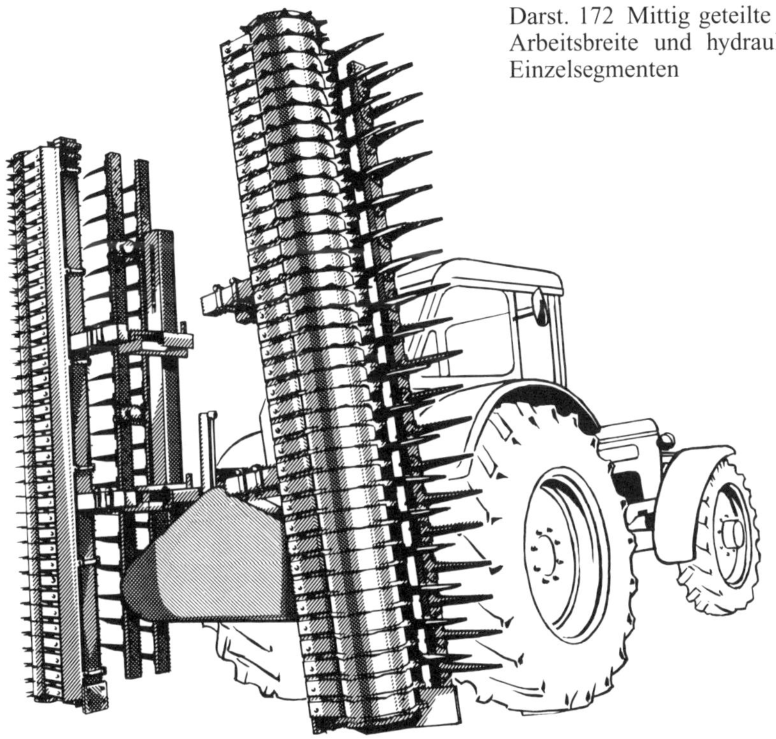

Darst. 172 Mittig geteilte Rüttelegge mit 6 m Arbeitsbreite und hydraulisch einklappbaren Einzelsegmenten

beim Straßentransport aber die zulässige Breite nicht überschritten wird. Billiger, aber umständlicher und zeitaufwendiger zu handhaben sind Langfahrvorrichtungen für den Straßentransport.

### 7.4.2.6 Sonderbauformen

#### Gegenlauf-Fräsen und -Rotoreggen

Während sich normalerweise bei Fräsen und Rotoreggen die Werkzeugwellen gleichsinnig mit den Schlepperrädern drehen, rotieren sie bei Gegenlauffräsen und -rotoreggen gegenläufig. Diese Arbeitsweise soll vor allem bei Grünlandumbruch oder beim Einsatz auf stark verwachsenen Feldern Vorteile bringen.

Die Messer oder Zinken schleudern den Boden »überkopf« gegen einen mit Federzinken bestückten Gitterschirm. Dieser bremst Grassoden, grüne Pflanzenteile, grobe Kluten etc. ab und legt sie vor dem Gitter ab. Feiner Boden wird dagegen zwischen den Gitterstäben hindurchgeschleudert und als feinkrümelige Deckschicht über dem Pflanzenmaterial abgelegt. Dadurch entsteht ein »reiner Tisch« und es kann eine Neueinsaat sofort ohne zusätzlichen Pflug- oder Grubbereinsatz durchgeführt werden.

### 7.4.2.7 Leistungsbedarf und Flächenleistung

Bei Geräten mit aktiv durch die Zapfwelle bewegten Arbeitswerkzeugen setzt sich der Gesamt-Leistungsbedarf aus Zug- und Drehleistungsbedarf zusammen. Welcher prozentuale Anteil jeweils auf Zug- und Drehleistung entfällt, hängt vor allem von der Bewegungsform der Werkzeuge (horizontal oder vertikal rotierend/oszillierend), der Bewegungsrichtung und der Fahrgeschwindigkeit ab. Zwischen den verschiedenen Gerätebauarten treten daher z. T. erhebliche Unterschiede auf.

Der Gesamt-Leistungsbedarf wird hauptsächlich beeinflußt von

- der Arbeitsbreite des Gerätes,
- der Bearbeitungstiefe,
- der Vorfahrtgeschwindigkeit,

- der Bodenart,
- dem Bodenzustand (vor allem Bodenfeuchte),
- der Vorbearbeitung (z. B. gepflügt/mit Grubber nur grob aufgebrochen oder intensiv gelockert/unbearbeitet),
- dem angestrebten Zerkleinerungseffekt (Krümelgröße),
- der Art und Masse an einzuarbeitenden Ernterückständen (z. B. gehäckseltes Getreidestroh / massiges und sperriges Maisstroh/ Zwischenfruchtpflanzen etc.).

Aufgrund dieser vielfältigen Einflußfaktoren kann im praktischen Einsatz der Gesamt-Leistungsbedarf in weiten Grenzen schwanken. Bei Neuanschaffungen sind daher Gerätearbeitsbreite und Motorleistung des vorhandenen Schleppers sorgfältig aufeinander abzustimmen. Wenn Geräte bei sehr unterschiedlichen Bedingungen eingesetzt werden sollen, ist von dem Arbeitsgang mit dem höchsten Leistungsanspruch auszugehen.

Die jeweils vorhandenen Einsatzbedingungen beeinflussen direkt auch den Gesamt-Leistungsbedarf. Beim Einsatz auf unbearbeiteten Feldern wird deutlich mehr Leistung erforderlich sein, als nach einer Vorbearbeitung mit Pflug und Grubber. Auch die Saatbettbereitung im Herbst nach spätträumenden Früchten auf frisch gepflügtem, feuchtem Lehmboden ist wesentlich leistungsaufwendiger als eine Frühjahrs-Saatbettbereitung auf einem gut durchgefrorenen und entsprechend strukturierten Boden.

Einen weiteren, wichtigen Einflußfaktor stellt der angestrebte Bearbeitungseffekt dar. Ganz allgemein gilt: Je intensiver die Zerkleinerungswirkung, d. h. je mehr Krümelungs- und Lockerungswirkung am Boden verrichtet wird, desto höher ist auch der erforderliche Leistungsbedarf. Allerdings können innerhalb der gleichen Gerätegruppe durch unterschiedliche Werkzeugformen erhebliche Unterschiede auftreten.

Die **Flächenleistung** ist hauptsächlich abhängig von:

- der Geräte-Arbeitsbreite,
- der Vorfahrtgeschwindigkeit (meist bei Arbeit im Hauptfeld und auf den Vorgewenden unterschiedlich),
- der Schlaggröße,

| Zähnezahl der Wechselräder | 23/17 | | 17/23 | |
|---|---|---|---|---|
| Zapfwellendrehzahl | 540 | 1000 | 540 | 1000 |
| 1. Gang | 76 | 140 | 140 | 258 |
| 2. Gang | 102 | 186 | 186 | 344 |
| 3. Gang | 122 | 223 | 223 | 415 |

Darst. 173 Einstellbare Rotordrehzahlen bei einer Fräse mit Schaltgetriebe

| Zähnezahl der Wechselräder | Zapfwellendrehzahl ($min^{-1}$) | |
|---|---|---|
| | 540 | 1000 |
| 27/15 | – | 95 |
| 25/16 | – | 110 |
| 24/17 | – | 125 |
| 23/18 | 75 | 140 |
| 21/20 | 90 | 170 |
| 20/21 | 100 | 185 |
| 18/23 | 125 | 225 |
| 17/24 | 135 | 250 |
| 16/25 | 150 | 280 |
| 15/27 | 175 | 320 |

Darst. 174 Rotordrehzahlen bei Untersetzungsgetriebe mit Wechselzahnrädern

- der Schlagform (rechteckig oder unregelmäßig),
- der Schlaglänge,
- den sich aus den Schlagabmessungen ergebenden Wendezeiten.

Aus diesen Kriterien läßt sich die Flächenleistung in ha/h für die Gesamtbearbeitung eines Feldes einschließlich der Vorgewende berechnen. Um für Verfahrensplanungen den Gesamt-Arbeitszeitbedarf exakt zu erfassen, sind zusätzlich die Rüstzeiten (Wartung und Pflege), Wegezeiten (für An- und Abfahrt), nicht vermeidbare Verlustzeiten sowie reparaturbedingte Stillstandszeiten angemessen zu berücksichtigen.

## Bodenfräse

Der Bearbeitungseffekt (insbesondere die Krümelungswirkung) und damit auch der erforderliche Leistungsbedarf werden bei der Bodenfräse in erster Linie durch die Bissenlänge bestimmt. Im allgemeinen gilt: Je größer die Bissenlänge, desto grober die Bearbeitung, um so geringer der Leistungsbedarf. Um eine ganzflächige Bearbeitung zu gewährleisten, muß die Umfangsgeschwindigkeit der Fräsmesser mehr als 3mal so groß wie die Fahrgeschwindigkeit sein. Das Verhältnis Umfangsgeschwindigkeit zu Fahrgeschwindigkeit spielt damit eine wichtige Rolle.

Bei modernen Bodenfräsen mit Gleichlaufprinzip des Rotors (er dreht sich in der gleichen Richtung wie die Schlepperräder) tritt in der Regel kein Zugleistungsbedarf auf. Besonders bei niedrigen Drehzahlen kann der Fräsrotor sogar wie ein Antriebsrad wirken und eine Schubfunktion ausüben. Der Gesamt-Leistungsbedarf entspricht also in etwa dem Drehleistungsbedarf.

Da die Fräse sowohl auf unbearbeiteten Böden (z. B. bei der Stoppelbearbeitung oder der pfluglosen Feldbestellung) als auch zur Saatbettbereitung nach dem Pflug oder Grubber eingesetzt und mit verschiedenen Arbeitswerkzeugen bestückt werden kann, tritt im Einzelfall ein sehr unterschiedlicher Gesamt-Leistungsbedarf auf.

In Darstellung 175 ist der Verlauf des Leistungsbedarfes bei unterschiedlichen Verhältnissen von Rotordrehzahl bzw. Werkzeug-Umfangsgeschwindigkeit und Vorfahrtgeschwindigkeit (Verhältnis u/v) dargestellt. Im Scheitelpunkt der Kurven, wo infolge eines optimalen Verhältnisses von u/v von 3,2 ein Höchstmaß an »Arbeit am Boden« verursacht wird, tritt auch

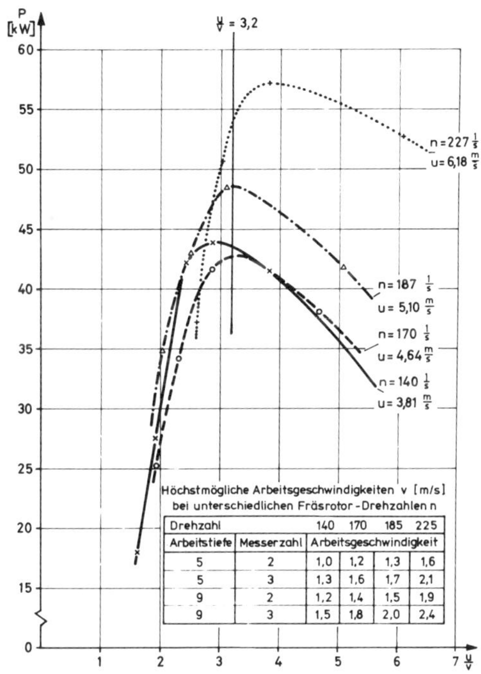


Höchstmögliche Arbeitsgeschwindigkeiten v [m/s] bei unterschiedlichen Fräsrotor-Drehzahlen n

| Drehzahl | | 140 | 170 | 185 | 225 |
|---|---|---|---|---|---|
| Arbeitstiefe | Messerzahl | Arbeitsgeschwindigkeit | | | |
| 5 | 2 | 1,0 | 1,2 | 1,3 | 1,6 |
| 5 | 3 | 1,3 | 1,6 | 1,7 | 2,1 |
| 9 | 2 | 1,2 | 1,4 | 1,5 | 1,9 |
| 9 | 3 | 1,5 | 1,8 | 2,0 | 2,4 |

Darst. 175 Leistungsbedarf einer Bodenfräse (Arbeitsbreite 2,5 m) bei unterschiedlichem Verhältnis von Umfanggeschwindigkeit (u) und Fahrgeschwindigkeit (v)

der höchste Leistungsbedarf auf. Er verringert sich dagegen bei einem deutlich niedrigeren oder höheren Verhältnis von u/v. Bei niedrigem u/v-Verhältnis ist dies darauf zurückzuführen, daß relativ kurze Bissenlängen entstehen, also relativ wenig Bodenvolumen bewegt wird. Bei sehr hohem u/v-Verhältnis entstehen dagegen extrem große Bissenlängen, der Boden wird nur grob zerkleinert.

Als Faustzahl gilt: Bei durchschnittlichen Einsatzverhältnissen (Vorfahrtgeschwindigkeit ca. 6 km/h, Arbeitstiefe ca. 6 bis 10 cm, Rotordrehzahl 185 Umdrehungen/Minute, mittelschwerer Boden) werden etwa folgende Schleppermotorleistungen benötigt:

- auf unbearbeitetem Boden ca. 27 bis 30 kW/m Arbeitsbreite,
- nach Vorbearbeitung mit Pflug oder Grubber ca. 15 bis 20 kW/m Arbeitsbreite.

Aus Darstellung 176 ist der Einfluß von Arbeitsbreite, Schlaggröße und Schlaglänge (bei konstanter Vorfahrtgeschwindigkeit der Fräse) auf die **Flächenleistung** zu entnehmen. In Darstellung 179 ist der Effekt steigender

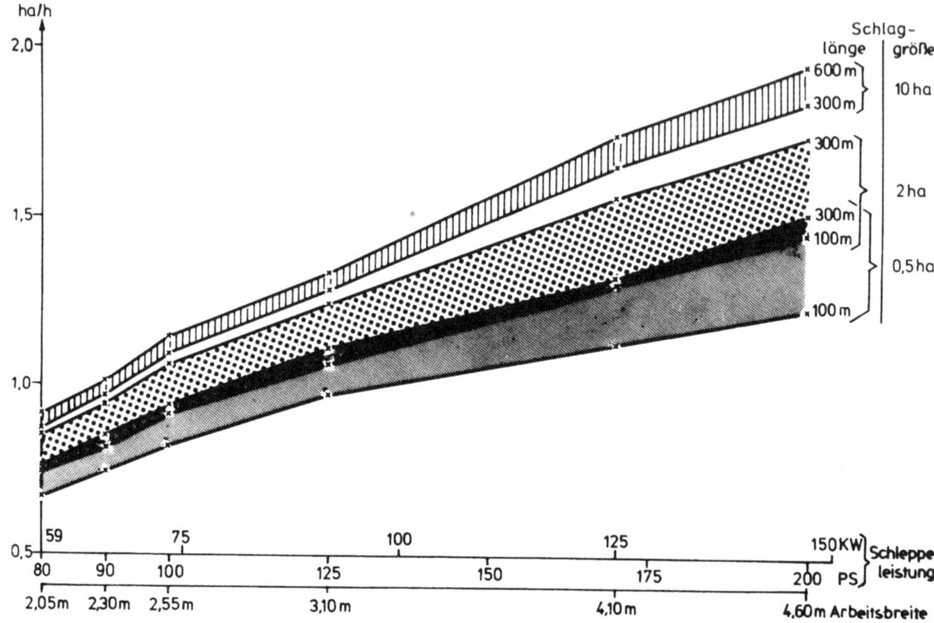


Darst. 176 Flächenleistung der Bodenfräse in Abhängigkeit von Schlaggröße und Schlaglänge

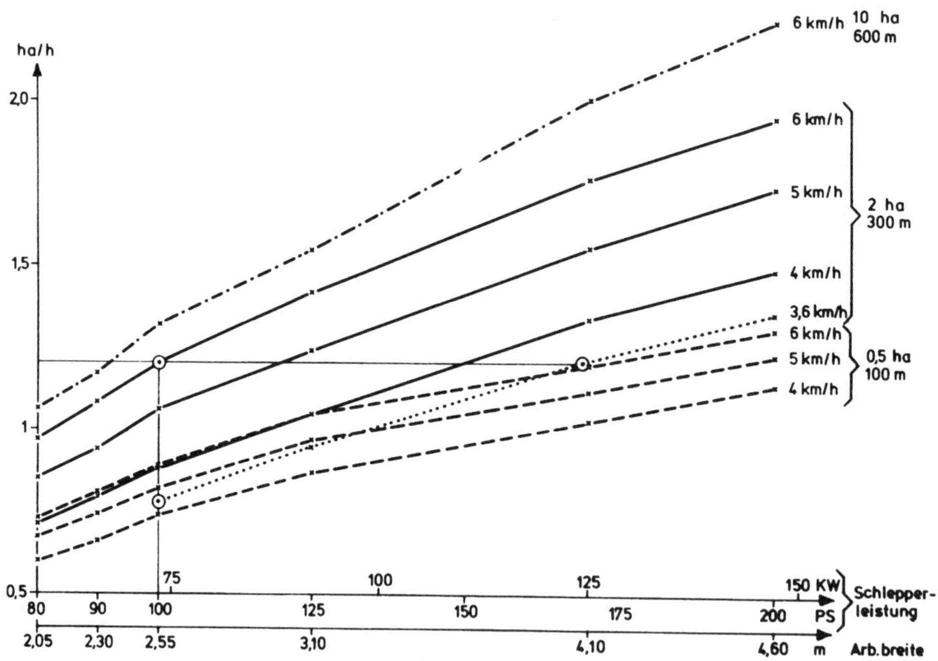


Darst. 177 Flächenleistung der Bodenfräse in Abhängigkeit von Arbeitsbreite und Vorfahrtgeschwindigkeit

Arbeitsgeschwindigkeiten berücksichtigt. Aus diesen Darstellungen geht hervor, daß Geräte mit hoher Arbeitsbreite ihr Leistungsvermögen nur auf großen Schlägen mit entsprechend großen Schlaglängen voll ausspielen können. Dagegen führt bei geringen Schlaggrößen und -längen ein Steigern der Arbeitsbreite nicht zu einer linearen Zunahme der Flächenleistung. Die Ursache: Der Zeitbedarf für das Wenden am Feldende und die Fertigbearbeitung der Vorgewende nimmt im Vergleich zum Zeitbedarf für das Bearbeiten des Hauptfeldes einen relativ hohen Anteil ein.

Als Faustzahl für die Flächenleistung kann gelten: Bei mittleren Einsatzverhältnissen erreichen Fräsen mit 2,5 m Arbeitsbreite und ca. 6 km/h Vorfahrtgeschwindigkeit

- bei 0,5 ha Schlaggröße und 150 m Schlaglänge eine Flächenleistung von ca. 0,75 bis 0,80 ha/h,
- bei 2 ha Schlaggröße und 300 m Schlaglänge ca. 1,0 bis 1,2 ha/h.

Soll eine hohe Flächenleistung durch das Steigern der Vorfahrtgeschwindigkeit erreicht werden, ist zu überprüfen, ob dies nicht auf Kosten des gewünschten Bearbeitungseffektes geht. Im allgemeinen muß bei einem Erhöhen der Fahrgeschwindigkeit auch die Fräswellendrehzahl entsprechend gesteigert werden, um eine gleichbleibende Bearbeitungswirkung sicherzustellen. Wo dies wegen Fehlens eines Schalt- oder Wechselzahnradgetriebes nicht möglich ist, muß der Weg über eine größere Arbeitsbreite und Beibehalten einer angemessenen Arbeitsgeschwindigkeit gewählt werden.

In Darstellung 177 wirkt sich bei einer 2,5 m breiten Fräse das Erhöhen der Fahrgeschwindigkeit von 3,6 auf 6,0 km/h in einer Steigerung der Flächenleistung von 0,75 auf 1,2 ha/h aus. Die gleiche Flächenleistung ist zu erreichen, wenn bei der ursprünglichen Fahrgeschwindigkeit von 3,6 km/h eine Fräse mit ca. 4 m Arbeitsbreite verwendet wird.

## Rotoregge

Die Rotoregge unterscheidet sich in den grundsätzlichen Einflußfaktoren auf den Leistungsbedarf nicht wesentlich von der Bodenfräse. Auch hier wird die gesamte Leistung mit hohem Wirkungsgrad als Drehleistung über die Zapfwelle und Gelenkwelle auf das Gerät übertragen. Zugleistung tritt kaum auf.

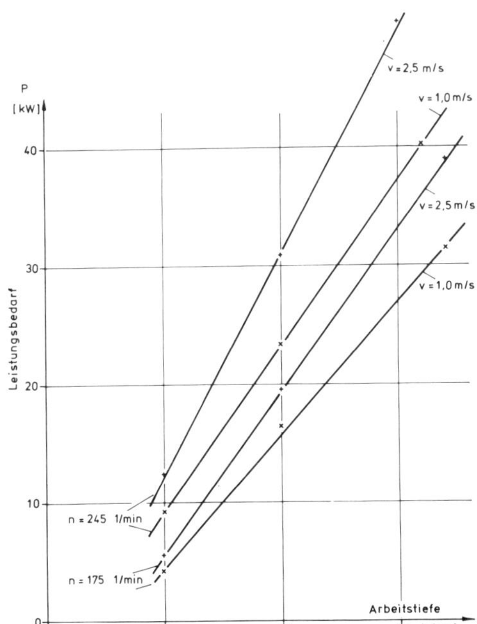


Darst. 178 Leistungsbedarf eines Zinkenrotors (Arbeitsbreite 2,5 m) in Abhängigkeit von der Arbeitstiefe

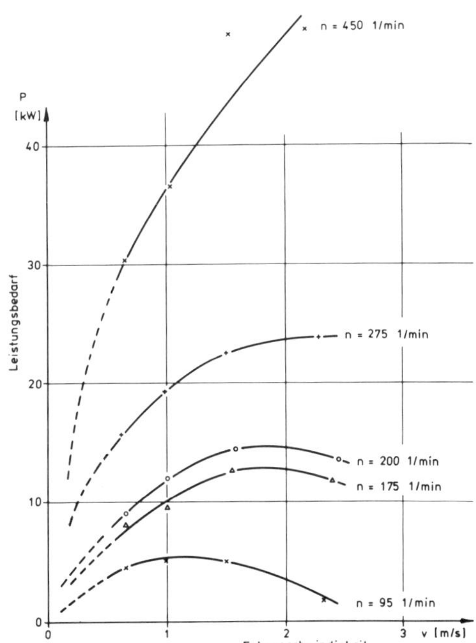


Darst. 179 Leistungebedarf eines Zinkenrotors (Arbeitsbreite 2,5 m) in Abhängigkeit von der Drehzahl (n) und der Vorfahrtgeschwindigkeit (Arbeitstiefe 10 cm)

| | Leistungsbedarf an der Zapfwelle ca. kW/m Arbeitsbreite | | | | | |
|---|---|---|---|---|---|---|
| | Pflugfurche | | Weizenstoppel unbearbeitet | | Weizenstoppel gegrubbert | |
| | 2,8 km/h | 3,8 km/h | 2,8 km/h | 3,8 km/h | 2,8 km/h | 3,8 km/h |
| Bodenfräse (Vergleichsmaschine) | 10 | 13 | 22 | 18 | 19 | 20 |
| Rotoreggen mit »schlagenden« Flachstahlzinken | | | | | | |
| – gekröpft | 10 | 13 | 15 | 18 | 11 | 13 |
| – gewinkelt | 10 – 15 | 13 – 16 | 17 – 18 | 21 – 23 | 11 – 14 | 14 – 16 |
| – gekröpft/gewinkelt | 7 – 8 | 8 – 10 | 11 – 13 | 15 – 16 | 8 – 9 | 10 – 11 |
| – gerade/gewinkelt | 10 | 14 | 15 | 20 | 12 | 15 |
| Rotoreggen mit »stechenden« geraden Zinken | 7 – 8 | 10 – 11 | 13 – 15 | 16 – 20 | 9 – 12 | 10 – 15 |

Darst. 180 Leistungsbedarf an der Zapfwelle bei Rotoreggen mit unterschiedlichen Arbeitswerkzeugen (FAT, Tänikon/Schweiz)

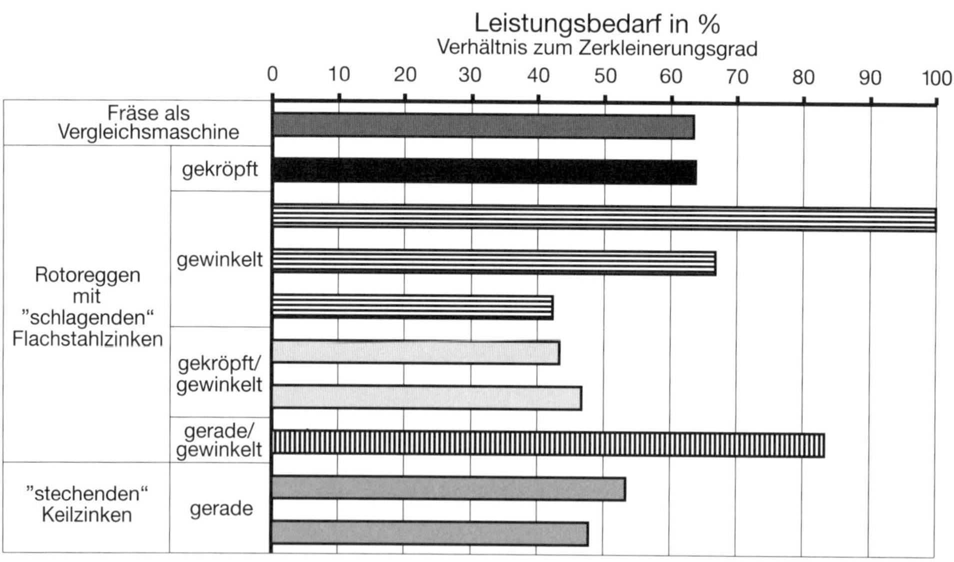


Darst. 181 Leistungsbedarf im Verhältnis zum Zerkleinerungsgrad bei Rotoreggen mit unterschiedlichen Arbeitswerkzeugen (FAT)

Unterschiede im Leistungsbedarf werden vor allem von den Einsatzverhältnissen verursacht, also ob die Rotoregge auf unbearbeiteten Feldern oder für die Saatbettbereitung nach dem Pflug- oder Grubbereinsatz verwendet wird.

Als Faustzahlen für den Gesamt-Leistungsbedarf können folgende Werte angenommen werden:

- Saatbettbereitung im Herbst auf frischgepflügtem, feuchtem Lehmboden ca. 15 bis 20 kW/m Arbeitsbreite,
- Saatbettbereitung im Frühjahr auf mittelschweren Böden ca. 10 bis 15 kW/m Arbeitsbreite,
- auf unbearbeitetem Boden (z. B. pfluglose Bestellung nach Zuckerrüben, Kartoffeln etc.), ca. 20 bis 25 kW/m Arbeitsbreite.

Auch bei der Rotoregge tritt bei unterschiedlichen Rotordrehzahlen und zunehmender Vorfahrtgeschwindigkeit bzw. Arbeitstiefe ein typischer Verlauf der Leistungsbedarfskurven auf (Darstellungen 178 und 179).

Neuere Untersuchungen zeigen aber, daß auch die Zinkenform einen wesentlichen Einfluß auf den Gesamt-Leistungsbedarf ausübt. So verursachten bei einem Vergleichseinsatz von Rotoreggen, die mit unterschiedlichen Zinkenformen ausgerüstet waren, die »stechenden« Keilzinken auf lehmigem Tonboden in der Tendenz einen geringeren Leistungsbedarf, als im Mittel die »schlagenden« Zinken (Darst. 180).

Interessant ist aber auch, welchen Leistungsbedarf die unterschiedlichen Zinkenformen für das Erzeugen eines bestimmten Zerkleinerungseffektes verursachen (Darst. 181). Der hier dargestellte Index berechnet sich aus dem »gewogenen mittleren Durchmesser« (GMD) der Bodenkrümel und der für diesen Krümelungseffekt erforderlichen Zapfwellenleistung. Je höher der Index, desto mehr Leistung wird benötigt, um einen gegebenen Zerkleinerungseffekt zu erzeugen.

Auch hinsichtlich der **Flächenleistung** gelten für Rotoreggen vergleichbare Werte wie für die Bodenfräse.

## Kreiselegge/Kreiselgrubber

Im Gegensatz zu Bodenfräse und Rotoregge entsteht bei Kreiselegge und Kreiselgrubber neben dem Drehleistungsbedarf auch noch ein nenneswerter Zugleistungsbedarf. Er wird einerseits dadurch verursacht, daß sich bei der Vorwärtsbewegung der Kreiselegge die horizontal rotierenden Zinken in einem bestimmten Sektor ihre Umlaufbahn (Zykloide) entgegengesetzt zur Fahrtrichtung bewegen. Durch die erhöhte Aufprallwucht der Zinken auf die Bodenkrümel entsteht dann zwar ein verstärkter Zerkleinerungseffekt, die »Bremswirkung« verursacht aber auch ein Ansteigen des Zugkraftbedarfes.

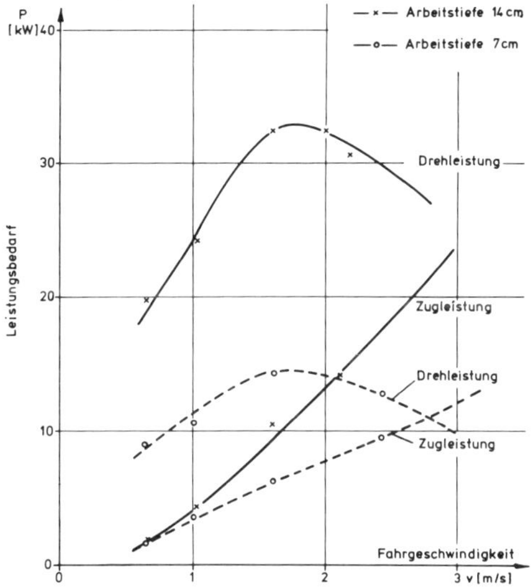

Darst. 182 Leistungsbedarf der Kreiselegge (Arbeitsbreite 3,0 m) in Abhängigkeit von der Arbeitsgeschwindigkeit und Arbeitstiefe

Im praktischen Einsatz wird meist versucht, bei vorgegebener Arbeitsbreite der Kreiselegge eine möglichst hohe Fahrgeschwindigkeit einzuhalten, um die Schlagkraft zu steigern. Wird die Vorfahrtgeschwindigkeit gesteigert, die Zinkenumlaufgeschwindigkeit aber konstant gehalten, nimmt der Zugkraftbedarf überproportional zu (Darst. 182). Der Drehleistungsbedarf nimmt anfangs ebenfalls zu, erreicht dann aber einen Maximalwert in dem Bereich, in dem pro Zeiteinheit das größte Bodenvolumen bearbeitet wird. Bei weiterer Geschwindigkeitssteigerung ziehen sich die Zykloidenbahnen auseinander, es wird weniger Bodenvolumen bearbeitet und somit sinkt auch der Drehleistungsbedarf.

Dies bedeutet, daß sich bei zunehmender Vorfahrtgeschwindigkeit der jeweilige Anteil von Zug- und Drehleistung am Gesamt-Leistungsbedarf verschiebt. Je höher die Fahrgeschwindigkeit, desto höher der relative Anteil des Zugleistungsbedarfes. Im Durchschnitt beträgt er ca. 30% des Gesamt-Leistungsbedarfes.

| | Rotoregge | Kreiselegge | | | Rüttelegge |
|---|---|---|---|---|---|
| | gekröpfte Zinken | gerade stumpfe Zinken | gebogene messer-artige Zinken | gebogene messer artige Zinken | gerade Zinken |
| Werkzeugdrehzahl (U/Min.) | 225 | 289 | 298 | 300 | 706 Hübe |
| Umfangsgeschwindigkeit (m/sec) | 6,24 | 4,54 | 4,68 | 4,71 | — |
| Leistungsbedarf an der Zapfwelle (kW/3 m Arb. breite)<br>– frisch gepflügt<br>– vor 3 Tagen gepflügt | <br><br>26<br>42 | <br><br>41[1]<br>52 | <br><br>52[1]<br>63 | <br><br>48[1]<br>58 | <br><br>21[1]<br>22 |
| mittlere Krümelgröße (GMD) nach einem Bearbeitungsgang in mm<br>– frisch gepflügt, Arb.tiefe 0-3 cm<br>– frisch gepflügt, Arb.tiefe 4-6 cm | <br><br>15<br>14 | <br><br>35<br>30 | <br><br>26<br>24 | <br><br>27<br>22 | <br><br>37<br>32 |
| – vor 3 Tagen gepflügt, 0-3 cm<br>– vor 3 Tagen gepflügt, 4-6 cm | 41<br>32 | 45<br>37 | 43<br>34 | 38<br>27 | 47<br>37 |

[1] = zusätzlich zum Zapfwellen-Leistungsbedarf entsteht bei Kreisel- und Rüttelegge noch Zugleistungsbedarf. Die Rotoregge beansprucht keine Zugleistungsbedarf
Einsatzverhältnisse: Lehm bis toniger Lehm, Arbeitstiefe der Geräte ca. 10 cm

Darst. 183 Vergleich von Leistungsbedarf und Bearbeitungseffekt bei Rotoregge, Kreiselegge und Rüttelegge

Besteht allerdings technisch die Möglichkeit, durch ein Schalt- oder Zahnrad-Wechselgetriebe synchron mit der Steigerung der Vorfahrtgeschwindigkeit auch die Zinken-Umfangsgeschwindigkeit zu erhöhen, verändert sich der Verlauf der Zykloidenbahnen nicht. Entsprechend der Zunahme des pro Zeiteinheit bearbeiteten Bodenvolumens steigt dann auch der Gesamt-Leistungsbedarf an.

Daraus geht hervor, daß neben der Zinken-Umfangsgeschwindigkeit auch die Fahrgeschwindigkeit den Leistungsbedarf und die Bearbeitungsintensität beeinflußt. Das Verhältnis von Vorfahrtgeschwindigkeit zu Umfangsgeschwindigkeit sollte ca. 1 : 2 bis 3 betragen. Dann wird ein Höchstmaß an Bodenbearbeitung geleistet, sowohl im Hinblick auf den Zerkleinerungseffekt, als auch auf die Flächenleistung.

| Boden-schicht cm | Zustand nach Pflug mit Packer mm | Mittlere Krümelgröße (GMD)[1] nach Bearbeitung mit Rüttel-egge mm | Kreisel-egge mm | Kreisel-grubber mm |
|---|---|---|---|---|
| 0 – 3 | 14,8 | 5,1 | 8,1 | 6,9 |
| 3 – 6 | 19,2 | 7,3 | 9,7 | 10,3 |
| 6 – 9 | 12,2 | 9,2 | 11,7 | 11,0 |

[1]) = GMD = Gewogener Mittlerer Durchmesser der Bodenaggregate
Bodenart: lehmiger Schluff (82 % Schluffanteil)
Bodenfeuchte ca. 12 %

Darst. 184 Bearbeitungseffekt beim Einsatz von Rüttelegge, Kreiselegge und Kreiselgrubber

Die Zinkenbauart nimmt ebenfalls Einfluß auf den Leistungsbedarf, bewirkt aber auch Unterschiede in der Krümelungswirkung (Darst. 183). Ein Vergleichseinsatz von drei mit stumpfen bzw. messerartigen Werkzeugen ausgerichteten Kreiseleggen eines Herstellers (Arbeitstiefe ca. 10 cm) läßt erkennen, daß die gebogenen, messerartigen Zinken zwar einen höheren Zapfwellen-Leistungsbedarf als gerade und stumpfe Zinken verursachen, es wurde aber auch eine bessere Zerkleinerungswirkung (geringere Krümelgröße) erzielt. Zu beachten ist jedoch, daß bei diesem Einsatz eine vergleichsweise verwendete Rotoregge bei etwa gleich guter Zerkleinerungswirkung deutlich weniger Zapfwellenleistung benötigte.

Auch ein Vergleich von Kreiselegge, Kreiselgrubber und Rotoregge läßt erkennen, daß unterschiedliche Bearbeitungswirkungen erzielt werden (Darst. 184).

Als Faustzahlen können für den Einsatz der Kreiselegge bei der Saatbettbereitung folgende Leistungsbedarfswerte festgehalten werden:

- toniger, trocken-harter oder grobscholliger Boden ca. 20 bis 25 kW/m Arbeitsbreite,
- Frühjahrs-Saatbettbereitung auf gut strukturierten, mittelschweren Böden ca. 15 bis 18 kW/m Arbeitsbreite.

Der Leistungsbedarf kann jedoch in weiten Grenzen schwanken, da – wie erwähnt – die Möglichkeit besteht, sowohl die Kreiseldrehzahl, als auch die Fahrgeschwindigkeit zu variieren, ohne den Bearbeitungseffekt zu ändern. Dies bietet im praktischen Betrieb die Chance, z. B. bei geringer Fahrgeschwindigkeit und angepaßter, geringer Kreiseldrehzahl leistungsschwächere Schlepper zu verwenden, oder bei Vorhandensein ausreichend hoher Schleppermotorleistungen bei begrenzter Arbeitsbreite durch eine hohe Fahrgeschwindigkeit und Kreiseldrehzahl dennoch ausreichende Flächenleistungen zu erzielen.

Die Flächenleistung kann daher erheblich variieren. Bei durchschnittlichen Einsatzvoraussetzungen (ca. 6 km/h Fahrgeschwindigkeit, Schlaggröße 2 ha, Schlaglänge 300 m) erreichen 3-Meter-Kreiseleggen eine Flächenleistung von ca. 1,3 ha/h (Darst. 185).

Beim **Kreiselgrubber** entsteht infolge der aggressiven, »auf Griff« stehenden Zinkenform

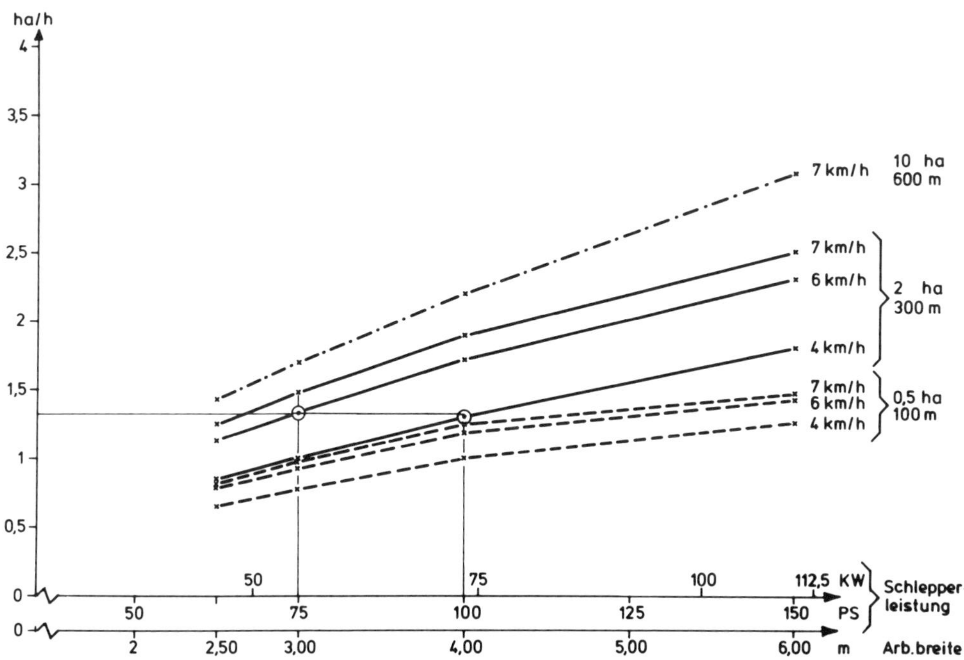


Darst. 185 Flächenleistung der Kreiselegge (ha/h) in Abhängigkeit von Arbeitsbreite, Arbeitsgeschwindigkeit und Schlaggröße

| Gerät | Leistungsbedarf kW/m Arbeitstiefe |
|---|---|
| gezogene Saatbettkombination (Egge + Wälzegge, 8 – 12 km/h) | 11 – 18 |
| Rotoregge (4 – 7 km/h) | 15 – 22 |
| Kreiselegge (4 – 7 km) | 15 – 30 |
| Rüttelegge (4 – 6 km) | 11 – 18 |
| Bodenfräse (4 – 7 km/h) | 20 – 30 |

Darst. 186 Spezifischer Leistungsbedarf von zapfwellengetriebenen und gezogenen Nachbearbeitungsgeräten

ein spürbar höherer Leistungsbedarf. Er benötigt in etwa folgende Motorleistungen:

- beim Einsatz auf nicht vorbearbeiteten Böden (z. B. Stoppelumbruch) ca. 25 bis 30 kW/m Arbeitsbreite,
- bei der Nachbearbeitung von Feldern, die mit Grubber (oder Pflug) vorgelockert wurden, ca. 18 bis 20 kW/m Arbeitsbreite.

## Rüttelegge

Im Vergleich zur anderen zapfwellengetriebenen Bodenbearbeitung ist bei der Rüttelegge nicht nur der Gesamt-Leistungsbedarf in kW/m-Arbeitsbreite niedriger. Auch der relative Anteil an Drehleistung ist geringer, dafür aber der Zugleistungsanteil mit durchschnittlich ca. 60% erheblich höher. Bei einer Steigerung der Fahrgeschwindigkeit erhöht sich dieser Wert noch. Allerdings strecken sich die ursprünglich sinusförmigen Zinkenbewegungsbahnen im Boden um so mehr, je höher die Fahrgeschwindigkeit gewählt wird. Im Extremfall ähnelt dann die Arbeit einer Rüttelegge in etwa derjenigen eines gezogenen Zinkengerätes.

Unter geeigneten Einsatzbedingungen (z. B. Saatbettbereitung auf mittelschweren Böden) ist mit einem Leistungsbedarf von ca. 10 bis 15 kW/m Arbeitsbreite zu rechnen, auf schwereren Böden bis ca. 22 kW/m Arbeitsbreite (Darst. 187)

Hinsichtlich der **Flächenleistung** ist zu berücksichtigen, daß bei Rütteleggen die mögliche Fahrgeschwindigkeit stärker begrenzt ist als bei anderen Zapfwellengeräten. Deshalb ist bei 3 m Arbeitsbreite und günstiger Fahrgeschwindigkeit (ca. 6 km/h) mit einer Flächenleistung von ca. 1,2 bis 1,3 ha/h zu rechnen.

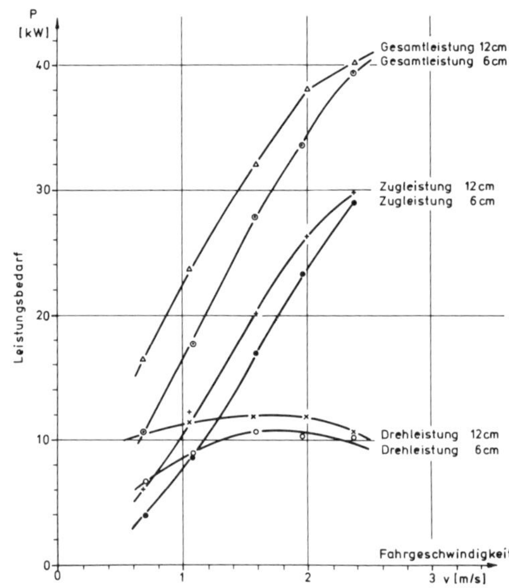


Darst. 187 Zug- und Drehleistungsbedarf einer Rüttelegge (Arbeitsbreite 2,5 m) in Abhängigkeit von der Vorfahrtgeschwindigkeit

Höhere Flächenleistungen sind vorrangig durch die Verwendung von Geräten mit entsprechend größerer Arbeitsbreite, aus Gründen des Bearbeitungseffektes jedoch kaum durch eine höhere Fahrgeschwindigieit zu erreichen.

### 7.4.2.8 Nachläuferwalzen (Packer- und Stützwalzen)

Zapfwellengetriebene Bodenbearbeitungsgeräte bewirken eine intensive, oftmals über das aus acker- und pflanzanbaulicher Sicht optimale

Maß hinausgehende Lockerung und Krümelung des erfaßten Bodenhorizontes. Da außerdem oftmals Pflanzenrückstände etc. eingemischt werden, ist es erforderlich, den Bearbeitungshorizont wieder zu verfestigen (»Rückverdichtung«), um den angestrebten Bodenschluß sicherzustellen.

Moderne Zapfwellengeräte werden daher heute konsequent mit Nachläufer-Walzen ausgerüstet, die mehrere Aufgaben zu erfüllen haben:

- Rückverfestigung des intensiv gelockerten Bodenhorizontes,
- zusätzliches Zerdrücken und Krümeln von groben Kluten oder Hineindrücken in den gelockerten Boden,
- dadurch Einebnen der Bodenoberfläche und Schaffen günstiger Voraussetzungen für nachfolgende oder direkt angekoppelte Sämaschinen,
- Hineindrücken von Pflanzenresten in den oberen Bodenhorizont, dadurch besserer Kontakt zu den wasserführenden Bodenteilchen und raschere Umsetzung,
- exakte Tiefenführung des vorauslaufenden Zapfwellengerätes, da sich die Nachläuferwalze in ihrer gesamten Breite auf der Bodenoberfläche abstützt und Bodenunebenheiten ausgleicht.

Auf eine möglichst exakte und rasche Höhenverstellung der Nachläuferwalze ist besonders zu achten. Von Hand oder hydraulisch an einer Zentralspindel zu betätigende Verstellvorrichtungen ermöglichen eine raschere Einstellung als zwei gesonderte Spindeln rechts und links am Gerät. Die Verstellung in Lochleisten ist zwar konstruktiv einfach und meist in 1- bis 2-cm-Schritten möglich, sie erfordert aber mehr Zeitaufwand und läßt keine stufenlos-exakte Einstellung zu.

Ebenso vielseitig und umfangreich wie die Aufgaben und die Einsatzverhältnisse während des Jahres ist auch das Angebot an Nachläuferwalzen. Bisher ist es noch nicht gelungen, eine Bauform zu entwickeln, die universell einzusetzen ist. Die Hersteller sind daher bemüht, für spezielle Aufgaben und Einsatzbereiche auch spezielle Nachläufer-Bauformen bereitzustellen.

Nach wie vor problematisch ist der Einsatz bei feuchten Bodenverhältnissen, weil die Gefahr besteht, daß Erdreich an den Walzen kleben bleibt, sich »aufbaut« und darunter sowohl der Arbeitseffekt als auch die exakte Tiefenführung leidet. Weitgehend »offene« Walzen sind zwar weniger empfindlich gegen Verkleben, laufen aber meist unruhig und erreichen keine gleichmäßige Rückverfestigung.

Derzeit werden vorwiegend folgende Bauformen von Nachläuferwalzen angeboten:

- Schrägstab-Packerwalze,
- Rohrstab-Packerwalze,
- Scheiben-Packerwalze,
- Zahn-Packerwalze,
- Spiral-Packerwalze (Flexi-Coil),
- Prismenwalze,
- Reifen-Packerwalze

Darst. 188 Rohrstab-Packerwalze

Darst. 189 Scheiben-Packerwalze

Darst. 190 Zahnpackerwalze

Darst. 191 Spiralpackerwalze (Flexi-Coil)

Darst. 192 Reifenpackerwalze

In Darst. 193 sind deren Aufbau und Einsatzeignung zusammengestellt. Es zeigt sich, daß meist ein (mehr oder minder guter) Kompromiß bei der Wahl der Packerwalzen eingegangen werden muß, zumal es aus technischen und finanziellen Gründen meist nicht möglich ist, ein vorhandenes Zapfwellengerät mit verschiedenen Austausch-Packerwalzen zu verwenden.

Viele Hersteller bieten Walzen mit unterschiedlichem Durchmesser an. Beim Einsatz auf leichteren und intensiv gelockerten Böden ist auf einen ausreichend großen Durchmesser (ca. 45 bis 50 cm) besonderer Wert zu legen, da sonst die Walze »schiebt« und durch den erhöhten Abrollwiderstand ein zusätzlicher Zugkraftbedarf entsteht. Derartige Walzen haben aber ein entsprechend hohes Eigengewicht, welches zudem an einem »langen Hebelarm« wirksam ist und entsprechende Hubkräfte und Stabilität des Heckkrafthebergestänges erfordert. Auf diese Problematik ist besonders zu achten, wenn z. B. an das Zapfwellengerät noch eine Anbau-Sämaschine angekoppelt werden soll.

Walzen mit kleinerem Durchmesser (35 bis 40 cm) haben ihren Haupteinsatzbereich auf weniger intensiv gelockerten, bindigeren Böden. Die Vorteile liegen in einem niedrigeren Gewicht, geringeren erforderlichen Hydraulik-Hubkräften und einem günstigeren Preis. Allerdings kann auf problematischen Böden die Verdichtungswirkung nicht ausreichend sein.

Da sich die Zapfwellengeräte mit ihrem vollen Gewicht (und gegebenenfalls noch dem zusätzlichen Gewicht der Erde, die sich zum Beispiel unter der Fräsenhaube anlagern kann) auf die Walze abstützt und diese entsprechend belastet, ist besonderes Augenmerk auf eine stabile, staubgedichtete Lagerung der Tragwelle zu legen. Vor allem bei hohen Gewichten, trockenen Einsatzbedingungen und hoher Staubentwicklung besteht sonst erhöhte Verschleißgefahr.

### 7.4.2.9 Entscheidungshilfen für die Auswahl von Zapfwellengeräten

Bei der Anschaffung von zapfwellengetriebenen Bodenbearbeitungsgeräten und dazu angebotenen Zusatzeinrichtungen sind vorrangig die einzelbetrieblichen Voraussetzungen ausschlaggebend, welche Gerätebauform und -variante gewählt wird. Es lassen sich jedoch einige grundsätzliche Auswahlkriterien in einer Art Checkliste zusammenstellen, die vor der Anschaffung abgefragt werden sollte:

- Stimmen Geräte-Arbeitsbreite (und im Zusammenhang damit die erforderliche Motorleistung) mit der vorhandenen Schlepper-Motorleistung überein?
- Ist die Werkzeuggeschwindigkeit je nach Bodenverhältnissen, gewünschtem Bearbeitungseffekt und angestrebter Arbeitsgeschwindigkeit in ausreichender Anzahl von Stufen wählbar (Schalt- oder Zahnrad-Wechselgetriebe)?
- Stimmen Schlepperantrieb und maximale Belastbarkeit des Untersetzungsgetriebes überein?
- Überlastsicherung vorhanden?
- Ist die Stabilität des Gesamtgerätes auch auf schwerem Boden und bei Steinen ausreichend?
- Sind vergütete Werkzeuge mit entsprechend langer Haltbarkeit (Standzeit) lieferbar?
- Werkzeugmontage in kurzer Zeit, einfach und zum Beispiel mit Schnellschrauber möglich?
- Kosten der Verschleißteile?
- Sichere Funktion der Packerwalze bei den hauptsächlich im Betrieb vorherrschenden Einsatzbedingungen?
- Stoppelbearbeitung in Verbindung mit Kurz- oder Vorgrubber möglich?
- Zapfwellendurchtrieb für An- und Aufbau-Drillmaschine vorhanden?
- Stabile Vorrichtungen für den An- bzw. Aufbau der Drillmaschine vorhanden?
- Reichen Hydraulik-Hubkraft und Stabilität des Krafthebergestänges aus, um schwergewichtige Kombinationen sicher ausheben und tragen zu können?

Je nach einzelbetrieblicher Situation werden bestimmte dieser Kriterien den Ausschlag geben und deshalb vorrangig zu berücksichtigen sein.

### 7.4.2.10 Verfahrenstechnische Kenndaten

Um den Vergleich zu erleichtern, werden in Tabelle die wichtigsten Kenndaten für die zapfwellengetriebenen Geräte für die Oberflächen-Nachbearbeitung nochmals dargestellt. Dabei handelt es sich um Anhaltswerte für durchschnittliche Einsatzbedingungen, wie sie in vielen Messungen ermittelt wurden. Für deutlich günstigere oder ungünstigere Bedingungen ist es erforderlich, entsprechende Ab- oder Zuschläge anzubringen.

| Bauart der Nachläufer-(Packer-)walze | Aufbau | Vorteile | Probleme |
|---|---|---|---|
| **Schrägstab- und Rohrstab-** | Hochkant stehende Flacheisen oder Rohrstäbe, quer zur Fahrt- und Abrollrichtung oder leicht gewendelt angebracht. Mit oder ohne Mittelachse. | Einfacher Aufbau, bei engem Abstand der Flacheisen bzw. Rohrstäbe sowie trockenen Bodenverhältnissen gute Verdichtungswirkung. Flacheisen zerdrücken zusätzlich Kluten. | Bei engem Flacheisen- bzw. Rohrabstand und feuchtem Boden Gefahr von Verkleben. Bei weitem Abstand unruhiges Abrollen auf der Bodenoberfläche und keine gleichmäßige Verfestigung. |
| **Scheiben-** | Scheibenförmige Elemente mit gekröpften Endlappen in ca. 12 bis 15 cm Abstand auf einer Zentralwelle angeordnet. | Scheiben dringen relativ tief in die Bodenoberfläche ein, deshalb auch Verfestigung in einem Bereich bis ca. 5 cm Tiefe. Für trockene und feuchte Verhältnisse geeignet. | Um Verstopfungen zu vermeiden, muß Scheibenabstand ziemlich groß sein. Dadurch nur streifenförmige Verdichtung. Gefahr von »Steinklemmern«. |
| **Zahn-** | Zylindrischer Stahlmantel mit spiralig aufgesetzten Zähnen. Einstellbare Abstreifer. | Gleichmäßige Verdichtung und Einebnung der Bodenoberfläche. Zähne zerdrücken zusätzlich Kluten, wirken aber auch verdichtend in tieferen Zonen. | Bei feuchten Bodenverhältnissen Gefahr, daß Erde am Walzenmantel anklebt. Wirkung und Nachstellen der Abstreifer problematisch, ggf. »Bremswirkung«, wenn Abstreifer zu dicht angestellt sind. |
| **Spiral-** | Über die gesamte Arbeitsbreite endlos und spiralig gewendeltes Federstahl-Dreikantprofil, z. T. mit Abstreifer. | Auch bei mäßig feuchten Einsatzverhältnissen ausreichende Verdichtung bei geringer Verstopfungsgefahr (vor allem, wenn Abstreifer vorhanden sind). | Bei engem Spiralabstand gute Verdichtung, aber Gefahr von Verkleben bei feuchtem Boden. Bei weitem Abstand entsprechend geringere Verdichtungswirkung. Hohes Gewicht. |
| **Prismen-** | Mittig geteilte Scheiben mit prismenförmigem Außenrand. Scheiben auf einer Welle oder tandemartig auf zwei hintereinander angeordneten Wellen angebracht. | Geteilte Prismenscheiben besitzen unterschiedliche Achsenbohrung, durch gegenseitige Bewegung gute Selbstreinigung. Intensive Verdichtung und Zerdrückung von Kluten auf der gesamten Bodenoberfläche. | Bei ausreichendem Durchmesser hohes Eigengewicht. Auf feuchten Böden gute Selbstreinigung nur bei hoher Fahrgeschwindigkeit, die aber bei Zapfwellengeräten im allgemeinen nicht eingehalten werden kann. |
| **Reifen-** | Einzelne Räder mit elastischem Gummigewebereifen auf 1 oder 2 Wellen angeordnet. Durchgehende oder in schmale Segmente unterteilte Walze. | Gute Anpassung an Bodenoberfläche, gleichmäßige Verfestigung über die gesamte Arbeitsbreite. Gute Selbstreinigung durch »Walken« der Reifen. | Gute Verfestigung nur in der obersten Bodenschicht. Kaum Nachzerkleinerung von Kluten. Hohes Gewicht. |

Darst. 193 Technischer Aufbau, Vorteile und Probleme bei verschiedenen Bauarten von Nachläuferwalzen

Generell gilt: Die volle Leistungsfähigkeit und die Vorteile gegenüber gezogenen Bodenbearbeitungsgeräten kommen erst dann zur Geltung, wenn Fahrgeschwindigkeit, Werkzeuggeschwindigkeit und Arbeitstiefe exakt eingestellt und auf die verfügbare Schlepper-Motorleistung abgestimmt sind. Einer der Hauptvorteile liegt ohne Zweifel darin, daß in der Regel nur ein einziger Arbeitsgang für das Erzielen des angestrebten Bearbeitungseffektes erforderlich ist. Dies eröffnet die Möglichkeit zur Kombination mit Sämaschinen jeglicher Art und das Zusammenstellen von »Bestellkombinationen«. Hierdurch ergeben sich fast immer wesentliche Vorteile im Hinblick auf Arbeitszeitbedarf, Energieaufwand, Schonung der Bodenstruktur und Kosteneinsparungen im Vergleich zur herkömmlichen, absätzigen Feldbestellung.

## 7.5 Gerätekombinationen

Vielfach stehen in modernen Fruchtfolgen nur mehr knappe Einsatzzeitspannen für das Bewältigen der Bodenbearbeitung (und Aussaat) zur Verfügung. Andererseits nimmt eine termingerechte Arbeitserledigung auch bei der Grundbodenbearbeitung und Saatbettbereitung einen hohen Stellenwert ein. Denn in der Bearbeitung des Bodens zum wirklich günstigsten Zeitpunkt wird eine besonders wirkungsvolle Möglichkeit gesehen, die in den Maschinen und Geräten konstruktiv enthaltenen Effekte voll und energiesparend auszuschöpfen und dadurch nachhaltig positive Auswirkungen auf Bodenstruktur und Pflanzenentwicklung zu erreichen. Dabei sollte unter »termingerecht« nicht nur der kalendermäßige Zeitpunkt verstanden werden. Auch der optimale Feuchtigkeitszustand eines Bodens, oder seine Erwärmung können den optimalen Zeitpunkt für den jeweiligen Bearbeitungsgang signalisieren. Unter den heutigen Aspekten muß auch ein kosten- und energiesparender Einsatz der Bodenbearbeitungsgeräte angestrebt werden. Daher sollte nur derjenige Maschinen- und Geräteaufwand betrieben werden, der für eine ordnungsgemäße Bodenbearbeitung wirklich erforderlich ist. Im Zusammenhang damit ist es auch sinnvoll und notwendig, den bisherigen Aufwand und die betriebsübliche Intensität der Bodenbearbeitung kritisch zu überdenken. Vielfach ist es möglich, ohne negative Auswirkungen auf Ertragshöhe und -sicherheit den Aufwand zu senken und damit nachhaltig Kosten zu sparen.

Über lange Zeit hinweg wurde die Bodenbearbeitung zu vielen Fruchtarten in annähernd gleicher Weise durchgeführt. Die heutige, moderne Gerätetechnik bietet dagegen in Verbindung mit leistungsstarken Schleppern die Möglichkeit, die Bodenbearbeitungsmaßnahmen optimal auf die Anforderungen des jeweiligen Standortes und der verschiedenen Fruchtarten abzustimmen. Damit bestehen beste Voraussetzungen, den Boden in seinen ertragsbildenden Eigenschaften in einen optimalen Zustand zu bringen, diesen langfristig aufrechtzuerhalten und sichere, hohe Erträge zu erzielen.

Eine besondere Bedeutung kommt auch den Forderungen nach weitgehender Bodenschonung und dennoch ordnungsgemäßer Arbeitsqualität zu. Infolge der knappen Einsatzzeitspannen kann der Boden nicht immer zum günstigsten Zeitpunkt bearbeitet werden. Außerdem hinterlassen vorausgegangene Arbeitsgänge (z. B. Zuckerrübenernte im Herbst, Einsatz von Großflächen-Düngerstreuern auf der Pflugfurche) den Boden oft in einem sehr ungünstigen Zustand. Deshalb sollen die Bodenbearbeitungsgeräte die gewünschte Qualität der Arbeitserledigung bei gleichzeitig möglichst schonender Behandlung des Bodens gewährleisten und den Boden in seiner Struktur, Wasserführung, Porenvolumen etc. durch einen gezielten Geräteeinsatz positiv beeinflussen.

Eine hohe Schlagkraft beim Geräteeinsatz stellt eine der wichtigsten Voraussetzungen dar, um die zuvor genannten Anforderungen zu erfüllen. Diese läßt sich erreichen oder erhöhen durch

- Vergrößerung der Arbeitsbreite,
- Steigerung der Arbeitsgeschwindigkeit,
- Kombination von Geräten und Arbeitsgängen.

Die ersten beiden Möglichkeiten wurden bereits bei der Beschreibung der Einzelgeräte erläutert, hier sollen die vielfachen Kombinationsmöglichkeiten aufgezeigt werden.

Es wurde bereits mehrfach darauf hingewiesen, daß Einzelgeräte oft nicht die angestrebte Wirkung zufriedenstellend erreichen können. Für bestimmte Einsatzbereiche wird deshalb eine Kombination von Einzelwerkzeugen vorgenommen, um durch eine Summierung der unterschiedlichen speziellen Effekte den gewünschten Bearbeitungseffekt mit möglichst wenigen Arbeitsgängen und bei weitgehend schonender Bodenbehandlung zu erzielen. Die Kombination von Geräten und Arbeitsgängen bringt also sowohl arbeitswirtschaftliche als auch ackerbaulich-pflanzenbauliche Vorteile. Bei den außerordentlich unterschiedlichen Aufgabenstellungen und Einsatzbedingungen ist es einleuchtend, daß eine Universalkombination nicht in der Lage ist, allen speziellen Ansprüchen an Schlagkraft und Arbeitsqualität gerecht zu werden. Dies erklärt auch die große Typenvielfalt, die heute bei den Gerätekombinationen zu verzeichnen ist. Generell läßt sich jedoch unterscheiden zwischen

- Kombinationen verschiedener Bodenbearbeitungsgeräte,
- Kombinationen von Bodenbearbeitungs- und Sägeräten.

In jeder dieser beiden großen Gruppen gibt es wiederum eine Fülle unterschiedlicher Kombinationsvarianten.

### 7.5.1 Kombination verschiedener Bodenbearbeitungsgeräte

Derartige Kombinationen werden sowohl bei der Bearbeitung des Bodens auf volle Krumentiefe (teilweise sogar bei der Unterbodenlockerung) als auch bei der flachen Saatbettbereitung angewendet.

#### 7.5.1.1 Unterbodenlockerer mit Nachbearbeitungsgerät

Beim Einsatz von Unterbodenlockerern entsteht durch die Vergrößerung der Bodenhohlräume und den relativ großen Abstand der Lockerungswerkzeuge eine dammförmige Bodenoberfläche. Diese erschwert oftmals den Einsatz von Oberflächen-Nachbearbeitungsgeräten, z. B. wenn nach dieser meliorativen Maßnahme möglichst rasch und ordnungsgemäß eine Zwischen- oder Hauptfrucht bestellt werden soll. Bei Vorhandensein ausreichender Motorleistungen ist es heute möglich, den Untergrundlockerer mit einer Bodenfräse oder einer Frässaatmaschine zu kombinieren (Darst. 194). Derartige Kombinationen verbinden also eine sehr tiefreichende Lockerung des Bodens mit einer intensiven Krümelung und Mischung, gegebenenfalls auch mit dem Ein-

Darst. 194 Untergrundlockerer mit aktiv bewegten Werkzeugen und nachgeschalteter Bodenfräse. Gleichzeitig tiefes Lockern und flaches Krümeln des Bodens

| Bauart | Bewegungsbahn im Boden | technische Merkmale | Verändern der Werkzeugbewegung durch | Wirkungsbild im Bearbeitungshorizont | Arbeitstiefe: Krümeln | Arbeitstiefe: Mischen der Bodenschichten | Arbeitstiefe: Einmischen z. B. von Pflanzenresten | Arbeitstiefe: Einebnen | Einsatzmerkmale | Haupteinsatzbereiche |
|---|---|---|---|---|---|---|---|---|---|---|
| Bodenfräse 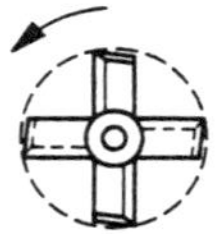 | 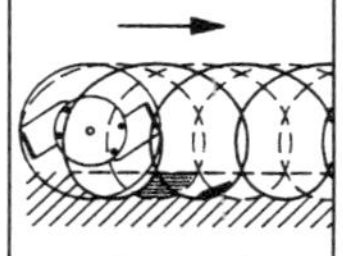 (Seitenansicht) | horizontale Fräswelle mit starren, spiralig angeordneten Winkel- oder Sichelmessern; 2-6 Messer je Flansch; vorwiegend Seitenantrieb | |  | + | + | + | 0 bis + | als Alleingerät oder in Kombination mit anderen Bodenbearbeitungsgeräten (z. B. Grubber) bzw. mit Sägeräten verwendbar; Fräsrotor ggf. austauchbar gegen Zinkenrotor | Stoppelumbruch, Stroheinarbeitung, Wiesenumbruch; intensive Zerkleinerung grobscholliger Felder; Saatbettbereitung für z. B. Wintersaaten, Zwischenfrüchte etc. pfluglose Feldbestellung |
| Rotoregge  | 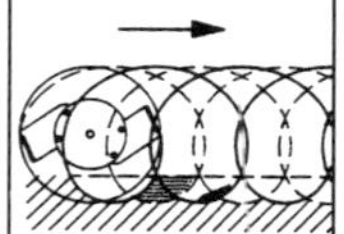 | horizontale Welle mit starren, spiralig angeordneten Werkzeugen; runde, eckige, keilförmige oder messerartige Zinken, stumpf oder angeschärft; Schlag- oder Stichprinzip; vorwiegend Seitenantrieb | Verändern der Zapfwellen-Drehzahl (540 oder 1000/min) | 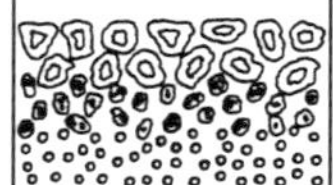 | + | + | + | 0 bis + | vorwiegend in Kombination mit anderen Bodenbearbeitungsgeräten (z. B. Flügelschargrubber) oder mit Sägeräten eingesetzt. Zinkenrotor ggf. austauschbar gegen Fräsrotor | Saatbettbereitung; in Kombination mit Grubber Stoppelumbruch und Stroheinarbeitung Bestellsaat bei Getreide und Reihenfrüchten (z. B. Mais) |
| Kreiselegge  | 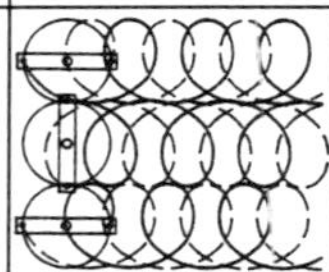 (Draufsicht) | horizontal rotierende Kreisel, je 2 gegenläufig rotierend; meist 2 Zinken je Kreisel »schleppend« angestellt; runde, ovale oder messerartige Zinken, die sich etwas überlappen; Mittenantrieb | und/oder<br>Wechsel-Zahnräder oder mehrstufiges Untersetzungsgetriebe |  | + | 0 | 0 | + | vorwiegend in Kombination mit Sägeräten oder mit anderen Bodenbearbeitungsgeräten (z. B. Vorgrubber); Bodenschichtung bleibt erhalten; bei längerem Stroh Schwadbildung möglich | Saatbettbereitung; Bestellsaat in Kombination mit Sägeräten für Getreide, Reihenfrüchte etc. |
| Kreiselgrubber 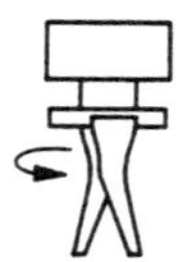 | 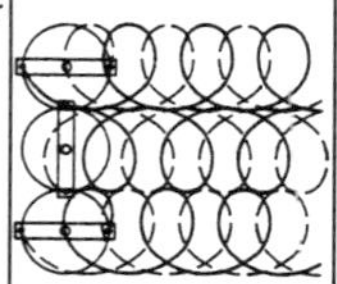 | horizontal rotierende Kreisel, je 2 gegenläufig; zwei »auf Griff« stehende Zinken je Kreisel, leicht umsteckbar auf»schleppende« Position; Zinkenhalter federnd, bei äteren Maschinen mit Überlastsicherung | |  | 0 bis + | + | + | 0 | vorwiegend in Kombination mit anderen Bodenbearbeitungsgeräten, bzw. mit Sägeräten eingesetzt, aber auch als Alleingerät | Stoppelumbruch und Stroheinarbeitung; Saatbettbereitung; Bestellsaat |
| Rüttelegge 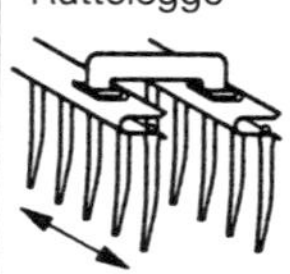 | 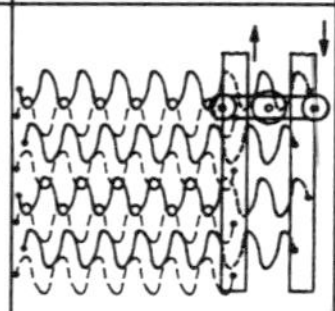 | zwei (seltender 4) waagerecht von einem Exzenter hin- und herbewegte Zinkenträger, je 2 gegenläufig schwingend; »auf Griff« stehende Spitzzinken, federnd am Zinkenträger angebracht; Mittenantrieb | Verändern der Zapfwellen-Drehzahl bzw. 2-stufiger Anschluß am ??????? |  | + | 0 | – | + | vorwiegend in Kombination mit Sägeräten verwendet; Verstopfungsgefahr bei größeren Mengen an Pflanzenresten, Langstroh etc. an der Bodenoberfläche oder im Bearbeitungshorizont | Saatbettbereitung; Bestellsaat bei Getreide, Reihenfrüchte etc. |

+ = Wirkung vorhanden 0 = Wirkung bedingt vorhanden – = Wirkung nicht vorhanden Estler/BE 952 330

Darst. 195 Kenndaten von zapfwellengetriebenen Geräten

bringen von organischen Substanzen und Saatgut in einer flachen, oberflächennahen Schicht.

### 7.5.1.2 Pflug mit Nachläufer

Auf die Möglichkeit, Nachläufer am Pflug anzuordnen, wurde schon im Kapitel 7.4.1.3 ausführlich hingewiesen. Dabei wurde deutlich, daß bisher der bevorzugte Einsatzbereich derartiger Pflug-Nachläufer-Kombinationen auf den leichteren, humosen Böden zu sehen war, wo diese Geräte ein »mechanisches Absetzen« des Bodens (gegebenenfalls auch ein saatfertiges Vorbereiten des Feldes im gleichen Arbeitsgang mit dem Pflügen) bewirken soll.
Auf den schwereren Böden war dagegen die Wirkung einfacher, auf dem Boden abrollender Packer oft unbefriedigend, vor allem bei feuchteren Bodenverhältnissen. Deshalb wird seit einiger Zeit (begünstigt durch die zunehmende Verwendung leistungsstarker Schlepper beim Pflügen) angestrebt, neuere Bauformen von Nachbearbeitungsgeräten in Kombination mit dem Pflug einzusetzen, die auch unter schwierigeren Bodenverhältnissen einen zufriedenstellenden Bearbeitungseffekt gewährleisten. Hierzu zählen vor allem »Packer-Kombinationen«, die aus abrollenden oder gezogenen Einzelaggregaten mit unterschiedlichen Arbeitseffekten zusammengestellt sind. Sie sollen außer der üblichen, tiefergreifenden Rückverdichtung auch ein zusätzliches Krümeln, Einebnen und Verfestigen des oberflächennahen, flachen Bodenhorizontes bewirken.
Einzelpacker und Packerkombinationen lassen sich als Nachläufer sowohl am Beet- als auch am Drehpflug verwenden. Die Arbeitsbreite von Pflug und Nachläufer muß genau aufeinander abgestimmt sein, damit eine gleichmäßige Wirkung erzielt wird. Bei Verwendung am Beetpflug wird der Nachläufer von einer Kette gezogen, die am Schlepper angehängt und durch einen verstellbaren Abstandshalter mit Öse am Pflug so geführt wird, daß der richtige Abstand des Nachläufers zum Pflug eingehalten wird. Neuerdings befinden sich auch Packer im Angebot, die sich geradlinig direkt hinter dem Pflug führen. Dadurch wird der unangenehme Seitenzug vermieden.
Packerkombinationen, die an einem Drehpflug angekoppelt werden, müssen zweifach spiegelbildlich angeordnete Werkzeuge besitzen, damit in beiden Arbeitsrichtungen eine gleichgute Wirkung erzielt wird. Eine am Pflug befestigte Fangvorrichtung erfaßt beim Ablassen des Pfluges am Feldanfang das Gerät und nimmt es in der jeweiligen Fahrtrichtung mit. Bei sehr schweren Pflugnachläufern ist es vorteilhaft, diese Fangvorrichtung frontseitig am Schlepper anzubringen. Dadurch wird ein nachteiliger Seitenzug auf den Pflug vermieden, die Pflugarbeit wird nicht beeinträchtigt. Derartige Packerkombinationen für Drehpflüge sind infolge der doppelten Werkzeuganordnung nicht nur sehr schwergewichtig, sondern auch entsprechend teuer. Außerdem ist das Einfangen der Packerkombination am Feldanfang »Maßarbeit« und erfordert entsprechende Übung seitens des Schlepperfahrers.
Neuentwickelte »Wendepacker« vermeiden diese Probleme. Sie können auch während des Wendevorganges mit dem Pflug gekoppelt bleiben und erlauben es, gegebenenfalls mehrere Werkzeuge hintereinander anzuordnen.
Echte Schwierigkeiten bereitet meist der Straßentransport von Packern und Packerkombinationen. In der Regel werden die Geräte im Frontlader transportiert. Sie müssen dort jedoch so gesichert werden, daß ein Herausspringen während des Transportes unmöglich ist.
Bei Packern mit größerer Arbeitsbreite und entsprechend hohem Gewicht empfiehlt sich daher die Verwendung eines Transportwagens.
Immer wieder werden auch technische Lösungen auf der Basis von zapfwellengetriebenen Nachbearbeitungsgeräten für eine Kombination mit dem Pflug entwickelt. Zwei unterschiedliche Anlenkungs- und Antriebsvarianten werden dabei bevorzugt:

- seitlich am Schlepper angebaut und vom Mähwerksantrieb betrieben,
- an einem schwenkbaren Ausleger im Frontkraftheber des Schleppers angelenkt und von der Frontzapfwelle angetrieben.

Derartige Geräte sind in Kombination mit Beetpflügen und mit Drehpflügen einzusetzen (Darst. 199). Durch den intensiveren Bearbeitungseffekt des Zapfwellengerätes kann auch auf schwereren Böden eine ordnungsgemäße Krümelung und Einebnung der Bodenoberfläche erzielt werden. In Betrieben, die nach der Herbstpflugfurche noch Winterweizen bestellen wollen, können sich erhebliche Arbeitszeiteinsparungen ergeben. Der Arbeitszeitbedarf für die Hauptfruchtbestellung wird verringert, bei günstigen Einsatzbedingungen kann gegebenenfalls sogar auf eine zusätzliche Saatbettbereitung verzichtet werden. Die Arbeitsbreiten von Pflug und Nachläufer müssen genau auf-

**Doppelpacker**
(für Einsatz mit Beet- und Volldrehpflug)

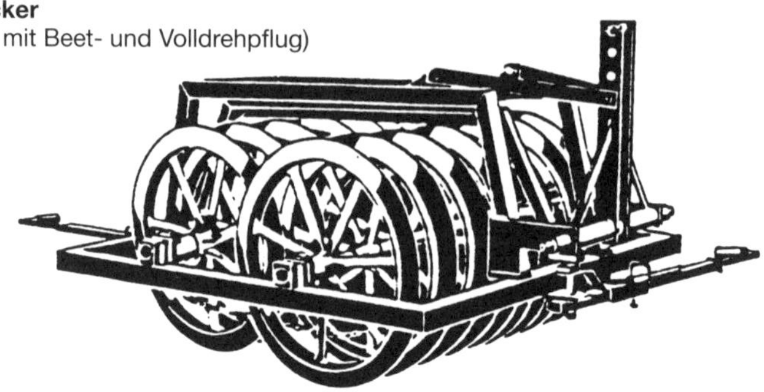

**Wendepacker**
(für Einsatz am Volldrehpflug)

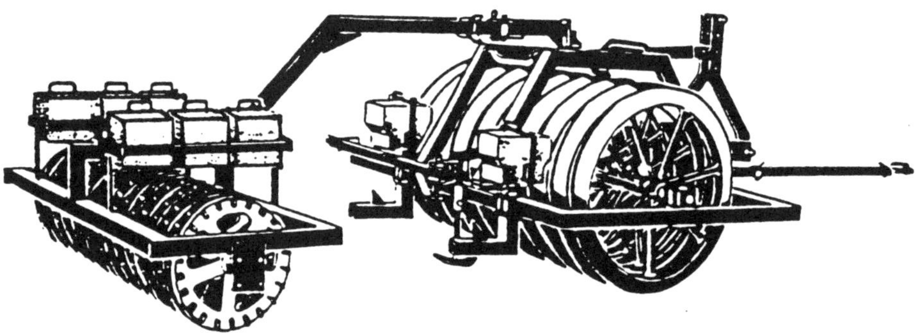

**Packerkombination**
(Keilringpacker mit Krümelwalzen)

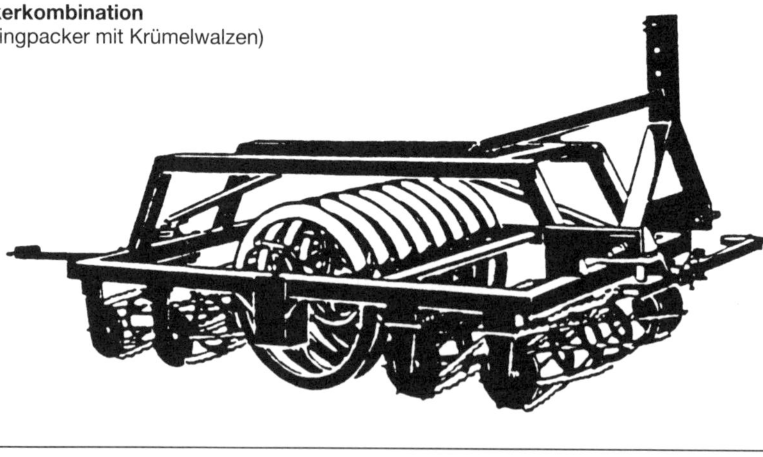

Darst. 196 Bauformen von Packern und Packer-Kombinationen

Darst. 197 Packer-Kombination mit hintereinander angeordneten Werkzeugen für das Packern, Lockern, Krümeln/Rückverfestigen des Bodens (Werkbild Lempken)

Darst. 198 Kombination von Keilringpacker und Walze am Volldrehpflug

Darst. 199 Geräte zum sofortigen Einebnen und Krümeln der Pflugfurche (links: Einzelaggregate direkt neben dem Pflugkörper angeordnet; rechts: zapfwellengetriebene Rotoregge als Frontanbaugerät)

einander abgestimmt sein. Auf ein exaktes Einhalten der richtigen Bearbeitungstiefe sollte Wert gelegt werden.

### 7.5.1.3 Schäl- und Kurzgrubber mit Nachläufer

Beim Einsatz des Schälgrubbers für Stoppelumbruch und Stroheinarbeitung sind, trotz geringen Strichabstandes und günstiger Schar-Zinken-Kombinationen, meist zwei kreuzweise durchgeführte Arbeitsgänge erforderlich, um eine ordnungsgemäße Einmischung der Pflanzenreste in den Boden und das Herrichten eines günstigen Keimbettes für Unkrautsamen und Ausfallgetreide zu erreichen. Dennoch befriedigt in vielen Fällen der Einmisch- und Krümeleffekt nicht. Hinzu kommt, daß infolge des großen Zinkenabstandes hinter der letzten Zinkenreihe eine dammförmige Bodenoberflächenausformung entsteht. Vor einer nachfolgenden Zwischenfrucht- oder Hauptfruchtbestellung muß deshalb der Boden entsprechend eingeebnet und meist noch zusätzlich bearbeitet werden.

Um diese Nachteile zu verhindern, werden Nachlaufgeräte am Schälgrubber angebracht. Das Angebot umfaßt nahezu die gesamte Palette der bekannten und bewährten Oberflächen-Nachbearbeitungswerkzeuge, außerdem jedoch speziell für diesen Zweck entwickelte Geräte. Je nach Bauweise bewirken sie ein zusätzliches

- Einebnen,
- Packen und Verdichten,
- Krümeln,
- Mischen.

Die wichtigsten, derzeit angebotenen Kombinationen sind in Darstellung 200 zusammengestellt. Wesentliches Merkmal dieser Nachläufer ist, daß sie sich kombinieren und austauschen lassen, einfach und mehrfach hintereinander am Schälgrubber anzubringen sowie einzeln in der Höhe verstellbar und belastbar sind. Ohne Übertreibung kann man heute feststellen, daß das Arbeitsergebnis des Schälgrubbers ganz wesentlich von der Wirkung des angekoppelten Nachläufers bestimmt wird.

Die Auswahl und Zusammenstellung von Schälgrubber-Nachläufer-Kombinationen haben sich nach der gewünschten Wirkung der Gesamtkombination zu richten, wobei eine möglichst günstige Abstimmung zwischen der Funktion des Schälgrubbers und der Wirkung des Nachläufers angestrebt wird. Überall dort, wo die Stoppelbearbeitung und Stroheinarbeitung im Vordergrund steht, sollten Kombinationen bevorzugt werden, die weitgehend unempfindlich gegen Verstopfungen sind.

Außerdem sollte der Nachläufer die mischende Wirkung des Grubbers weitgehend unterstützen. Steht wie z. B. bei abgeernteten Getreidefeldern ohne Strohauflage die reine Bodenbearbeitung im Vordergrund, sollte der Nachläufer vor allem zusätzlich krümeln und einebnen. Soll sofort nach dem Einsatz der Schälgrubberkombination eine Zwischenfruchtbestellung erfolgen, empfiehlt sich die Verwendung von Nachläufern, die den Boden hauptsächlich einebnen, krümeln und packen. Einige wichtige Auswahlhinweise für die wichtigsten Nachläufer sind in Darstellung 201 zusammengestellt.

Bei einer Kombination des Schälgrubbers mit *gezogenen* Nachläufern werden im allgemeinen 4balkige Grubber mit engem Strichabstand bevorzugt. Dadurch wird bereits vom Schälgrubber ein intensiver Bearbeitungseffekt erzeugt, welcher dann lediglich von den gezogenen

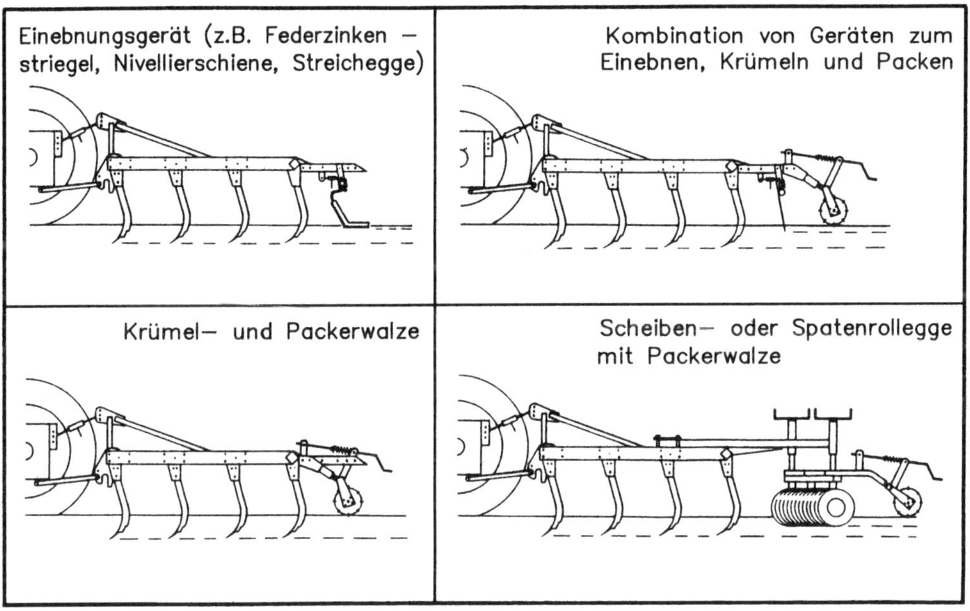


Darst. 200 Am Schälgrubber lassen sich Nachläufer mit unterschiedlichen Arbeitseffekten anbringen

| Bauform des Nachläufers | Wesentliche Effekte | Einsatzhinweise |
|---|---|---|
| Schleppschiene Glättrechen | einebnen | Einfache Bauweise. Meist in Kombination mit anderen Nachläufern benutzt. Schräge Zinkenstellung bewirkt besseren Einebnungseffekt |
| Krümel- und Packerwalze | krümeln packen verdichten | Ausreichende Gewichtsbelastung und Stabilität erforderlich. Übernehmen oft auch die Tiefenführung des Grubbers. Nur geringe einebnende Wirkung. |
| Abrollende Geräte z. B. Scheibenegge, Spatenrollegge | krümeln mischen | Nur bei günstigem Anstellwinkel und ausreichender Gewichtsbelastung kann ein ordnungsgemäßer Bearbeitungseffekt erreicht werden. Spatenrollegge erreicht erst bei hohen Fahrgeschwindigkeiten die beste Wirkung (ab ca. 10 km/h). |
| Zapfwellen-getriebene Geräte | mischen krümeln | Besonders intensive und wirksame Bearbeitung, aber hohe Investitionen und Kosten. Nachläufer separat verwendbar. Ausreichende Antriebs- und Hubkräfte am Schlepper erforderlich. |

Darst. 201 Arbeitseffekte und Einsatzhinweise für Grubber-Nachläufer

Darst. 202 V-förmig angestellte Hohlscheiben zur Einebnung der Bodenoberfläche beim Grubbereinsatz

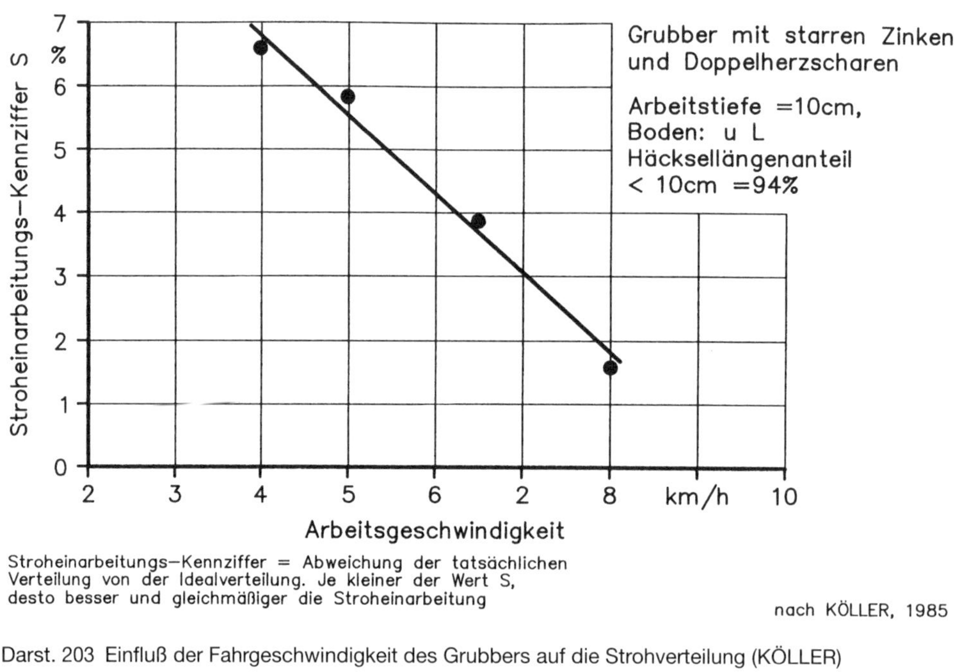


Darst. 203 Einfluß der Fahrgeschwindigkeit des Grubbers auf die Strohverteilung (KÖLLER)

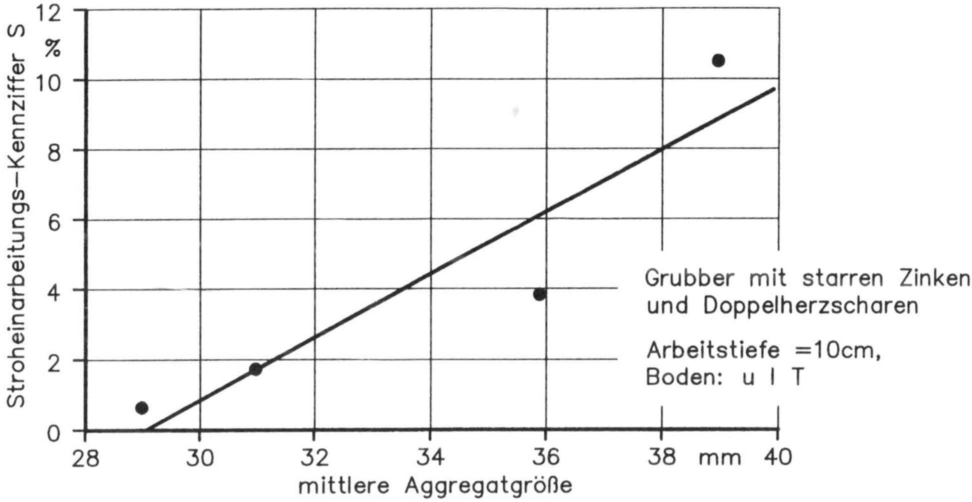


Stroheinarbeitungs–Kennziffer = Abweichung der tatsächlichen Verteilung von der Idealverteilung. Je kleiner der Wert S, desto besser und gleichmäßiger die Stroheinarbeitung

nach KÖLLER, 1985

Darst. 204 Einfluß der Bodenzerkleinerung (mittlere Aggregatgröße) auf die Strohverteilung im Boden beim Grubbereinsatz (KÖLLER)

Nachläufern ergänzt wird. Die Nachläufer (auch bei zwei hintereinander angeordneten) sollten getrennt voneinander und möglichst stufenlos in der Höhe verstellbar sein. Dadurch lassen sich Funktion und Arbeitstiefe exakt einstellen. Scheibeneggen und Spatenrolleggen können z. B. eine befriedigende Funktion nur dann erreichen, wenn sie mit dem für sie günstigen Anstellwinkel zur Fahrtrichtung angelenkt sind. Dieser ist bei manchen Fabrikaten fest vorgegeben, bei anderen mit einfachen Klemmvorrichtungen verstellbar. Bei modernen Kombinationen von Schälgrubber und Scheibenegge bzw. Spatenrollegge greifen die Scheiben bzw. Spaten genau in die Zinkenzwischenräume ein und schaffen dadurch einen ebeneren Bearbeitungshorizont. Dem gewissen Seitendruck auf den Schälgrubber kann durch eine entsprechende Zinkenanordnung entgegengewirkt werden.

Beim Einsatz ist zu beachten, daß sich die optimalen Arbeitsgeschwindigkeiten von Grubber und Nachläufer z. T. erheblich unterscheiden. Während der Schälgrubber bei ca. 8 km/h am günstigsten arbeitet, erreichen z. B. Spatenrollegge (10 bis 12 km/h), Glättschienen (10 bis 12 km/h) und Wälzeggen (8 bis 10 km/h) erst bei wesentlich höheren Geschwindigkeiten ihren optimalen Effekt.

Werden Nachläufer mit *Zapfwellenantrieb* benutzt (z. B. Bodenfräse oder Zapfwellenegge), müssen nicht unbedingt 3- oder 4balkige Schälgrubber, sondern können sogenannte »Kurzgrubber«, ausgerüstet mit Anbauteilen und Zapfwellendurchtrieb, als Vorläufer verwendet werden. Die Aufgabe des Grubbers besteht hier lediglich in einem groben Aufbrechen des Bodens. Die eigentliche Misch- und Krümelwirkung wird von den nachgeordneten Zapfwellengeräten übernommen.

Derzeit werden vor allem zwei Kombinationsvarianten bevorzugt:

- In der »aufgelösten Bauweise« sind der 1- oder 2balkige Kurzgrubber (ausgerüstet mit neuentwickelten Flügelscharen, Strichabstand ca. 30 bis 40 cm) und das Zapfwellengerät in genormten Dreipunktanschlüssen miteinander gekoppelt. Der Hauptvorteil: Die beiden Geräte sind kombinierbar und trennbar, können also in unterschiedlicher Kombination oder auch einzeln verwendet werden. Entsprechend vielseitig sind die Einsatzmöglichkeiten.
- Bei den »Kompakt-Kombinationen« sind die Vorlockerer (breitschneidende Flügelschare, teilweise austauschbar gegen schmaler schneidende Lockerungsschare, Strichabstand ca. 40 bis 50 cm und darüber) entweder

frontseitig am stabilen Grundrahmen des Zapfwellengerätes, oder »integriert« zwischen den Fräsmessern oder Rotorzinken angelenkt. Bei der letztgenannten Bauweise sollen Verstopfungen an den Scharstielen (z. B. beim Einmischen von unzerkleinerten oder sperrigen Pflanzenrückständen) verhindert werden. Kompakt-Kombinationen zeichnen sich durch eine besonders kurze Bauweise aus.

Bei einer Kombination von Grubber + Fräse werden vorwiegend leichtere Fräsenbauarten mit geschwungenen »Mulchmessern« verwendet. Diese besitzen eine ausreichende Krümelungs- und Mischwirkung, ihr Leistungsbedarf ist jedoch wesentlich geringer als bei Winkelmessern. Von den Zapfwelleneggen haben sich, vor allem beim Einarbeiten entsprechender Strohmengen, Rotoreggen besonders bewährt. Kreiseleggen erreichen eine intensive Krümelungs- und Mischwirkung nur dann, wenn das Stroh exakt kurz gehäckselt ist und eine hohe Kreiseldrehzahl eingestellt ist. Bei langem Stroh und geringer Kreiseldrehzahl kann es zu einer streifenförmigen Strohschwadbildung im Boden kommen.

Meist sind hinter der Kombination noch Packerwalzen angeordnet, die das Zapfwellengerät und die Grubberschare in der gewünschten Arbeitstiefe führen sollen. Da sich das Zapfwellengerät auf der Packerwalze abstützt, wird auch eine ausreichende Verdichtung der intensiv gekrümelten, oberen Bodenschicht und das Hineindrücken von oberflächlichen Strohresten gewährleistet.

Bei Auswahl und Einsatz aller Schälgrubber-Nachläufer-Kombinationen ist darauf zu achten, daß die Nachläufer je nach Intensität ihres Bearbeitungseffektes einen mehr oder minder hohen, zusätzlichen Motorleistungsbedarf bewirken. Dieser ist am geringsten bei Nachläufern mit lediglich einebnender, glättender Wirkung, entsprechend höher bei Nachläufern mit intensiver Krümelungs- und Mischwirkung. Vorliegende Untersuchungsergebnisse zeigen jedoch, daß sich dieser zusätzliche Leistungsbedarf in relativ engen Grenzen hält. So verursacht z. B. die Grubberfräse (Kombinationen von 2balkigem Kurzgrubber und Mulchfräse) im Vergleich zum normalen 4balkigen Schälgrubber einen nur unwesentlich höheren Leistungsbedarf (Darst. 209). Dies ist darauf zurückzuführen, daß die Grubberzinken den Boden grob aufreißen, so daß die Fräsmesser nicht in den kompakten, dichtgelagerten Boden einzuschlagen brauchen. Hinsichtlich der gleichmäßigen Lockerung und Krümelung des gesamten, bearbeiteten Bodenhorizonts und der gleichmäßigen Einmischwirkung schneidet die Grubberfräse deutlich günstiger ab als andere Stroheinarbeitungsgeräte.

Die Kombination von Grubber und Zapfwellenegge oder Bodenfräse ist somit in der Lage, bei geeigneten Einsatzverhältnissen in einem einzigen Arbeitsgang den Boden mitteltief grob zu lockern und gleichzeitig die oberste, flache Bodenschicht so gut zu krümeln und zu verdichten, daß nicht nur organische Substanzen gut eingemischt werden, sondern auch ein günstiges Saatbett entsteht. Dies bietet beste Voraussetzungen dafür, durch An- oder Aufbau einer Sävorrichtung dann auch gleichzeitig die Einsaat von Zwischenfrüchten oder die Bestellung der nächsten Hauptfrucht durchzuführen (vgl. auch Kapitel »Kombination von Bodenbearbeitungs- und Sägeräten«).

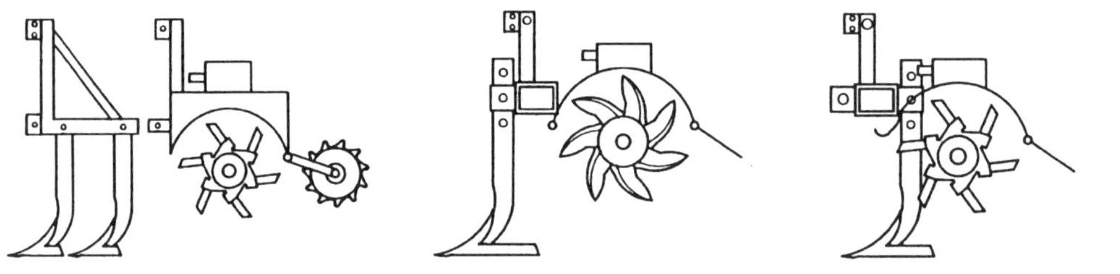

Kurzgrubber mit verbreiterten Gänsefußscharen, kombiniert mit Zapfwellengerät (rotierende Messer oder Zinken)

Zinkenrotor oder Bodenfräse mit Flügelschar-Vorlockerer am Gerätegrundrahmen

Bodenfräse oder Zinkenrotor mit integrierten (zwischen den rotierenden Werkzeugen angeordneten) Lockerungsscharen

Darst. 205 Verschiedene Kombinationsmöglichkeiten von Grubber und zapfwellengetriebenem Nachbearbeitungsgerät

Darst. 206 »Aufgelöste Bauweise« bei einer Kombination von Kurzgrubber und Zapfwellengerät. Die Einzelgeräte sind in genormten Dreipunktanschlüssen miteinander gekoppelt

Darst. 207 Grubberkombinationen in »Kompaktbauweise« haben eine geringe Baulänge und günstige Schwerpunktslage zum Traktor

Darst. 208 Bei Grubberkombinationen brechen die Grubberschare den Boden grob auf, das Zapfwellengerät übernimmt das intensive Krümeln des Bodens und Einmischen von Pflanzenrückständen

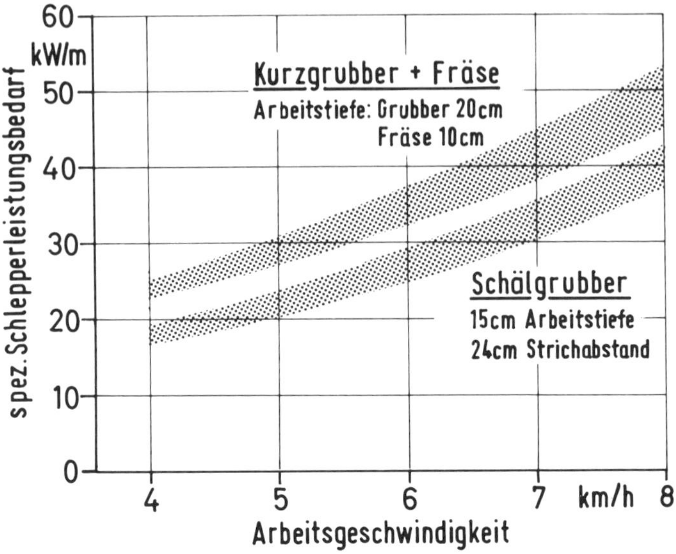


Darst. 209 Traktor-Leistungsbedarf von Schälgrubber und der Kombination Kurzgrubber/Bodenfräse

#### 7.5.1.4 Stoppelbearbeitung und Stroheinarbeitung

Die Nachbearbeitung abgeernteter (Getreide-) Felder verfolgt mehrere wichtige Ziele:

- günstige Voraussetzungen schaffen für ein rasches Auflaufen von Unkrautsamen und Ausfall-/Verlustgetreide. Diese sollen später bei weiteren Arbeitsgängen mechanisch bekämpft werden;
- Einmischen der Ernterückstände in den oberen, umsetzungsaktiven Bodenhorizont. Das begünstigt die rasche und vollständige Verrottung;
- flaches Lockern und Krümeln des Bodens, um die unkontrollierte Verdunstung noch vorhandener Bodenwasser-Vorräte zu vermeiden;
- hohe Flächenleistung und möglichst geringe Zahl von Bearbeitungsgängen. Dies ist besonders wichtig, wenn z. B. anschließend eine Zwischenfruchtbestellung erfolgen soll. Hier ist Zeiteinsparung gleichbedeutend mit einer längeren Wachstumsperiode in den Herbstmonaten.

Wird das Stroh nach der Getreideernte geborgen, läßt sich für die Stoppelbearbeitung eine breite Palette von Geräten problemlos einsetzen (z. B. Scheiben- und Spatenrollegge, Schälgrubber, Doppelzinkenrotor, Bodenfräse etc.). Da das Herstellen eines günstigen Keimbettes für Unkrautsamen und Ausfallgetreide im Vordergrund steht, gelten die intensive Lockerung und Krümelung des Bodens sowie das Einhalten einer gleichmäßig-flachen Arbeitstiefe von maximal ca. 10 cm als vorrangige Forderungen. Vorsicht ist allerdings generell bei zu langen Stoppeln geboten. Sämtliche Geräte haben Probleme, Stoppeln mit einer Länge von mehr als 15 cm ordnungsgemäß und vor allem störungsfrei einzuarbeiten.

In Viehhaltungsbetrieben mit strohloser Aufstallung oder in viehlosen Betrieben verbleibt neben den Stoppeln auch noch das gesamte Stroh auf dem Feld. Hier kommt es darauf an, neben den für die Stoppelbearbeitung zuvor genannten Zielen auch das ordnungsgemäße und flache Einmischen der je nach Standortbedingungen oft ganz erheblichen Strohmengen zu gewährleisten.

Erste und wichtigste Voraussetzung dafür stellt (neben einer begrenzten Stoppellänge) die ausreichende Zerkleinerung und gleichmäßige Verteilung des Strohhäcksels (und des Siebüberganges) auf der gesamten Feldoberfläche dar. Bei der Breitverteilung haben Mähdrescher mit großen Schnittbreiten von 5,5 m und darüber, wie sie im überbetrieblichen Maschineneinsatz bevorzugt werden, oft Schwierigkeiten; nicht nur bei Seitenwind und trotz teilweise verstellbarer Leitbleche.

Wenn der »Zeitfaktor« eine wichtige Rolle spielt (z. B. bei nachfolgender Zwischenfruchtbestellung) sollten Geräte bevorzugt werden, die eine hohe Flächenleistung gewährleisten und in einem einzigen Arbeitsgang die Stroheinmischung sicherstellen. Denn je rascher die Bearbeitung erfolgt, um so eher können die Zwischenfrüchte einen hohen Ertrag an oberirdischer Masse und Wurzelmasse bilden. Desto mehr ist aber auch gewährleistet, daß das Stroh bei günstiger Witterung noch weitgehend im Herbst verrottet.

Soll mit der Stroheinarbeitung die gezielte mechanische Bekämpfung von Unkräutern und Ausfallgetreide verbunden werden, empfiehlt sich eine Aufteilung in zwei getrennte Arbeitsgänge. Im ersten wird der Boden nur flach gelockert und gekrümelt (ca. 5 cm) und damit ein günstiges Keimbett geschaffen. In zeitlichem Abstand wird der Boden ein zweites Mal, jetzt aber 10 bis 15 cm tief, bearbeitet. Dabei wird das Strohhäcksel intensiv mit dem Boden vermischt und gleichzeitig eine mechanische Bekämpfung des bereits aufgelaufenen Unkrautes und Ausfallgetreides erreicht.

Welche Einarbeitungstiefe im Einzelfall zweckmäßig ist, hängt neben den gerätespezifischen Effekten auch von den jeweiligen Standortbedingungen ab. Bei ausreichender Bodenfeuchte und mittleren Stroherträgen kann eine flache Einarbeitung vorteilhaft sein, weil dann ausreichend Wärme und Sauerstoff für eine intensive Umsetzung vorhanden sind. Bei hohen Stroherträgen und mangelnder Bodenfeuchte ist das flache Einarbeiten aber oft problematisch, da ein ungünstiges Mischungsverhältnis Stroh/Boden vorliegt. Die Mikroorganismentätigkeit ist dann oft unzureichend und die starke Anreicherung der oberen flachen Bodenschicht mit Stroh kann ein »Puffigwerden« des Bodens zur Folge haben. Aus diesen Gründen wird heute im allgemeinen die gleichmäßige Einmischung des Strohhäcksels auf eine Tiefe bis ca. 15 cm als besonders vorteilhaft angesehen.

Einen Sonderfall stellen Standorte mit verschlämmungsgefährdeten, schluffreichen Böden und hohen Sommerniederschlägen dar. Hier läßt sich mit einer sehr flachen Einarbeitung ein gezielter Verschlämmungs- und Erosionsschutz erreichen, Pflanzenreste an der Bodenoberfläche werden nicht als Nachteil, sondern eher als Vorteil angesehen. Für eine eventuelle Zwischenfruchtbestellung sind allerdings Saatbettbereitungs- und Sägeräte zu verwenden, die weitgehend unempfindlich gegenüber Verstopfungen sind.

Darst. 210 Kombination von Paragrubber und Bodenfräse

## Geräte für die Stoppelbearbeitung und Stroheinarbeitung

Derzeit konzentriert sich das Interesse auf die nachfolgend besprochenen Geräte, für die einige generelle Einsatzmerkmale festzuhalten sind.

### Scheibenegge/Spatenrollegge

- Eine zufriedenstellende Arbeitsqualität und Schlagkraft läßt sich vor allem auf leichten Böden und bei geringen Strohauflagen (maximal 50 dt/ha) erzielen. Hier ist in der Regel nur ein Arbeitsgang erforderlich.
- Bei steigendem Tonanteil im Boden und höheren Strohmengen sind in der Regel zwei Arbeitsgänge notwendig. Dies schmälert die erreichbare Schlagkraft.
- Auf trocken-harten Böden ist es kaum möglich, die angestrebte Einarbeitungstiefe von 10 bis 15 cm sicher zu erreichen und die Ernterückstände ordnungsgemäß einzumischen (auch bei Gerätegewichten von 500 bis 700 kg/m Arbeitsbreite und zwei Arbeitsgängen).
- Zu Scheibeneggen werden Vorgrubber angeboten, die den Boden tiefer und grob aufbrechen und dadurch das Vermischen von Stroh und Boden begünstigen sollen. Technischer Aufwand, Baulänge und Zugkraftbedarf des gesamten Gerätes vergrößern sich dadurch aber erheblich.

### Bodenfräse

- Weitgehend unabhängig von Bodenart, Bodenzustand, Stoppel- und Häcksellänge, Strohmasse und -verteilung, läßt sich ein sehr guter Einmischeffekt auf die angestrebte Tiefe von ca. 10 bis 15 cm erreichen.
- Durch Verändern der »Bissenlänge« kann der Bearbeitungseffekt an unterschiedliche Standort- und Einsatzbedingungen angepaßt werden.
- Bei intensiver Bodenkrümelung und Stroheinarbeitung ist die Arbeitsgeschwindigkeit auf ca. 5 bis 6 km/h begrenzt. Bodenfräsen werden daher meist dort bevorzugt, wo die gute Stroheinmischung im Vordergrund steht, die Schlagkraft aber zweitrangig ist.
- Oft in Kombination mit Flügelschargrubber eingesetzt (siehe Abschnitt »Grubber«). Dann ist auch der Austausch der Messerwelle gegen einen Zinkenrotor möglich und zu überlegen.

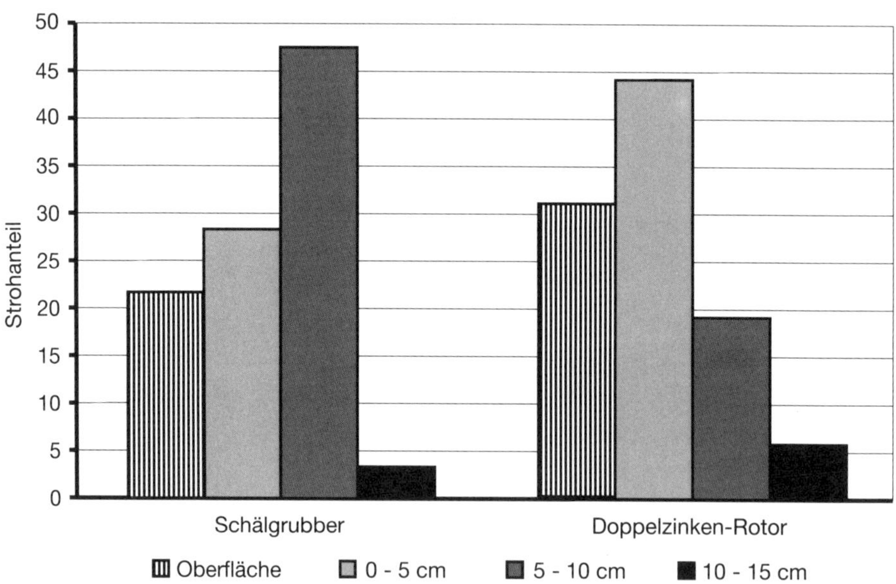


Darst. 211 Strohanteil in verschiedenen Bodenschichten bei der Stroheinarbeitung mit Schälgrubber und Doppelzinkenrotor

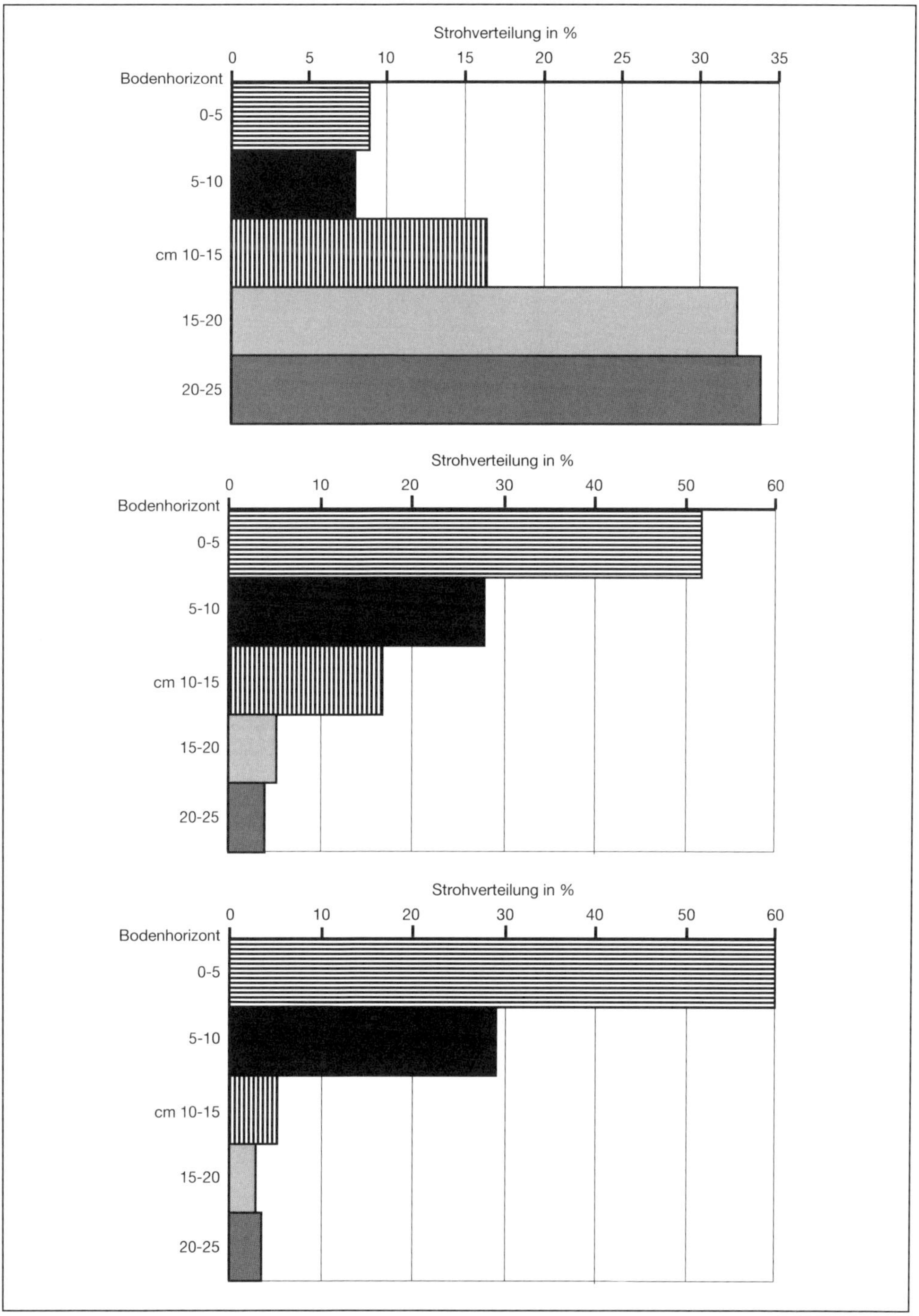


Darst. 212 Strohanteil in verschiedenen Bodenschichten. Oben Einarbeitung mit Pflug + Nacharbeit mit Zapfwellengerät. Mitte: Schälgrubber + Nacharbeit mit Rotoregge. Unten: Flügelschargrubber + Nacharbeit mit Rotoregge.

### Kreiselgrubber

- Die »auf Griff« stehenden Zinken bewirken in Verbindung mit einem hohen Gerätegewicht auch auf trocken-harten Böden das Einhalten der gewünschten Arbeitstiefe.
- Einmischeffekt oft nicht befriedigend. Vor allem bei hohen Strohmengen besteht die Gefahr, daß viel organisches Material an der Bodenoberfläche verbleibt.
- Die horizontal rotierenden Kreisel können bei längerem Stroh eine gewisse Schwadwirkung verursachen.

### Doppelzinkenrotor

- Keine echte Einmischung der Ernterückstände in den Boden, sondern nur Bedeckung mit gut gekrümelter Erde (»Schwarzmachen«).
- Günstiges Saatbett für Unkräuter und Ausfallgetreide.
- In der Regel zweiter Arbeitsgang für die etwas tiefere Einmischung mit einem anderen Gerät erforderlich.
- Durch hohe Arbeitsgeschwindigkeit hohe Schlagkraft, die allerdings durch die beiden erforderlichen Arbeitsgänge wieder geschmälert wird.

### Schälgrubber

- Gute Einmischqualität auf nahezu sämtlichen Bodenarten erreichbar, wenn das Stroh kurz gehäckselt und gleichmäßig verteilt ist.
- Bei großen Strohmengen sind 4balkige Grubber mit ausreichender Rahmenhöhe (ca. 70 cm) und großem Zinkendurchgang vorteilhaft.
- Auf schweren, trocken-harten Böden ist gleichmäßige Arbeitstiefe nur mit starren Zinken zu erreichen. Federzinken arbeiten nur auf leichteren Böden zufriedenstellend.
- Die vorwiegend verwendeten Doppelherzschare benötigen eine Fahrgeschwindigkeit von 8 bis 10 km/h, um eine gute Bearbeitungswirkung zu erzielen. Dann sind aber Schlepper-Motorleistungen von ca. 25 bis 30 kW/m Arbeitsbreite erforderlich.
- Meist reicht ein Arbeitsgang nicht aus, um die gewünschte Bearbeitungsqualität sicherzustellen.

### Kombinationen von Kurzgrubber + Zapfwellengerät

- Verbindet tieferes und grobes Aufbrechen des Bodens mit flacher, intensiver Einmischung von Stroh oder Pflanzenrückständen jeglicher Art.
- Stroh wird in den obersten, umsetzungsaktiven Bodenhorizont eingemischt. Dadurch rasches und intensives Ingangkommen der Umsetzungsvorgänge.
- Arbeitstiefe der Vorlockerungsschare und Zapfwellengeräte getrennt auf die jeweiligen Einsatzbedingungen einstellbar.
- In der Regel nur ein einziger Arbeitsgang zum Erreichen der angestrebten Arbeitseffekte erforderlich.
- Da die Zapfwellengeräte in einem bereits vorgelockerten Boden arbeiten, hält sich der erforderliche Leistungsbedarf in Grenzen.

| Bodenart | Stroheinarbeitungskennziffer S[1]) % | | Anteil des Strohs auf der Bodenoberfläche % | | Mittlere Aggregatgröße des Bodens mm | |
|---|---|---|---|---|---|---|
| | Grubber | Fräse | Grubber | Fräse | Grubber | Fräse |
| schluffiger Lehm | 2,9 | 7,5 | 11 | 14 | 54 | 47 |
| schluffiger lehmiger Ton | 4,4 | 5,9 | 14 | 11 | 54 | 66 |
| schluffiger Ton | 7,1 | 3,8 | 12 | 12 | 35 | 24 |
| schwach lehmiger Sand | 6,9 | 8,3 | 15 | 11 | – | – |

[1]) Abweichung von der optimalen Verteilung des Strohes im Bearbeitungshorizont
Ergebnisse zur Stroheinarbeitung mit Grubber und Fräse in einem Arbeitsgang
Arbeitstiefe ca. 10 cm, Arbeitsgeschwindigkeit bei Fräse 4 – 6 km/h, bei Grubber 8 – 10 km/h
Durchschnittsergebnisse von 3 Jahren und 4 Standorten mit unterschiedlichen Böden.
Quelle: Köller 1985

Darst. 213 Strohanteil in verschiedenen Bodenschichten bei der Stroheinarbeitung mit Schälgrubber und Flügelschargrubber und nach Bearbeitung mit der Rotoregge

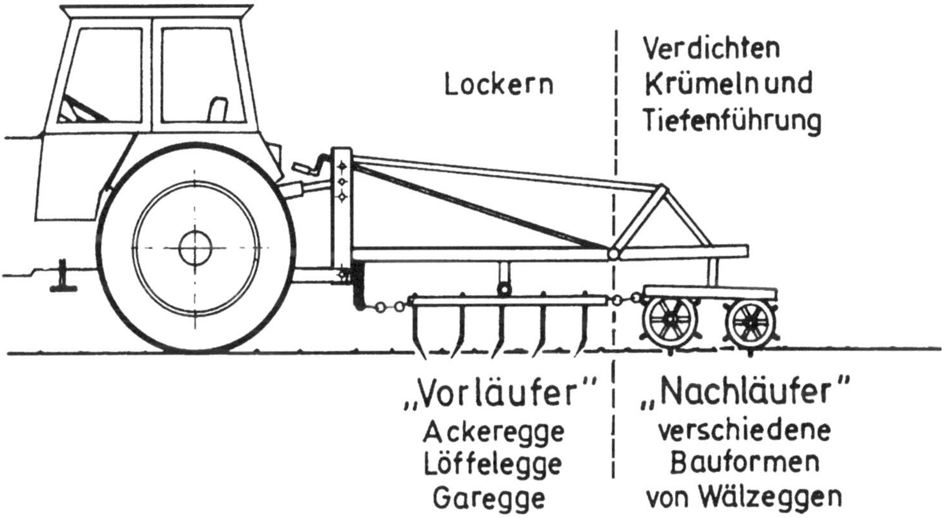


Darst. 214 Aufbau einer gezogenen Saatbettkombination mit Vorläufer und Nachläufer

### 7.5.1.5 Saatbettkombinationen

In dieser Gerätegruppe ist das Angebot besonders vielfältig und umfangreich. Der Grund hierfür ist, daß gezogene Gerätekombinationen für die Saatbettbereitung sehr vielfältige Aufgaben zu erfüllen haben. Sie sollen den Boden in möglichst wenigen Arbeitsgängen einebnen und fein krümeln, ihn aber auch lockern und gegebenenfalls wieder verfestigen. Je nach Bodenart, Witterungsvoraussetzungen und Fruchtart sollen sie darüber hinaus in der Lage sein, ein Saatbett mit unterschiedlicher Struktur, Krümelgröße und -schichtung herzustellen. Das vielfältige Geräteangebot zeigt, daß die Hersteller bemüht sind, für die Vielzahl unterschiedlicher Einsatzbedingungen jeweils geeignete Gerätekombinationen bereitzustellen.
Die »klassische«, gezogene Gerätekombination besitzt als Grundausstattung einen Tragrahmen, in welchem als »Vorläufer« im allgemeinen Ackereggen, Löffeleggen oder Gareeggen angeordnet sind. Also Geräte, die im wesentlichen ein Lockern und Vorkrümeln des Bodens bewirken sollen. Als dahinter angeordnete »Nachläufer« sind vor allem verschiedene Bauformen von Wälzeggen gebräuchlich. Sie sollen den gelockerten Boden verdichten und zusätzlich krümeln. Da sich der Tragrahmen auf diese Nachläufer abstützt, übernehmen sie auch gleichzeitig die exakte Tiefenführung der Vorläufer (Darst. 214). An der Geräteschiene des Tragrahmens lassen sich darüber hinaus noch Vorwerkzeuge zum Auflockern der Schlepperspur und zum Einebnen der Furchenkämme anbringen. Bei modernen Gerätekombinationen können zwischen Vor- und Nachläufer noch zusätzliche Werkzeuge, insbesondere Packerwalzen, angeordnet werden.
Für den Praktiker besteht der Vorteil darin, daß er bei Vorhandensein des Tragrahmens und einer bestimmten Grundausstattung an Einzelaggregaten geeignete Kombinationen zusammenstellen kann, die je nach Bodenart, Bodenzustand, Witterungsbedingungen und pflanzenbaulichen Erfordernissen die gewünschte Lokkerung, Krümelung und Verfestigung des Saatbettes gewährleisten. Die Zusammenstellung einer derartigen Gerätekombination hat so zu erfolgen, daß

- die Vor- und Nachlaufgeräte sicher geführt werden,
- die eingestellte Arbeitstiefe auch bei hoher Arbeitsgeschwindigkeit exakt eingehalten wird,
- die einzelnen Geräte getrennt und beliebig be- und entlastet werden können,
- bei Geräten mit einer Arbeitsbreite von mehr als 3 m die überstehenden Seitenteile einfach und der Straßenverkehrs-Zulassungsordnung entsprechend einzuklappen sind (meist hydraulisch),
- die Arbeitsgeschwindigkeiten der einzelnen Geräte übereinstimmen,

- die Nachläufer nicht die Wirkung der Vorlaufgeräte wieder aufheben,
- alle Geräte bei den vorliegenden Bodenfeuchtigkeitsverhältnissen eine günstige Wirkung aufweisen.

Bestandteile derartiger Gerätekombinationen sind die in den vorhergehenden Abschnitten behandelten Einzelgeräte. Nach der Art ihrer Zueinanderordnung in den Gerätekombinationen kann folgende Einteilung vorgenommen werden:

### Kombinationen mit oder ohne Tragrahmen

Ohne Tragrahmen lassen sich Kombinationen zusammenstellen, wenn der verwendete Vorläufer bereits einen stabilen Rahmen aufweist. Diese einfache Bauweise ist z. B. beim Feingrubber mit direkt am Grubberrahmen angebauter Wälzegge gegeben. Je nach Bauweise lassen sich Einwalzenkrümler, zwei in getrennten Halterungen hintereinander geschaltete, oft unterschiedliche Krümler oder Packer bzw. komplette 2-Walzen-Krümler am Grubber anbringen (Darst. 215).

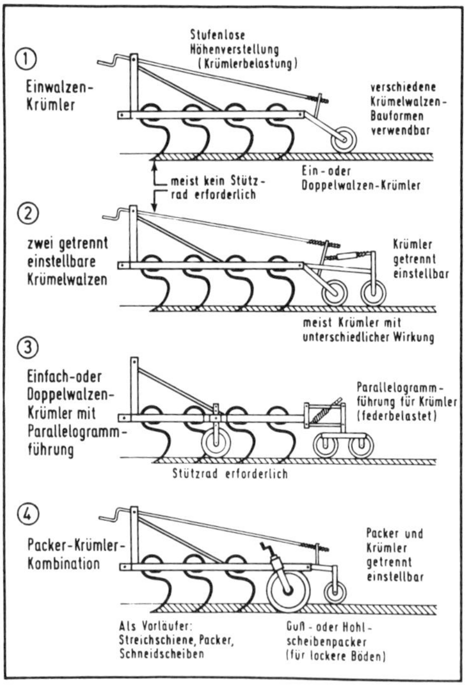


Darst. 215 Typische Kombinationen von Feingrubber und unterschiedlichen Nachläufern

Wenn sich der Grubber auf die in der Regel stufenlos verstellbare Krümelwalze abstützt, läßt sich eine exakte Tiefenführung des Grubbers und vor allem eine ausreichende Belastung des Krümlers erreichen. Beim Einsatz auf lockeren Böden ist es allerdings zweckmäßig, zusätzliche Stützräder zu verwenden. Bei Feingrubberkombinationen mit zwei getrennt hintereinander geschalteten Nachläuferwalzen sollte jeder dieser Nachläufer getrennt höhenverstellbar sein. Die Verwendung von Nachläufern mit unterschiedlichen Effekten hat sich hier bewährt, weil dadurch die Funktion des Feingrubbers gezielt unterstützt und je nach Einsatzbedingungen eine zusätzliche Krümelung bzw. Wiederverfestigung des Saathorizonts zu erreichen ist. Eine andere Bauart von Feingrubberkombinationen ist mit Einfach- oder Doppelkrümlern ausgestattet, die über ein federbelastetes Parallelprogramm mit dem Grubberrahmen verbunden sind. Die Belastung und damit die Funktion der Krümler läßt sich hier lediglich durch Verändern der Federspannung regulieren. Das Verwenden von Stützrädern am Feingrubber ist bei dieser Kombination generell erforderlich.

Als wesentliche Vorteile der Kombination von Feingrubber mit Krümelwalzen sind anzusehen:

- geringer Anschaffungspreis,
- einfache, robuste Bauweise,
- gute Funktionssicherheit, geringe Verstopfungsanfälligkeit,
- gute Übersichtlichkeit,
- universelle Verwendbarkeit auf nahezu allen Böden.

Mit derartigen Feingrubberkombinationen (Strichabstand des Grubbers ca. 10 cm) muß eine Bearbeitungstiefe von mindestens 10 cm eingehalten werden. Dies schränkt den Verwendungsbreich deutlich ein, ein problemloser Einsatz ist lediglich zu Kartoffeln und gegebenenfalls Mais möglich. Dagegen können bei der Saatbettvorbereitung zu Kulturen, die eine geringe Saattiefe erfordern, auf Standorten mit regelmäßiger Frühjahrstrockenheit erhebliche Probleme bei Feldaufgang und Jugendwachstum der Kulturpflanzen entstehen. Nicht geeignet sind derartige Kombinationen auch für die gleichmäßig-flache Saatbettbereitung zur Zuckerrübenbestellung.

Ein spezieller Tragrahmen ist erforderlich, wenn Eggen (Ackeregge, Löffelegge oder Garegge) und Krümelwalzen zu einer Gerätekombination zusammengestellt werden sollen. Nur dann ist gewährleistet, daß die Eggenfelder und

Darst. 216 Moderne gezogene Saatbettkombinationen zeichnen sich durch einen einfachen, klar gegliederten Aufbau und vielfältige Verstellmöglichkeiten aus

Einzelgeräte auch bei hoher Arbeitsgeschwindigkeit einwandfrei geführt werden.
Dieser Tragrahmen wird in der Regel im Drei-Punkt-Heckkraftheber angelenkt (bei Arbeitsbreiten über ca. 6 – 8 m auch aufgesattelt) und nimmt die Vor- sowie Nachläufer auf. Moderne Tragrahmen besitzen einen einfachen und robusten Aufbau (Darst. 216), wodurch eine gute Übersichtlichkeit der gesamten Kombination gewährleistet ist. Aufgrund ihres relativ geringen spezifischen Leistungsbedarfes überschreiten viele Saatbettkombinationen die von der Straßenverkehrs-Zulassungsordnung zulässige Straßenfahrbreite von 3 m. Bei derart überbreiten Geräten lassen sich die überstehenden Einzelteile mechanisch (mit Federunterstützung), meist aber hydraulisch (unter Verwendung der schlepperseitigen Hydraulik) einklappen. Gefährliche Bauteile (z. B. Eggenzinken) dürfen bei der Straßenfahrt nicht nach außen stehen. Daher hat sich das »stockwerksartige« Einklappen der Seitenteile mit den Zinken nach unten weitgehend eingeführt. Die vorgeschriebenen Sicherheitsmaßnahmen hinsichtlich verkehrsgefährdender Teile sind beim Straßenverkehr zu beachten.

Da als Vorläufer in derartigen Tragrahmenkonstruktionen im wesentlichen Einzelfelder von gefederten oder starren Zinkeneggen verwendet werden, ist eine gute Anpassung an Bodenunebenheiten möglich. Je breiter die Kombination ist, desto mehr muß auch auf eine gelenkige Gestaltung des Tragrahmens geachtet werden, damit über die gesamte Arbeitsbreite eine exakte Bodenanpassung der Eggenfelder möglich ist. Gleiches gilt für die Anlenkung der Nachläufer.
Die Tragrahmenbauart mit *einem* Zugbalken wird heute allgemein bevorzugt. (Darst. 214) An dem vorderen Zugbalken ist mit kurzen Ketten der Vorläufer angelenkt, an ihm wiederum der Nachläufer. Die Egge ist also zwischen Zugbalken und Krümler »eingespannt«. Dadurch wird auch bei hohen Fahrgeschwindigkeiten ein ruhiger Lauf und eine gute Tiefenführung der Egge sowie ein sicherer Zug des Nachläufers erreicht. Allerdings können die Eggen keine seitlichen Bewegungen mehr ausführen. Besonderer Wert ist auf den exakten Tiefgang des Vorlaufgerätes in den gewünschten Bereich von etwa 3 bis 8 cm Tiefe sowie auf eine verstellbare Belastung des Nachläu-

fers zu legen. Die Tiefgangregulierung beim Vorläufer erfolgt einerseits durch ein unterschiedlich hohes Anhängen der Zugketten am vorderen Zugbalken und hinten am Krümler, zum anderen dadurch, daß die einzelnen Eggenfelder nach oben mit dem Tragrahmen verbunden sind. Durch ein mechanisches oder hydraulisches Anheben des Tragbalkens besteht eine zusätzliche Möglichkeit zur Tiefenführung des Vorläufers. Die Krümelwalzen erhalten die für eine günstige Funktion erforderliche Belastung durch die Abstützung des Tragrahmens. Diese Belastung kann über den Oberlenker, aber auch stufenlos über Schraubspindeln, bei modernen Saatbettkombinationen vorzugsweise durch Einzelhydraulikzylinder, variiert und den Einsatzbedingungen angepaßt werden.

### Anzahl hintereinander geschalteter Geräte

Unter normalen Einsatzbedingungen, d. h. auf den leichteren bis mittleren, gut strukturierten Böden, läßt sich mit **Zweifachkombinationen** ein ausreichendes Lockern, Krümeln und Verdichten des Saatbettes gewährleisten (Darst. 217). Angepaßt an die jeweiligen Einsatzbedingungen, Ansprüche der Fruchtarten etc. sollte eine ausreichende Palette von Vor- und Nachläufern vorhanden sein. Diese können dann in entsprechender Reihenfolge hintereinander angeordnet werden, damit ein befriedigender Arbeitseffekt erzielt wird.

Bei extremen Bodenverhältnissen, d. h. auf sehr leichten, »puffigen« Böden sowie auf sehr schweren, tonigen Böden, ist die Wirkung von Zweifachkombinationen oftmals nicht ausreichend: Auf den leichten Böden wird keine ausreichende mechanische Verdichtung und Rückverfestigung erreicht. Auf den sehr schweren Böden ist die Krümelungswirkung unbefriedigend, so daß für die ordnungsgemäße Saatbettbereitung mehrere Arbeitsgänge benötigt werden. Für derartige Einsatzbereiche werden **Mehrfachkombinationen** angeboten, in denen die Einzelwerkzeuge in variabler Reihenfolge und untereinander austauschbar angeordnet sind.

Während für die leichten Böden neben Egge und Krümler vor allem Packer und Walze Verwendung finden (Darst. 218), werden auf den schweren Böden vorzugsweise Werkzeuge für das zusätzliche Einebnen, Zerteilen grober Schollen und intensive Krümeln benutzt.

Darst. 217 Zweifach-Kombination bei der Saatbettvorbereitung

Darst. 218 Gerätekombination mit Packerelementen zur Saatbettbereitung auf sehr lockeren, puffigen Böden

Speziell für den Einsatz auf leichten Böden eignen sich Dreifachkombinationen, bei welchen in einem stabilen Rahmen zwischen Feingrubber oder Garegge und Krümler ein leichter Krumenpacker angeordnet ist. Dieser soll ein mechanisches Absetzen des vom Vorläufer gelockerten Bodens bewirken. Allerdings ist der Einsatz einer derartigen Dreifachkombination nicht auf die sehr leichten Böden beschränkt. Auch auf den mittleren bis schweren Böden kann das Zwischenschalten eines Krumenpackers notwendig werden, z. B. wenn bei der Düngerausbringung mit Großraumdüngerstreuern im Frühjahr tiefe Fahrspuren ins Feld gefahren werden. Unter solchen Bedingungen ist es oftmals erforderlich, mit dem Feingrubber die Schlepperspuren zu unterfahren und aufzulösen. Krumenpacker und Krümelwalze sollen dann eine Rückverfestigung des tief gelockerten Bodens bewirken, um den kapillaren Wasseraufstieg sicherzustellen.

Vor allem im Zuckerrübenanbau und bei anderen »Flachsaaten« werden besonders hohe Anforderungen an einen gleichmäßig-flachen Bearbeitungshorizont, eine gut eingeebnete Bodenoberfläche und die gezielte Rückverfestigung als Voraussetzungen für eine exakte Saatgutablage und das Erzielen eines hohen Feldaufgangs gestellt. Dies hat zur Entwicklung von speziellen Mehrfachkombinationen geführt, bei denen in einem stabilen Rahmen z. B. folgende Werkzeugreihenfolge gegeben ist (Darst. 219):

- Spurlockerer an der vorderen Geräteschiene zum Aufbrechen von Radspurverdichtungen;
- vordere Krümelwalze in Verbindung mit einer federbelasteten Schneidschiene zur gleichmäßigen Einebnung von grobscholligen Ackeroberflächen;
- zwei Reihen von breitschneidenden Gänsefußscharen, die in Parallelogrammen geführt sind und für steinige Böden mit einer Überlastsicherung ausgerüstet werden können. Sie gewährleisten eine gleichmäßig-flache Saatbettbereitung und einen ebenen Bearbeitungshorizont. Auf schweren, zur Staunässe neigenden Böden können anstelle der Gänsefußschare auch schmale Federzinken mit ca. 5 oder 11 cm Strichabstand verwendet werden;
- hintere Krümelwalze in Verbindung mit einer Schneidschiene für die zusätzliche Krümelung noch vorhandener Grobschollen;

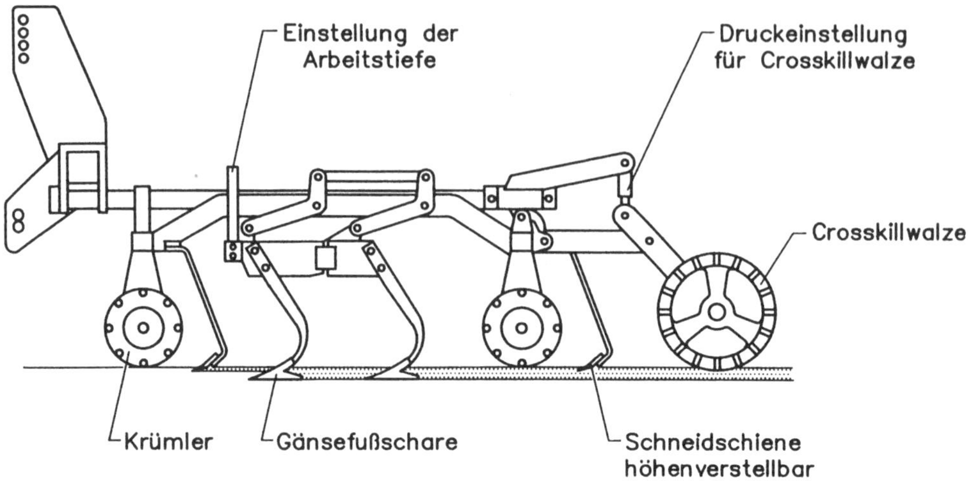


Darst. 219 Spezial-Kombination für die gleichmäßig-flache Saatbettbereitung

Darst. 220 Aufgesattelte Kombination mit sehr flexibler Verwendung von Einzelwerkzeugen und Möglichkeit zum Drillmaschinenanbau

■ schwere, über Spindeln höhenverstellbare Crosskill-Walze für die intensive Rückverfestigung des gelockerten Bodens und die gleichmäßige Tiefenführung der vorauslaufenden Werkzeuge.

Derartige Spezial-Kombinationen werden als Drei-Punkt-Anbaugeräte, für den Einsatz in der Großflächen-Landwirtschaft aber auch als aufgesattelte Geräte angeboten. Letztere besitzen hydraulisch betätigte Gummilaufräder, die für den Straßentransport nach unten ausgeschwenkt werden. Außerdem ist der Anbau einer Sävorrichtung konstruktiv vorgesehen.

Für den Einsatz auf extrem harten, grobscholligen Böden ist es möglich, vor dem Feingrubber eine Schneidscheibenwalze anzuordnen. Dennoch läßt sich ein befriedigender Bearbeitungseffekt oft erst nach mehreren Arbeitsgängen erzielen. Unter derartigen Einsatzbedingungen ist es daher oftmals sinnvoller, ein zapfwellengetriebenes Nachbearbeitungsgerät einzusetzen.

Je mehr Einzelgeräte hintereinander angeordnet werden, desto größer ist die Chance, in wenigen Arbeitsgängen den angestrebten Bearbeitungseffekt sicher zu erreichen. In gleichem Maße steigt aber auch das Eigengewicht der Kombinationen und ihr Schwerpunkt verlagert sich in einen ungünstigen Bereich weit hinter der Schlepperhinterachse. Für den Einsatz sind daher leistungsstarke Schlepper mit ausreichender Hydraulikhubkraft (sie sollte etwa das 2- bis 3fache des Geräteeigengewichtes betragen) erforderlich. Schlepper mit Allradantrieb sind für den Einsatz mit derartigen Kombinationen besonders geeignet, da eine ausreichende Belastung der Schleppervorderachse und damit die Lenkfähigkeit auch bei ausgehobenem Gerät erhalten bleibt. Außerdem verhindert der Allradantrieb das Entstehen zu tiefer Spuren im Feld. Gegebenenfalls ist auch der Einsatz einer aufgesattelten Kombination möglich.

#### 7.5.1.6 Sonderkombinationen

Obwohl die vorausgegangene Erläuterung der Gerätekombinationen erkennen ließ, wie variabel und anpassungsfähig diese sind, machten extreme Einsatzbedingungen die Entwicklung von Sonderkombinationen erforderlich. So wurde speziell für die Nachbearbeitung schwerer, trockener und grobscholliger Böden der sogenannte »Schollenbrecher« geschaffen. An einem aufgesattelten Trag- und Grundrahmen mit luftgummibereiften, hydraulisch betätigten Laufrädern sind verschiedene Bearbeitungswerkzeuge austauschbar angebracht. Hinter einem Nivellator für das Einebnen des grob vorbereiteten Bodens und der Schlepperspuren ist ein Scheibensatz angeordnet, welcher aus zwei Wellen mit geraden oder gekröpften Zackenscheiben besteht. Die Scheiben greifen ineinander, was eine gute Zerkleinerungs- und Reinigungswirkung gewährleistet. Hinter den nachfolgenden Zinkensätzen (Schlepp- oder Spiralfederzinken) folgt ein weiterer Schneidscheibensatz. Die neuentwickelten Zackenscheiben sollen eine zugleich schneidende, krümelnde und mischende Wirkung und damit eine intensive Bearbeitung derartiger Problemböden gewährleisten. Das Gerät arbeitet in zwei Tiefen, wobei die Arbeitstiefe der Zinkenwerkzeuge unabhängig von der Tiefe der Schneidscheiben eingestellt werden kann. Durch die schwere Bauweise und die Kombination von verschiedenen Werkzeugen ist mit einer guten Zertrüm-

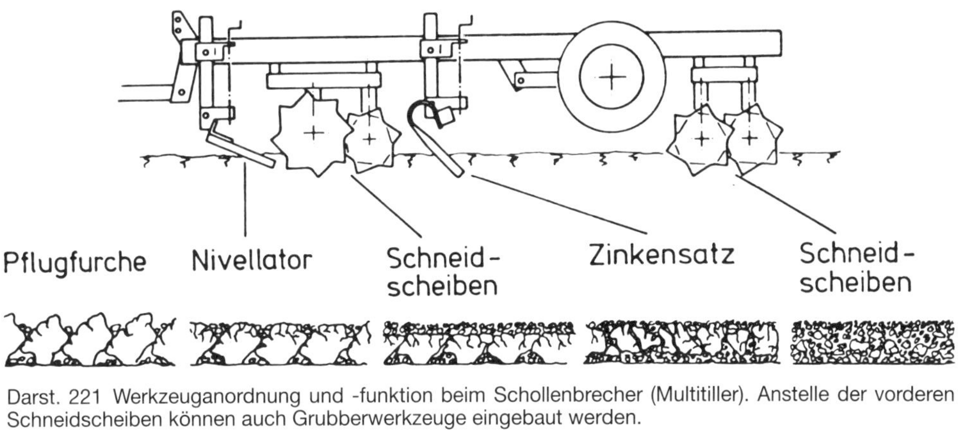


Darst. 221 Werkzeuganordnung und -funktion beim Schollenbrecher (Multitiller). Anstelle der vorderen Schneidscheiben können auch Grubberwerkzeuge eingebaut werden.

Darst. 222 In dieser Mehrfachkombination sind verschiedene Arbeitseffekte zusammengefaßt: einebnen, packen, lockern, krümeln, rückverdichten

merungs-, Schneid- und Verdichtungswirkung zu rechnen, z. B. auch auf ausgetrockneten Böden in ariden Gebieten.

Je nach Ausgangsbedingungen und Arbeitsgeschwindigkeit ist im Mittel mit einem spezifischen Leistungsbedarf von ca. 30 bis 35 kW/m Arbeitsbreite zu rechnen. Dieser im Vergleich zu sonstigen gezogenen Saatbettkombinationen höhere Leistungsbedarf, der höhere Anschaffungspreis und die größere Baulänge lassen das Gerät vorzugsweise für größere Betriebe mit schwierigen Bodenverhältnissen, ausreichend großen Schlägen und entsprechenden Einsatzflächen je Saison im In- und Ausland interessant erscheinen.

Probleme bereiten aber auch oft die zu locker liegenden, »puffigen« Böden, bei denen es schwierig ist, den erforderlichen Bodenschluß herzustellen. Für derartige Einsatzverhältnisse sind Kombinationen geeignet, bei welchen hinter der Zinkenegge ein Doppelpacker angeordnet ist. Die Zinkenegge soll den Boden lediglich flach lockern, während der aus Hohlscheiben bestehende Doppelpacker die gelockerte Zone intensiv rückverfestigt. Das Gerät kann daher im Zusammenwirken mit dem nachgeschalteten Einwalzenkrümler eine gleichmäßig flache Bearbeitung und ausreichende Verfestigung der oberen Bodenschichten bewirken.

#### 7.5.1.7 Anwendungsbereiche und Geräteeinsatz, Verfahrensvergleich

Durch das Zusammenfassen von Einzelgeräten in Gerätekombinationen wird angestrebt, die fruchtarten- und standortspezifisch optimale Bodenbearbeitung in möglichst wenigen Arbeitsgängen zu erreichen. Arbeitswirtschaftliche und ackerbauliche Aspekte sind eng miteinander verflochten, zumal eine hohe Schlagkraft bei der Bodenbearbeitung und Feldbestellung aus Gründen der knappen Einsatzzeitspannen und im Hinblick auf den optimalen Bearbeitungszeitpunkt besonders wichtig ist. Im praktischen Einsatz ist folgendes zu beachten:

- Reduzierung der Bearbeitungsgänge. Erklärtes Ziel bei Auswahl und Einsatz der Geräte soll es sein, das Feld möglichst in einem Arbeitsgang saatfertig vorzubereiten. Eine sehr wesentliche Voraussetzung dafür ist, daß die Grundbodenbearbeitung mit Pflug, Grubber etc. sehr sorgfältig durchgeführt und gegebenenfalls eine Kombination dieser Geräte mit Nachläufern vorgenommen wird. Dann haben die Oberflächen-Nachbearbeitungsgeräte wesentlich weniger Einebnungsarbeit zu leisten, außerdem ist eine gleichmäßig-flache Bearbeitung möglich.

- Hohe Arbeitsgeschwindigkeit. Gesamtaufbau der Gerätekombinationen, Einzelgeräte und deren Anlenkung im Geräterahmen sind in modernen Saatbettkombinationen technisch-konstruktiv derart gestaltet, daß hohe Arbeitsgeschwindigkeiten von mindestens 8 km/h eingehalten werden können. Erst bei derart hohen Fahrgeschwindigkeiten läßt sich eine optimale Funktion und Wirkung der Geräte erreichen, außerdem verursacht der Schlepper lediglich flache Spuren im Acker.
- Ausreichende Schlepperzugleistung. Die erforderliche Zugleistung des Schleppers richtet sich vor allem nach Art, Anzahl und Wirkung der zusammengefaßten Geräte. Einen weiteren, sehr wesentlichen Einfluß übt die Arbeitstiefe der jeweiligen Einzelgeräte aus. Im Vergleich zu den Grundbodenbearbeitungsgeräten läßt sich aber feststellen, daß Saatbettkombinationen relativ leichtzügig sind. Je Meter Arbeitsbreite werden je nach Gerätekombination 12 bis 18 kW (16 bis 25 PS) Schleppermotorleistung je Meter Arbeitsbreite benötigt. Die Verwendung von Gitterrädern, Doppelbereifung oder Breitreifen stellt heute mehr denn je zuvor eine bewährte und sichere Maßnahme dar, die Schlepperzugleistung zu verbessern und auf empfindlichen Böden Druck- und Schlupfschäden zu vermindern.
- Abstimmung von Arbeitsbreite und Schleppermotorleistung. In der Praxis ist meist ein bestimmter Schlepper für den Einsatz mit Geräten für die Saatbettbereitung vorhanden. Unter Berücksichtigung des spezifischen Leistungsbedarfes (kW je m Arbeitsbreite) der Gerätekombinationen ist es erforderlich, deren Arbeitsbreite sorgfältig auf die vorhandene Schleppermotorleistung abzustimmen. Wird eine Kombination in Relation zur vorhandenen Schleppermotorleistung zu breit gewählt, entsteht eine Reihe schwerwiegender Probleme: Die optimale Arbeitsgeschwindigkeit und Bearbeitungswirkung können nicht eingehalten werden, es entstehen tiefe Schlepperspuren und starker Schlupf, der Boden muß unter Umständen tiefer als beabsichtigt gelockert werden. Nach der *Faustregel* »schmal und schnell ist zweckmäßiger als breit und langsam« sollte im Zweifelsfall einer schmaleren Kombination der Vorzug gegeben werden.
- Hubleistung des Schlepperkrafthebers. Gerätekombinationen sind bei Arbeitsbreiten bis ca. 8 m überwiegend als Drei-Punkt-Anbaugeräte gestaltet. Aufgrund ihres oft sehr hohen Gewichtes und der ungünstigen Schwerpunktlage entsteht vor allem beim Ausheben am Feldende und beim Straßentransport eine erhebliche Belastung der Schlepperhydraulik, des Krafthebergestänges sowie der Hinterradbereifung. Eine ausreichende Hubkraft des Heckkrafthebers nützt jedoch nichts, wenn die Schleppervorderachse zu stark entlastet und dadurch die Lenkfähigkeit in Frage gestellt wird. Aus einsatztechnischer Sicht ist daher die Verwendung von Allradschleppern sinnvoll, weil hier die Vorderräder zur günstigen Zugkraftübertragung beitragen.

Die wichtigsten Kriterien für zweckmäßige Auswahl und richtigen Einsatz der Saatbettkombinationen lassen sich in einigen wesentlichen Punkten zusammenfassen (Darst. 223).

Infolge des relativ günstigen spezifischen Leistungsbedarfes (Darst. 224) der Gerätekombinationen, der anpaßbaren Arbeitsbreite sowie der möglichen hohen Arbeitsgeschwindigkeit lassen sich mit Saatbettkombinationen hohe Flächenleistungen erreichen. Ebenso wie bei anderen Geräten beeinflussen jedoch Schlag-

- gezielte, auf die Standortbedingungen abgestimmte Lockerung und Krümelung des Saatbettes
- verstellbare Wirkung der Arbeitswerkzeuge
- unempfindlich gegen Verstopfungen
- Rückverfestigung des Saathorizontes sichert die Keimwasserversorgung in Frühjahrs-Trockenperioden
- gleichmäßige Bearbeitungstiefe
- hohe Flächenleistung
- Kombinierbarkeit mit Sägeräten (Bestellkombination)
- Anpassung an Schlepperleistung und -hubkraft
- vielseitige Verwendbarkeit
- kostengünstiger Einsatz

Darst. 223 Auswahl- und Einsatzkriterien bei Geräten für die Saatbettbereitung

| Kombination | günstige Fahrgeschwindigkeit km/h | erforderliche Schlepper Motorleistung je Meter Arbeitsbreite kW/m | Flächenleistung je Meter Arbeitsbreite ha/h und m |
|---|---|---|---|
| Feingrubber + Krümler | 7 – 9 | 15 – 19 | 0,7 (0,6 – 0,8) |
| Feingrubber + Packer + Krümler | 6 – 8 | 20 – 25 | 0,6 (0,5 – 0,7) |
| Gare-, Acker-, Löffelegge + Doppelkrümelwalze | 8 – 10 | 13 – 17 | 0,8 (0,7 – 0,9) |
| Gare-, Acker-, Löffelegge + Packer + Doppelkrümelwalze | 6 – 9 | 15 – 19 | 0,7 (0,5 – 0,8) |
| Schälgrubber + Glättschiene | 7 – 9 | 24 – 27 | 0,7 (0,6 – 0,8) |
| Schälgrubber + Glättschiene + Krümler | 7 – 9 | 25 – 28 | 0,7 (0,6 – 0,8) |
| Schälgrubber + Spatenrollegge oder Scheibenegge | 7 – 10 | 26 – 35 | 0,8 (0,6 – 0,9) |
| Kurzgrubber + Bodenfräse oder Zapfwellenegge | 6 – 8 | 30 – 37 | 0,6 (0,5 – 0,7) |

Dartst. 224 Verfahrenstechnische Kenndaten von Gerätekombinationen

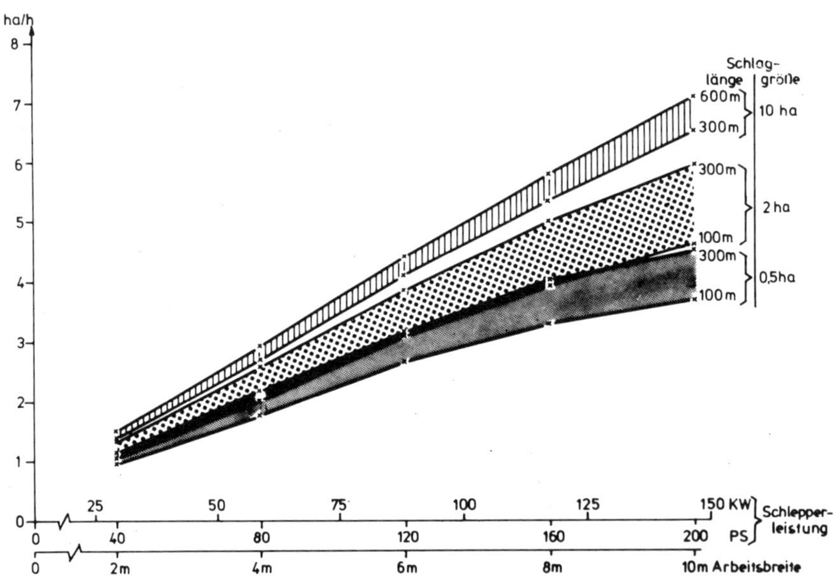


Darst. 225 Flächenleistung der gezogenen Saatbettkombinationen in Abhängigkeit von Arbeitsbreite, Schlaggröße und Schlaglänge (Vorfahrtgeschwindigkeit 8 km/h) ohne Rüst- und Wegezeit

größe, Schlaglänge und -form sehr deutlich die erzielbare Flächenleistung (Darst. 225). So steigert sich die Flächenleistung beim Übergang von einem 0,5-ha-Schlag mit 100 m Schlaglänge auf einen 2-ha-Schlag mit 300 m Feldlänge bei einer Kombination mit 6 m Arbeitsbreite von ca. 2,5 ha/h auf etwa 3,9 ha/h, also um mehr als 50 %.

### 7.5.2 Kombination von Bodenbearbeitungs- und Sägeräten

Der Wunsch nach einer Verringerung des Eingriffes in das Bodengefüge durch Maschinen und Geräte dürfte so alt sein wie die mechanische Bodenbearbeitung als solche. Wenn früher die mangelnde Zugkraft eines der Hauptprobleme darstellte, sind es heute vor allem arbeitswirtschaftliche und ackerbauliche Gründe, die neue Wege zur Reduzierung des Bearbeitungsaufwandes suchen lassen. Insbesondere in den Ackerbaubetrieben hat sich die Situation in der Mechanisierung der Feldarbeiten in den letzten Jahren grundlegend gewandelt. Über viele Jahre hinweg galt das Hauptaugenmerk der technisch-konstruktiven Entwicklung leistungsfähiger und kostengünstiger Erntemaschinen und -verfahren. Mit dieser stürmischen Entwicklung hielt die Mechanisierung von Bodenbearbeitung und Bestellung nicht Schritt, so daß ihr prozentualer Anteil am Arbeitszeitbedarf des Gesamtproduktionsverfahrens ständig anstieg. Ein besonders prägnantes Beispiel hierfür stellt der Getreidebau dar. Selbst bei günstiger Mechanisierung und großen Einsatzflächen entfallen noch mehr als 60 % des gesamten Arbeitszeitbedarfes im Getreidebau allein auf Bodenbearbeitung und Bestellung (Darst. 226).

#### 7.5.2.1 Aufgaben und Einordnung

Es ist daher logisch, wenn heute versucht wird, an diesem neuralgischen Punkt anzusetzen, um eine Reduzierung des gesamten Aufwandes in der Feldbestellung, vor allem eine Verringerung des Arbeitszeitbedarfes, der Kosten und des Risikos zu erreichen. Durch diese Maßnahmen sollen gleichzeitig eine Steigerung der Flächen- und Arbeitsproduktivität sowie eine ausgewogenere Arbeitszeitverteilung zwischen den verschiedenen Teilbereichen des Gesamtarbeitsverfahrens möglich sein. Eine Verringerung des Aufwandes bei der Feldbestellung läßt sich erreichen durch

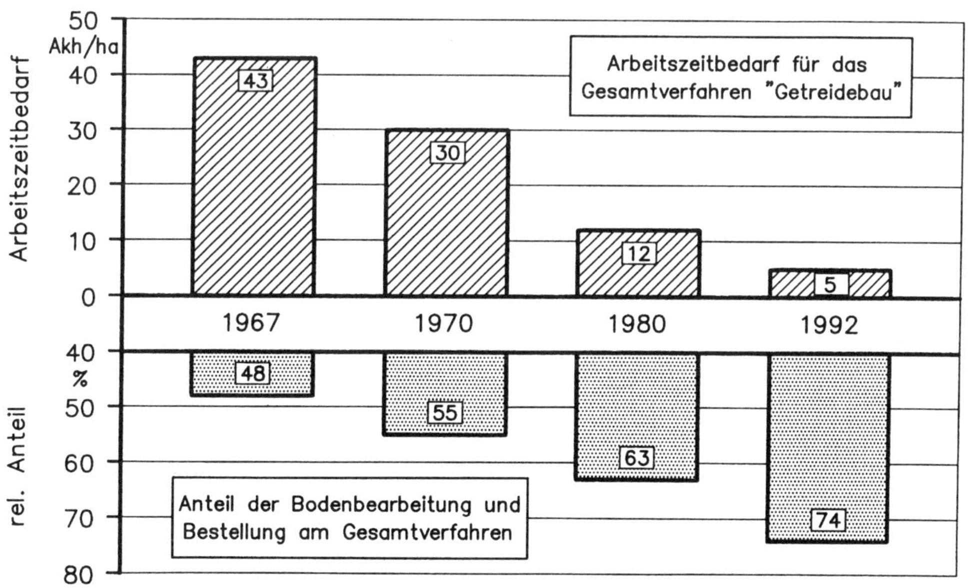


Darst. 226 Entwicklung von Arbeitszeitbedarf und Anteil der Bodenbearbeitung im Betriebszweig »Getreidebau«

- ein Verringern der Bearbeitungstiefe bei der Grundbodenbearbeitung. Dabei kann z. B. mit dem Pflug nur noch ein relativ flacher Bodenhorizont gewendet, die darunter liegende Schicht lediglich mit angebauten Lockerungsscharen oder -dornen grob aufgebrochen werden;
- das Reduzieren der Bearbeitungsintensität, z. B. durch den Verzicht auf die bisher übliche intensive Lockerung und Krümelung des Bodens;
- eine geringere Bearbeitungshäufigkeit, d. h. Kombination von bisher einzeln und nacheinander ablaufenden Arbeitsgängen oder auch zeitweiligen Verzicht auf bestimmte Arbeitsgänge wie z. B. die Grundbodenbearbeitung;
- das Beschränken der Bodenbearbeitung auf Teilflächen eines Feldes, z. B. als Streifenbearbeitung für Reihenfrüchte oder das Anlegen schmaler Saatrillen;
- einen Verzicht auf jegliche Lockerung und Krümelung des Saathorizonts, Einbringung des Saatgutes in schmale Saatschlitze (Direktsaat) ohne gezielte Bodenbedeckung.

Angepaßt an diese unterschiedlichen Zielvorstellungen wurde eine Vielzahl von Kombinationsgeräten für die Bodenbearbeitung und Saat entwickelt, aber auch zahlreiche Begriffe für die jeweiligen Verfahren geprägt: z. B. Minimal-Bestelltechnik, reduzierte Bodenbearbeitung, rationelle Bodenbearbeitung, Lockerboden- oder Festbodenwirtschaft etc. Diese Bezeichnungen waren jedoch oft nicht klar definiert, wurden unterschiedlich verwendet und führten somit oftmals zu Mißverständnissen.

Ein neuer Vorschlag des Kuratoriums für Technik und Bauwesen in der Landwirtschaft (Arbeitsgruppe »Bodenbearbeitung und Bestellung« in der Arbeitsgemeinschaft »Technik in der pflanzlichen Produktion«) soll diese Mißverständnisse ausräumen und sieht eine Untergliederung in insgesamt drei Bodenbearbeitungskonzepte vor:

1. Konventionelle Bodenbearbeitung (mit Pflug),
2. Konservierende Bodenbearbeitung (mit oder ohne Grubber),
3. ohne Bodenbearbeitung (Direktsaat).

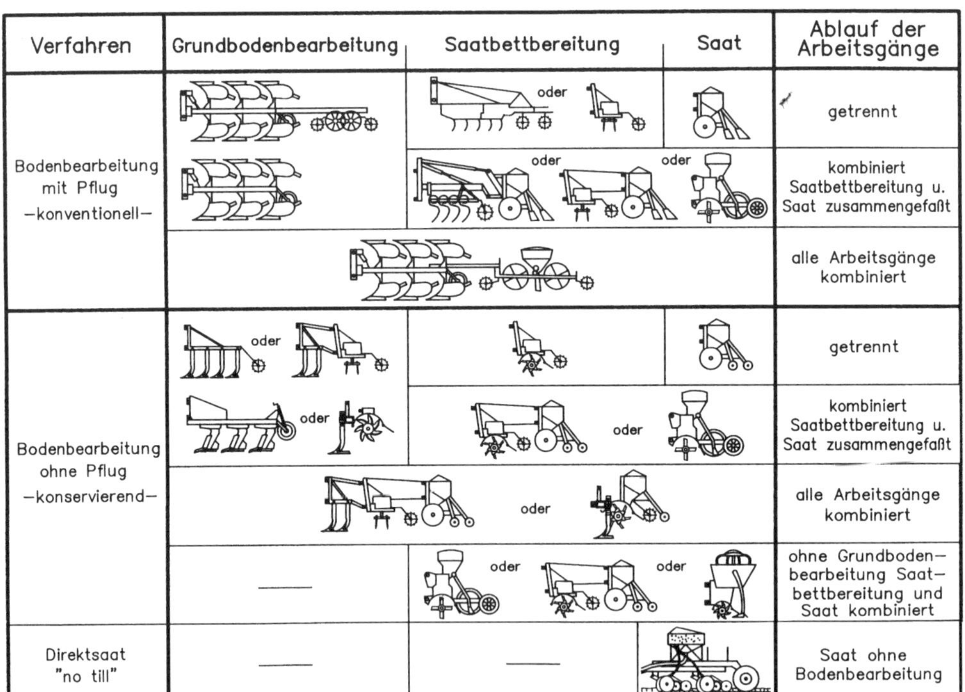


Darst. 227 Bodenbewirtschaftungssysteme mit Geräteausstattung und Ablauf der Arbeitsgänge beim Anbau von Druschfrüchten

In jedem der beiden erstgenannten Systeme besteht die Möglichkeit, alle Arbeitsgänge getrennt durchzuführen, Saatbettbereitung + Saat zu kombinieren oder auch sämtliche Arbeitsgänge für Grundbodenbearbeitung + Saatbettbereitung + Saat zusammenzufassen. Diese neue Systematik ist am Beispiel des Getreidebaues in Darst. 227 dargestellt. Dabei ist der Arbeitsabschnitt »Stoppelbearbeitung« nicht mit aufgeführt, da der hierfür erforderliche Geräteeinsatz unabhängig ist von dem jeweiligen Bodenbearbeitungskonzept (konventionell oder konservierend).

Bei allen »reduzierten« oder »voll zusammengefaßten« Arbeitsgängen ist besonderer Wert darauf zu legen, daß die wesentlichen und speziellen Wirkungen der Einzelaggregate erhalten bleiben und sich möglichst positiv ergänzen.

Chancen für eine längerfristige erfolgreiche Anwendung von Verfahren mit reduzierten und voll zusammengefaßten Arbeitsgängen bestehen jedoch nur dann, wenn einige grundlegende konstruktive und einsatztechnische Forderungen erfüllt sind:

- Das Zusammenfassen von Saatbettbereitung und Aussaat in einer Maschine bietet keinerlei Möglichkeit zu einer nachträglichen Korrektur des Arbeitsergebnisses, insbesondere der Bodenvorbereitung. Eine grundlegende Forderung ist deshalb, daß Bodenvorbereitung und Saat ordnungsgemäß in einem Arbeitsgang bewältigt werden können. Nur dann lassen sich bei der Feldbestellung die speziellen Anforderungen der jeweiligen Fruchtart und des Standortes voll erfüllen.
- Durch die Spezialisierung der Fruchtfolgen in Ackerbaubetrieben schrumpfen die Einsatzzeitspannen für die Feldbestellung immer mehr zusammen. Dies gilt in besonderem Maße für die Einsaat von Wintergetreide nach spät räumenden Früchten wie z. B. Zuckerrüben, Silomais und Körnermais. Im Hinblick auf eine termingerechte Arbeitserledigung ist deshalb eine hohe Flächenleistung zu fordern. Diese sollte jedoch nicht auf Kosten der Arbeitsqualität gehen.
- Die Funktionssicherheit der Maschinen hat einen besonders hohen Stellenwert, da sie fest umrissene Arbeitsprogramme und (aus betriebswirtschaftlichen Gründen) umfangreiche Einsatzflächen zu bewältigen haben. Entstehen aufgrund mangelnder Funktionssicherheit Stör- und Ausfallzeiten, so sind diese als echte, auch aus ökonomischer Sicht schwerwiegende Verlustzeiten mit entsprechenden Auswirkungen zu bewerten.
- Der konstruktive Aufbau muß einen möglichst vielseitigen Einsatz zulassen. Nur wenn die Maschinen bei unterschiedlichen Fruchtarten, Bodenverhältnissen und Einsatzzeitspannen verwendbar sind, läßt sich ein kostengünstiger Einsatz gewährleisten.
- Unter den heutigen Aspekten ist außerdem ein entsprechend geringer Energieaufwand für das Gesamtverfahren zu fordern. Schließlich ist es wenig sinnvoll, bei den Bestellarbeiten Energie einzusparen, wenn später z. B. infolge einer intensiven Unkrautentwicklung erhebliche Energiemengen für Unkrautbekämpfung und Pflanzenschutz aufgewendet werden müssen.

Insgesamt bestehen die Zielvorstellungen bei der Anwendung der reduzierten oder der voll zusammengefaßten Verfahren darin, den gesamten Aufwand für die Feldbestellung zu verringern und dadurch folgende Vorteile zu erzielen:

- weniger Arbeitsgänge,
- dadurch weniger unkontrollierbare Fahrspuren und Verdichtungen,
- Einsparen von Arbeitszeit,
- geringere Kosten für die Arbeitserledigung,
- termingerechte Feldbestellung,
- Vermindern des Wetterrisikos,
- Abbau von Arbeitsspitzen.

Ein nachhaltiger Erfolg ist jedoch nur dann gewährleistet, wenn verhindert wird, daß die Anwendung dieser neuen Verfahren dazu führt, daß

- der Boden in seinen physikalischen Eigenschaften nachhaltige Schäden erleidet,
- das Gesamtertragsniveau sinkt, die Unkrautwüchsigkeit ansteigt,
- Schädlinge und Pflanzenkrankheiten zunehmen,
- ein höherer Gesamtenergieaufwand entsteht.

Aus arbeitswirtschaftlicher Sicht kann der verminderte Arbeitszeitbedarf, besonders beim Wegfall der Pflugfurche, einen nachhaltigen Einfluß auf die gesamte Betriebsorganisation ausüben. So kann vielfach die Fruchtfolge Zuckerrüben – Winterweizen oder Mais – Winterweizen auch bei knappen Arbeitszeitspannen im Herbst eingehalten oder überhaupt erst möglich werden. Die erhöhte Schlagkraft macht einen intensiveren Zwischenfruchtanbau möglich, und auch für die Hauptfrüchte lassen sich die ackerbaulich günstigsten Termine besser nutzen. Die erhöhte Schlagkraft und der Zeitgewinn bei Bestellung und Saat sollten daher stets

in Verbindung mit der Arbeitsorganisation des gesamten Betriebes gesehen werden. Erst dann lassen sich die je nach Betriebssituation mehr oder weniger ins Gewicht fallenden Vorteile richtig abschätzen.
Es darf jedoch nicht übersehen werden, daß die reduzierten oder zusammengefaßten Verfahren in der Regel mit höheren Maschinenkosten belastet sind. Erst bei entsprechend großen Einsatzflächen/Saison können die Kosten der Arbeitserledigung unter das Niveau der herkömmlichen Bestellung sinken. Deshalb kann der verminderte Arbeitszeitbedarf nicht allein und isoliert als Orientierungsmaßstab dienen, sondern es muß stets eine sorgfältige Kalkulation sämtlicher verfahrensspezifischer Kosten vorgenommen werden. Im Einzelfall kann es daher auch sinnvoller sein, die Technik im überbetrieblichen Einsatz zu nutzen, als ein relativ teures Gerät selbst anzuschaffen.
Zu einigen der aufgeführten Verfahrensvarianten sollen noch zusätzliche Erläuterungen gegeben werden.

### 7.5.2.2 Konventionelle Bodenbearbeitung

#### Bestellsaat (»reduziert«)

In dieser Maschinengruppe ist ein besonders vielseitiges und umfangreiches Geräteangebot vorhanden. Typisch für die hier eingesetzte Gerätetechnik ist, daß sie ein ordnungsgemäß vom Pflug, Pfluggrubber, Schälgrubber etc. vorbearbeitetes Feld benötigt. Der Saathorizont wird ganzflächig und in einstellbarer Bearbeitungstiefe intensiv gekrümelt und gelockert. Nachgeschaltete Packerwalzen sollen den erforderlichen Bodenschluß herstellen und übernehmen zudem die Tiefenführung der vorn angeordneten Bodenbearbeitungswerkzeuge. Neben gezogenen Bodenbearbeitungsgeräten werden in diesen Kombinationen in zunehmendem Umfang auch zapfwellenbetriebene verwendet. Je nach Funktionsprinzip der Bodenbearbeitungsgeräte, Anordnung der Sävorrichtung und Notwendigkeit einer intensiven Rückverfestigung sind die Einzelaggregate in unterschiedlicher Reihenfolge hintereinander angeordnet (Darst. 228).

#### Gezogene Geräte

Bestellsaatmaschinen mit gezogenen Bodenbearbeitungswerkzeugen lassen sich mit Erfolg nur auf den leichteren bis mittleren, gut krümelnden Böden einsetzen. Dort ist es jedoch möglich, z. B. mit einer Kombination von Feingrubber und Aufbausämaschine bei entsprechend hoher Fahrgeschwindigkeit (ca. 8 km/h) auch bei dem üblichen Strichabstand der Grubberzinken von ca. 10 cm einen befriedigenden Arbeitseffekt zu erreichen.
Der technische Aufbau derartiger Feingrubber-Säkombinationen ist recht einfach (Darst. 229). Auf dem meist fünfbalkigen, mit Federzinken bestückten Feingrubber ist eine Aufbausämaschine fest oder abnehmbar angebracht. Ihren Antrieb übernimmt ein nachlaufendes Stelzrad.
Hinsichtlich der Saatguteinbringung in den Boden ist im wesentlichen zwischen drei Methoden zu unterscheiden:

- Hinter den Zinken der beiden letzten Zinkenreihen sind flachgepreßte Saatrohre in der Höhe und im Anstellwinkel verstellbar angebracht. Sie leiten das Saatgut in die von den Federzinken geöffnete Furche, es entsteht eine bandförmige Ablage. Durch das Verstellen der Saatrohre kann die Ablagetiefe verändert werden. Eine nachlaufende Krümel- und Packerwalze, auf die sich die gesamte Kombination abstützt, sorgt für zusätzliche Bodenkrümelung, Bodenschluß am Saatkorn und die richtige Tiefenführung des Feingrubbers.
- Hinter kurzbauenden Federzinkengeräten ist eine Drillmaschine mit Normalscharen angeordnet. Eine nachgeschaltete Packerwalze übernimmt die Tiefenführung und krümelt/-verfestigt den Boden im oberen Horizont.
- Für den Großflächeneinsatz werden neuerdings bis zu 12 m breite Aufsattel-Kombinationen angeboten. Sie sind mit Gänsefuß-Grubberscharen ausgerüstet. Eine pneumatische Sämaschine transportiert das Saatgut zu den Scharen, wo es von einer Prallfläche auf der Arbeitsbreite der Gänsefußschare verteilt wird. Bei entsprechend engem Strichabstand der Grubberschare kann eine Breitsaat erzielt werden.

Der Einsatz dieser Kombinationen beschränkt sich auf Böden in guter Krümelstruktur. Die Bestellung von Winterweizen z. B. nach Zuckerrüben oder Mais bei feuchten Bodenverhältnissen ist meist problematisch. Eine exakte Flachsaat ist nicht möglich, da z. B. der Feingrubber einen relativ großen Strichabstand (ca. 10 cm) besitzt und einen dächerförmigen Bearbeitungshorizont hinterläßt (Darst. 230).

#### Bestellsaat mit Zapfwellengeräten

Auf Böden mit höherem Tonanteil, bei überwiegendem Anbau von Winterweizen nach

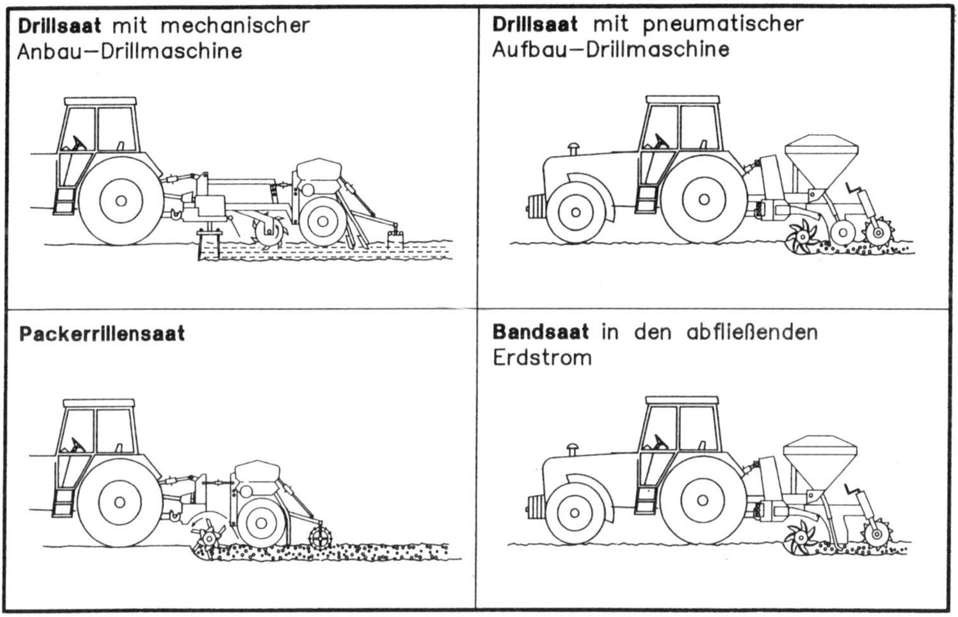


Darst. 228 Bestellsaatmaschinen mit unterschiedlichem Saatgutablageprinzip

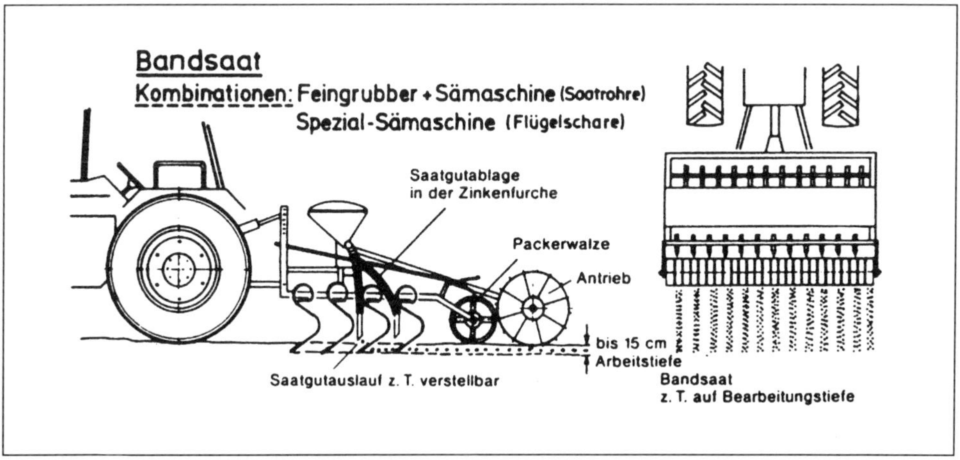


Darst. 229 Feingrubber mit Aufbau-Sämaschine und Saatgutablage in die Zinkenfurchen

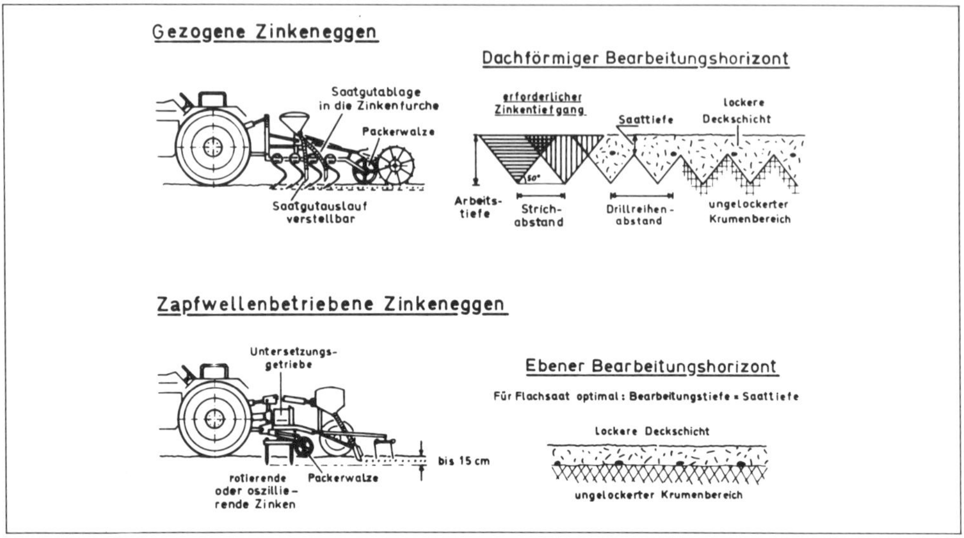


Darst. 230 Arbeitseffekte und Ausformungen des Bearbeitungshorizontes bei gezogenen und zapfwellengetriebenen Bestellsaatmaschinen

Darst. 231 Bestellsaatmaschine mit pneumatischer Aufbau-Sämaschine und Saatgutablage durch Schleppschare

Darst. 232 Bestellsaatmaschine mit »Huckepack-Prinzip«. Zum Wenden am Feldende und Straßentransport läßt sich die mechanische Anbau-Drillmaschine hydraulisch in eine günstige Schwerpunktlage über dem Zapfwellengerät schwenken

späträumenden Früchten und in ungünstigen Klimalagen wird von der Verwendung kombinierter Bestellmaschinen in besonderem Maße erwartet, daß Arbeitszeit gespart, knappe Bestellzeitspannen konsequent ausgenutzt, das Wetterrisiko gesenkt und auch bei ungünstigen Boden- und Witterungsbedingungen eine ordnungsgemäße Wintergetreidebestellung vorgenommen werden kann.

Bei derartig problematischen Einsatzbedingungen finden derzeit Bestellsaatmaschinen mit zapfwellenbetriebenen Bodenbearbeitungswerkzeugen besonderes Interesse. Dabei finden neben den Zapfwelleneggen (z. B. Kreisel-, Rotor- und Rüttelegge) auch Kreiselgrubber und Bodenfräsen Verwendung. Um bei konstant hoher Arbeitsgeschwindigkeit und entsprechend hoher Flächenleistung den jeweils günstigsten Bearbeitungseffekt zu erzielen, werden meist diejenigen Konstruktionen bevorzugt, bei denen über ein mehrstufiges Untersetzungsgetriebe, Wechselzahnräder etc. die Umfangsgeschwindigkeit der Arbeitswerkzeuge variiert werden kann. Diese Zapfwelleneggen werden mit normalen Drei-Punkt-Anbaudrillmaschinen oder mit aufgebauten, pneumatischen Drillmaschinen kombiniert. Die Verwendung genormter Anbauteile erlaubt es, unter bestimmten Einsatzbedingungen die Einzelgeräte auch getrennt zu verwenden. So ist es z. B. bei extrem schollig liegender Herbstfurche üblich, im ersten Bearbeitungsgang allein mit der Zapfwellenegge eine Vorzerkleinerung durchzuführen, im zweiten Arbeitsgang dann mit der Kombination Zapfwellenegge und Drillmaschine die eigentliche Feldbestellung vorzunehmen.

Als Drillmaschinen lassen sich sowohl mechanische als auch pneumatische Maschinen verwenden. Sie weisen bei der Verwendung in derartigen Bestellsaat-Kombinationen die in Darst. 233 zusammengestellten Vorteile und Probleme auf.

**Pflugsaat** (alle Arbeitsgänge zusammengefaßt)

Auf den leichteren Böden, wo es beim Einsatz geeigneter Pflugnachläufer (vor allem Packer-

kombinationen) möglich ist, sofort ein saatfertiges Feld vorzubereiten, bietet sich die Ausstattung des Nachläufers mit einer Sävorrichtung an. Das Saatgut wird in die von den Packerringen gezogenen Rillen abgelegt und nachfolgend von Krümelwalzen mit lockerem Boden bedeckt (Darst. 234). Der Antrieb des Säaggregates erfolgt von der Packerwelle. Bei Pflugsaatnachläufern für Volldrehpflüge müssen zwei getrennt und gegenläufig wirksame Antriebe vorhanden sein, damit in jeder Arbeitsrichtung eine ordnungsgemäße Saatgutablage erfolgt.
Dem Vorteil der Kombination von Grundbodenbearbeitung, Saatbettbereitung und Saat in einem Arbeitsgang steht als wesentlicher Nachteil gegenüber, daß dieses Verfahren nur auf den leichteren Böden angewandt werden kann. Nur dort sind die entsprechenden Nachläuferkombinationen in der Lage, mit Sicherheit bei allen Einsatzbedingungen die frische Pflugfurche saatfertig vorzubereiten. Die erreichbare Flächenleistung ist durch die Schlagkraft der Pflugarbeit vorgegeben.
Kombinationen von *Pfluggrubber* und Sägerät sind nicht üblich.

### 7.5.2.3 Konservierende Bodenbearbeitung

In den vergangenen Jahren wurden erfolgreiche Anstrengungen unternommen, das in den USA und Kanada bereits seit längerem praktizierte und unter der Bezeichnung »Conservation tillage« eingeführte Bodenbewirtschaftungsverfahren auch auf deutsche Verhältnisse zu übertragen. Um Verständnisschwierigkeiten im internationalen Gebrauch von Fachausdrücken zu vermeiden, wurde der englischsprachige Begriff direkt in »Konservierende Bodenbearbeitung« übersetzt. Zwei Grundgedanken und -ziele kennzeichnen im wesentlichen die konservierende Bodenbearbeitung:

| Vorteile | Probleme |
|---|---|
| **Mechanische Drillmaschine** | |
| – als »Anbau-Maschine« in den genormten Dreipunktanschlüssen mit dem Zapfwellengerät gekoppelt und mit eigenen Laufrädern ausgestattet<br>– Verwendung auch solo oder in Kombination mit anderen Bodenbearbeitungsgeräten möglich (z. B. Grubber)<br>– bewährte und preisgünstige Drillmaschinen-Bauart | – in der Kombination noch hinter dem Zapfwellengerät angeordnet<br>– langer »Hebelarm« und ungünstige Schwerpunktlage<br>– vor allem bei gefülltem Saatgut-Vorratsbehälter hoher Hubkraftbedarf und große Stabilität des Krafthebergestänges erforderlich<br>– zur Erleichterung des Aushebens am Feldende und zum Straßentransport wird »Huckepack-Vorrichtung« angeboten (Mehrpreis) |
| **Pneumatische Drillmaschine** | |
| – als »Aufbau-Drillmaschine« direkt über dem Zapfwellengrät angeordnet<br>– günstige Schwerpunktlage nahe dem Schlepper<br>– auch bei gefülltem und mit großem Inhalt ausgestattetem Saatgut-Vorratsbehälter kaum Probleme beim Ausheben der Kombination<br>– Sicherer Saatguttransport zu den Säscharen durch pneumatische Förderung | – Drillmaschine nicht solo verwendbar, da keine Laufräder vorhanden<br>– durch hohe Anbringung des Saatgut-Vorratsbehälters ist dessen Befüllung erschwert. Mechanische Hilfsmittel erforderlich (z. B. Förderband oder Körnerschnecke)<br>– wenn Zapfwellengerät solo oder in einer anderen Kombination verwendet werden soll, ist entsprechender Zeitaufwand für Abbau der Drillmaschine zu veranschlagen |

Darst. 233 Vorteile und Probleme bei Bestellsaatmaschinen mit mechanischer oder pneumatischer Drillmaschine

Darst. 234 Das Pflugsaatverfahren eignet sich vor allem für leichtere, gut krümelnde Böden

<table>
<tr><th>Arbeitsabschnitte</th><th>Konventionelle Bodenbearbeitung/ Bestellung</th><th>Konservierende Bodenbearbeitung/ Bestellung</th><th>Direktsaat</th></tr>
<tr><td>Grundboden-bearbeitung</td><td>+</td><td>ggf. lockern</td><td>–</td></tr>
<tr><td>Saatbett-bereitung</td><td>+</td><td rowspan="2">+ –<br>Mulchsaat</td><td>–</td></tr>
<tr><td>Saat</td><td>+</td><td>+</td></tr>
<tr><td>Stoppel-bearbeitung</td><td>+</td><td>+ –</td><td>–</td></tr>
<tr><td colspan="4">+ = erforderlich/wird durchgeführt     – = nicht erforderlich/wird nicht durchgeführt</td></tr>
</table>

Darst. 235 Definition und Einordnung von Bodenbearbeitungsverfahren (Quelle: SOMMER)

- Reduzieren der bisher üblichen Bearbeitungsintensität, der Boden wird nur noch bei Bedarf mit nichtwendenden Geräten gelockert, aber nicht mehr gepflügt. Ziel ist es, durch die längere Bodenruhe und verringerte Bearbeitung ein stabiles, gut befahrbares Bodengefüge mit hoher Tragkraft zu erreichen. Damit soll auch ein vorbeugender Bodenschutz gegen Verdichtungen beim Fahrverkehr und ihre negativen Folgeerscheinungen betrieben werden.
- Die vorhandenen Ernterückstände der Vorfrucht und/oder Zwischenfruchtbestände werden oberflächennah in den Boden eingemischt oder verbleiben ohne Einarbeitung als Mulchdecke auf der Bodenoberfläche. Ziel ist eine möglichst ganzjährige Bodenbedeckung über einem intakten Bodengefüge als vorbeugender Schutz des Boden gegen Wasser- und Winderosion, Verschlämmung und Verkrustung.

Unter »Mulch« wird also sowohl ein Gemisch aus Boden und pflanzlichen Reststoffen (bei flacher Einmischung), aber auch eine nicht eingearbeitete, auf der Bodenoberfläche liegende Mulchdecke aus Pflanzenresten verstanden.

Mit den Verfahren der konservierenden Bodenbearbeitung sollen also die positiven Eigenschaften und wichtigen Funktionen des Bodens, eine gleichbleibend-hohe Bodenfruchtbarkeit, sowie die nachhaltige Ertragsfähigkeit und -sicherheit des Bodens als die wichtigsten Voraussetzungen für einen erfolgreichen Pflanzenbau geschützt und konserviert, also langfristig aufrechterhalten werden.
Durch den Verzicht auf einen permanenten Pflugeinsatz und das gleichzeitige Schaffen einer Mulchschicht oder -decke wird außerdem erreicht, daß nicht immer wiederkehrend der Lebensraum der im Boden vorhandenen Organismen und die natürlich gebildete Bodenstruktur gestört wird. Je weniger der Boden gelockert wird, desto ungestörter können die Bodenlebewesen die wichtigen Umsetzungsprozesse bewältigen und unterstützen. Auch das durch Pflanzenwurzeln und Bodentiere geschaffene Kanalnetz für den Wasser- und Lufthaushalt muß sich nicht immer wieder neu entwickeln. Die Vorteile hiervon: Die stabile, tragfähige Bodenstruktur vermindert die Gefahr von Bodenverdichtungen durch das Befahren der Felder. Außerdem weisen diese Böden eine bessere Wasserführung auf, nicht nur im Hinblick auf eine rasche Infiltration des Wassers bei Starkregenfällen (besseres »Schluckvermögen«), sondern auch hinsichtlich eines ungehinderten kapillaren Wasseraufstiegs in Trokkenperioden.
Grundsätzlich ist eine konservierende Bodenbearbeitung bei sämtlichen Kulturen möglich. Im Hinblick auf die verwendbare Technik bestehen jedoch zwischen Getreide- und Reihenfrüchten einige gravierende Unterschiede.

## Konservierende Bodenbearbeitung bei Getreide

Im Getreidebau (vergleiche Abbildung S. 136) ist zu unterscheiden zwischen Verfahrenslösungen mit oder ohne Einsatz des Grubbers.

### Mit Grubber

Zur Grundbodenbearbeitung übernehmen Schäl-, Kurz- oder Schichtengrubber das Auflockern des Bodens in einer je nach Standort wählbaren Tiefe. Je nach Ablauf der Arbeitsgänge erfolgen Saatbettbereitung und Saat in getrennten Arbeitsabschnitten, reduziert (nur Saatbettbereitung und Sägerät werden kombiniert), oder es werden sämtliche Arbeitsgänge in einer Kombination zusammengefaßt.

Darst. 236 Besserer Gewichtsausgleich und zusätzliche Belastung der angetriebenen Vorderräder bei Allradschleppern durch Frontanbau des Grubbers

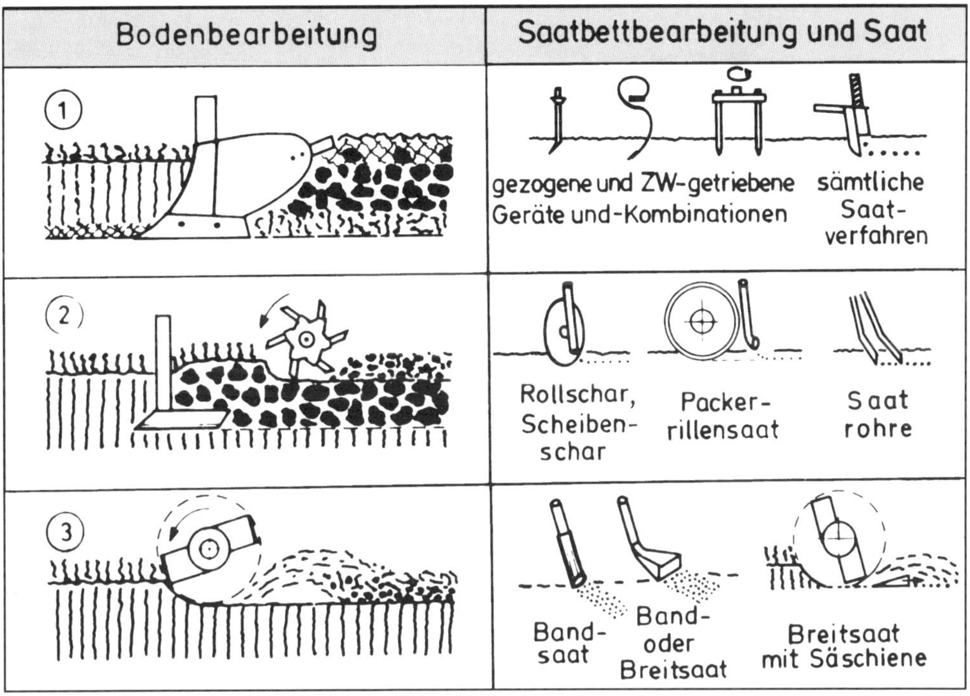


Darst. 237 Verschiedene Formen der Bodenbearbeitung und dafür geeignete Geräte für Saatbettbereitung und Saat

Da die Pflanzenreste bei Verwendung des Schälgrubbers lediglich flach eingemischt oder bei Kurz- und Schichtengrubber an der Bodenoberfläche belassen werden, ist bei den Geräten für die nachfolgende Saatbettbereitung und Saat besonderer Wert auf Verstopfungsunempfindlichkeit zu legen. Deshalb werden für die Saatbettbereitung vorwiegend zapfwellengetriebene Geräte mit rotierenden Werkzeugen bevorzugt. Bodenfräse bzw. Rotoregge unterstützen besonders wirksam die flache Einmischung der Pflanzenreste.

Für die Saatgutablage sind die herkömmlichen Schleppschare wegen der erhöhten Gefahr von Verstopfungen durch Pflanzenreste nicht geeignet. Bei geringen bis mittleren Mengen von Pflanzenresten haben sich abrollende Ein- und Zweischeibenschare besonders bewährt. Sie räumen die pflanzlichen Reststoffe beiseite oder durchschneiden sie. Vor allem, wenn die Schare auf drei Reihen hintereinander angeordnet sind, lassen sich ein enger Reihenabstand (bis unter 10 cm), ein großer Durchgang und damit eine geringe Verstopfungsanfälligkeit realisieren.

Wichtige Voraussetzung für eine störungsfreie Arbeit ist aber in jedem Falle das exakte Häckseln und eine gleichmäßige Breitverteilung der Ernterückstände.

Bei massigen Strohauflagen oder bei sperrigem Pflanzenmaterial (z. B. Maisstroh) besteht erhöhte Verstopfungsgefahr. Scheibenschare sind meist nicht mehr in der Lage, die Strohreste beiseite zu räumen oder zu durchschneiden. Sie rollen über diese hinweg, so daß keine gleichmäßig-exakte Saatgutablagetiefe gewährleistet ist. In diesem Falle muß entweder dafür gesorgt werden, daß die Pflanzenreste von Grubber und Zapfwellengerät intensiv und in ausreichender Tiefe in den Boden eingemischt werden, oder aber es wird der Übergang zur konservierenden Bodenbearbeitung ohne Grubber gewählt.

## Ohne Grubber

Für diese Methode sind Bodenfräse mit an- oder aufgebauter Sämaschine (»Frässaatmaschinen«) besonders vorteilhaft und am vielseitigsten verwendbar. Sie bearbeiten den Boden je nach Werkzeugbestückung ganzflächig und mit unterschiedlicher Intensität und können das

Darst. 238 Frässaatmaschinen sind vielseitig verwendbar. Sie kombinieren Bodenbearbeitung, Zerkleinerung und Einmischung von Pflanzenresten sowie Saatgutablage in einem einzigen Arbeitsgang

Saatgut als Drill-, Band- oder Breitsaat im Saathorizont ablegen. Der angestrebte Bearbeitungseffekt läßt sich vor allem durch die Messerzahl je Messerkranz, Messerform, Fahrgeschwindigkeit, Zapfwellen- und Rotordrehzahl einstellen. Ebenso wie die Zapfwelleneggen sind auch moderne Frässaatmaschinen mit Untersetzungsgetriebe oder Wechselzahnrädern für das Verstellen der Werkzeugumlaufgeschwindigkeit ausgerüstet. Diese Vielzahl von Einstellmöglichkeiten erlaubt ein exaktes Anpassen des Bearbeitungseffektes an die jeweils vorliegenden Einsatzbedingungen (Bodenart, Bodenzustand, Fruchtart etc.). Der für Bodenfräsen typische, sehr intensive Misch- und Schneideffekt bewirkt im gleichen Arbeitsgang mit der Bodenbearbeitung auch das oberflächennahe Einarbeiten und zusätzliche Zerkleinern von Pflanzenrückständen. Eine nachgeschaltete Packerwalze dient zum mechanischen Verdichten des intensiv gelockerten Bodens und auch zur Tiefenführung der Fräse.
Anstelle des Messerrotors läßt sich auch ein Zinkenrotor verwenden. Mit diesem können viele der positiven Effekte der Bodenfräse ebenfalls erzielt werden, nicht jedoch eine zusätzliche Zerkleinerung von Pflanzenrückständen.

Hinsichtlich der Saatgutablage bieten die Frässaatmaschinen die Wahl zwischen verschiedenen Säverfahren. Eine Saatgutablage mit normalen Roll- oder Scheibenscharen ist zwar möglich, wird jedoch aus den zuvor genannten Gründen nur bei Vorhandensein von geringen Mengen an Pflanzenresten durchgeführt. Ist dagegen die Sämaschine fest auf der Fräse aufgebaut, wird heute eindeutig die »Bandsaat« bevorzugt. In der Höhe und im Anstellwinkel verstellbare Saatrohre leiten das Saatgut in den hinter dem Fräsrotor (oder Zinkenrotor) abfließenden Erdstrom. Dieses System arbeitet weitgehend verstopfungsfrei, das Einhalten einer gleichmäßigen Saatgutablagetiefe erfordert jedoch viel Erfahrung sowie Fingerspitzengefühl.
Bei der »Breitsaat« wurde früher das Saatgut vor der Fräswelle breitwürfig auf den Boden abgelegt und von den Fräsmessern in den gesamten bearbeiteten Bodenhorizont eingemischt. Eine gleichmäßige Saattiefe konnte hier nicht eingehalten werden. Bei neueren technischen Lösungen wird deshalb das Saatgut hinter dem Fräsrotor durch eine über die gesamte Arbeitsbreite reichende Säschiene auf den Fräshorizont abgelegt. Die vom Fräsrotor weggeschleuderten Bodenteile und Pflanzenreststoffe trennen sich in der Wurfbahn infolge

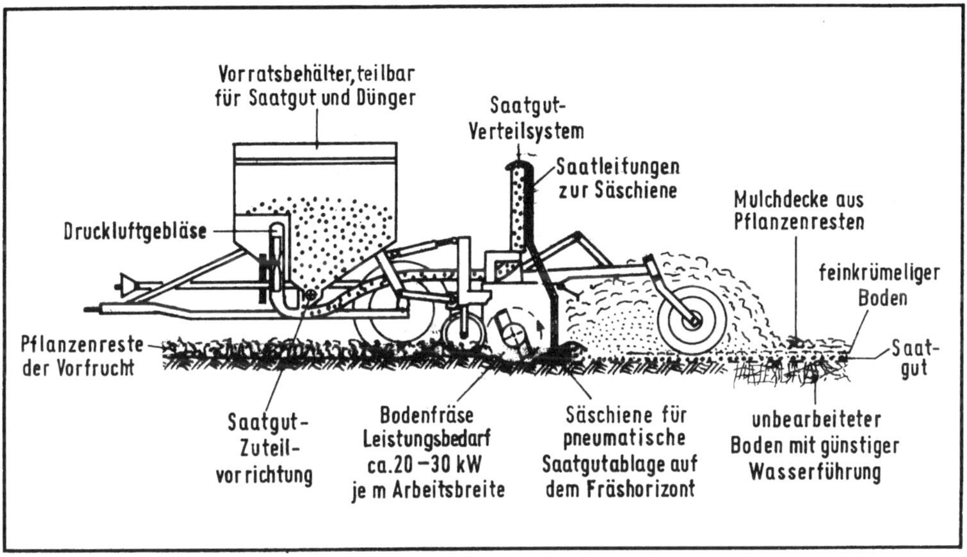


Darst. 239 Bei der Bodenfräse mit Breitsaat-Säschiene wird das Saatgut auf den freigefrästen Bodenhorizont gelegt und mit einem Gemisch von Erde und Pflanzenresten bedeckt

Darst. 240 Für die Stoppelbearbeitung mit gleichzeitiger Zwischenfruchteinsaat kann die Frässaatmaschine am Schälgrubber (aufgesattelt mit luftgummibereiften Laufrädern) angebaut werden

ihres unterschiedlichen spezifischen Gewichtes. Das Saatgut wird zunächst von Feinboden bedeckt, die Pflanzenreste anschließend darübergeschichtet. Auch bei Verwendung von schwalbenschwanzförmigen Flügelscharen, die im abfließenden Erdstrom angeordnet sind, läßt sich eine Breitsaat durchführen.
Für besondere Einsatzbedingungen, wie z. B. die Einsaat von Getreide ohne vorhergehende Grundbodenbearbeitung in Zwischenfrucht-, Ackerfutter- oder Grünlandbeständen, lassen sich die breitschneidenden Winkelfräsmesser gegen sogenannte Rillenfräsmesser (Schnittbreite pro Schar ca. 3 cm) austauschen. Das Saatgut wird dann von speziellen Särohren in diese Fräsrillen abgelegt, eine gezielte Bedeckung mit lockerem Boden findet nicht statt. Bei Vorhandensein ausreichender Schleppermotorleistungen können z. B. auch Schälgrubber und Frässaatmaschine miteinander kombiniert werden. Der Schälgrubber übernimmt dann die mitteltiefe, grobe Bodenlockerung, die Frässaatmaschine die Feinbearbeitung des Saathorizontes, das Einmischen von Pflanzenresten sowie die Saatgutablage.

#### 7.5.2.4 Ohne Bodenbearbeitung (Direktsaat)

Dieses Verfahren stellt die extremste Form der Feldbestellung dar, denn es wird konsequent nicht nur auf eine Grundbodenbearbeitung, sondern auch auf jegliches gezieltes Lockern und Krümeln des Bodens im Saathorizont verzichtet. Der Eingriff in das Bodengefüge ist somit im Vergleich aller Varianten am geringsten, was Vorteile, aber auch Probleme verursacht. Die angebotenen Direktsaatmaschinen unterscheiden sich hauptsächlich hinsichtlich der verwendeten Werkzeuge zum Anlegen des Saatschlitzes. Bei den »klassischen« Direktsaatmaschinen (Drei-Scheiben-Sämaschinen) durchschneidet ein vorgeschaltetes, oft gewelltes Scheibensech den Pflanzenbewuchs oder Mulch und legen einen Saatschlitz im Boden an. Ein nachlaufendes, mit zwei V-förmig angestellten Scheiben ausgerüstetes Doppelscheiben-Säschar öffnet den Schlitz und legt das Saatgut in die entstandene keilförmige Furche ab. Nachfolgende, meist ebenfalls V-förmige angestellte Druckrollen schließen die Saatfurche.

Darst. 241 Scheibenschar-Sämaschinen schneiden eine Saatfurche in den Boden, die anschließend von Druckrollen geschlossen wird

Darst. 242 Direktsaatmaschinen mit Zinken-Säscharen lockern und mischen den Boden im Bereich der Saatgutablage stärker als Scheibenschare

Andere Konstruktionen verwenden ein parallelogrammgeführtes Meißelschar zum Anlegen des Saatschlitzes und für die Saatgutablage.
Auf unbearbeiteten oder durch den Fahrverkehr verdichteten Flächen ist der Eindringwiderstand für die Säschare oftmals sehr hoch. Um dennoch die gewünschte Ablagetiefe zu gewährleisten, besitzen Direktsaatmaschinen in der Regel ein hohes Eigengewicht und sind oft mit Druckfedern oder der Möglichkeit einer zusätzlichen Ballastierung der Schare und Druckrollen ausgestattet. Da das hohe Maschinengewicht (vor allem bei gefülltem Saatgutbehälter) einen Dreipunktanbau meist nicht zuläßt, besitzen Direktsaatmaschinen ein eigenes, luftgummibereiftes Fahrwerk und stützen sich am Schlepper im Zugmaul oder an der Ackerschiene ab.
Über die mehrjährige Anwendung des Direktsaatverfahrens unter wechselnden Einsatzbedingungen liegen aus unserem Klima- und Produktionsraum noch vergleichweise wenige Erfahrungen und abgesicherte Versuchsergebnisse vor. Als Hauptvorteile des Verfahrens sind anzusehen:
**Kosten- und Energieeinsparungen** durch konsequenten Verzicht auf jegliche Bodenbearbeitungsmaßnahmen, geringer Zugkraftbedarf der Direktsaat-Maschinen, hohe Fahrgeschwindigkeit und Flächenleistung, geringer Arbeitszeitbedarf, gute Eignung für Großflächenbetriebe und den überbetrieblichen Einsatz. Bei geringen Einsatzflächen pro Saison verursacht der relativ hohe Anschaffungspreis der Maschinen entsprechende Kosten.
**Umweltschonende Bodenbewirtschaftung:** wirksamer Schutz des Bodens gegen Verschlämmung und Erosion, keine Störung des Bodenlebens und der Bodenstruktur, höheres »Schluckvermögen« des Bodens bei Starkregenfällen, höhere Tragfähigkeit und damit bessere Befahrbarkeit des Bodens, weniger Gefahr von Bodenverdichtungen und der dadurch bedingten negativen Auswirkungen auf das Pflanzenwachstum.
Bei sachgemäßer Durchführung des Direktsaatverfahrens lassen sich auf geeigneten Standorten annähernd gleiche Erträge wie mit dem konventionellen Bodenbearbeitungs- und Bestellverfahren erzielen, allerdings mit deutlich reduzierten Kosten. In der Regel ist kein höherer Aufwand an Dünge- und Pflanzenschutzmitteln, meist aber ein verändertes Anwendungsmanagement hinsichtlich Zeitpunkt und Höhe der Gaben erforderlich. Die Entwicklung der Unkrautpopulation muß aufmerksam

verfolgt und deren Bekämpfung konsequent durchgeführt werden. Der Einsatz von Herbiziden ist zwingend erforderlich, Direktsaat ohne Einsatz von chemischen Wirkstoffen verursacht in der Regel ein zu hohes Risiko. Mineralische und organische Dünger können nur oberflächlich abgelegt werden, die mangelnde Einarbeitung erhöht die Gefahr von Nährstoffverlusten, vor allem bei N.
Hauptprobleme sind der oftmals unbefriedigende Feldaufgang (vor allem bei großen Mengen von Pflanzenresten auf der Bodenoberfläche), die mangende Ertragssicherheit, die Beschränkung des Verfahrens auf bestimmte Fruchtarten (vorzugsweise Druschfrüchte. Einsatz z. B. bei Kartoffeln nicht, bei Rüben nur bedingt möglich) sowie die Zunahme schwer bekämpfbarer Ungräser und von Schadtieren (Mäuse, Schnekken).
Besonders geeignet erscheinen vor allem humose, gut krümelnde und »tätige« Böden, auf denen die Pflanzenreste entfernt oder zumindest exakt zerkleinert und verteilt sind. Der Mähdrescher sollte neben einem exakt arbeitenden Strohhäcksler auch mit einem Spreuverteiler ausgerüstet sein.

Besonders wichtig ist aber, daß das Verfahren umfangreiche und spezielle Fachkenntnisse erfordert, nicht nur über die ordnungsgemäße Anwendung der Einzelmaßnahmen bei Bestellung, Düngung, Pflanzenschutz etc., sondern auch deren zweckmäßige Abstimmung aufeinander im Gesamtsystem. Die Entwicklung der Unkrautpopulation muß aufmerksam verfolgt werden, der gezielte Herbizideinsatz ist zwingend erforderlich. Mineralische und organische Dünger können nur oberflächlich abgelegt werden, die mangelnde Einarbeitung erhöht die Gefahr von Nährstoffverlusten, vor allem bei N.

#### 7.5.2.5 Mulchsaatverfahren für Reihenfrüchte

Die Mulchsaat stellt einen wesentlichen Teilbereich und wichtigen Baustein im Gesamtkonzept einer konservierenden Bodenbearbeitung dar. Daß die Mulchsaat gerade in Betrieben mit intensivem und ausgedehntem Anbau von Reihenfrüchten (z. B. Zuckerrüben, Mais etc.) verstärktes Interesse findet, ist auf die spezielle Problematik bei diesen Reihenfrüchten zurückzuführen:

| Bodenbearbeitungs-system | Konservierende Bodenbearbeitung (Conservation Tillage) | |
|---|---|---|
| Teilbereich | **Mulchsaat** | |
| wichtige Zielsetzungen | • Schutz der Bodenoberfläche und Stabilisieren des Bodengefüges<br>• Verhindern von Bodenabtrag durch Wasser- und Winderosion<br>• Reduzieren der Bearbeitungsintensität | • Keine Boden-Überlockerung<br>• Intensivierung der bodenbiologischen Aktivität<br>• längere Bodenruhe<br>• bessere Befahrbarkeit der Felder<br>• verbesserte Wasserführung<br>• Energie- und Kosteneinsparung |
| Pflanzenmulch | • pflanzliche Reststoffe der Vorfrucht (Stoppeln, Stroh)<br>• abfrierende Zwischenfrüchte<br>• winterharte, von der Reihenfruchtaussaat chemische abgetötete Zwischenfrüchte<br>• aufgelaufener Bestand von Ausfallgetreide, Unkrautsamen etc. (chemische Abtötung erforderlich) | |
| Saatverfahren | **Mulchsaat** | |
| | **mit** Saatbettbereitung | **ohne** Saatbettbereitung |
| | Aussaat der Reihenfrüchte in die flach eingearbeiteten pflanzlichen Reststoffe der Vor- oder Zwischenfrucht | Ackeroberfläche von pflanzlichen Reststoffen bedeckt. Aussaat durch die Reststoffdecke, Pflanzenmulch bleibt weitgehend unverletzt |

Darst. 243 Die Mulchsaat stellt einen wichtigen Teilbereich des Bodenbearbeitungssystems »konservierende Bodenbearbeitung« dar

- relativ lange Zeitspanne zwischen Aussaat der Reihenfrüchte und »Schließen« der Bestände,
- dadurch Gefahr von Bodenverschlämmung und -verkrustung sowie Bodenerosion,
- bei konventioneller Bodenbewirtschaftung unvermeidbare Überlockerung der Krume und damit erhöhte Anfälligkeit hinsichtlich Verdichtungen beim Fahrverkehr (z. B. bei Erntearbeiten unter ungünstigen Witterungsbedingungen),
- Fehlen der Bodenbedeckung während der niederschlagsreichen Wintermonate, Gefahr von Nährstoffauswaschungen.

Durch die Anwendung des Mulchsaatverfahrens sollen diese Nachteile vermieden und folgende Ziele erfüllt werden:

- Schutz der Bodenoberfläche vor Witterungseinflüssen bis weit in die Vegetationsperiode der nächstfolgenden Reihenfrucht-Kultur,
- Stabilisieren des Bodengefüges im gesamten Bereich der bearbeiteten und durchwurzelbaren Krume,
- wirksames Vorbeugen oder Verhindern von Bodenabtrag durch Wasser- und Winderosion, von Bodenverschlämmungen und -verkrustungen,
- Ausnutzen der längeren Bodenruhe für die regenerierenden Funktionsabläufe im Boden,
- bessere Befahrbarkeit der Felder und weniger Bodenverdichtungen infolge der günstigeren Bodenstruktur-Stabilität.

## Pflanzenmulch

Dem Pflanzenmulch kommt die Aufgabe zu, durch die oberirdische Stengel- und Blattmasse einen wirksamen Schutz der Bodenoberfläche, sowie durch die intensive Durchwurzelung der gesamten Krume eine Verbesserung des Bodengefüges zu gewährleisten.

Der Mulch kann zwar aus den Pflanzenresten der vorhergehenden (Getreide-)Hauptfrucht bestehen, eine ausreichende Sicherheit, die angestrebten Effekte nachhaltig zu erzielen, bietet jedoch nur der Anbau von Zwischenfrüchten. Bei der Bestellung der Zwischenfrüchte nach einer Getreide-Vorfrucht muß das Ziel darin bestehen, eine möglichst rasche und intensive Bestandesentwicklung in den Herbstmonaten zu erreichen, um auch in dieser Periode die Bodenerosion zu vermindern und eine wirksame Unterdrückung des Unkrautes sicherzustellen.

Grundsätzlich ist die Verwendung von abfrierenden oder winterharten Zwischenfrüchten möglich. Abfrierende Arten (z. B. Senf, Phacelia, Ölrettich etc.) werden in der Regel sicher vom Frost abgetötet. Ausgangs des Winters und in der Frühjahrsperiode können sich jedoch Probleme daraus ergeben, daß die Bodenbedeckung nicht voll befriedigt und gewisse Unkrautentwicklung besteht. Winterharte Zwischenfrüchte (z. B. Weidelgräser, Raps, Winterroggen) bieten demgegenüber den Vorteil, daß eine Entwicklung der Pflanzenbestände bis in die Frühjahrsmonate hinein erfolgt. Sie müssen jedoch frühzeitig vor der Aussaat der Reihenfrüchte mit geeigneten chemischen Präparaten totgespritzt werden.

Die Mulchsaatverfahren wurden in erster Linie zur Verminderung oder Verhinderung der Bodenerosion beim Anbau von Reihenfrüchten im hängigen Gelände entwickelt. Die Erfahrungen zeigen, daß bereits bei einer ca. 50%igen Bedeckung der Bodenoberfläche durch den Pflanzenmulch der Bodenabtrag fast vollständig zu vermeiden ist. Heute ist man bestrebt, einen weiteren, wichtigen Effekt zu nutzen: Die wachsenden Zwischenfruchtbestände sind in der Lage, Bodenstickstoff zu speichern und dessen Auswaschung in tiefere Bodenschichten wirksam zu verhindern. Der pflanzengebundene Stickstoff kommt dann der Nachfrucht zugute. Dies trifft vor allem für die winterharten Zwischenfrüchte zu, die auch in den Winter- und Frühjahrsmonaten den Bodenstickstoff binden können. Sie werden oftmals in Gebieten mit »Gülleverordnung« bevorzugt. Ein Abernten der Zwischenfrüchte sollte nur eine Sondermaßnahme darstellen, da hierdurch die Schutzwirkung verringert und durch die notwendigen Arbeitsgänge bei der Ernte unerwünschte Fahrspuren und Bodenverdichtungen hervorgerufen werden. Außerdem kann der von den Pflanzen aufgenommene Stickstoff nicht der Nachfrucht zugute kommen.

Aufgrund der Vielzahl dieser Vorteile ist deshalb zu überdenken, ob die Anwendung von Mulchsaatverfahren ausschließlich auf erosionsgefährdete Standorte beschränkt bleiben soll. Aus aktueller Sicht ist zu fordern, daß auch beim Anbau von Reihenfrüchten auf ebenen Flächen und bei Vorhandensein einer ungünstigen Bodenstruktur die wesentlichen Vorteile des Mulchsaatverfahrens konsequent genutzt werden sollten.

## Technik der Mulchsaat

Mulchsaatverfahren lassen sich generell bei sämtlichen Reihenfrüchten anwenden. Es steht bereits eine relativ umfangreiche Palette pra-

<table>
<tr><th rowspan="2">Grundboden-bearbeitung</th><th rowspan="2">Pflanzen-mulch</th><th colspan="3">Mulchsaat bei Mais</th></tr>
<tr><th colspan="2">Verfahren</th><th>Gerätetechnik</th></tr>
<tr><td rowspan="5">Sommer-pflug-furche<br>oder<br>Grubber-einsatz-(nach Bedarf)</td><td rowspan="5">abfrierende Zwischen-früchte<br>oder<br>winterharte Zwischen-früchte (chemische Abtötung vor der Saat erforderlich)<br>oder</td><td rowspan="3">Mulch-saat<br>mit<br>Saatbett-bereitung</td><td rowspan="2">ganzflächig<br>mit<br>rotierenden ZW-Geräten</td><td>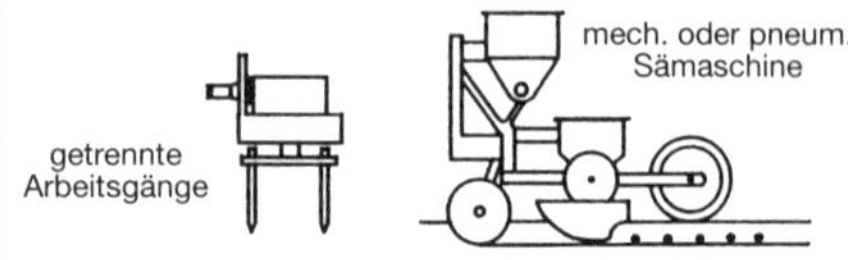
</td></tr>
<tr><td>
</td></tr>
<tr><td>streifen-förmig mit Streifenfräse oder Zinkenrotor</td><td>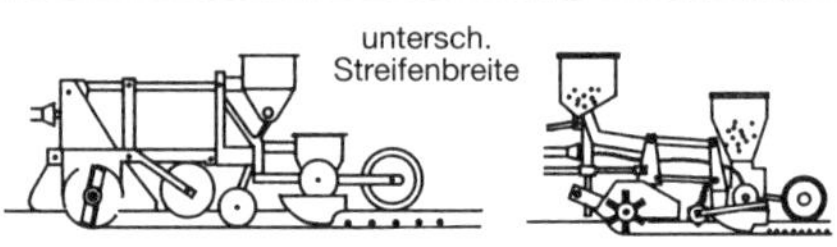
</td></tr>
<tr><td rowspan="2">Mulchsaat<br>ohne<br>Saatbett-bereitung</td><td>Schlitzsaat</td><td>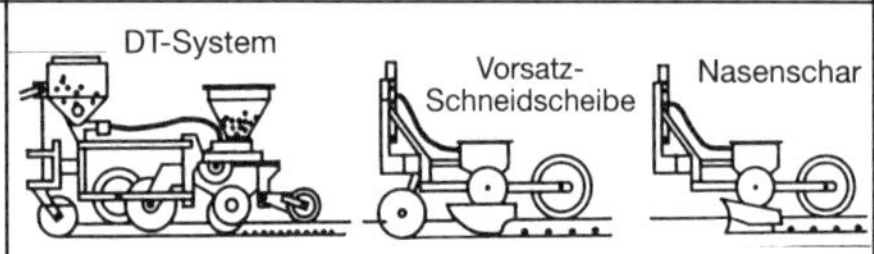
</td></tr>
<tr><td>Punktsaat</td><td>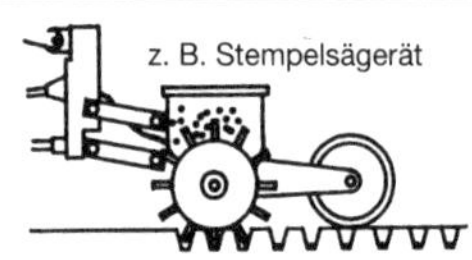
</td></tr>
<tr><td>ohne Grund-boden-bearbeitung</td><td>Pflanzenreste der Vorfrucht</td><td>Mulchsaat mit Saatbett-bereitung</td><td>ganzflächig mit Breitsaat-Bodenfräse</td><td>
</td></tr>
</table>

Darst. 244 Verfahrensablauf und Gerätetechnik bei der Mulchsaat für Mais.

xiserprobter Gerätelösungen zur Verfügung, wobei prinzipiell zu unterscheiden ist zwischen:

- Mulchsaat **mit** Saatbettbereitung,
- Mulchsaat **ohne** Saatbettbereitung.

Bei einer Mulchsaat **mit** Saatbettbereitung werden die pflanzlichen Reststoffe in einem gesonderten Arbeitsgang vor der Aussaat oder zugleich mit der Aussaat der Reihenfrüchte flach in die oberste Bodenschicht eingearbeitet. Dies begünstigt die Abtrocknung und Bodenerwärmung im Saathorizont, die Bodenkapillarität und die damit ungehinderte Verdunstung von Winterfeuchtigkeit wird unterbrochen, außerdem erfolgt eine erste mechanische Unkrautbekämpfung. Allerdings werden die Zwischenfrüchte grob zerkleinert, meist bleibt jedoch eine ausreichende Schutzfunktion erhalten.

Bei einer Mulchsaat **ohne** Saatbettbereitung verbleiben dagegen die Pflanzenreststoffe auf der Bodenoberfläche. Die Saat der Reihenfrüchte erfolgt ohne jegliche Saatbettbereitung durch oder unter die Pflanzenmulchdecke.

## Mulchsaat bei Mais

Bei der Mais-Mulchsaat **mit** Saatbettvorbereitung lassen sich im wesentlichen zwei Varianten anwenden (Darst. 244):

- die ganzflächige Saatbettbereitung, vorwiegend unter Verwendung von rotierenden

Zapfwellengeräten und Standard-Einzelkornsämaschinen. Je nach Standortbedingungen, Schlepperausstattung etc. können die Geräte für Saatbettbereitung und Einzelkornsaat in getrennten Arbeitsgängen oder kombiniert eingesetzt werden;

- für die streifenförmige Saatbettbereitung lassen sich vor allem Streifenfräsen mit ca. 8 bis 25 cm Streifenbreite, oder Streifen-Zinkenrotoren einsetzen. Hier beschränkt sich die Lockerung und Krümelung des Bodens auf einen schmalen Streifen. Auf den nicht bearbeiteten, breiten Zwischenstreifen bleibt die volle Schutzwirkung erhalten.

Die für eine Mais-Mulchsaat **ohne** Saatbettbereitung bevorzugten Geräte gewährleisten die geringste Verletzung des Pflanzenmulches und somit eine besonders wirksame Boden- und Erosionsschutzfunktion. Hierzu sind zu zählen:

- das »Schlitzsaatverfahren«, bei welchem lediglich ein Saatschlitz angelegt und in diesen das Saatgut abgelegt wird. Derzeit werden hierfür vor allem Vorsatz-Schneidscheiben (einfach oder doppelt, glatt oder gewellt) oder spezielle Nasenschare angeboten;
- für eine »Punktsaat« lassen sich vor allem Stempel- oder Stechbecher-Sägeräte verwenden. Sie stechen durch den Pflanzenmulch im gewünschten Abstand in der Reihe Saatlöcher in den Boden, in die das Saatgut abgelegt wird. Bei diesem Verfahren ist die geringste Verletzung des Pflanzenmulches zu erwarten.

## Technik der Mulchsaat bei Zuckerrüben

Bei Eng-Reihenfrüchten, wie z. B. Zuckerrüben, sind ebenfalls Verfahren mit und ohne Saatbettbereitung anwendbar (Darst. 247).

Bei der Mulchsaat **mit** Saatbettbereitung wird in der Regel das zweiphasige Saatverfahren bevorzugt. Im ersten Arbeitsgang erfolgt eine flache Saatbettbereitung unter Verwendung von geeigneten gezogenen Gerätekombinationen, vorzugsweise jedoch von Zapfwelleneggen. Hauptziel ist dabei die sehr flache Lockerung und Krümelung des Saathorizontes, wobei der Pflanzenmulch möglichst wenig zerkleinert werden soll. Nach einer gewissen Abtrocknungsphase läßt sich die Rübenaussaat mit Standard-Einzelkornsämaschinen ohne spezielle Zusatzausrüstung durchführen.

Bei der Mulchsaat **ohne** Saatbettbereitung beeinflußt vor allem die gewünschte Form der Saatgutablage die Auswahl und Verwendung von speziellen Zusatzaggregaten:

- Zwei schräg in Fahrtrichtung angestellte, exakt in der Tiefe geführte Hohlscheiben räumen auf einem in der Breite einstellbaren Streifen die Pflanzenreststoffe zur Seite. Das nachfolgende Säaggregat findet dort einen »reinen Tisch« vor, die Saatgutablage erfolgt störungsfrei in den feuchten Boden. Nachfolgende Zudeckscheiben übernehmen das Bedecken des Saatgutes mit lockerem Boden und Pflanzenmulch.
- Für eine Schlitzsaat werden Vorschneid-Scheibenseche, Stützräder mit aufgesetzten Schneidkanten, Einfach- oder Doppelschneidscheiben mit exakter Tiefenführung oder Spezial-Nasenschare angeboten.

## Einordnung der Verfahren

Das Anwenden der verschiedenen Mulchsaatverfahren bedeutet nicht allein den Einsatz einer geeigneten Saattechnik, die Betonung liegt vielmehr auf »Verfahren«. Nur eine sorgfältige Abstimmung aller Verfahrens-Teilbereiche von der Zwischenfruchtbestellung bis hin zur Saat der Hauptkultur bietet die Gewähr für einen erfolgreichen Einsatz des Gesamtverfahrens.

In erster Linie kommt es darauf an, durch die Grundbodenbearbeitung mit Pflug oder Grubber bei trockener und warmer Witterung und den Anbau der Zwischenfrüchte eine möglichst günstige und stabile Bodenstruktur zu schaffen und diese möglichst lange in die nachfolgende Vegetationsperiode der Reihenfrüchte hinein zu »konservieren«. Es ist aber auch alles zu vermeiden, was diesen günstigen Bodenstrukturzustand negativ beeinflussen könnte. So können z. B. Fahrspuren und Bodenverdichtungen, die bei der Gülle- und Mineraldüngerausbringung verursacht werden, die ungestörte Wurzel- und Pflanzenentwicklung der Zwischenfrüchte und der Hauptkultur beeinträchtigen. Auch bei den Säarbeiten, insbesondere bei den Mulchsaatverfahren **ohne** Saatbettbereitung, ist es auf druckempfindlichen Böden oftmals schwierig, in solchen verdichteten Zonen die angestrebte Kornablagetiefe und den Schluß der Saatfurche sicher zu erreichen. Es gilt daher, durch begleitende organisatorische Maßnahmen (z. B. Wahl des richtigen Einsatzzeitpunktes, Reduzieren der Fahrspuren durch Gerätekombination etc.) sowie durch eine geeignete Ausstattung von Schleppern, Fahrzeugen und Geräten (z. B. großvolumige Bereifung mit niedrigem Innendruck) das Entstehen von Verdichtungszonen soweit wie möglich zu vermeiden.

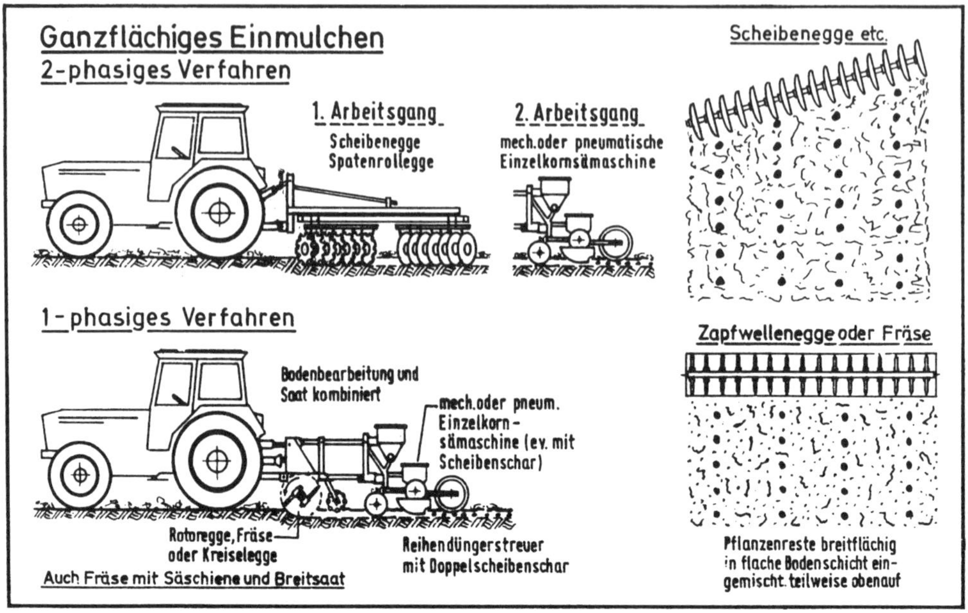


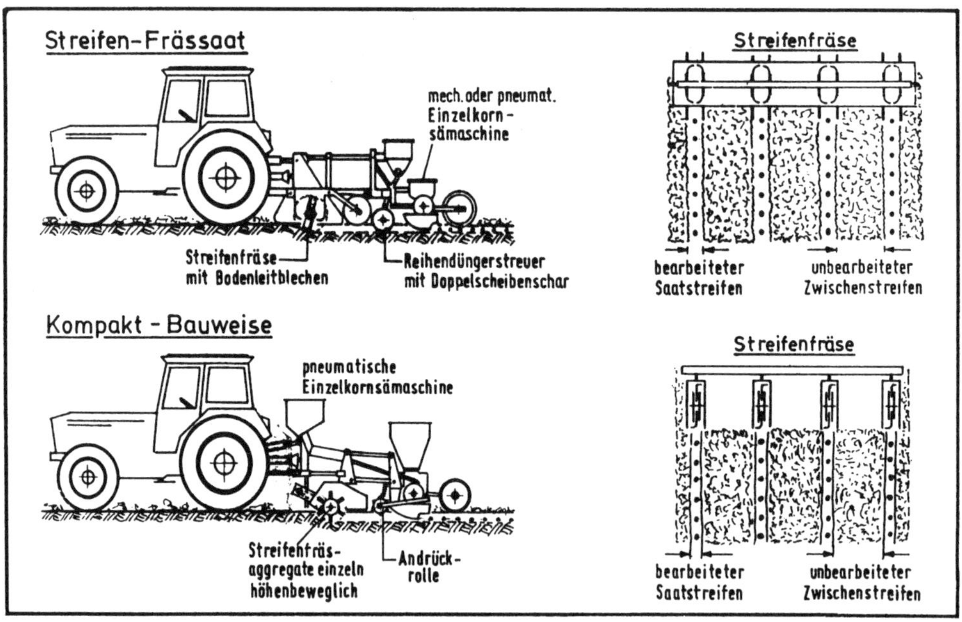


Darst. 245 Mulchsaatverfahren mit ganzflächiger (oben) und streifenförmiger (unten) Bodenvorbereitung

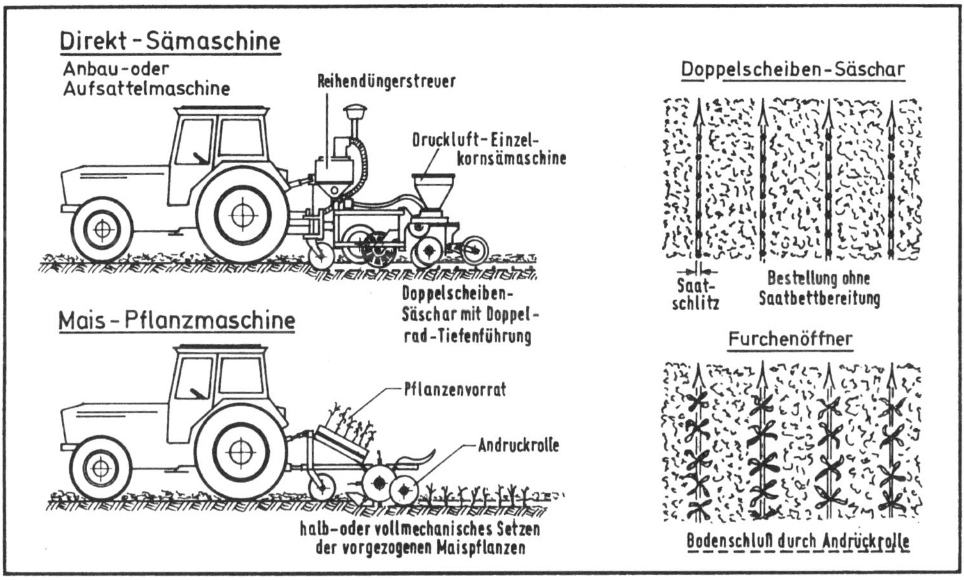


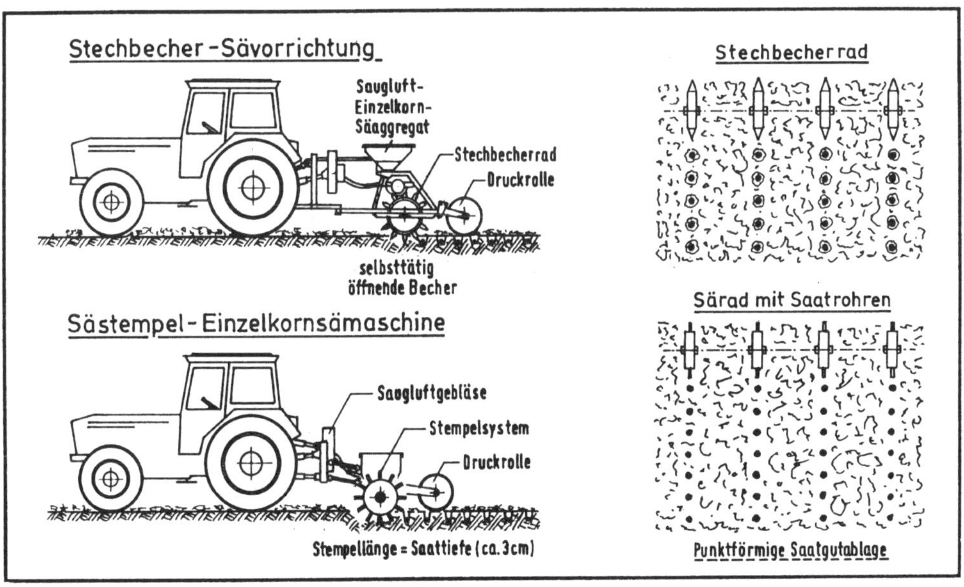


Darst. 246 Mulchsaatverfahren mit Schlitzsaat (oben) und punktförmiger Saatgutablage (unten)

| Grundbodenbearbeitung | Pflanzenmulch | Mulchsaat bei Zuckerrüben – Verfahren | | Mulchsaat bei Zuckerrüben – Gerätetechnik |
|---|---|---|---|---|
| Sommerpflugfurche oder Grubbereinsatz (nach Bedarf) | vorwiegend abfrierende Zwischenfrüchte (chemische Abtötung nicht erforderlich) oder Strohreste der Getreidevorfrucht | Mulchsaat mit Saatbettbereitung | ganzflächig mit gezogenen oder ZW-Geräten |   |
| | | Mulchsaat ohne Saatbettbereitung | Anlegen von Saatstreifen im Pflanzenmulch |   |
| | | | Freiräumen eines Saatstreifens |   |
| | | | Schlitzsaat | 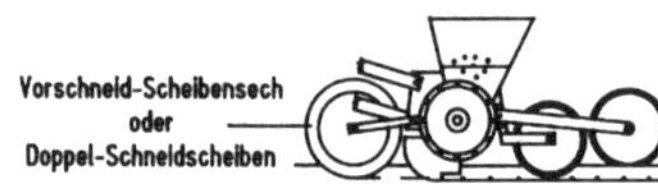  |
| | | | | 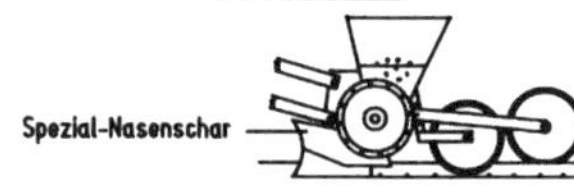  |
| | | | Punktsaat | 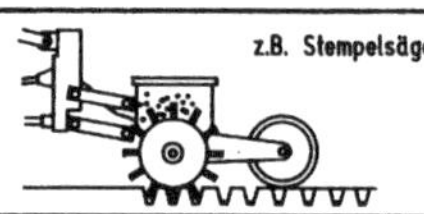  |

Darst. 247 Verfahrensablauf und Gerätetechnik bei der Mulchsaat für Zuckerrüben

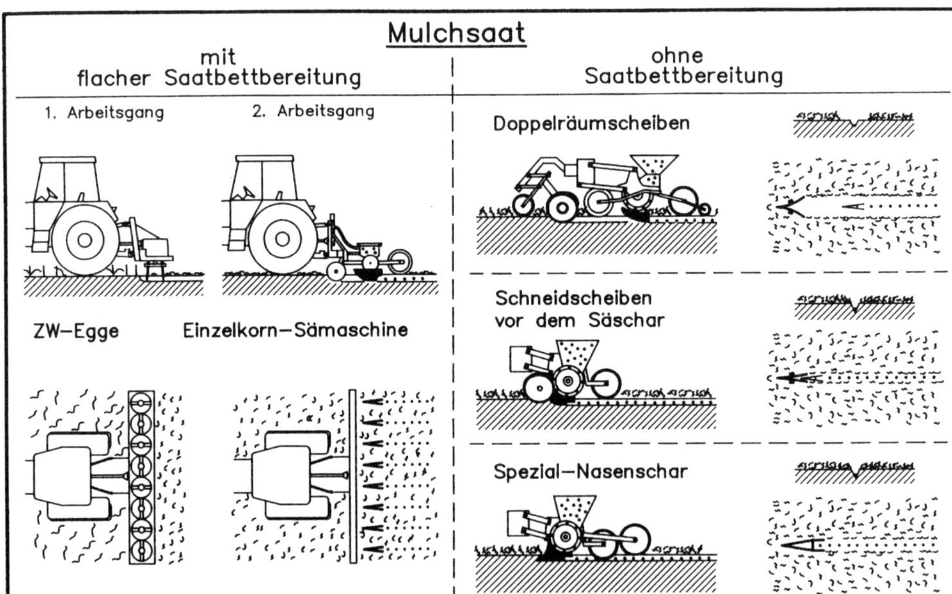


Darst. 248 Mulchsaatverfahren für Zuckerrüben mit und ohne Saatbettbereitung

| Mulchsaat mit ganzflächiger Saatbettbereitung | |
|---|---|
| besonders geeignet für | Probleme |
| ● langsam erwärmbare Böden<br>● dicht lagernde oder verfestigte Böden<br>● Flächen mit sehr massigem Zwischenfruchtaufwuchs<br>● verunkrautete Felder<br>● ebene oder schwach geneigte Felder<br>● Betriebe, in denen ZW-Geräte mit rotierenden Werkzeugen vorhanden sind | ● erhöhte Gefahr von Bodenabtrag durch Bodenlockerung und -krümelung<br>● Zerkleinerung des Pflanzenmulches unvermeidbar = verringerte Schutzwirkung<br>● bei komb. Bestellsaatmaschinen hohes Eigengewicht<br>● Schlepper mit ausreichender Hydraulik-Hubleistung erforderlich |

Darst. 249 Einsatzbereiche und Probleme der Mulchsaat mit ganzflächiger Bodenvorbereitung

| Mulchsaat mit streifenförmiger Saatbettbereitung | |
|---|---|
| besonders geeignet für | Probleme |
| ● stark wechselnde Böden<br>● langsam erwärmbare Böden<br>● dicht lagernde oder verfestigte Böden (z. B. mit Fahrspurverdichtungen)<br>● massigen Mulchpflanzenaufwuchs<br>● erosionsgefährdete und ebene Lagen<br>● überbetrieblichen Einsatz | ● keine Unkrautbekämpfung zwischen den Saatreihen<br>● ZW-Geräte mit Untersetzungsgetriebe erforderlich<br>● bei abgewandelten Standard-ZW-Geräten keine Einzelreihen-Tiefenführung |

Darst. 250 Einsatzbereiche und Probleme der Mulchsaat mit streifenförmiger Saatbettbereitung

Aufgrund vorliegender Versuchsergebnisse und Einsatzbeobachtungen ist folgende Zuordnung der verschiedenen Saatverfahren und Gerätelösungen zu speziellen Boden- und Standortbedingungen möglich.

Die Mulchsaat **mit** ganzflächiger oder streifenförmiger Saatbettbereitung hat ihren bevorzugten Anwendungsbereich bei folgenden Einsatzbedingungen:

- schwer bearbeitbare Böden,
- langsam erwärmbare Böden,
- dichtlagernde oder durch das Befahren verdichtete Böden,
- Flächen mit sehr massigem Zwischenfruchtaufwuchs,
- Standorte, auf denen das Stabilisieren der Bodenstruktur vorrangig ist (also die weniger erosionsgefährdeten Lagen),
- verunkrautete Felder, auf welchen sich die zusätzliche, unkrautbekämpfende Wirkung der Saatbettbereitung vorteilhaft auswirkt.

Dagegen ist eine Mulchsaat **ohne** Saatbettbereitung unter folgenden Bedingungen vorteilhaft:

- günstiger Zustand des Bodens im Saathorizont, also leichte, humose oder durch Frosteinwirkung physikalisch gelockerte Böden,
- brüchiger, gut abgetrockneter Pflanzenmulch,
- Bodenoberfläche frei von Fahrspuren oder Verdichtungen,
- besonders erosionsgefährdete Lagen im hängigen Gelände.

Ergebnisse von mehrjährigen Untersuchungen, vor allem bei Zuckerrüben und Mais, weisen eindeutig nach, daß bei ordnungsgemäßer Durchführung des Mulchsaatverfahrens annähernd gleich hohe Erträge zu erzielen sind, wie im konventionellen Anbau. Die positiven, nicht immer monetär bewertbaren Vorteile hinsichtlich Erosionsminderung, Verbesserung der Bodenstruktur, bessere Befahrbarkeit und günstigeres »Schluckvermögen« der Böden sind als zusätzliche positive Effekte zu werten.

Es steht deshalb außer Zweifel, daß mit der Anwendung des Mulchsaatverfahrens dem angestrebten Konzept eines umfassenden Boden-

| Mulchsaat ohne Saatbettbereitung<br>Schlitz- und Punktsaat | |
|---|---|
| besonders geeignet für | Probleme |
| ● Flächen mit günstigem Bodenzustand im Saathorizont<br>● Böden ohne Fahrspurverdichtungen<br>● brüchigen, gut abgetrockneten Pflanzenmulch<br>● nicht zu massigen Mulchpflanzenaufwuchs<br>● besonders erosionsgefährdete Lagen | ● bei Maschinen mit geringem Eigengewicht ist angestrebte Ablagetiefe für Saatgut und vor allem Unterfußdünger schwierig einzuhalten<br>● auf dicht lagernden Böden ist Schließen der Saatfurche problematisch (Feldaufgangsprobleme!)<br>● bei sehr dichtem Mulch erhöhte Gefahr von verzögerter Bodenerwärmung und Schneckenfraß |

Darst. 251 Einsatzbereiche und Probleme der Mulchsaat ohne Saatbettbereitung

| Mulchsaat | |
|---|---|
| Vorteile | Probleme |
| ● längere Bodenruhe, bessere Regenverdaulichkeit<br>● Schutz der Bodenoberfläche, Stabilisierung der durchwurzelten Krume<br>● bessere Befahrbarkeit und Tragfähigkeit der Felder<br>● auf Trockenstandorten langsamere Wasserverdunstung<br>● Bindung des Gülle-Stickstoffs, geringere Nitratauswaschung<br>● verschiedene technische Lösungen vorhanden<br>● Schlagkraft ähnlich wie bei konvent. Bestelltechnik<br>● überbetrieblicher Einsatz möglich und sinnvoll | ● langsamere Bodenerwärmung, verzögerte Aussaat<br>● Aufwand für Zwischenfrucht-Bestellung, bei winterharten Arten Herbizidaufwand für Abtöten<br>● Probleme bei der Düngung (keine Einarbeitung, erhöhter N-Bedarf, Geruchsentwicklung bei Gülle)<br>● bei Spezialmaschinen höhere Investitionen<br>● standortspezifische Erfahrungen erforderlich (geeignete Bodenart, Feldaufgang, Ernteertrag etc.) |

Darst. 252 Generelle Vorteile und Probleme beim Mulchsaatverfahren

| + | − |
|---|---|
| gezielte Bodenwendung (mech. Unkrautbekämpfung) | Reste tief und schichtenförmig eingebracht |
| "reiner Tisch", frei von Rückständen | oft "Überlockerung", erhöhte Erosionsgefahr |
| ungehinderter Einsatz der Bestelltechnik | intensiver Eingriff in Bodengefüge |
| gute Anpassung der Gerätetechnik an vorhandene Schlepperleistung | höhere Zahl an Arbeitsgängen, Fahrspuren, Verdichtungshorizonte |
| langjährige, gewohnte Gerätetechnik mit bekannten Effekten | bei Grundbodenbearbeitung geringere Schlagkraft, hoher Leistungsbedarf |

Darst. 253 Vorteile und Probleme der konventionellen Bodenbearbeitung

| + | − |
|---|---|
| günstige Beeinflußung der Bodenstruktur | geeignete Zwischenfruchtarten |
| wirksamer Erosionsschutz | funktionssichere Saattechnik erforderlich |
| günstiges Kleinklima für keimende Pflanzen | exakte Saatgutablage |
| | verzögerter Saattermin (langsame Bodenerwärmung) |

Darst. 254 Vorteile und Probleme der konservierenden Bodenbearbeitung

| + | − |
|---|---|
| geringster Bearbeitungsaufwand | Spezialmaschinen |
| niedriger Arbeitszeitbedarf | keine ordnungsgemäße Saatbettbereitung |
| keine mechanische Eingriffe in die Bodenstruktur | Feldaufgangsprobleme |
| geringe Ansprüche an Schleppermotorleistung | hohe Ansprüche an Aufwand und termingerechten Einsatz der Pflanzenschutzmaßnahmen |

Darst. 255 Vorteile und Probleme des Direktsaatverfahrens

schutzes voll und nachhaltig Rechnung getragen werden kann, ohne daß wesentliche Mehrkosten entstehen.

## 7.6 Neue Wege in der Bodenbewirtschaftung – Möglichkeiten und Grenzen

Prof. Dr. Theodor RÖMER, einer der »Altmeister« eines modernen Ackerbaues, mahnte bereits im Jahr 1950: »Bearbeitet den Boden nicht nur im Schweiße des Angesichts, sondern mit neuen Gedanken«. Er wußte, daß die Vielzahl von unwägbaren und unbeeinflußbaren Faktoren im Gesamtbereich der Produktionstechnik den Praktiker oft davon abhält, zu große Experimente zu wagen oder schwer kalkulierbare Risiken in Kauf zu nehmen, auch bei der Bodenbearbeitung. Die technisch-konstruktiven Weiterentwicklungen bei den Bodenbearbeitungsgeräten, aber auch das aufgrund einer weitgreifenden Erforschung der Zusammenhänge ständig wachsende Wissen über Voraussetzungen und Auswirkungen des Maschinen- und Geräteeinsatzes bieten heute dem Praktiker wichtige Entscheidungshilfen. Er kann zwischen verschiedenen Bodenbearbeitungs- und Bestellverfahren wählen, deren Unterschiede sich vor allem in einer immer stärkeren Reduzierung des Gesamtaufwandes äußern. Stets bestehen jedoch neben positiven Aspekten auch Probleme und einsatztechnische Grenzen. Beides muß im Einzelfall sorgfältig abgewogen werden.

Für einen umfassenden Vergleich der verschiedenen Verfahren wäre es erforderlich, neben verfahrenstechnischen, arbeitswirtschaftlichen und ökonomischen Kenndaten auch die Auswirkungen auf die physikalischen Bodeneigenschaften, auf Pflanzenentwicklung und Ertrag, sowie auf Umweltaspekte zu berücksichtigen. Da jedoch enge Wechselbeziehungen zwischen diesen Kriterien und den im Einzelfall vorliegenden Standort-, Klima- und Bewirtschaftungsverhältnissen bestehen, muß sich im Rahmen dieser Abhandlung eine Wertung auf einige anwendungsbezogene Zusammenhänge beschränken.

Am Beispiel des Getreidebaues läßt sich demonstrieren, daß die nachhaltigsten positiven Auswirkungen ohne Zweifel im Hinblick auf Reduzierung des Arbeitszeitbedarfes und des Fahrverkehrs auf dem Feld, Kosten- und Energieeinsparungen sowie termingerechte Arbeitserledigung und somit Ausnutzen der optimalen Bestellzeitspanne zu erwarten sind. Diese Vorteile sollten künftig bei der Suche nach weiteren Rationalisierungsmöglichkeiten im Bereich der Feldbestellung konsequent genutzt werden.

Seit einigen Jahren werden sehr intensiv neue Gedanken zur Bodenbewirtschaftung diskutiert, bei welchen im Vordergrund steht, das biologische Regenerationsvermögen des Bodens sowie das Unterstützen der bodeneigenen, strukturfördernden und -erhaltenden Vorgänge in das Gesamtkonzept der Bodenbewirtschaftung mit einzubeziehen.

Zwei wesentliche Meinungs- und Anwendungsrichtungen stehen sich dabei heute gegenüber. Die eine orientiert sich an den Gedanken, daß eine gezielte, je nach Standort und Fruchtart wendende oder nichtwendende Bodenbearbeitung nach wie vor auf den meisten Böden die höchste Sicherheit bietet, langfristig hohe und sichere Ernteerträge zu erzielen.

Die zweite Richtung geht davon aus, daß jeglicher Eingriff in das Bodengefüge den optimalen Strukturaufbau und die biologischen Vorgänge stört und deshalb zu unterbleiben hat. Ein intensives Lockern und Krümeln des Bodens erfolgt, wenn überhaupt, nur bis auf Saattiefe. Vorhandene Pflanzenreste werden in diese Schicht eingearbeitet, bilden jedoch größtenteils eine Pflanzenmulchdecke und Bedeckungsschicht auf der Bodenoberfläche. Durch konsequente Reduzierung der Bearbeitungstiefe und -intensität oder – ganz konsequent – durch mehrjährigen Verzicht auf eine tiefe Bearbeitung mit Pflug oder Grubber sollen die Bodenlebewesen, absterbende Pflanzenwurzeln und an der Bodenoberfläche sich zersetzende Pflanzenreste einen wesentlichen Teil derjenigen Aufgaben übernehmen, die bisher von den Bodenbearbeitungsgeräten ausgeübt wurden. Von einem solchen Übergang von der »Lockerboden-« auf die »Festboden-Wirtschaft« erwartet man folgende Vorteile: günstiges, ausgeglichenes und homogenes Porenvolumen bis in größere Tiefen, günstigerer Wasserhaushalt, besseres »Schluckvermögen« des Bodens bei Starkregenfällen, bessere Befahrbarkeit und gleichzeitig geringere Strukturschäden durch Fahrspuren, Verminderung der Wind- und Wassererosion, generelles Erhalten und Verbessern der Bodenfruchtbarkeit.

Die Anwendung beider Verfahren ist eindeutig im Zusammenhang mit der jeweils vorhandenen Fruchtfolge sowie der Bodenstruktur- und Klimaverhältnissen zu sehen. Beim ausschließ-

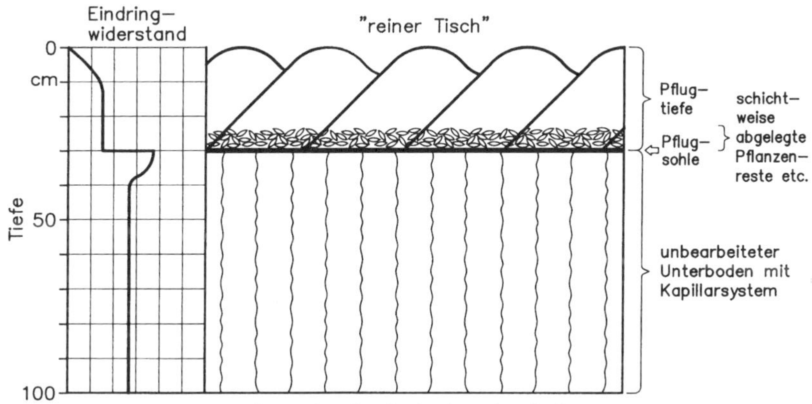

Darst. 256 Kennzeichnen der »Lockerbodenwirtschaft«

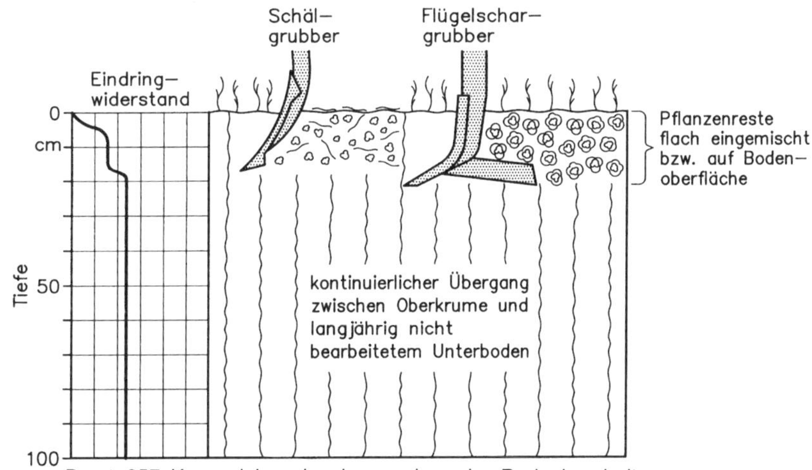

Darst. 257 Kennzeichen der »konservierenden Bodenbearbeitung«

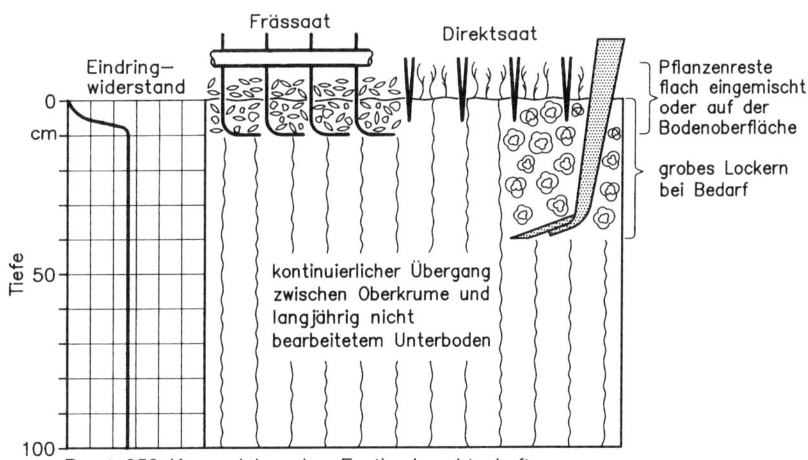

Darst. 258 Kennzeichen der »Festbodenwirtschaft«

lichen Anbau flachwurzelnder Kulturpflanzen auf strukturstabilen Böden und bei mittleren Niederschlagsverhältnissen ist es ohne Zweifel diskutabel, periodisch auf eine tiefgreifende Bodenlockerung zu verzichten. So macht es wenig Sinn, z. B. nach einer Ernte von Zuckerrüben und Kartoffeln bei günstigen Witterungs- und Bodenverhältnissen eine tiefe Herbstfurche anzulegen. Bei derart günstigen Voraussetzungen sollte angestrebt werden, die Wintergetreidebestellung mit geringstmöglichem Aufwand durchzuführen, gegebenenfalls genügt der alleinige Einsatz einer Bestellsaatmaschine (Zapfwellenegge + Drillmaschine).
Dagegen wird es aber immer sinnvoll sein, den Boden tiefgreifend zu lockern und gegebenenfalls zu wenden, wenn tiefwurzelnde Kulturpflanzen angebaut werden oder die Böden bei langjährigem Verzicht auf die tiefe Lockerung zu Verdichtung neigen. Letzteres ist auf Sandböden eher zu erwarten als auf lehm- und tonhaltigen Böden.
In Zukunft werden die landwirtschaftlichen Betriebe mehr denn je ihre Betriebsorganisation und die Fruchtfolge auch danach ausrichten müssen, mit welchen Kulturarten die höchsten und sichersten Erlöse zu erzielen sind. Das Bodenbearbeitungssystem darf die dann notwendige Flexibilität im Anpassen an unterschiedliche Bedingungen nicht behindern, auch dies muß bei Auswahl und Anwendung der Bodenbewirtschaftungsverfahren und -techniken berücksichtigt werden.

### 7.6.1 Integrierter Pflanzenbau

Die Landwirtschaft unterliegt wie kein anderer Wirtschaftsbereich den sich wandelnden ökonomischen Rahmenbedingungen, aber auch den Prozessen der natürlichen Umwelt. Da sich diese Vorgaben dynamisch weiterentwickeln, muß jeder landwirtschaftliche Betrieb sich den verändernden Situationen stets anpassen.
Über sehr lange Zeiträume hinweg bestand die Hauptaufgabe der Landwirtschaft darin, durch Ertragssteigerungen eine ausreichend große Menge an Nahrungsmitteln billig und mit hoher Qualität herzustellen. Heute kommt als neues Ziel die umweltschonende Produktion

**Integrierter Pflanzenbau**

**Wichtige acker- und pflanzenbauliche Zielsetzungen**

- Aufrechterhalten einer guten Bodenstruktur
- Vermeiden von Bodenverdichtungen
- Erhöhen der Boden-Tragfähigkeit
- wurzel- und pflanzengerechte Bodenbearbeitung
- optimale Entwicklungsbedingungen für die Kulturpflanzen
- Bodenbearbeitung zum günstigsten Zeitpunkt
- Verhindern der Bodenerosion
- energiebewußte Bodenbearbeitung

**Ansätze für Landtechnik**

- Umsetzungsgerechtes Einarbeiten von Ernterückständen
- Anwendung bodenschonender Techniken und Produktionssysteme
- Vermeiden von Überlockerung
- Reduzieren des Bearbeitungsaufwandes auf das optimale Maß
- gezielte Bodenbearbeitung und funktionssichere Saattechnik
- hohe Schlagkraft und Gerätekombination
- erosionsmindernde Bestellverfahren (z. B. Mulchsaat)
- Anwendung von Techniken und Produktionsverfahren mit geringem Energieaufwand

Darst. 259 Zielsetzung und Ansätze für die Landtechnik im integrierten Pflanzenbau

hinzu. Eine nach den Gesichtspunkten des »Integrierten Pflanzenbaues« ausgerichtete Landbewirtschaftung soll schonend für die Umwelt und gleichzeitig wirtschaftlich für den Landwirt sein.
Dabei sind alle geeigneten Verfahren des Acker- und Pflanzenbaues standortgerecht aufeinander abzustimmen und die folgenden, wichtigsten Handlungsbereiche optimal miteinander zu verknüpfen: Betriebsplanung und -organisation, Gestaltung der Feldstruktur und ihres Umfeldes, Sorten- und Saatgutwahl, standort- und fruchtartenspezifische Bodenbearbeitung und Bestellung, Ackerbau und Bodennutzung, Pflanzenernährung und Pflanzenschutz.
Die Vielfalt der Standort- und Produktionsbedingungen macht es sicherlich dem einzelnen Landwirt nicht leicht, die Hauptziele einer umweltverträglichen Landbewirtschaftung zu erfüllen:

- standortgerechter Pflanzenbau,
- nachhaltige Sicherung der Bodenstruktur, der bodenbiologischen Prozesse und der Bodenfruchtbarkeit,
- Vermeiden von Erosionsschäden,
- Verminderung von Stoffeinträgen in den Boden (z. B. Dünger- und Pflanzenschutzmittelaufwand) sowie von Stoffausträgen aus dem Boden in tiefere Bodenschichten bzw. in das Grundwasser (z. B. Düngernährstoffe, Wirkstoffe von Pflanzenschutzmitteln),
- Erhaltung typischer Landschaftselemente,
- Natur- und Artenschutz,
- auf umweltverträgliche Landbewirtschaftung abgestimmte Tierhaltung.

Es ist für die Zukunft unerläßlich, daß die landwirtschaftlichen Betriebe neben diesen Aspekten auch ökonomische Ziele verfolgen. Da der integrierte Pflanzenbau u. a. die Begrenzung der Risiken für die Umwelt durch eine Optimierung des Produktionsmitteleinsatzes unter Berücksichtigung der natürlichen Ertragsfaktoren anstrebt, soll es möglich sein, Ökonomie und Ökologie sinnvoll zu verknüpfen und gleichermaßen vorteilhaft zu gestalten.

### 7.6.2 Ackerbau ohne Pflug

In Zukunft wird sich das Einkommen in vielen spezialisierten Ackerbaubetrieben bei weiter sinkenden Marktpreisen für Körnerfrüchte nur über eine spürbare Senkung der gesamten Produktionskosten, vor allem der Maschinen- und Lohnkosten, sichern lassen. Dies gilt ganz besonders für die Grenzstandorte des Ackerbaues. In Zusammenhang damit wird das Praktizieren

Darst. 260 Pfluglose Bestellverfahren lassen sich vor allem für Druschfrüchte erfolgreich einsetzen

eines Ackerbaues ohne Pflug als wichtige und realistische Alternative angesehen.
Von der ständig steigenden Anzahl von Betrieben, die ihre Böden ohne Pflug bewirtschaften, arbeiten viele auf schweren und sehr schweren Lehm- und Tonböden. Bisherige Versuchsergebnisse und Erfahrungen im praktischen Betrieb bestätigen jedoch, daß nicht Bodenart und -typ den begrenzenden Faktor darstellen, sondern vor allem der Bodenzustand. Eine wichtige Voraussetzung für den Erfolg ist es, ein durchgehendes Grobporensystem vom Ober- zum Unterboden zu schaffen sowie Schadverdichtungen zu vermeiden bzw. zu beseitigen. Hierfür ist auch eine richtige Maschinenausrüstung (z. B. die Verwendung von Breitreifen an Schleppern, Arbeitsmaschinen und Transporteinheiten) und deren Einsatz bei günstigen Bodenverhältnissen ausschlaggebend. Außerdem kann es in der Anfangsphase der Umstellung, bei zur natürlichen Verdichtung neigenden Böden auch zu späteren Zeitpunkten, sinnvoll sein, z. B. mit dem Parapflug den Boden bis unter den bisherigen Pflughorizont grob aufzubrechen, ohne ihn zu wenden.
Die bislang vorliegenden Versuchsergebnisse und Praxiserfahrungen zeigen eindeutig, daß eine Verringerung des Bearbeitungsaufwandes bis hin zur pfluglosen Bestelltechnik nicht zwangsläufig Mindererträge, erhöhten Dünger- und Pflanzenschutzmittelaufwand und ein erhöhtes Risiko zur Folge haben müssen. Im Gegenteil. In vielen Betrieben mit pfluglosem Ackerbau werden ohne Mehraufwand für Dünger und Pflanzenschutzmittel vergleichbar hohe Ernteerträge wie beim konventionellen Bestellverfahren erreicht. Allerdings sind in der Regel veränderte Anwendungsstrategien für Dünge- und Pflanzenschutzmittel erforderlich.
Für viele Praktiker ist es jedoch problematisch, daß sich die Erfolge dieser veränderten Wirtschaftsweise erst nach einer Umstellungsphase von etwa zwei bis fünf Jahren zeigen, in der sich Bodenstruktur und -leben ändern und ein neues »biologisches Gleichgewicht« erreicht wird. In dieser Phase können aber auch Ertragsdepressionen, zumindest erhebliche Ertragsschwankungen auftreten.
Die Umstellung auf pfluglose Verfahren erfolgt in der Regel aus ökonomischen Gründen. Grundsätzlich bedeutet aber die Entscheidung, pfluglosen Ackerbau zu betreiben, eine neue gesamtbetriebliche Konzeption. Es ist im Normalfall sicher nicht immer möglich und ökonomisch rentabel, in einem Betrieb zwei Systeme (mit und ohne Pflug) parallel zu praktizieren. Außer, es besteht die Möglichkeit, eines der Verfahren ohne eigenbetriebliche Investitionen im überbetrieblichen Maschineneinsatz abwickeln zu lassen.
Erklärtes Ziel in spezialisierten Ackerbaubetrieben (nicht nur in Grenzlagen) ist es, den Arbeitskräftebesatz auf unter 1 AK/100 ha zu senken. In Großbetrieben wird sogar eine Absenkung langfristig bis unter 0,5 AK/100 ha angestrebt. Daneben spielt die generelle Aufwandssenkung, insbesondere bei den Maschineninvestitionen und -kosten, eine entscheidende Rolle für den ökonomischen Erfolg.
Versucht man, die derzeit vorliegenden Erfahrungen und Ergebnisse zum pfluglosen Ackerbau zusammenzufassen, zeigen sich folgende Vorteile und zu beachtende Kriterien dieser Verfahren im Vergleich zur konventionellen Bodenbearbeitung und Bestellung:

- Für Bodenbearbeitung und Bestellung sind je nach einzelbetrieblichen Voraussetzungen nur mehr 1 bis 2,5 h/ha erforderlich.
- Der Maschinenkapital-Neuwert beträgt nur mehr ca. 50 bis 60%, im Vergleich zur konventionellen Mechanisierung .
- Bei ausreichenden Einsatzflächen lassen sich erhebliche Fixkostensenkungen erreichen.
- Der Übergang auf »pfluglos« ermöglicht in der Regel eine drastische Verringerung des Arbeitskräfte-Besatzes. Langfristig ist es möglich, mit weniger als 1 AK/100 ha auszukommen. Entsprechend niedriger sind die Lohnkosten-Aufwendungen für den Gesamtbetrieb.
- Die Gesamteinsparungen (vor allem bei den Kosten der Arbeitserledigung) werden mit ca. 200 bis 500 DM/ha und Jahr beziffert. Dieser Betrag kann künftig in vielen Betrieben ausschlaggebend für die Überlebensfähigkeit sein.
- Die Reduzierung des Gesamtaufwandes wirkt sich entsprechend positiv auf das Roheinkommen aus.
- Es besteht in den meisten Fällen Ertragsgleichheit mit den konventionellen Verfahren. Allerdings ist oft die Schwankungsbreite von Jahr zu Jahr größer. Spürbare Ertragsdifferenzen treten vor allem auf sehr dicht lagernden Tonböden und auf Sandböden auf.
- Neben anderen Faktoren spielt die richtige Beurteilung und das gezielte Regulieren des Unkrautaufwuchses eine zentrale Rolle. Da

mechanische Verfahren der Unkrautregulierung für diese Verfahren weitgehend ausscheiden, kommt es darauf an, mit gezielten chemischen Pflanzenbehandlungsmaßnahmen das Unkraut zu unterdrücken. Ackerbau ohne Pflug, aber auch ohne Chemieeinsatz, vor allem für die Unkrautregulierung, ist nicht möglich. Erfahrungsgemäß ist aber auch kein erhöhter Chemieaufwand im Vergleich zu den konventionellen Verfahren erforderlich. Vielmehr kommt es auf den gezielten Einsatz an. Hier hat die Ökologie ihre Grenzen.

Eine betriebswirtschaftliche Beurteilung von pfluglosen Bodenbearbeitungs- und Bestellverfahren wäre aber unvollständig, würde man nicht neben den bewertbaren Kosten auch die nicht bewertbaren Faktoren berücksichtigen. Hierzu zählen vor allem Erosionsminderung, Verbesserung der Bodenstruktur und damit bessere Tragfähigkeit und Befahrbarkeit der Böden, Minderung des Eintrages und Austrages von Dünge- und Pflanzenschutzmitteln. Eine Global-Beurteilung muß aber auch diese Faktoren mit einbeziehen.

Ohne Zweifel wird sich die Gesamtheit der Vorteile besonders positiv in größeren Betrieben und vor allem den Lohnarbeitsbetrieben auswirken. Entscheidend für den Erfolg ist im wesentlichen aber die Qualifikation des Betriebsleiters. Je weniger Aufwand und Intensität bei der Bodenbearbeitung und Bestellung betrieben wird, desto höher sind die Anforderungen an das Wissen und Können des Betriebsleiters und auch seine Bereitschaft, aus Rückschlägen die richtigen Konsequenzen zu ziehen. Vor allem in der Umstellungsphase gilt es, Erfahrungen zu sammeln, die richtigen Schlüsse zu ziehen und mit viel Fingerspitzengefühl die einzelbetrieblich richtige und optimale Organisation der produktionstechnischen Maßnahmen zu entwickeln.

Anhand einiger Darstellungen werden wichtige Ergebnisse aus verfahrenstechnischer und ökonomischer Sicht aufgezeigt, die für eine Entscheidungsfindung zweckmäßig und dienlich sein können (Darst. 261 ff.).

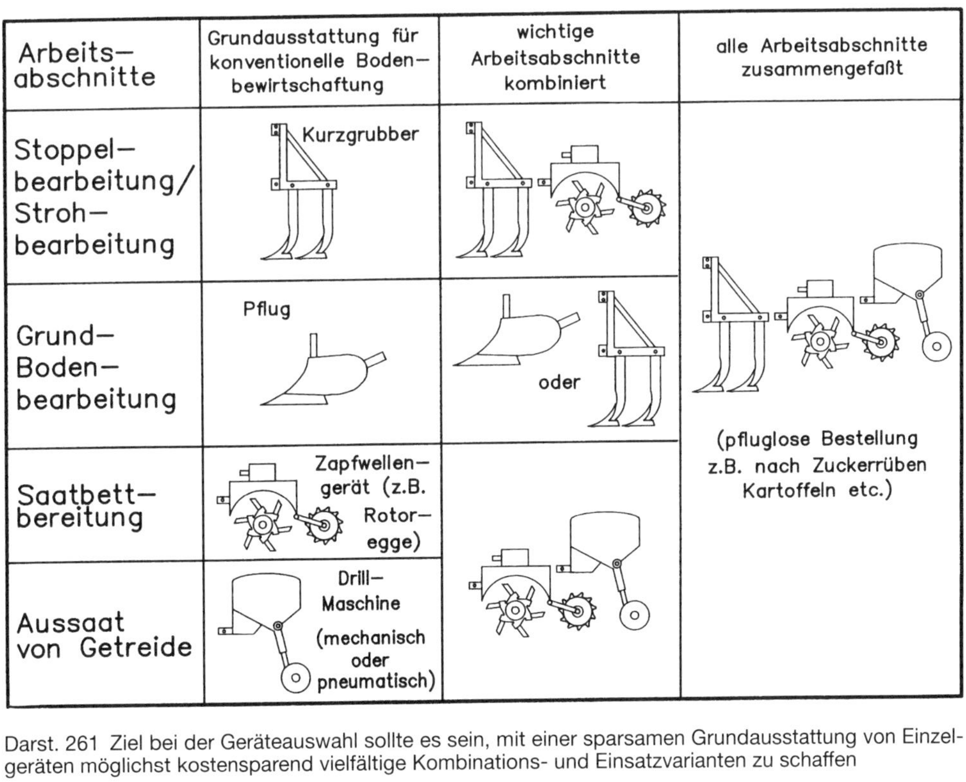


Darst. 261 Ziel bei der Geräteauswahl sollte es sein, mit einer sparsamen Grundausstattung von Einzelgeräten möglichst kostensparend vielfältige Kombinations- und Einsatzvarianten zu schaffen

| Arbeitsgänge | Arbeitszeit-bedarf Akh/ha | spezifischer Leistungsbedarf kWh/ha | Treibstoff-bedarf l/ha |
|---|---|---|---|
| **Konventionell** | | | |
| Stoppelbearbeitung (Scheibenegge, 4,5 m) | 0,42 | 37,8 | 10,9 |
| Herbstpflugfurche (4-Schar-Pflug, 1,4 m) | 1,58 | 142,2 | 40,8 |
| 2 x Saatbettkombination (6 m) | 0,44 | 39,6 | 11,4 |
| Drillsaat (6 m) | 0,30 | 27,0 | 7,8 |
| | **2,74** | **246,6** | **70,9** |
| **Integriert** | | | |
| Stoppelbearbeitung (Kurzgrubber komb. mit Rotoregge, 3,0 m) | 0,64 | 57,6 | 16,6 |
| Frässaat (4,5 m) | 0,42 | 37,8 | 10,9 |
| | **1,06** | **95,4** | **27,5** |

Darst. 262 Vergleich von Arbeitszeit-, Leistungs- und Treibstoffbedarf bei konventioneller und integrierter Bodenbewirtschaftung

| Arbeitsgänge | Fahrstrecke m/ha | befahrene Fläche m²/ha [1] | befahrene Fläche m²/ha [2] |
|---|---|---|---|
| **Konventionell** | | | |
| Stoppelbearbeitung (Scheibenegge, 4,5 m) | 2222 | 2089 | 2355 |
| Herbstpflugfurche (4-Schar-Pflug, 1,4 m) | 7143 | 6714 | 7571 |
| 2 x Saatbettkombination (6 m) | 3332 | 3132 | 3532 |
| Drillsaat (6 m) | 1666 | 1566 | 1766 |
| | **14363** | **13501** | **15224** |
| **Integriert** | | | |
| Stoppelbearbeitung (Kurzgrubber komb. mit Rotoregge, 3,0 m) | 3333 | 3133 | 3533 |
| Frässaat (4,5 m) | 2222 | 2089 | 2355 |
| | **5555** | **5222** | **5888** |

[1]) Reifen 18,4″ = 94 cm Breite/Radpaar [2]) Reifen 20,8″ = 106 cm Breite/Radpaar

Darst. 263 Befahrende Bodenfläche bei der Wintergetreideproduktion (konventionelles bzw. integriertes Verfahren)

| Arbeitsgänge | 60 kW/80-PS-Schlepper: Arb.-Breite Reihenabstand m | 60 kW/80-PS-Schlepper: von Reifen verdichtete Fläche m²/ha | 132 kW/180-PS-Schlepper: Arb.-Breite Reihenabstand m | 132 kW/180-PS-Schlepper: von Reifen verdichtete Fläche m²/ha |
|---|---|---|---|---|
| **Bodenbearbeitung**<br>Pflug | 1.05 | 8.818 | 2.40 | 4.750 |
| Schälgrubber | 2.20 | 4.364 | 5.00 | 2.280 |
| Saatbettkombination | 3.50 | 2.646 | 7.50 | 1.520<br>(3.040) |
| Zapfwellen-Egge | 3.00 | 3.086 | 6.00 | 1.899 |
| ZW-Egge + Drillmaschine | 2.50 | 3.704 | 4.50 | 2.533 |
| **Erntearbeiten**<br>Exakt-Feldhäcksler (Mais) | 1reih. | 12.346 | 3reih. | 5.066 |
| ZR-KRB, gezogen<br>Köpfroder + Lader (2phasig) | 1reih.<br>— | 18.520<br>— | —<br>6reih. | —<br>7.600 |

Hinterradbereifung: Breite/Reifenpaar 92,6 cm bei 60-kW-Schlepper
114,0 cm bei 132-kW-Schlepper

Darst. 264 Von den Traktorreifen verdichtete Bodenfläche bei ausgewählten Arbeitsgängen

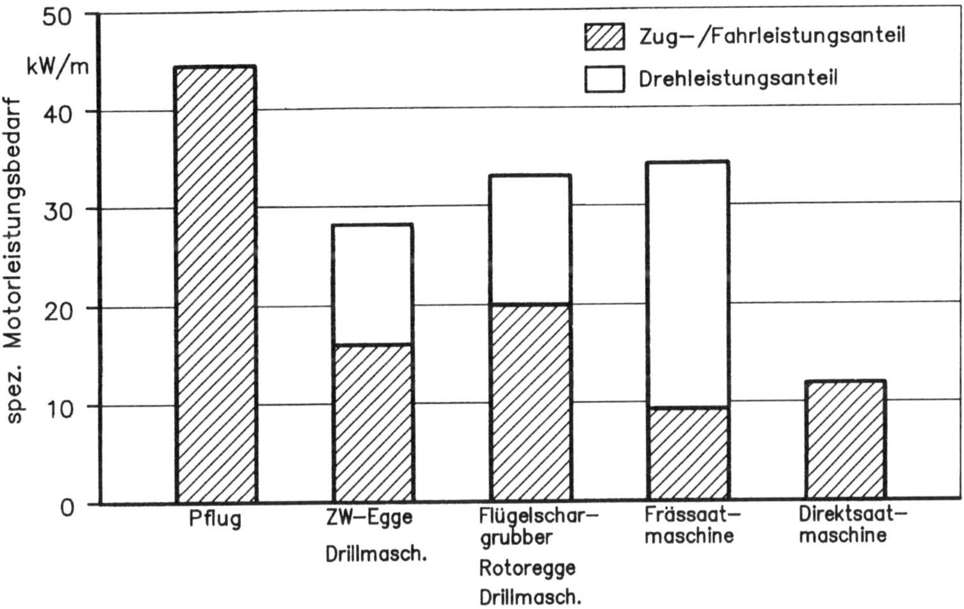


Darst. 265 Spezifischer Motorleistungsbedarf (Dreh-, Zug- und Fahrleistung) bei ausgewählten Verfahren für Bodenbearbeitung und Bestellung (Quelle: ABEND)

| **Verfahren** | **Boden** | | | | | | | | |
|---|---|---|---|---|---|---|---|---|---|
| | **Sand** | | | **Lehm** | | | **Ton** | | |
| | **h/ha** | **l/ha** | **rel.** | **h/ha** | **l/ha** | **rel.** | **h/ha** | **l/ha** | **rel.** |
| Pflug + Saatbettkombination[2]) + Sämaschine[3]) | 2,07 | 50 | 133 (114) | 2,45 | 61 | 127 (113) | 3,42 | 88 | 119 (113) |
| Pflug + Kreiselegge[4]) mit Sämaschine kombiniert | 1,56 | 44 | 100 | 1,93 | 54 | 100 | 2,87 | 78 | 100 |
| Grubber + Kreiselegge mit Sämaschine kombiniert | 0,97 | 27 | 62 | 1,16 | 33 | 60 | 1,28 | 36 | 45 |
| Grubber mit Kreiselegge und Sämaschine kombiniert oder Frässaatmaschine | 0,60 | 17 | 39 | 0,72 | 20 | 37 | 0,89 | 25 | 31 |

[1]) 88-kW-Schlepper an der Leistungsgrenze; 5 ha Schlaggröße; ohne Rüst- und Wegezeiten
[2]) Auf Sand und Lehm 2 x, auf Ton 4 x
[3]) 44-kW-Schlepper
[4]) Auf Ton 2 x

Darst. 266 Arbeitszeitbedarf und Kraftstoffverbrauch bei Bestellverfahren mit Pflug und Grubber (Quelle: KÖHLER)

| Gerät oder Geräte-kombination | Arbeits-breite | Geräte Anschaf-fungspreis | Geräte Fest-kosten | Geräte variable Kosten | Schlepper und Lohn | Zeit-bedarf | Kosten über-betriebliche Arbeits-erledigung | Jährliche Mindest-einsatz-fläche |
|---|---|---|---|---|---|---|---|---|
| | m | DM | DM/Jahr | DM/ha | DM/ha | Akh/ha | DM/ha | ha |
| **1. Allradschlepper 59 kW (80 PS); mittlere Parzellengröße 2 ha; Schlepperkosten 26,– DM/Stunde bei 650 Schlepperstunden/Jahr; Lohn bzw. Lohnanspruch 24,– DM/Stunde** | | | | | | | | |
| Anbaupflug | 1,40 | 7 000,– | 780,– | 15,– | 85,– | 1,7 | 150,– | 16 |
| Schwergrubber | 2,0 | 6 400,– | 713,– | 7,– | 50,– | 1,0 | 80,– | 31 |
| Kreiselegge | 2,5 | 14 000,– | 2 310,– | 8,– | 60,– | 1,2 | 90,– | 105 |
| Drillmaschine | 4,0 | 15 000,– | 1 671,– | 3,50 | 36,50 | 0,73 | 70,– | 56 |
| **2. Allradschlepper 74 kW (100 PS); mittlere Parzellengröße 2 ha; Schlepperkosten 31,– DM/Stunde bei 700 Schlepperstunden/Jahr; Lohn bzw. Lohnanspruch 24,– DM/Stunde** | | | | | | | | |
| Anbaupflug | 1,75 | 8 700,– | 969,– | 15,– | 88,– | 1,6 | 150,– | 21 |
| Schwergrubber | 2,5 | 7 800,– | 869,– | 7,– | 44,– | 0,8 | 80,– | 30 |
| Kreiselegge | 3,0 | 18 000,– | 2 970,– | 8,– | 55,– | 1,0 | 90,– | 110 |
| Frässaat | 2,5 | 26 000,– | 4 290,– | 22,– | 66,– | 1,2 | 135,– | 91 |
| Kreiseleggensaat | 2,5 | 29 000,– | 4 785,– | 12,50 | 71,50 | 1,3 | 135,– | 94 |
| Drillmaschine | 5,0 | 18 000,– | 2 006,– | 3,50 | 33,60 | 0,61 | 70,– | 61 |
| **3. Allradschlepper 92 kW (125 PS); mittlere Parzellengröße 5 ha; Schlepperkosten 37,– DM/Stunde bei 750 Schlepperstunden/Jahr; Lohn bzw. Lohnanspruch 24,– DM/Stunde** | | | | | | | | |
| Aufsattelpflug | 2,10 | 24 000,– | 2 674,– | 15,– | 73,20 | 1,2 | 150,– | 43 |
| Schwergrubber | 3,0 | 10 400,– | 1 159,– | 7,– | 39,– | 0,64 | 80,– | 34 |
| Kreiselegge | 4,0 | 28 000,– | 4 620,– | 8,– | 42,10 | 0,69 | 90,– | 116 |
| Kreiseleggensaat | 3,0 | 34 000,– | 5 610,– | 12,50 | 61,– | 1,0 | 135,– | 91 |
| Frässaat | 3,0 | 32 000,– | 5 280,– | 22,– | 59,20 | 0,97 | 135,– | 98 |
| Grubber-<br>Kreiselsaat | 2,5 | 5 000,–<br>29 000,– | 557,–<br>4 785,– | 3,50<br>12,50 | 92,70 | 1,52 | – | – |
| Direktsaat | 3,0 | 55 000,– | 7 700,– | 17,– | 67,10 | 1,1 | – | – |
| Drillmaschine | 9,0 | 30 000,– | 3 700,– | 3,50 | 18,90 | 0,31 | 70,– | 78 |

| Gerät oder Geräte-kombination | Arbeits-breite | Geräte Anschaf-fungspreis | Geräte Fest-kosten | Geräte variable Kosten | Schlepper und Lohn | Zeit-bedarf | Kosten über-betriebliche Arbeits-erledigung | Jährliche Mindest-einsatz-fläche |
|---|---|---|---|---|---|---|---|---|
| | m | DM | DM/Jahr | DM/ha | DM/ha | Akh/ha | DM/ha | ha |
| **4. Allradschlepper 129 kW (175 PS); mittlere Parzellengröße 10 ha; Schlepperkosten 52,– DM/Stunde bei 800 Schlepperstunden/Jahr; Lohn bzw. Lohnanspruch 24,– DM/Stunde** | | | | | | | | |
| Aufsattelpflug | 2,80 | 30 000,– | 3 700,– | 15,– | 68,40 | 0,9 | 150,– | 56 |
| Schwergrubber | 5 | 19 000,– | 2 117,– | 7,– | 26,60 | 0,35 | 80,– | 46 |
| Kreiselegge | 5 | 40 000,– | 6 600,– | 8,– | 41,– | 0,54 | 90,– | 161 |
| Kreiseleggensaat | 4 | 45 000,– | 7 425,– | 12,50 | 59,30 | 0,78 | 135,– | 117 |
| Frässaat | 4 | 50 000,– | 8 250,– | 22,– | 57,– | 0,75 | 135,– | 147 |
| Grubber-<br>Kreiselsaat | 3 | 5 600,–<br>34 000,– | 624,–<br>5 610,– | 3,50<br>12,50 | 97,30 | 1,28 | – | – |
| Direktsaat | 4 | 75 000,– | 10 500,– | 17,– | 62,30 | 0,82 | – | – |
| **5. Allradschlepper 184 kW (250 PS); mittlere Parzellengröße 10 ha und größer; Schlepperkosten 71,– DM/Stunde bei 900 Schlepperstunden/Jahr; Lohn bzw. Lohnanspruch 24,– DM/Stunde** | | | | | | | | |
| Aufsattelpflug | 3,20 | 38 000,– | 4 687,– | 15,– | 67,50 | 0,71 | 150,– | 69 |
| Schwergrubber | 6 | 24 000,– | 2 674,– | 7,– | 22,80 | 0,24 | 80,– | 53 |
| Kreiselegge | 6 | 53 000,– | 8 745,– | 8,– | 42,80 | 0,45 | 90,– | 223 |
| Zinkenrotorsaat | 6 | 39 000,– | 6 435,– | 12,50 | 46,60 | 0,49 | 135,– | 85 |
| Grubber-<br>Kreiselsaat | 4 | 6 300,–<br>45 000,– | 702,–<br>7 425,– | 3,50<br>12,50 | 67,50 | 0,71 | – | – |
| Direktsaat | 6 | 100 000,– | 14 000,– | 17,– | 51,30 | 0,54 | – | – |

Darst. 267 Technische Kenndaten und Kosten für Bodenbearbeitung und Bestellung (Quelle: dlz, 1994)

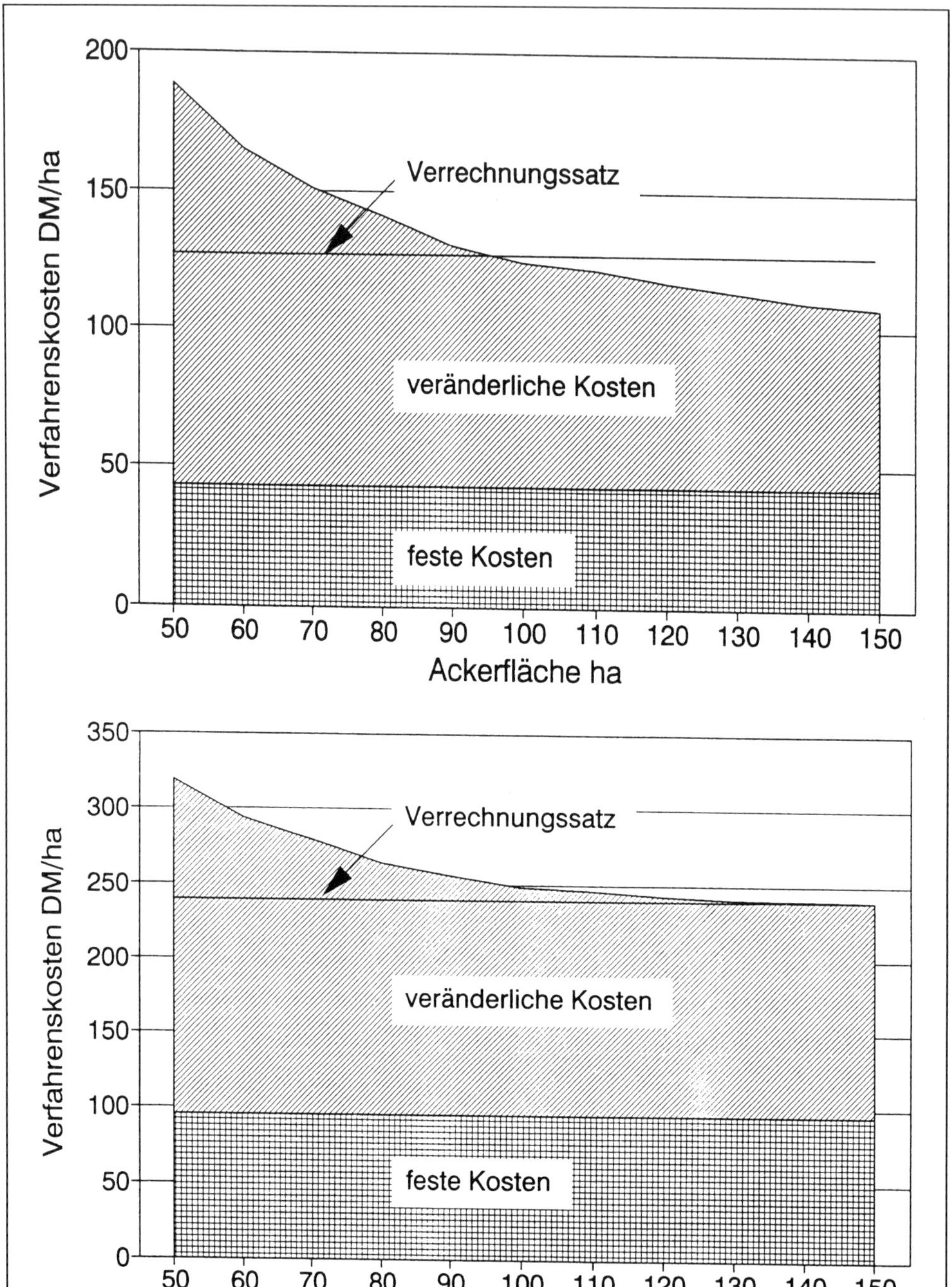


Darst. 268 Verfahrenskosten für ausgewählte Verfahren der Bodenbearbeitung und Bestellung
oben: Frässaatmaschine mit Breitsaat-Säschiene
unten: Pflug + Nachläufer + Kreiselegge + Drillmaschine (PFANNENSTIEL-WOLF, 1991)

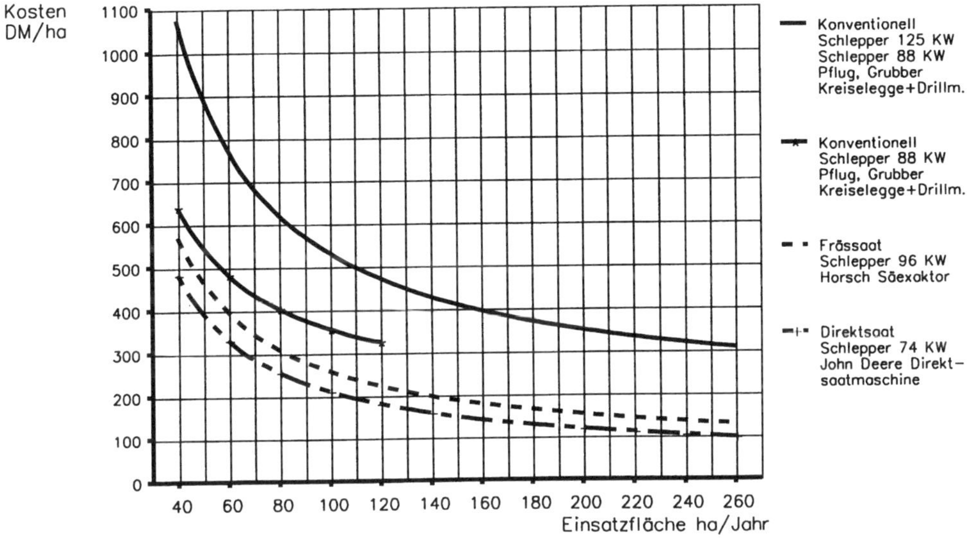


Darst. 269 Gesamtkosten der Bestellung (Maschinen- und Lohnkosten) für ausgewählte Bodenbearbeitungs- und Bestellverfahren

| Verfahren | Arbeitszeit-bedarf | Kraftstoff-verbrauch | Verhältnis | Flächenleistung Verhältnis |
|---|---|---|---|---|
| Pflug und Bestellkombination (2 Arbeitsgänge) | 1,9-2,9 h/ha | 54-78 l/ha | 100 % | 100 % |
| Grubber und Bestellkombination (2 Arbeitsgänge) | 1,2-1,3 h/ha | 33-36 l/ha | 60-45 % | 200% |
| Bestellkombination (1 Arbeitsgang) | 0,7-0,9 h/ha | 20-25 l/ha | 37-31 % | 300% |

Darst. 270 Technische Kenndaten für verschiedene Bestellverfahren (88 kW-Traktor, Parzellengröße 5 ha, Bodenart Lehm/Ton) ohne Rüst- und Wegezeit

| Bestellverfahren mit Pflug | | Bestellverfahren ohne Pflug | |
|---|---|---|---|
| Traktor 88 kW (120 PS) | 90 000 DM | Traktor 88 kW (120 PS) | 90 000 DM |
| Traktor 66 kW (90 PS) | 70 000 DM | Bestellkombination | 34 000 DM |
| Drehpflug (1,20 m) | 14 000 DM | (2,60 m + Lockerungsschare) | |
| Packer (1,20 m) | 5 000 DM | | |
| Bestellkombination (3 m): | 24 000 DM | | |
| | 203 000 DM | | 124 000 DM |
| **Jährliche Kosten** | ≈ **400 DM/ha**[2] | **Jährliche Kosten** | ≈ **250 DM/ha**[2] |
| 1 Arbeitskraft | 60 000 DM/100 ha = 600 DM/ha | 0,75 Arbeitskraft | 45 000 DM/100 ha = 450 DM/ha |
| | ≈ **1000 DM/ha** | | ≈ **700 DM/ha** |

Darst. 271 Kosten verschiedener Bestellverfahren für einen 100-Hektar-Betrieb (vereinfachte Rechnung für eine Körnerfruchtfolge, Schlaggröße 5 ha. Jährliche Kosten: 20 % vom Anschaffungspreis für AFA, Zins, Reparaturen, Versicherungen)

| **Maschinenausstattung konventionell** | | |
|---|---|---|
| 3 Schlepper ( 150-180 PS) | = | 420 000 DM |
| 1 Schlepper (130 PS) | = | 125 000 DM |
| 2 Pflüge 5 Schar + Packer | = | 75 000 DM |
| Schwergrubber + Nachläufer | = | 30 000 DM |
| 1 Scheibenegge | = | 50 000 DM |
| 1 Kombinationen - Saatbett | = | 25 000 DM |
| 1 6-m-Drille | = | 22 000 DM |
| 1 Aufbaufeldspritze 18 m | = | 24 000 DM |
| 1 Düngerstreuer | = | 18 000 DM |
| 4 gebr. Anhänger à 12 t | = | 20 000 DM |
| | | 809 000 DM |
| 10 % AFA | | 80 900 DM |
| 6 % Zinzen v. 1/2 Neuwert | | 26 700 DM |
| 1 % Sonstiges | | 8 090 DM |
| **Maschinenausstattung konservierend** | | |
| 1 Schlepper (180 PS) | = | 140 000 DM |
| 1 Schlepper (130 PS) | = | 125 000 DM |
| 1 Parapflug | = | 25 000 DM |
| 1 Spatenrollegge | = | 40 000 DM |
| 1 Frässaatmaschine 3 m | = | 50 000 DM |
| 1 Anbaufeldspritze 18 m | = | 24 000 DM |
| 1 Düngerstreuer | = | 8 000 DM |
| 4 gebr. Anhänger à 12 t | = | 20 000 DM |
| | | 432 000 DM |
| 10 % AFA | | 43 200 DM |
| 6 % Zinzen v. 1/2 Neuwert | | 12 960 DM |
| 1 % Sonstiges | | 4 320 DM |

Darst. 272 Maschinenkosten eines 300-Hektar-Betriebes bei konventioneller und konservierender Bodenbewirtschaftung

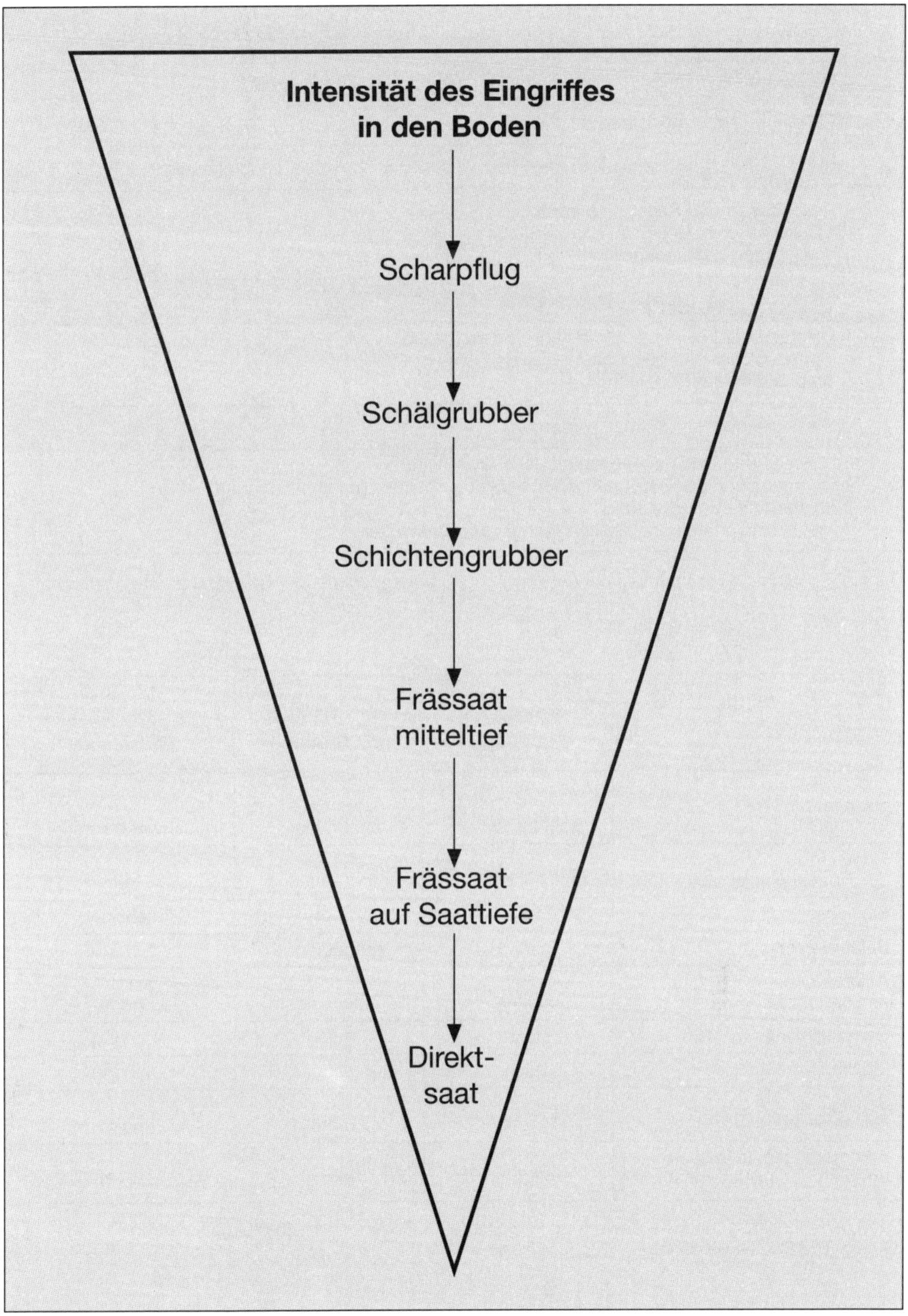


Darst. 273 Verringerung der Intensität des Eingriffes in den Boden beim Übergang vom Scharpflug zu pfluglosen Bestellverfahren

| |
|---|
| 1. Verbesserte Umwandlung der Schlepper-Motorleistung in Geräte-Nutzleistung |
| – konsequenter Allradantrieb, auch bei selbstfahrenden Erntemaschinen<br>– Verwenden von zapfwellengetriebenen Bodenbearbeitungsgeräten<br>– Fahren auf fester Bodenoberfläche |
| 2. Optimale Gestaltung von Konstruktion und Einsatz der Schlepper und Fahrzeuge |
| – Reifenbauart und Reifen-Innendruck<br>– möglichst große Reifen-Aufstandsfläche<br>– angepaßtes Leistungsgewicht, reduzierte Achslast |
| 3. Erhöhen der Tragfähigkeit des Bodens |
| – Befahren der Felder bei trockenem Bodenzustand<br>– Verringern der Bearbeitungs-Intensität<br>– Stabilisieren der Bodenstruktur |
| 4. Verbesserte oder neue Arbeitsverfahren |
| – konsequente Gerätekombination bei allen Arbeiten<br>– Übergang von der Tief- und Lockerbodenbearbeitung auf die Flach- und Festbodenbewirtschaftung<br>– Mulchsaatverfahren bei Reihenfrüchten und Beetkultur |

Darst. 274 Wichtige Maßnahmen bei der Anwendung bodenschonender Bewirtschaftungsverfahren

| | **wendend (mit Pflug)** | **nicht-wendend (mit Grubber)** | **ohne Bearbeitung (Direktsaat)** |
|---|---|---|---|
| geeignet für Bodenart | leicht bis mittel | unabhängig | schwer bis mittel |
| Eingriff in das Bodengefüge | hoch | mittel – niedrig | kein |
| Erosionsschutz | kein | gut | sehr gut |
| Befahrbarkeit | gering | gut/sehr gut | sehr gut |
| Anforderungen an Saattechnik | niedrig | mittel – hoch | hoch |
| Energieeinsatz | hoch | mittel | niedrig |
| Mechanisierungskosten | hoch | mittel | niedrig |
| Schlagkraft Flächenleistung | niedrig | mittel | hoch |
| Anforderungen an Wissen und Betriebsmanagement | niedrig | mittel | hoch |

Darst. 275 Einsatztechnische Bewertung verschiedener Bodenbewirtschaftungsverfahren (Quelle: TEBRÜGGE, ergänzt)

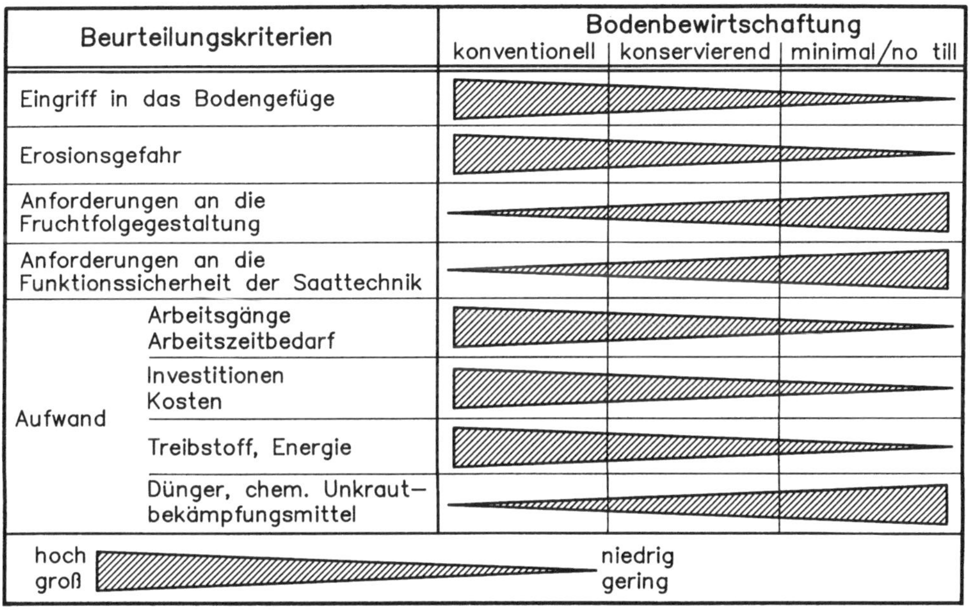


Darst. 276 Beurteilungskriterien für wichtige Bodenbewirtschaftungssysteme

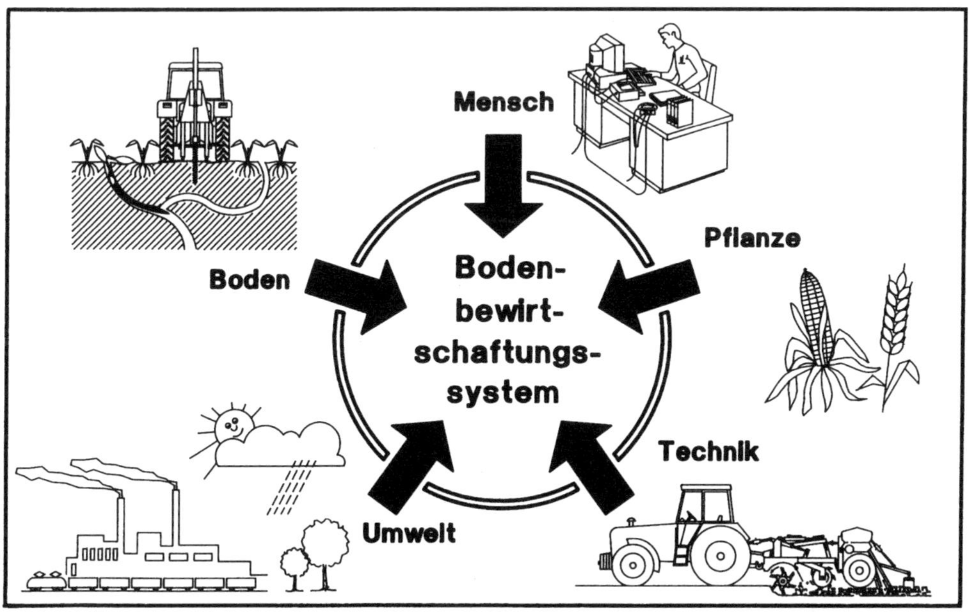


Darst. 277 Einflußfaktoren auf Bodenbewirtschaftungssysteme

## 7.7 Geräteeinsatz für die Bodenbearbeitung in der Großflächen-Landwirtschaft

Zwischen dem Einsatz der Bodenbearbeitungsgeräte auf Betrieben mit begrenzter Flächenausstattung und in der Großflächen-Landwirtschaft bestehen nach wie vor deutliche Unterschiede.

Zwar stimmen die grundlegenden Forderungen an die Bodenbearbeitungstechnik weitgehend überein, z. B. im Hinblick auf

- hohe Schlagkraft, um die Bearbeitung bei günstigen Bedingungen sowie eine termingerechte Arbeitserledigung zu gewährleisten,
- sicheres Einhalten der geforderten Arbeitseffekte und Bearbeitungsqualität,
- möglichst geringer Fahrverkehr, um unkontrollierbare Verdichtungshorizonte zu vermeiden,
- geringer Arbeitszeit für das Gesamtverfahren »Bodenbearbeitung + Bestellung«,
- geringe Investitionen und Kosten der Arbeitserledigung.

In den bevorzugten technischen Lösungen und den vorrangig praktizierten Arbeitsverfahren bestehen jedoch mehr denn je gravierende Unterschiede. Eine Diskussion dieser Fragen muß auch vor dem Hintergrund geschehen, daß auch in der Großflächen-Landwirtschaft künftig der Bodenschutz und im Zusammenhang damit die ökologischen Auswirkungen der Bodenbewirtschaftung einen hohen Stellenwert einnehmen werden.

### 7.7.1 Getrennte Arbeitsgänge oder Gerätekombination?

In Betrieben mit begrenzter Flächenausstattung ist meist nur **ein** leistungsstarker Schlepper vorhanden, dessen Motorleistung in der Regel auf die bei der Grundbodenbearbeitung mit Pflug oder Grubber bestehenden Ansprüche abgestimmt ist. Um mit dieser Schlepperausstattung die oben genannten Forderungen sicher gewährleisten zu können, wurde in den letzten Jahren in solchen Betrieben besonderer Wert auf eine Kombination bisher nacheinander ab-

Darst. 278 Für den Großflächeneinsatz werden Bestellsaatmaschinen in Arbeitsbreiten von 9 m und darüber angeboten

Darst. 279 Bei überbreiten Bestellkombinationen werden die Seitenteile hydraulisch eingeklappt

laufender Arbeitsgänge gelegt (z. B. Grundbodenbearbeitung + Saatbettbereitung oder Saatbettbereitung + Saat). Bei den gerätetechnischen Lösungen hat daher das Kriterium »Kombinierbarkeit« einen besonderen Stellenwert. Die gleichzeitige Arbeitserledigung in Gerätekombinationen ist aber auch dadurch gekennzeichnet, daß z. B. zwischen Saatbettbereitung und Saat keine Abtrocknungsphase eingehalten werden kann. Von den jeweiligen Arbeitswerkzeugen ist daher zu fordern, daß sie auch bei weniger günstigen Einsatzbedingungen sicher und ordnungsgemäß arbeiten.

Die Situation in der Großflächen-Landwirtschaft ist demgegenüber dadurch gekennzeichnet, daß in der Regel mehrere Schlepper mit annähernd gleicher und hoher Motorleistung vorhanden sind. Diese machen es möglich, Einzelgeräte mit jeweils großer Arbeitsbreite und demzufolge hoher Flächenleistung parallel einzusetzen. Dabei kommt es jedoch darauf an, den Arbeitszeitbedarf für die Durchführung der unterschiedlichen Arbeitsgänge sorgfältig und optimal aufeinander abzustimmen. Ein typisches Beispiel hierfür stellt der Arbeitsbereich »Saatbettbereitung und Saat« dar, insbesondere dann, wenn z. B. bei Vorliegen ungünstiger Bodenverhältnisse ein mehrmaliger Einsatz der Saatbettkombination notwendig ist, um das Feld saatfertig vorzubereiten. Unter solchen Verhältnissen spielt daher die sorgfältige Arbeitsorganisation eine wichtige Rolle, um Verlustzeiten weitgehend zu vermeiden.

Allerdings ist in letzter Zeit ein zunehmendes Angebot an Großgeräte-Kombinationen zu erkennen. Bestellkombinationen auf der Basis von gezogenen Geräten für Lockerung und Krümelung des Saathorizontes, gekoppelt mit pneumatischen Sämaschinen, werden in Arbeitsbreiten von 6 m bis weit darüber angeboten. Durch hydraulische Einklappvorrichtungen läßt sich eine Transportbreite von 3 m erreichen. Angesichts der Forderung, daß bei der Großflächenbewirtschaftung z. B. für die Feldbestellung Flächenleistungen von ca. 6 – 8 ha/Std. und ca. 80 ha/Tag erzielt werden sollen, ist sorgfältig zu prüfen, welcher Lösung der Vorzug zu geben ist.

### 7.7.2 Gerätearbeitsbreiten und Verdichtungszonen

Hohe Schlepper-Motorleistungen gestatten es, bei Verwendung von Einzelgeräten wegen des hierfür erforderlichen, vergleichsweise niedrigeren spezifischen Leistungsbedarfes (kW/m Arbeitsbreite) Geräte mit entsprechend großen Arbeitsbreiten zu verwenden. Dies bietet theoretisch den Vorteil, daß der Anteil an Fläche pro Hektar, der von den Schlepperrädern befahren und dabei verdichtet wird, relativ gering ist. Dies gilt jedoch nur, wenn die gewünschte Arbeitsqualität in einem einzigen Arbeitsgang hergestellt werden kann. Vor allem auf den schwereren Böden ist z. B. bei der Winterweizenbestellung unter weniger günstigen Einsatzbedingungen im Herbst und bei Verwendung gezogener Saatbettkombinationen damit zu rechnen, daß mehrere Arbeitsgänge für das saatfertige Herrichten der Felder erforderlich sind. Mit jedem Arbeitsgang steigt aber der Anteil an verdichteter Bodenfläche an, so daß der ursprüngliche Vorteil erheblich abgeschwächt werden kann.
Kombinierte Geräte, wie z. B. Bestellsaatmaschinen, bieten demgegenüber neben anderen Vorteilen auch die Chance, den Gesamt-Fahrverkehr und damit den Anteil verdichteter Fahrspuren, aber auch deren negative Auswirkungen konsequent zu reduzieren.

### 7.7.3 Hohe Arbeitsqualität

In engem Zusammenhang mit den zuvor genannten Kriterien ist auch das Gewährleisten einer hohen Arbeitsqualität zu sehen. Die sprunghafte Zunahme von zapfwellengetriebenen Geräten für die Oberflächen-Nachbearbeitung hatte ihre Hauptursache darin, daß mit derartigen, technisch hoch entwickelten Geräten die Möglichkeit besteht, den gewünschten Bearbeitungseffekt ganz gezielt einzustellen (u. a. durch Variieren von Fahrgeschwindigkeit, Zapfwellendrehzahl und Werkzeuggeschwindigkeit über ein Untersetzungsgetriebe) und auch auf schwer bearbeitbaren Böden in der Regel in einem einzigen Arbeitsgang zu gewährleisten. Dies eröffnet auch die Möglichkeit, z. B. Saatbettbereitung und Saat in einem einzigen Arbeitsgang zusammenzufassen. Zapfwellen-Eggen werden als Einzelgeräte derzeit in Arbeitsbreiten bis ca. 9 m, Bestellkombinationen bis ca. 6 m angeboten. Durch spezielle technisch-konstruktive Lösungen ist gewährleistet, daß trotz der großen Arbeitsbreite eine gute Anpassung an unebene Bodenoberflächen und damit das exakte Einhalten der vorgegebenen Arbeitstiefe erreicht wird. Bei Zapfwelleneggen lassen sich z. B. zwei Geräte mit je 3 m Arbeitsbreite in einem gemeinsamen, stabilen Grundrahmen koppeln. Jede Teilbreite ist aber beweglich und kann sich gesondert an Unebenheiten der Bodenoberfläche anpassen. Für den Straßentransport werden bei modernen Konstruktionen die beiden Teilbreiten hydraulisch eingeklappt, oder das Gerät wird mit Langfahrvorrichtung oder auf einem speziellen Transportwagen befördert.
Die in der Großflächen-Landwirtschaft bevorzugt verwendeten, gezogenen Einzelgeräte gestatten nur in sehr begrenztem Umfang ein gezieltes Einstellen des Bearbeitungseffektes. Dies kann z. B. bei der Saatbettbereitung erhebliche Probleme aufwerfen, wenn innerhalb eines Schlages unterschiedliche Bodenverhältnisse vorliegen, die eine gezielte und spezielle Bearbeitung erforderlich machen würden. Unter problematischen Einsatzbedingungen kann dadurch der oft beschworene Vorteil eines geringeren Investitionsbedarfes von gezogenen Geräten dadurch wieder wettgemacht werden, daß die Einsatzkosten steigen (wenn z. B. Teilflächen eines Feldes mehrfach bearbeitet werden müssen) oder ein erhöhter Investitions- und Rüstzeitenbedarf entsteht (wenn unterschiedliche Arbeitswerkzeuge montiert werden müssen).

### 7.7.4 Einfache Bedienbarkeit

Bei der Bodenbearbeitungstechnik für die Großflächen-Landwirtschaft werden seit jeher gezogene oder aufgesattelte Geräte (z. B. Scheibeneggen, Saatbettkombinationen) eindeutig bevorzugt. Ihr Vorteil liegt u. a. darin, daß sie nicht nur einfach zu bedienen und einzustellen sind, auch Reparaturanfälligkeit und Aufwand für die Wiederinstandsetzung sind sehr gering.
Es ist immer wieder festzustellen, daß unter Großbetriebsbedingungen gegen einen Einsatz von zapfwellengetriebenen Bodenbearbeitungsgeräten erhebliche Vorbehalte bestehen. Dabei werden als Haupt-Hinderungsgründe meist die kompliziertere Bedienung, höhere Reparaturanfälligkeit und höherer Wiederinstandsetzungs-Aufwand, aber auch die schein-

Darst. 280 6-Meter-Kreiselegge für den Großflächeneinsatz. Die mittige Teilung erleichtert die Bodenanpassung und den Straßentransport

bar geringere Flächenleistung und Schlagkraft genannt.
Diese Vorbehalte können nicht generell akzeptiert werden, sondern müssen sehr spezifisch im Zusammenhang mit den jeweiligen betrieblichen Verhältnissen gesehen werden. Sicherlich bedeutet aber der Einsatz von zapfwellengetriebenen Geräten auch eine entsprechend »innere Umstellung« und den sachgerechten Umgang mit dieser anspruchsvolleren, aufwendigeren, in manchen Dingen empfindlicheren, aber auch außerordentlich vielseitig einsetzbaren Technik.

### 7.7.5 Arbeitserledigung »im Verband«

Das gleichzeitige Vorhandensein mehrerer leistungsstarker Ackerschlepper macht es möglich, Einsatzorganisationen zu wählen, bei denen z. B. mehrere Schlepper mit Pflug gestaffelt hintereinander fahren. Bei exakter Abstimmung von Schleppermotorleistung und Pflug-Arbeitsbreite und demzufolge einheitlicher Arbeitsgeschwindigkeit lassen sich mit derartigen Verfahren entsprechend hohe Gesamtflächenleistungen erzielen. Allerdings müssen für derartige Verfahren z. B. bei der Grundbodenbearbeitung aus Gründen einer reibungslosen Arbeitsorganisation ausschließlich Beetpflüge verwendet werden, weil der Einsatz von Volldrehpflügen erhebliche Zeiteinbußen durch Wartezeiten am Feldende hervorrufen würde. Die Nachteile des Beetpflugeinsatzes (vor allem ungleichmäßige Bodenoberfläche beim Zusammen- bzw. Auseinanderschlag, geringere Flächenleistung infolge eines höheren Wendezeitenanteils als beim Volldrehpflug) müssen bei derartigen Verfahrensorganisationen zwingend in Kauf genommen werden.

In abgeschwächter Form gelten diese einsatzorganisatorischen Voraussetzungen für sämtliche, »im Verband« durchgeführten Arbeiten. Auch z. B. bei der Saatbettvorbereitung muß infolge des notwendigen Überlappens in den Anschlußspuren im Beet gearbeitet werden.
Insgesamt ist daher die Gerätetechnik für die Bodenbearbeitung und in engem Zusammenhang damit auch für die Bestellarbeiten in der Großflächen-Landwirtschaft sehr sorgfältig und unter Berücksichtigung der jeweils vorliegenden Einsatzbedingungen auszuwählen. Dies gilt insbesondere vor dem Hintergrund, daß die einschlägige Landmaschinenindustrie in ständig steigendem Umfang gerätetechnische Lösungen anbietet, die eine hohe Schlagkraft und das gezielte, sichere Einhalten der geforderten Arbeitsqualität miteinander verbinden.
Auch in der Großflächen-Landwirtschaft wird aber, neben dem Ziel zu einer hohen Schlagkraft, termingerechten Arbeitserledigung und Kosteneinsparungen beim Maschineneinsatz, das Beachten der aktuellen ackerbaulichen Zielsetzungen (z. B. im Hinblick auf konsequentes Reduzieren des Fahrverkehrs, gezieltes Einstellen des standort- und fruchtartenspezifischen Bearbeitungseffektes) bei Auswahl und Einsatz der Gerätetechnik unerläßlich sein. Daher ist im Einzelfall sehr sorgfältig und unter Berücksichtigung aller Vorteile und Einschränkungen zu prüfen, ob die Arbeitserledigung wie bisher in getrennten Arbeitsgängen oder im Einzelfall vielleicht doch der konsequente Einsatz von Gerätekombinationen vorteilhaft ist. Eine sichere Entscheidung wird oft nicht einfach sein, da spezielle Kriterien wie z. B. Auswirkungen von Bodenverdichtungen, Risikominderung durch termingerechte Arbeitserledigung etc. oftmals nicht oder nur unvollkommen geldmäßig bewertet werden können.

# 8 Energiebewußte Bodenbearbeitung

In den landwirtschaftlichen Betrieben ist die Arbeitsproduktivität seit der Einführung hochmechanisierter Arbeitsverfahren sprunghaft angestiegen. Diese Entwicklung wäre ohne einen entsprechenden Energieeinsatz nicht möglich gewesen. Es ist zu erwarten, daß in Zukunft der Energiebedarf für die landwirtschaftliche Produktion wegen der permanenten Kostensteigerung und der Verknappung herkömmlicher Energieträger einen höheren Stellenwert erhalten wird. Wenngleich in der Bundesrepublik Deutschland die Landwirtschaft derzeit nur ca. 4 bis 5 % der gesamten Energiemenge verbraucht, sollten auch hier alle Möglichkeiten eines wirtschaftlicheren Energieeinsatzes ausgeschöpft werden.

Dies gilt in besonderem Maße für die Bodenbearbeitung, denn sie zählt in den meisten Produktionssystemen zu den besonders energieaufwendigen Verfahrensteilbereichen. Die Devise muß lauten: Mit einem Minimum an Energieeinsatz ein Optimum an Ertragsvoraussetzungen zu schaffen. Hierfür bieten sich einige aussichtsreiche Möglichkeiten an.

## 8.1 Verbesserung des Wirkungsgrades bei der Umwandlung von Schleppermotorleistung in Gerätenutzleistung

Nach wie vor kommen beim überwiegenden Teil der für die ordnungsgemäße Bodenbearbeitung erforderlichen Arbeitsgänge gezogene Geräte zum Einsatz. Hier ist der Wirkungsgrad der Kraftübertragung vom Schlepper zum Gerät sehr ungünstig, da zwischen Reifen und Boden hohe Verluste auftreten können. Welcher Anteil der Schleppermotor-Nennleistung als tatsächlich nutzbarer Leistungsanteil zur Verfügung steht, ist von den verwendeten Geräten, den für sie günstigen Arbeitsgeschwindigkeiten, von Bodenart und -zustand sowie den jeweils vorliegenden Einsatzbedingungen abhängig.

Ein Vergleich von Pflug, Grubber und Saatbettkombination mit dem Allradschlepper unter verschiedenen Einsatzbedingungen zeigt, daß z. B. beim Pflügen, selbst unter günstigen Bedingungen, lediglich knapp 46 % der Nennleistung des Schleppermotors tatsächlich als Zugleistung nutzbar sind (Darst. 281). Dieser Wert kann sich erhöhen auf ca. 53% beim Grubbereinsatz unter sehr günstigen Verhältnissen, er verringert sich aber auf ca. 31%, wenn z. B. die Saatbettbereitung mit hoher Fahrgeschwindigkeit bei ungünstigen Einsatzbedingungen durchgeführt werden muß.

Dieser Vergleich zeigt, welch große Bedeutung die Durchführung der Bodenbearbeitungsmaßnahmen bei optimalen Einsatzbedingungen hat. Besondere Aufmerksamkeit sollte aber auch der richtigen Reifenwahl (z. B. Radialreifen anstelle der Diagonalreifen) und der Verwendung von Allradtraktoren mit günstiger Gewichtsverteilung geschenkt werden, um den Laufwerkswirkungsgrad zu verbessern. Der jeweils nutzbare Leistungsanteil ist aber auch bei der richtigen Abstimmung zwischen Schlepper und Gerät zu berücksichtigen.

Ein wesentlich günstigerer Wirkungsgrad der Kraftübertragung ist durch die Verwendung zapfwellengetriebener Bodenbearbeitungsgeräte zu erreichen. Sie konnten sich zwar bislang bei der besonders energieaufwendigen Grundbodenbearbeitung noch nicht nennenswert einführen, haben aber bei der Saatbettbereitung bereits eine erhebliche Bedeutung erlangt. Dort bringen sie unter anderem folgende Vorteile:

- Verminderung der Leistungsübertragungsverluste im Vergleich zur Zugarbeit;
- insbesondere auf schweren Böden ist eine gezielte und wirkungsvolle Bearbeitung, gegebenenfalls auch das Einsparen von Arbeitsgängen möglich;
- sie eignen sich besonders gut für eine Kombination mit anderen Bodenbearbeitungsgeräten oder mit Sägeräten;
- es können Schlepper mit geringerem Leistungsgewicht und mit weniger stark dimensionierten Getrieben verwendet werden.

Ein Vergleich zwischen Zugarbeit und Zapfwellenarbeit (hier bezogen auf die tatsächlich nutzbare Motorleistung, der Motorauslastungsgrad ist nicht berücksichtigt) zeigt, daß die Erhöhung des nutzbaren Leistungsanteils bei der Zapfwellenarbeit vor allem auf den wesentlich geringeren Verlustanteil des Laufwerkwirkungsgrades zurückzuführen ist (Darst. 282). Beim Fräseneinsatz ist vom Schlepper keine Zugarbeit zu leisten, bei Zapfwelleneggen je nach Funktionsprinzip und Arbeitsgeschwindigkeit lediglich ein geringer Anteil. Es ist daher zu erwarten, daß in Zukunft vor allem bei problematischen Einsatzbedingungen die Bodenbearbeitung mit zapfwellengetriebenen Geräten noch an Bedeutung gewinnen wird.

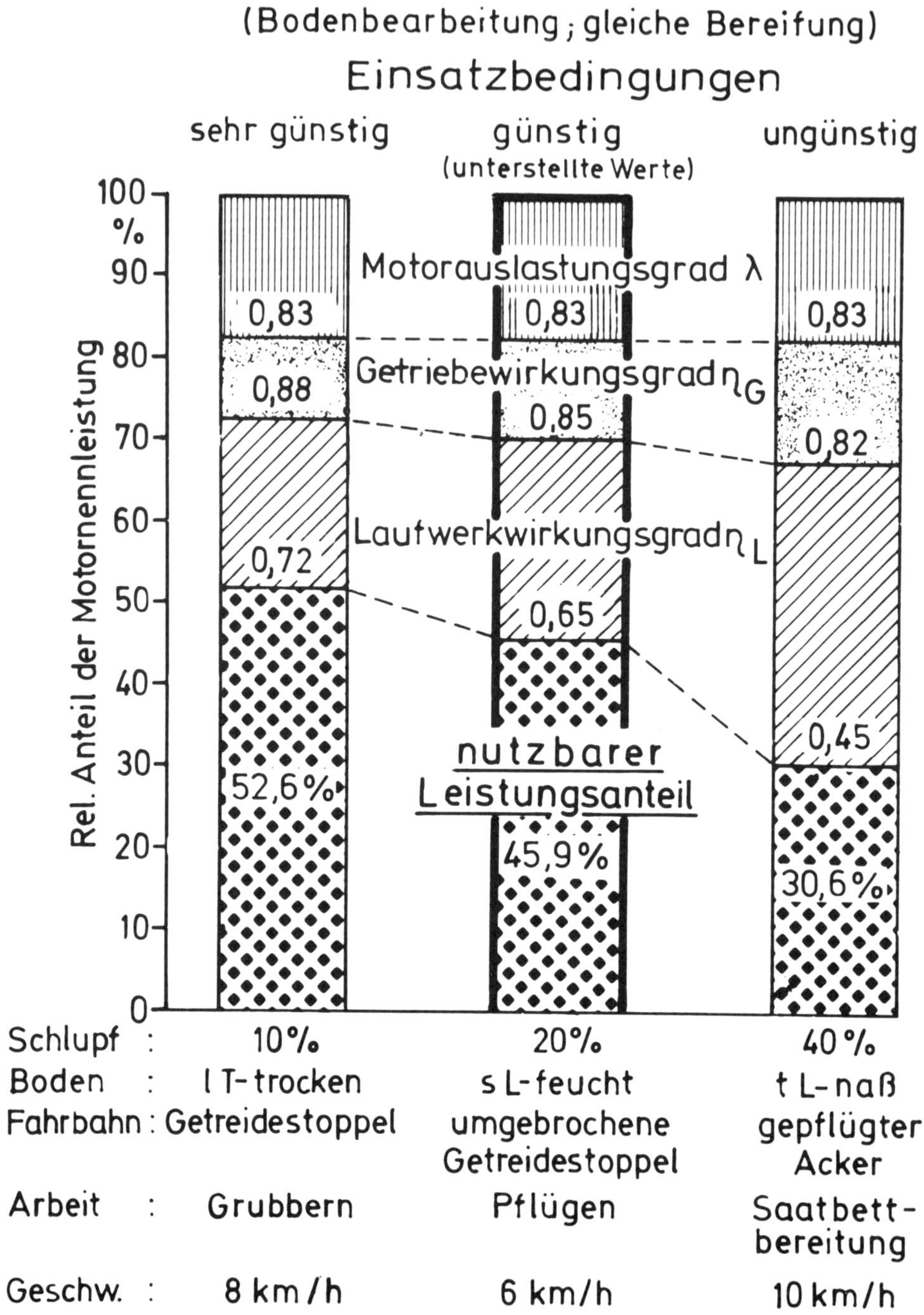


Darst. 281 Wirkungsgrad und nutzbarer Zugleistungsanteil des Allradschleppers bei verschiedenen Bodenbearbeitungsmaßnahmen

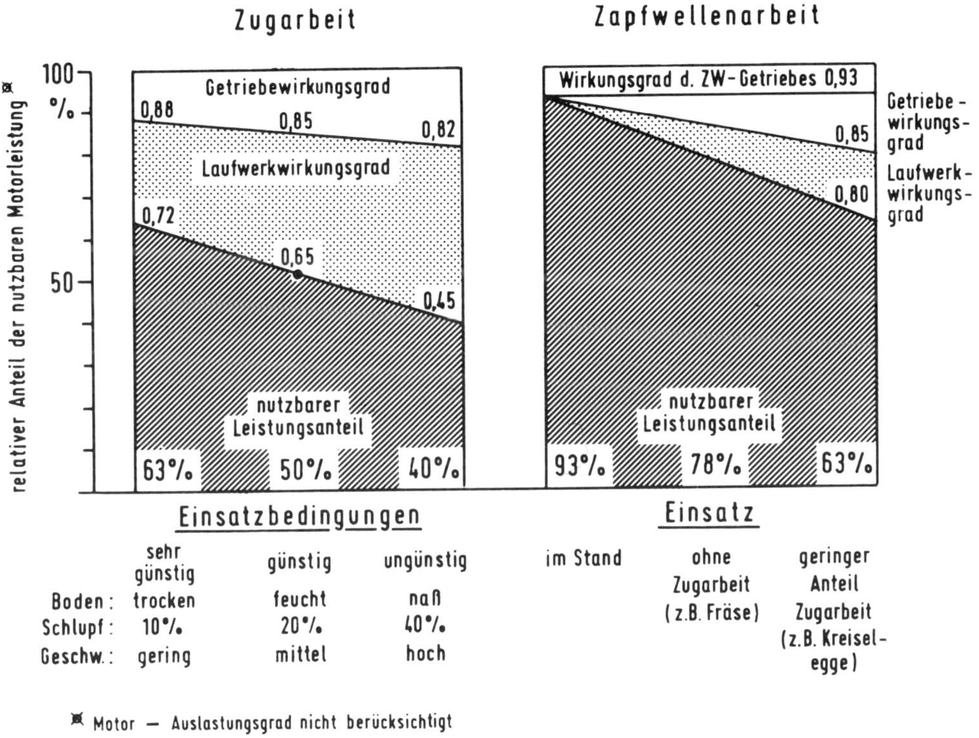


Darst. 282 Vergleich der nutzbaren Leistungsanteile bei Zug- und Zapfwellenarbeit, bezogen auf die nutzbare Motorleistung

## 8.2 Zusammenstellen von energiesparenden Bodenbearbeitungssystemen

Aus der Sicht des praktischen landwirtschaftlichen Betriebes kommt es bei einer Mechanisierungsplanung für die Bodenbearbeitung aus energetischer Sicht vor allem darauf an:

- Einzelgeräte mit einem möglichst geringen spezifischen Motorleistungsbedarf (kW/m Arbeitsbreite) zu wählen, wobei der angestrebte Bearbeitungseffekt gewährleistet bleiben muß.
- Geeignete Geräte zu einem kompletten Bodenbearbeitungs- (und Bestell-)System zusammenzustellen, welches die speziellen Erfordernisse des Standortes und der in der Fruchtfolge enthaltenen Fruchtarten berücksichtigt.

Die verschiedenen Bodenbearbeitungsgeräte besitzen einen jeweils typischen, durchschnittlichen Motorleistungsbedarf je m Arbeitsbreite, der jedoch von Arbeitstiefe, Fahrgeschwindigkeit, Werkzeugform etc. verändert werden kann. Besonders schwerwiegend ist der Einfluß der Bodenart, bei den Grundbodenbearbeitungsgeräten auch der Arbeitstiefe. Dies kann an einem Vergleich ausgewählter Geräte bei verschiedenen Bodenarten veranschaulicht werden (Darst. 283). So steigt z. B. beim Pflugeinsatz beim Übergang vom leichten auf den schweren Boden und einer um 5 cm tieferen Bearbeitung der Motorleistungsbedarf ja m Arbeitsbreite auf etwa den doppelten Wert an. Ähnlich verhält es sich beim Grubber, etwas abgeschwächt auch bei den Geräten für die Oberflächennachbearbeitung.

Aus verfahrenstechnischer Sicht ist es notwendig, neben dem spezifischen Motorleistungsbedarf auch die günstige Fahrgeschwindigkeit der Geräte zu berücksichtigen (Darst. 284). Dabei wird deutlich, daß für beide Kriterien eine negative Wechselwirkung besteht. Geräte mit hohem spezifischem Motorleistungsbedarf können im allgemeinen nur mit einer vergleichsweise niedrigen Arbeitsgeschwindigkeit gefahren werden.

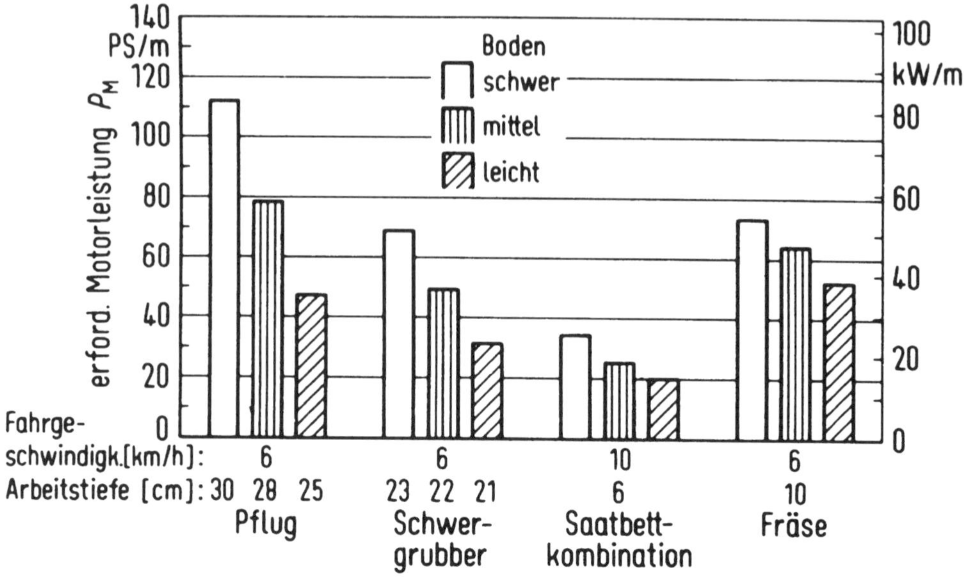


Darst. 283 Einfluß der Bodenart auf die erforderliche Traktor-Motorleistung bei ausgewählten Bodenbearbeitungsgeräten

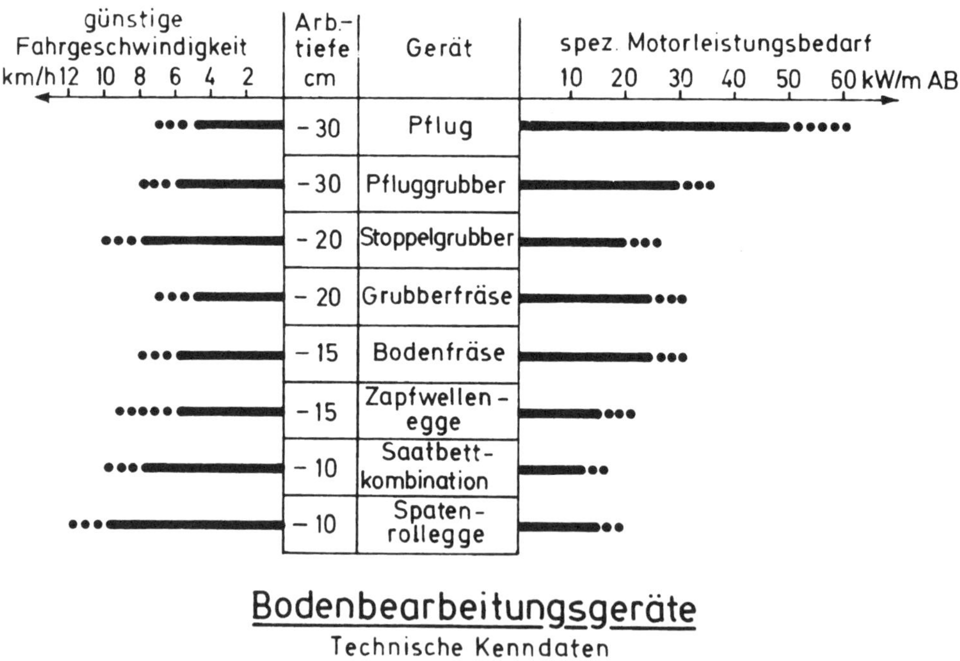


Darst. 284 Spezifischer Motorleistungsbedarf und günstige Fahrgeschwindigkeiten bei wichtigen Bodenbearbeitungsgeräten

Die Kenntnis dieser Zusammenhänge macht es möglich, aber auch erforderlich, im Einzelfall komplette, auf die jeweilige Betriebsorganisation sorgfältig abgestimmte Bodenbearbeitungssysteme zusammenzustellen. Nur dann besteht die Chance, einen vernünftigen Kompromiß zwischen Produktivität und Ökonomik zu erreichen, wobei auch Umweltaspekte nicht vernachlässigt werden dürfen.
Als Beispiel sollen Arbeitszeitbedarf und Treibstoffverbrauch für einige ausgewählte Bodenbearbeitungssysteme dargestellt werden (Darst. 285). Zusätzlich sind drei typische Bodenarten berücksichtigt. Im Vergleich zur konventionellen Bodenbewirtschaftung können bei zunehmender Reduzierung des Bearbeitungsaufwandes sowohl der Arbeitszeitbedarf als auch der Kraftstoffverbrauch deutlich gesenkt werden. Einsparungen, die im extremen Fall bis über 70% betragen können, wirken sich auch entsprechend kostenmindernd aus.
In jedem Bodenbewirtschaftungssystem gibt es eine »Leitmaschine«, an welcher sich die Dimensionierung des Schleppers mit der höchsten installierten Motorleistung orientieren muß. In vielen Betrieben stellt nach wie vor die Grundbodenbearbeitung mit dem Pflug den energieaufwendigsten Arbeitsgang dar. Dessen Leistungsbedarf wird als Basiswert heranzuziehen sein. Nach diesem Leistungsangebot hat sich aber auch die Dimensionierung der Pflug-Folgegeräte zu richten.
Eine isolierte Betrachtung des Energieaufwandes hat jedoch nur beschränkte Aussagekraft. Für eine objektive Bewertung ist es erforderlich, dem Energieaufwand den erzielbaren Bearbeitungseffekt gegenüberzustellen.

## Ausblick

Die bisherige Entwicklung der Landwirtschaft ist eindeutig durch eine erhebliche Steigerung der Arbeitsproduktivität bei gleichzeitig zunehmendem Energieeinsatz gekennzeichnet. Für die Zukunft gilt es, grundsätzlich den Widerspruch zu lösen, bei steigenden Anforderungen an die Arbeitsproduktivität dennoch Energie zu sparen. Möglichkeiten dazu zeichnen sich in vielen Bereichen ab, allerdings mit unter-

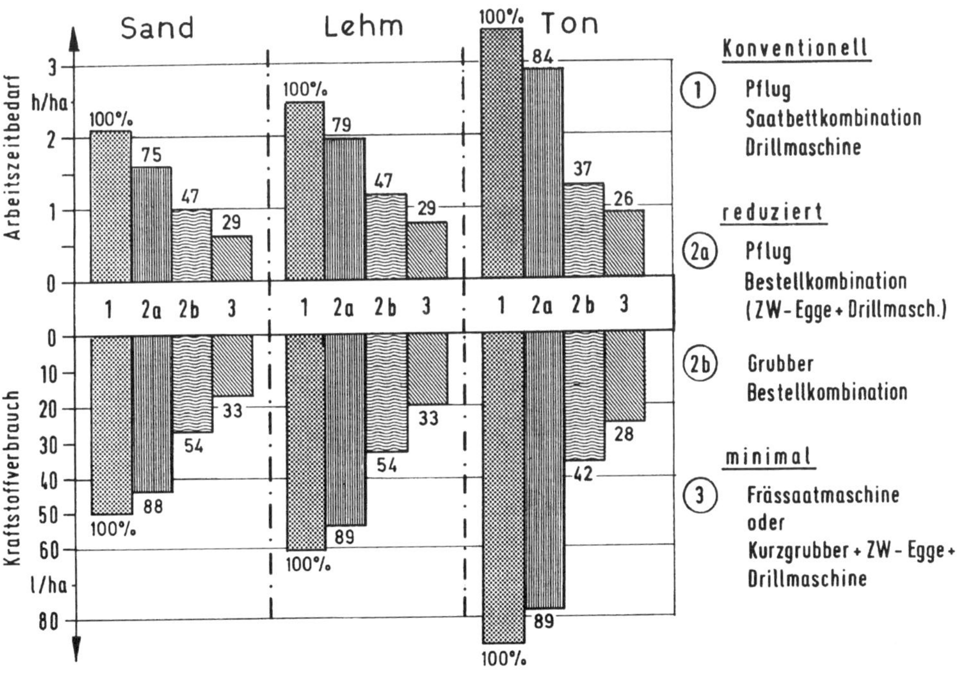


Darst. 285 Vergleich von Arbeitszeitbedarf und Kraftstoffverbrauch bei verschiedenen Bodenbewirtschaftungssystemen und Bodenarten

schiedlicher Effizienz. Sie werden sich in der Praxis wohl nur dann durchsetzen können, wenn sie nicht auf Kosten der Arbeitsproduktivität gehen, sondern mehr Leistung und mehr Schlagkraft bringen und zudem auch kostenmäßig zu verkraften sind. Trotz hoher Energiekosten wird daher nicht damit zu rechnen sein, daß der technische Fortschritt verlangsamt oder abgestoppt und der Einsatz der Technik im landwirtschaftlichen Betrieb drastisch reduziert wird.
Folglich ist zu erwarten, daß die Entwicklung und der Einsatz einer leistungsfähigen Landtechnik voranschreiten wird, allerdings unter verstärkter Berücksichtigung einer energiebewußten Maschinennutzung. Für landwirtschaftliche Betriebe mit begrenzter Flächenausstattung wird dies aber bedeuten, in verstärktem Umfang die vielfältigen Formen des überbetrieblichen Maschineneinsatzes auszuschöpfen. Nur dann können diese Betriebe auch in Zukunft den steigenden technischen Fortschritt bei für sie tragbaren Kosten nutzen.
Es darf aber nicht übersehen werden, daß daneben auch steigende Arbeitskosten die landwirtschaftliche Verfahrenstechnik in Zukunft nachhaltig und massiv beeinflussen werden, vielleicht stärker als die Energiekosten. Deshalb ist bei künftigen verfahrenstechnischen Entwicklungen auch der Einsparung von Arbeitskosten bei gleichzeitig hoher Funktionssicherheit der Maschinen und Geräte ein entsprechender Stellenwert einzuräumen, besonders in der Bodenproduktion. Die Forderung nach einem energiebewußten Einsatz der Technik in der Bodenproduktion ist sicherlich berechtigt. Die Forderung nach Energieeinsparung um jeden Preis steht jedoch im Widerspruch zu der Notwendigkeit, auch künftig den technischen Fortschritt zu nutzen. Wenn sich die Möglichkeit ergibt, Produktionsverfahren mit hoher Produktivität und Sicherheit, gleichzeitig aber auch geringem Energiebedarf einzusetzen, sollte davon konsequent Gebrauch gemacht werden.

# 9 Stichwortverzeichnis


Abbruchlockerer 113
Ackerbau ohne Pflug 239
Ackeregge 130
Anlagensech 79
Anschlußfurche 83
Arbeitseffekte 51, 54, 63, 115, 163
Arbeitsvolumen beim Pflügen 89
Arbeitszeitbedarf 242, 243, 244, 247, 261
Auseinanderschlag 67
Auswaschung 12, 227

Bandsaat 222
Beetbreite 67
befahrene Bodenfläche 242
Bestellsaatmaschine 214
Bissenlänge (-größe) 155
Bodenbearbeitung 62
- konventionell 18, 212, 214
- konservierend 12, 217, 218
Bodenbearbeitungsgeräte 62
Bodenfräse 152
Bodenhorizonte 31, 64
Bodenruhe 219
bodenschonende Bewirtschaftungsverfahren 236, 250
Bodenwiderstand 44, 46, 91
Breitsaat 222

Direktsaat 20, 212, 224
Doppelherzschar 116
Doppelpacker 187
Doppelrotorgerät 140
Doppelzinkenrotor 140
Dränung 111
Drehzahlveränderung 110, 152, 161
Dreilagenstahl 71
Drillsaat 222
Düngereinleger 79
Durchtrieb 161

Eggen 126
- Ackeregge 130
- Einsatz 133
- Gareegge 130
- Langegge 130
- Löffelegge 130
- Netzegge 132
- Schleppegge 130
- Wiesenegge 132
Einlegestreichschiene 80
Einstellhilfen 88
Einstellzentrum 88
Energiebewußte Bodenbearbeitung 257
Energiebilanz 91
energiesparende Bodenbearbeitung 259
Epsilonwert 93
Erdbalkenprofil 94
Erosion 15

Feingrubber 126
Flächenleistung 90, 121, 169
Flügelschar 193
Fräsen 152
Frässaat 221
Front-Heckpflug-Kombination 110
Frontpacker 146

Gänsefuß-Breitschar 116
Gerätekombination 184
- Bodenbearbeitung u. Saat 211
- Großflächen 252
- Grubber und Nachläufer 190
- Saatbett 201
gewogener mittlerer Durchmesser (GMD) 55, 176
gezogene Geräte 126
Grobporenanteil 14, 35, 176
Großflächen-Landwirtschaft 252
Grubber 113
- Aufbau 114
- Bauformen 114
- Einsatz 114
- Kombinationen 190
- Kurzgrubber 119
- Nachläufer 117, 190
- Pfluggrubber 116
- Schälgrubber 118
- Schare 114
- Zinken 114
Grundbodenbearbeitung 21, 65
Grundwasserbildung 12

Hangeinsatz 88
Holmbauweise 69
hydraulische Steinsicherung 83

ideeller Zugpunkt (Führungspunkt) 83
integrierter Pflanzenbau 61, 238
Intensität des Bodeneingriffes 249

Kombination Bodenbearbeitung und Saat 211
Konservierende Bodenbearbeitung 12, 212, 218
konventionelle Bodenbearbeitung 21, 212, 214
Kosten 96, 124, 244, 246
Kraftstoffverbrauch 243
Kreiselegge 159
Kreiselgrubber 159
Krumenpacker 141, 143

Lockerbodenwirtschaft 237
Lockerungswerkzeuge am Pflug 80

Mais 29, 228
mechanische Überlastsicherung 80, 162
Mehrfachkombination 204
Messerformen 154
Messersech 76
Mineralisation 51
Mulchsaat 49, 226
- Mais 228
- Verfahren 226, 229
- Zuckerrüben 229

Nachläufer 190, 201
Nachläuferwalzen 178
Nitratfreisetzung 51
Nitratverlagerung 12

Packerkombination 187
Packerwalzen 178
Paraplow 107
Pflug 66
- Anbaupflug 65
- Anlage 74
- Aufbau 69
- Aufsattelpflug 68
- Auswahl 88, 98
- Bauformen 66
- Beetpflug 66
- Drehpflug 68
- Drehvorrichtung 74
- Energiebilanz 91
- Einsatz 88
- Einstellung 83
- Flächenleistung 90
- Grundbegriffe 70
- Körperformen 71
- Kreiselpflug 111
- Lockerungspflug 107
- Lockerungswerkzeuge 80
- Nachläufer 187
- Maschine 109
- Rautenpflug 102
- Rotorpflug 110
- Saat 217
- Schare 74
- Scheibenpflug 106
- Schichtenpflug 111
- Schwenkpflug 104
- Schwerpunktabstand 76

– Steinsicherung 80
– Streichblech 71
– Streifenpflug 101
– Stützrad 76
– Verstellpflug 85
– Verzicht 220
– Vorwerkzeuge 76
– Zugkraftbedarf 91, 92
Pflugsaat 217
pfluglose Bodenbewirtschaftung 20, 218
Porendurchlässigkeit 39
Primärbodenbearbeitung 64
Punktsaat 228, 231

Rahmenhöhe 70, 114
Regelhydraulik 95
Reifenpacker 146, 179
Rotordrehzahl 170
Rotoregge 152
Rüttelegge 167

Saatbettbereitung 125
Saatbettkombination 201
Saatverfahren 55, 221
Seitenantrieb 152
Sekundärbearbeitung 125
Spatenmaschine 108
Spatenrollegge 138
spezifischer Pflug-(-Boden-) Widerstand 91

Schaltgetriebe 152, 161
Scharformen 74
Scharpflug 66
Scheibenegge 136
Scheibensech 76
Schlitzsaat 228, 231
Schnittbreitenverstellung 85
Schollenbrecher 207

Stickstoff-Düngung 51
Streichblechpflug 66
Streifen-Frässaat 229
Strichabstand 128
Stroheinarbeitung 17, 192, 196, 198
Stoppelbearbeitung 23, 196

Tragrahmen 202
Traktor-Leistungsbedarf 123

Überlastsicherung 80, 161
Unterbodenlockerer 111
– Abbruchlockerer 113
– Hubschwenklockerer 111
– Stechhublockerer 113
– Wippscharlockerer 113
Untergrunddorn, -schar 80

Volldrehpflug 68

Wälzeggen 134
– Drahtwälzegge 135
– Schrägstab-Wälzegge 134
– Zahnwälzegge 134
Walzen 141
– Cambridgewalze 143
– Crosskillwalze 143
– Glattwalze 143
– Prismenwalze 143
– Rauhwalze 143
– Ringelwalze 143
Wechselzahnräder 152
Wendepacker 187
Werkzeugbewegung 155

zapfwellengetriebene Geräte 149
– aufbau 152
– aufgaben 149
–Auswahl 182
– Fräse 152
– Kreiselegge 159
– Kreiselgrubber 159
– Rotoregge 152
– Rüttelegge 167
zapfwellengetriebene Nachbearbeitungsgeräte 149
Zerkleinerungseffekt 54, 122
Zinkenbreite 128
Zinkenanordnung 128
Zinkenformen 162
Zinkengewicht 126
Zugkraftbedarf 91
Zugkraftübertragung 257
Zusammenschlag 67
Zustandsstufen der Böden 42
Zweifachkombination 204
Zweischichtenpflug 81
Zykloidenbahnen 155, 164